보건·사회 정책분야의

체계적 문헌고찰과 메타분석

우경숙 · 권리아 · 김윤정 · 김태현 · 박찬미 · 신상진 · 윤현옥 · 신영전 공저

계축문화사

저자의 글

체계적 문헌고찰과 메타분석 시대의 도래

현대 사회는 인공지능(AI)과 빅데이터의 급속한 발전 속에서 정보의 축적과 분석 방식이 빠르게 진화하고 있습니다. 이러한 변화는 보건 · 사회 정책 분야 역시 예외가 아니며, 특히 체계적 문헌고찰과 메타분석은 연구의 신뢰성과 타당성을 높이는 핵심 방법론으로서 그 중요성이 높아지고 있습니다. 그리고 이 기법들이 AI 기술과 결합하여 자동화되고 정교해지고 있음에도 불구하고, 기본 개념과 원칙에 대한 명확한 이해 없이는 올바른 활용과 해석이 어려운 것은 변함이 없습니다.

보건·사회 정책 분야에 특화 및 최신 동향 반영

보건 · 사회 정책 분야에 특화된 내용을 담아 인공지능 및 최신 기술과 연계된 분석 기법을 이용한 최신 동향과 활용 방안을 폭넓게 다루었습니다. 대부분의 교재가 의학이나 임상 분야를 주로 다루는 것과 달리 이 교재는 보건 정책과 사회과학 분야를 중심으로 구성되었습니다. 문헌고찰의 기본 개념과 통계적 이론을 쉽게 설명하고, 다양한 주제별 문헌 검색, 선정, 자료 추출, 비뚤림 위험 평가, 근거 합성, 그리고 메타분석 과정을 구체적 예시와 가상 사례를 통해 상세히 제시하였습니다. 또한, 의학 분야의 내용을 포함하여 유사점과 차이점을 명확히 구분하여 설명합니다. 이 교재를 통해 급변하는 시대에 보건 · 사회 정책 분야의 과학적 근거를 확고히 하는 데 실질적인 가이드가 되기를 기대합니다.

실용성과 접근성을 높이는 구성

이 책의 가장 큰 강점은 '실용성'과 '접근성'에 있습니다. 그동안 공동 저자들이 참여해 왔던 연구 프로젝트, 논문, 학술 세미나 등에서 축적한 경험과 지식을 체계적으로 정리하여 실용적으로 활용할 수 있도록 구성하였습니다. 체계적 문헌고찰과 메타분석에 입문하는 석 · 박사 과정생은 물론 실무에 바로 적용하고자 하는 연구원 모두가 유용하게 활용할 수 있도록 핵심 개념과 통계적 이론뿐만 아니라 다양한 실습 프로그램과 실용적인 사례를 통해 실제 연구와 실무에 바로 적용할 수 있도록 이론과 실습을 연계하여 상세하게 제시하였습니다.

연구 윤리와 책임성 강조

이 교재는 연구 윤리와 책임감의 중요성도 함께 강조합니다. 연구 과정에서 윤리적 고려와 책임감 있는 자세가 무엇보다 중요하다는 메시지를 담아 과학적 근거 확보와 연구 투명성의 가이드라인을 제시하였습니다. 이를 통해 독자들이 윤리적 기준을 준수하며 책임감 있게 연구 활동에 임할 수 있도록 안내하였습니다.

이 교재가 여러분의 연구 성과를 한 단계 높이고, 급변하는 시대에 보건 · 사회 정책 분야의 과학적 근거를 확고히 하는 데 유용한 길잡이 역할을 다하기를 기대합니다.

2025년 8월

대표 저자 우경숙

차례

제15장 체계적 문헌고찰과 메타분석을 넘어서: 출판 비뚤림을 대하는 연구자의 자세 381

부 록 프로그램 설치: R 메타명령어 369

1

제1장

문헌고찰 유형과 선택

제1장

문헌고찰 유형과 선택

1 개요

보건 · 사회 정책 및 실무 분야에서 효과적이고 책임있는 의사결정을 위해 연구 증거를 체계적으로 수집하고 종합하는 과정의 중요성이 점차 강조되고 있다. 이러한 흐름에 따라 문헌고찰 방법도 지속적으로 개발되고 확장되면서 새로운 방식의 문헌고찰들이 등장하고 있다. 그랜트와 부쓰(Grant&Booth, 2009)는 문헌고찰의 유형을 14가지로 분류하였으며, 이후 트리코(Tricco) 등(2016)은 25개의 증거합성 방법을 제시하였다. 수튼(Sutton) 등(2019)은 이러한 범위를 더욱 확장하여 총 48개의 문헌고찰 방법을 설명한 바 있다. 이처럼 문헌고찰의 방법이 다양해짐에 따라, 문헌고찰을 시작하기에 앞서 연구자는 다음 질문에 답을 할 수 있어야 한다. 또한 질문에 대한 사전 이해를 바탕으로, 연구자는 고찰의 관점, 기능, 적용 범위, 증거의 수집 및 합성 방식 등을 고려하여 다양한 고찰 방법 중에서 가장 적합한 유형을 선택해야 한다.

- 문헌고찰을 수행할 필요성이 있는가?
- 어떤 고찰 방법이 자신의 연구질문에 가장 적합하거나 부적합한가?
- 각 고찰 유형에서 도출된 결과는 얼마나 신뢰할 수 있는가?

이 장에서는 보건 · 사회 정책분야에서 문헌고찰이 수행되는 배경과 필요성, 그리고 체계적 문헌고찰(Systematic Review)과 메타분석(Meta-analysis)의 도입 및 발전 과정을 소개한다. 더불어, 현재 이 분야에서 널리 사용되고 있는 주요 문헌고찰의 유형과 그 특성에 대해서도 설명한다. 특히, 이장의 마지막에는 최근에 많이 활용되고 있는 주제범위 문헌고찰(scoping review)의 주요 내용과 방법에 관하여 기술하였다.

2 보건·사회 분야에서 문헌고찰

1) 보건·사회 분야에서 체계적 문헌고찰의 필요성

경험적 연구의 축적과 재현 과정은 과학 지식과 기술이 지속적으로 발전해왔음을 시사한다. 그러나 보건 · 사회 정책분야에서는 개별 연구가 동일한 조건에서 반복되어 재현되는 사례가 매우 드물며, 일부 연구에서 재현이 이루어지더라도, 다른 측정 도구나 상이한 표본을 사용하여 수행되기 때문에 연구 간에 비교가 어렵다. 이처럼 재현성이 불완전한 경우, 표본추출의 변이(variation)에 따라 연구결과에 유의미한 차이가 발생할 수 있다. 그러나 이러한 차이가 무엇에 기인하는 것인지를 명확히 파악하는 것은 쉽지 않다. 이를 해결하는 한 가지 방법은, 다수의 연구결과를 체계적으로 검토하고 종합하여 연구 간 이질성의 원인을 규명하는 것이다. 특히 실증적 문헌에서 결론을 도출할 때에는 연구 방법론적 · 통계학적 접근을 통해 결과를 통합하는 방식이 요구된다. 이러한 접근을 대표하는 것이 '체계적 문헌고찰(systematic review)'이다(2).

보건 · 사회 분야의 체계적 문헌고찰은 주로 정책 연구 중심으로 발전해 왔으며, 절차화된 단계별 방법론과 통계 기반 메타분석(statistical meta-analysis)을 활용한다는 점에서 임상 의학 분야와는 다른 방식으로 접근해 왔다. 사회과학에서 시작된 문헌고찰 방식은 점차 연구 범위의 포괄성, 방법론의 유연성, 서술적(narrative) 분석 기법의 포함 등을 특징으로 하며, 이론 구축의 수단으로도 활용되어 왔다. 또한 보건 · 사회 분야에서의 체계적 문헌고찰은 증거의 포괄성과 품질, 검토 과정의 투명성과 신뢰성에 대한 지속적인 논의와 우려 속에서 발전해 왔으며, 최근에는 사회과학 전반으로 그 활용이 점차 확장되고 있다(21).

2) 체계적 문헌고찰의 시작과 발전: 임상의학과 보건·사회 분야

연구결과를 통합하려는 시도는 1891년 Nichols와 Hall[1)]이 발표한 「The Psychology of Time」에서 최초로 체계적 고찰의 형태를 확인할 수 있다. 이들은 베버(Weber)의 심리적 법칙(psychological law)의 타당성을 검증하기 위해, 기존에 발표된 연구를 요약 · 분석하는 원시적인 문헌고찰 방법을 활용하였다. 제2차 세계대전 이후에는 기존 문헌을

1) Nichols, H., & Hall, G. S. (1891). The psychology of time. The American Journal of Psychology, 4(1), 60-112.

체계적으로 검토해야 한다는 필요성이 제기되었으며, 미국의 사회과학자들 역시 기존 연구를 재구성하고 평가할 필요성을 인식하면서 본격적인 문헌고찰 작업이 시작되었다. 특히, 1930년대 이후에는 이전까지 사용되던 '문헌 검토(literature reviews)'라는 용어에서 발전하여 '체계적 문헌고찰'이라는 개념이 점차 사용되기 시작하였다(10).

임상 의학 분야에서는 1900년대 초부터 1930년대까지 예방접종과 장티푸스 간의 연관성을 규명하기 위한 연구 합성이 이루어졌다. 이 시기에는 피어슨(Pearson), 피셔(Fisher), 코크란(Cochran) 등 주요 통계학자들을 중심으로 여러 연구결과를 통계적으로 결합하려는 시도가 이루어졌으며, 1940~1950년대에는 통계학의 조합 이론과 확률 개념을 적용한 보다 정교한 분석 기법들이 개발되었다(2, 10).

보건 · 사회과학 분야에서 연구결과를 통계적으로 결합하려는 접근은 1970년대 중 · 후반에 이르러 본격적으로 자리 잡기 시작하였다. 이 시기에는 여러 연구팀이 연구 합성 방법론 개발에 참여하면서 체계적 분석의 기반이 마련되었다. 특히 1976년, 진 글래스(Gene Glass)와 동료 연구자들은 미국 교육심리학 분야에서 개별 연구로부터 도출된 대규모 결과 자료를 통합하기 위한 분석(analysis of a large collection of analysis results from individual studies for the purpose of integrating the finding)을 수행하면서, 이를 처음으로 '메타분석(meta-analysis)'이라는 용어로 명명하였다. 이어 1977년에는 스미스와 글래스(Smith & Glass)가 심리치료 효과(effectiveness of psychotherapy)를 다룬 375건의 연구를 대상으로 메타분석을 실시해 발표하였으며, 이 연구는 메타분석의 타당성과 활용 가능성을 둘러싼 광범위한 논의와 논쟁을 불러일으켰다(2).

1980년대 초반부터 메타분석 방법론을 설명하는 교재들이 출판되기 시작했으며, 1980년대 중반에는 전통적인 통계학에 기반한 메타분석 교재들이 발간되면서 메타분석 기법의 기술적 발전에 중요한 영향을 미쳤다(10). 특히 이 시기는 보건의료 분야에서 체계적인 문헌고찰이 활발히 이루어지기 시작한 시점이기도 하다.

1990년대 초반 영국에서는 의료 개입(medical intervention)의 효과를 평가하기 위한 체계적 검토의 필요성이 제기되었으며, 이에 따라 1993년에는 Cochrane Centre, 1994년에는 NHS Centre for Reviews and Dissemination이라는 두 개의 핵심 기관이 설립되었다(2). 이후 최근에는 의료분야를 넘어, 사회 · 교육 · 보건 정책분야의 개입(intervention) 효과를 체계적으로 검토하고 그 결과를 준비, 유지, 전파하는 것을 목적으로 하는 캠벨 연합(Campbell Collaboration)이 설립되어 활동하고 있다(13).

3) 문헌고찰의 유형과 주요 특성

(1) 체계적 문헌고찰(systematic review)

체계적 문헌고찰은 특정 연구질문 또는 검토 질문에 답하기 위해 사전에 정의된 자격 기준(eligibility criteria)을 설정하고, 이에 부합하는 모든 관련 경험적 증거를 포괄적으로 수집 · 분석하는 방법이다. 이 과정에서 편향(bias)을 최소화하기 위해 엄격하고 일관된 절차적 과정(process) 또는 사전에 정의된 검토 계획인 프로토콜(protocol)을 적용한다. 프로토콜에는 문헌에서 발견된 내용뿐만 아니라 문헌 수집 방법, 검색 전략, 검토에 포함 또는 제외 기준 등이 포함된다. 체계적 문헌고찰은 다른 문헌 검토와 마찬가지로 특정 주제 분야에 대한 폭넓은 이해를 제공할 뿐 아니라, 연구 방법과 결과 간의 차이(gap)를 확인하는 데에도 활용된다(5).

사회과학 분야의 '캠벨 연합(Campbell Collaboration)'과 의학 분야의 '코크란 연합(Cochrane Collaboration)'이 설립된 이후 체계적 문헌고찰은 정량적, 정성적, 혼합 방법 연구를 포함한 보다 다양한 연구설계로 확장되고 있다(3). 체계적 문헌고찰은 구체적이고 엄격한 기준을 적용하여 여러 검토자의 참여로 진행하는 만큼 매우 자원 집약적(resource-intensive)이며, 시간과 비용이 많이 소요된다는 한계도 지닌다(11).

Box 1-1 체계적 문헌고찰 수행이 적절하지 않은 상황

- 체계적 문헌고찰이 연구질문에 답할 수 있는 올바른 연구 도구가 아닌 경우
- 고찰 질문이 지나치게 모호하거나(vague), 광범위한(broad) 경우
- 동일 분야에 이미 하나 이상의 좋은 체계적 문헌고찰이 있는 경우
  - 더 유용하게 요약하거나 최근의 자료로 업데이트를 수행하려는 경우에 수행 가능
- 아직 공식적으로 출판되지 않았으나, 다른 연구팀이 현재 동일 영역에서 체계적 문헌고찰을 수행하고 있는 경우
- 질문 범위가 제한적이거나 협소한 경우: 검토 결과가 연구자, 연구비 지원기관 또는 기타 의사 결정자에게 유용하지 않을 수 있음
- 연구자 또는 연구 기관이 신뢰할 수 있는 문헌고찰을 수행하기에 자원이 부족한 경우

(2) 전통적인 서사적 문헌고찰(traditional narrative literature review)

전통적인 서사적 문헌고찰은 연구 주제 또는 기존 지식에 대해 비판적이고 객관적인 분석을 바탕으로 질적 해석(qualitative interpretation)을 수행하는 방식이다(7).

일반적으로 관련 주제 문헌을 나열하고, 연구자가 설정한 가설에 부합하거나 상반되는 연구결과를 요약하여 제시한 뒤, 다수 문헌에서 나타나는 경향을 근거로 결론에 도달하

는 방식을 취한다. 문헌고찰 단계에서 이론적 틀을 제시하거나 선행 연구를 근거로 논의 사항을 구성함으로써 광범위한 문헌의 개요 및 주요 개념들을(concepts) 포괄적으로 검토할 수 있다. 또한 관련 문헌으로부터 연구 방법과 결과에 대한 정보를 추출하여 이를 서술적으로 요약하며, 단어나 텍스트 기반의 기술을 활용해 개별 연구의 결과를 통합하고 요약하는 과정이 포함된다(10). 그러나 서사적 문헌고찰은 비체계적이고 비구조화된 접근 방식을 취하며, 문헌 수집, 고찰 범위, 분석 방법 등에 명확한 기준이 없기 때문에 편향(biase)된 해석이나 주관적 추론으로 이어질 가능성이 있다. 그럼에도 불구하고 이 방법은 특정 연구질문뿐 아니라 광범위한 주제를 포괄할 수 있으며, 질적 연구결과를 정량적으로 검토하거나 메타분석 결과와 통합하는 작업도 가능하다. 따라서 공식적인 보고서나 논문의 서론 또는 연구 배경에서 전체 연구 맥락을 소개하고, 연구의 필요성과 정당성을 설명하는 데 자주 활용된다(4). 또한 연구 현황을 파악하고 결과를 종합함으로써 지식의 구조화 중복 방지, 연구 간 격차 확인 등에 유용한 방법으로 평가된다(7).

(3) 개념적 고찰(conceptual review)

개념적 고찰은 관심 분야의 문제를 더 잘 이해하기 위해 필요한 개념적 지식을 종합하는 것을 목표로 하는 문헌 검토 방식이다(10). 사회과학 연구에서는 이 방법을 활용하여 추상적인 개념을 명확히 정의하고, 아이디어 또는 이론을 탐색하는 데 활용한다. 여러 문헌고찰 방법 중 개념적 고찰은 상대적으로 저평가되는 경향이 있으나, 기존 문헌에서 논의된 개념의 역사적 전개와 개념 간의 관계를 분석함으로써, 실증적 데이터만으로는 밝혀내기 어려운 이론적 통찰과 새로운 지식을 도출할 수 있다. 개념적 고찰에 활용되는 문헌은 일반 저널(journals)과 연구 자금 출처를 통한 검색보다는, 구글(Google Scholar), 동료 추천(peer recommendations), 논문 인용(articles citations) 등을 통해 탐색되는 경우가 많다(14).

(4) 메타분석(meta-analysis)

메타분석은 정량적 연구결과들(results of quantitative studies)을 통계적으로 결합하여, 그림(graphical)과 표(tabular) 형식으로 통합된 정보를 제공하는 분석 기법이다. 이 기법은 철저하고 포괄적인 문헌 검색, 효과 크기(effect size)에 대한 수치 분석(통상적으로 이질성이 없다고 가정함), 문헌의 비뚤림위험(risk of bias) 평가, 민감도 분석(sensitivity analysis), 출판 편향(publication bias)에 대한 검토 등을 포함하여 결과의 완결성을 평가한다(3).

보건 · 사회 분야에서는 다양한 연구에서 도출된 복합적인 증거를 통합할 수 있다는 점에서 메타분석의 활용도가 높다. 특히, 개별 연구를 일일이 검토하기보다 정량적 결과를 통계적으로 종합함으로써, 정책 결정자나 실무자에게 보다 효율적이고 실용적인 정보를 제공할 수 있다는 점에서 그 유용성이 강조된다. 그러나 일부 비평가들은 서로 다른 특성을 가진 연구들을 단순히 결합하는 것은 부적절하다고 지적하며, 이를 '사과와 오렌지를 섞는 것(mixing apples and oranges)'에 비유하기도 한다. 이에 대해 학자들은 문제의 본질이 메타분석 기법 자체에 있는 것이 아니라, 이질적인 연구들을 무분별하게 결합하거나 부적절하게 적용하는 데에 있다고 주장한다. 따라서 연구 간 이질성이 지나치게 커서 결과를 비교하거나 통합하는 것이 타당하지 않은 경우, 메타분석의 수행은 오히려 왜곡된 결론을 초래할 수 있으며, 이러한 상황에서는 메타분석을 수행하지 않을 것을 권장한다(8).

(5) 주제 범위 고찰(scoping review)

주제 범위 고찰은 특정 분야(scope) 또는 새로운 주제(topic)와 관련하여 기존에 수행된 연구의 범위와 특성을 파악하기 위해 수행되는 문헌고찰 방법이다(10, 12). 이 접근은 체계적 문헌고찰과 유사하게, 주제에 대한 관련 증거를 수집하고 주요 개념, 이론, 출처, 그리고 지식의 격차를 확인하기 위해 체계적인 절차를 적용한다. 그러나 비뚤림 위험평가(risk of bias)나 연구의 질 평가를 필수적으로 수행하는 데 있어서는 상대적으로 덜 엄격하다(5).

주제 범위 고찰은 일반적으로 고찰 결과를 바탕으로 관련 연구의 잠재적 영향력을 논의하고, 이를 통해 향후 필요한 연구 의제를 제안함으로써 결론을 도출한다(16). 이러한 과정은 연구 분야의 현재 상태를 파악하고, 향후 연구 방향을 제시하는 데 중요한 역할을 한다.

(6) 매핑 검토(mapping review)

매핑 검토는 특정 주제와 관련된 기존 문헌을 정리하고 분류하여 시각적으로 제시하는 문헌고찰 방식이다. 런던교육연구소(Institute of Education London)는 연구 문헌의 공백을 파악하여, 추가 검토 또는 기초 연구를 의뢰하기 위한 목적으로 매핑 검토 방법을 개발하였다. 이 고찰 방식은 주제 범위 고찰과 유사하지만 매핑 검토는 후속 연구결과에 대한 추가 검토 작업이나 기초 연구 내용을 포함할 수 있다는 점에서 구별된다. 매핑검토는 연구 분야를 설명하는 것 외에도 모든 연구를 대상으로 심층 검토 및 합성을 수행할지, 또는 일부 연구를 대상으로 수행할지에 대해 정보에 기반하여 결정할 수 있도록 한다. 또한 매핑 결과로 제시되는 지도(map)는 연구 모집단이 일관된 합성을 위해 충분히 유사한지 여부를 시각적으로 보여줄 수 있다.

아울러 문헌들이 검토 질문에 실질적으로 기여할 수 있는지, 실용적으로 도움이 되는지 여부를 확인할 수 있다. 그러나 매핑 검토는 시간적 제약을 받기, 질적 평가가 포함되지 않고, 심층적인 근거 합성이나 분석이 부족하다는 한계가 있다. 이로 인해 전체 연구 동향을 지나치게 단순화하거나 연구 간 또는 결과 간의 중요한 이질성을 간과할 수 있다 (10).

(7) 신속 문헌고찰(rapid review)

지금까지 수많은 논문들이 출간되면서 기존의 체계적 문헌고찰에서 일부 과정을 생략하거나 간소화한 고찰 방식들이 새로운 유형으로 분류되어 발전해 왔다. 전통적인 체계적 문헌고찰은 시간과 비용, 자원이 많이 소요되며 평균 6개월에서 수년이 걸릴 수 있다. 이러한 시간 소요는 보건의료 의사 결정자나 임상 지침 개발자들이 신속하게 근거기반의 결정을 내려야 하는 상황에서 중요한 한계로 작용할 수 있다. 따라서 제한된 시간 내에 효율적인 증거를 종합하여 정책 결정과 실무적 판단을 지원하는 신속 문헌고찰의 중요성과 영향력이 증가하고 있다(11).

신속 문헌고찰은 기존의 체계적 문헌고찰의 기본 원칙과 투명성을 유지하면서도, 다음과 같이 하나 이상의 단계를 간소화하거나 생략하는 방식으로 방법론을 조정한다(9).

- 단일 검토자 참여
- 문헌고찰 구성 요소(PICO, PECO) 재정의
- 활용 전자 데이터베이스(electronic databases) 조정
- 검색 대상 문헌 제한: 특정 주제에 대한 합성 결과(findings of syntheses)
- 문헌 질 평가 생략
- 회색 문헌 검색 생략

고찰의 목적, 엄격성, 포괄성, 기간에 따라 신속 문헌고찰은 네 가지 유형인 증거목록, 신속 대응 개요, 신속 고찰, 자동화 접근법으로 구분할 수 있다. 이중 체계적 문헌고찰과 가장 유사한 방법이 신속 고찰(rapid review)이며, 증거목록(evidence inventories)과 자동화 접근법(automated approaches)은 체계적 문헌고찰과 가장 거리가 먼 접근 방식으로 분류된다(5).

신속 문헌고찰은 특정 목적과 상황에 따라 체계적 고찰의 절차를 선택적으로 간소화함으로써, 시간과 자원을 절감할 수 있다는 점에서 실무적 유용성이 높다. 그러나 이와 같은 절차 조정은 고찰 결과의 과학적 타당성과 신뢰성을 저해할 수 있는 위험도 내포하고 있다. 따라서 어떤 절차를 간소화할 것인지, 포함할 경험적 증거의 수준은 어느 정도로

설정할 것인지를 신중하게 결정할 필요가 있다. 또한, 신속 문헌고찰을 수행하는 연구자는 고찰 프로토콜 내에 간소화된 절차, 생략된 단계, 그에 따른 제한 사항을 명확하고 상세하게 제시해야 한다(9).

[표 1-1] 주요 문헌고찰의 유형 및 특성

구분	정의 및 특징
증거 목록 (evidence inventories)	활용 가능한 증거 출처를 나열한 목록으로, 증거에 대한 비판적 평가, 종합, 제언이 부족한 방법으로 몇 시간에서 며칠 내에 완료되며, 탐색적 또는 사전적 목적에 적합
신속 대응 요약 (rapid response brief)	공식적인 분석 없이 이미 존재하는 합성 증거(체계적 고찰 또는 지침) 요약 방법으로 며칠에서 몇 주 내에 완료
신속 고찰 (rapid review)	비판적 평가와 증거 종합이 포함된 형태로, 체계적 문헌고찰과 가장 유사한 유형. 몇 주 ~ 몇 개월 내 완료 가능하며, 실질적인 정책 결정과 임상 판단에 자주 활용
자동화 접근법 (automated approaches)	데이터베이스에서 자동 추출된 문헌을 컴퓨터 기반 도구로 분석하여 빠르게 증거를 합성하는 방식. 며칠에서 몇 주 내에 완료

출처: Tricco, 2022

(8) 비판적 검토(critical review)

비판적 검토는 연구자가 특정 주제와 관련된 문헌을 연구 배경과 맥락적 자료(contextual material)를 바탕으로 비판적으로 평가하는 문헌고찰 방식이다(10). 이 방식은 기존의 이론이나 가설을 새로운 가설이나 이론적 모형으로 재구성하거나 통합하려는 데 활용되며, 때로는 기존 연구에 대한 새로운 해석을 시도하는데 적용한다(3). 비판적 검토는 체계적 문헌고찰과 달리 엄격하게 구조화된 절차나 방법론을 따르지 않으며(10), 개별 연구에 대한 질적 평가가 아닌 개념 정의와 해석에 중점을 둔다. 이 과정에는 연구자의 주관적 판단이 상당 부분 개입될 수 있기 때문에, 비판적 검토의 결과는 지식의 강화, 추가 평가(further evaluation) 또는 이후 개선(further improvement)을 위한 이론적 기반 마련을 목적으로 이해되어야 한다(3).

(9) 포괄적 문헌고찰(umbrella review/ review of reviews)

기존에 수행된 여러 문헌고찰로부터 결과를 추출하여 상위 수준의 근거를 제시하는 방법으로, 흔히 '고찰의 고찰(review of reviews)'이라고 한다(14). 이 방식은 동일한 주제에 대해 품질과 범위가 서로 다른 다수의 문헌고찰이 존재할 수 있다는 점을 고려하여, 광범위한 질문을 설정하고 각 문헌고찰의 결과를 비교 · 통합함으로써, 의사결정자들이 단일 문서를 통해 근거를 쉽게 확인하고 판단할 수 있도록 정보를 제공한다(16). 그러나 포괄적 문헌고찰에 포함된 연구의 수가 적을 경우 정보가 제한될 수 있으며, 서로 다른 문헌고찰 방법 간의 이질성, 각 포함된 문헌고찰의 품질 문제 등은 해석과 결론 도출에 있어 주의가 필요하다(3).

[표 1-2] 주요 문헌고찰의 유형 및 특성

유형	정의	주요 특성
체계적 문헌고찰 (systematic review)	사전 자격 기준을 마련하여 연구 증거를 체계적으로 검색, 평가 및 종합	편향(bias)을 최소화하기 위해 체계적 프로세스(process) 적용
전통적인 서사적 문헌고찰 (traditional narretive literature reviews)	체계적인 검토 방법을 사용하지 않고, 서술적인 방식으로 종합	광범위한 문헌의 개요, 결과, 개념을 검토하여 이론 구축
개념적 고찰 (conceptual review)	관심 분야의 개념적 지식을 기존 문헌을 통해 정리 · 분석하는 방식	양적 연구에서 데이터를 통해 밝힐 수 없는 지식을 생성하고 내용 구축
메타분석 (meta-analysis)	정량적 연구결과들을 통계적으로 결합 및 요약	이질성이 거의 없는 유사 연구 간 자료 합성
주제 범위 문헌고찰 (scoping review)	이용 가능한 연구 문헌의 잠재적 규모와 범위에 대한 예비 평가	문헌의 양과 질, 연구설계 및 주요 특징을 중심으로 분석
매핑 검토 (mapping reviews)	문헌을 체계적으로 정리하고 분류하여 시각적으로 제시	연구의 공백을 파악하여, 추가 검토 및 기초 연구 포함
신속 검토 (rapid review)	적시에 정보생성 위해 체계적 문헌고찰 과정의 일부를 간소화하거나 생략	체계적 문헌고찰과 동일한 수준의 투명성을 유지 필요
비판적 검토 (critical review)	주제와 관련된 문헌을 맥락적 자료와 함께 비판적으로 검토하여 새로운 해석이나 이론적 통합을 시도하는 방식	새로운 가설 및 해석 시도
포괄적 문헌고찰 (umbrella review)	고찰의 고찰(review of reviews)	여러 문헌고찰로부터 결과를 추출하고, 근거를 생산하는 포괄적 고찰

출처: Walker, (2007); Grant et al., (2009); Sutton (2019)

3 체계적 문헌고찰의 대안: 주제 범위 문헌고찰

1) 체계적 문헌고찰과 주제 범위 문헌고찰

연구자는 문헌고찰을 수행하기에 앞서, 자신의 연구 목표와 의도를 명확히 하고, 다양한 증거 합성 방법을 검토하고 목적에 부합하는 적절한 문헌고찰 유형을 선택해야 한다.

문헌고찰의 목적이 특정 주제에 대한 개념 또는 이론의 탐색, 연구 특성 및 연구 동향 파악, 후속 연구를 위한 새로운 영역의 발굴에 있다면 체계적 문헌고찰보다는 주제 범위 문헌고찰이 더 적합한 방법이다 주제 범위 문헌고찰은 내용의 깊이보다는 범위의 포괄성에 초점을 맞추며, 특정 연구질문에 대해 비판적 평가를 하거나 결과를 종합하여 합성하지 않는다. 반면에 체계적 문헌고찰은 특정 연구질문(research questions)에 집중하기 때문에 주제 범위 문헌고찰에 비하여 광범위하지 않으며, 보다 구체적이며 분석적인 특성이 강하다(10).

또한, 주제 범위 문헌고찰은 비뚤림 위험이나 연구의 방법론적 질에 대한 평가를 필수적으로 수행하지 않으며, 결과의 합성(synthesis) 역시 목적이 아니다. 이와 같은 측면에서, 체계적 문헌고찰과 주제 범위 문헌고찰은 명확히 구분된다(16).

문헌고찰 방법의 선택에서 가장 중요하게 고려해야 할 요소는, 연구자가 명확한 질문에 대한 해답을 필요로 하는지, 혹은 문헌고찰 결과를 정책 결정이나 임상 실천에 활용할 것인지 여부이다. 이와 관련하여 Mumm 등(2018)은 문헌고찰의 목적에 따라 체계적 문헌고찰을 위한 상황과 주제 범위 문헌고찰을 위한 상황을 [표 1-3]과 같이 제시하였다(14).

[표 1-3] 주제 범위 문헌고찰 및 체계적 문헌고찰 수행 적합 상황

주제 범위 문헌고찰	체계적 문헌고찰
새로운 분야에 활용 가능한 문헌을 통해 근거 및 후속 연구 정보 제공 특정 분야에서 주제 관련 핵심 개념과 정의 확립(개념 관련된 주요 특성 또는 요인 파악) 해당 분야에서 특정 주제 관련 수행 연구 동향 파악 체계적 문헌고찰 수행 필요 사전 확인 특정 분야 및 주제의 기존 연구 간 격차	국제 수준의 증거 발견 및 확인 현재 실행 중인 관행에 대한 근거-기반 여부 확인 현재 관행의 불확실성 및 차이(variation) 설명, 새로운 관행 확인 현재 증거 간 격차, 결함, 상충된 결과 확인 및 정책 결정 및 의사결정을 위한 정보 제공

출처: Munn et al. (2018)

2) 주제 범위 문헌고찰 수행 방법

(1) 주제 범위 문헌고찰 보고 항목 및 지침

2005년 Arksey와 O'Malley(12)가 주제 범위 문헌고찰을 위한 프레임워크를 개발한 이후, 보다 엄격하고 투명한 절차에 대한 필요성이 제기되면서 해당 방법론은 지속적으로 보완되어 왔다. 특히, JBI working group (JBI Collaboration & JBI Scoping Review Methodology Group)은 2015년부터 기존의 방법론에 대한 광범위한 검토를 수행하였고, 그 결과를 바탕으로 2020년에 '주제 범위 문헌 검토를 위한 방법론적 지침(methodological guidance for the conduct of scoping reviews)'을 발표하였다(16). 이 지침에는 PRISMA-ScR 내용 준수, 사전 프로토콜 활용, 주제 범위 문헌고찰 방법 등을 포함하고 있으며, [Box 1-2]에 주요 내용이 요약되어 있다.

체계적 문헌고찰과 마찬가지로, 주제 범위 문헌고찰을 시작하기 전에는 사전 프로토콜의 개발이 필수적이다. 이 프로토콜은 고찰 목표, 방법, 보고 방식을 미리 정의하여 고찰 과정의 투명성과 일관성을 확보하고, 보고 편향을 줄이는 데 중요한 역할을 한다. 프로토콜에는 문헌의 포함 및 제외 기준, 관련 데이터, 데이터 추출 및 제시 방법에 대해 명확히 기술되어야 한다. 프로토콜에서 벗어난 사항은 본문에서 명시적으로 설명되어야 한다(9).

Box 1-2 주제 범위 문헌 검토를 위한 방법론적 지침(PRISMA-ScR)

- PRISMA-ScR 보고 지침 및 확인 항목(check list) 준수
- 프로토콜을 통해 연구 목표, 질문 및 방법, 검토 내용, 데이터 분석 및 결과 보고 명시
- 제목, 검토 질문 및 포함 기준의 내용 일치
- 프로토콜에 고려해야 할 증거 출처 유형과 포함 기준 상세히 설명
- 근거 출처 유형: 유용하다고 판단되는 정량적 자료(1차 연구, 체계적 문헌고찰, 메타분석, 웹사이트, 정책 보고서 등) 포함
  ※ 질적 보고서, 검토(review), 회의 초록(conference abstracts) 등 제외
- 연구 대상자(participants): 모집단의 주요 특성 명시
- 개념(concept) 설명: 체계적 문헌고찰의 개념과 유사한 내용 포함
- 내용(context): 주제 범위 고찰의 목적 및 질문에 맞게 지리적 위치, 특정 사회, 문화, 특정 보건의료환경과 같은 세부 정보 포함
- 검색 전략(search strategy): 출판 및 미공개-출판 등의 출처 확인을 위해 포괄적 검색 전략 필요. 프로토콜에 최소 1개 이상 주요 DB 검색 전략 포함
- 근거 선별 및 선택(evidence screening and selection): 포함/제외 기준 기반으로 2명 이상이 독립적으로 수행. 의견 불일치 시 제3자 검토자와 합의를 통해 해결. 근거 선택 과정을 PRISMA-ScR 흐름도에 제시
- 비뚤림 위험평가 및 비판적 평가(critical appraisal)는 권장하지 않음
- 데이터 추출(data extraction): 표준화된 데이터 추출 양식 이용
- 데이터 분석(data analysis): 결과와 결과를 합성하는 것이 아니라, 기술 분석(개념, 모집단, 지리적 위치 등 빈도수)을 중심, 분석 결과(descriptive analysis)는 표(table)와 그래프(graphs)와 같이 시각적으로 제시
- 결과 보고(presentation of results)
  i) PRISMA 흐름도를 이용한 검색 전략 및 선택 과정을 포함한 결과 설명
  ii) 주제 범위 문헌고찰의 목표 또는 질문에 대한 답을 제시하는 결과 보고 방식

출처: Peters et al., 2020

2018년 국제 전문가팀에서 개발한 'PRISMA-ScR checklist(주제 범위 문헌고찰을 위한 PRISMA 보고 항목)'에서는 주제 범위 문헌고찰에서 보고(reporting) 해야 하는 필수 항목 20개와 선택 항목 2개를 제시하였다. 주요 내용에는 이론적 배경, 자격 기준, 근거 출처, 데이터 항목 및 작성 방법, 결과 및 결론을 포함한 근거 요약 등이 포함된다(6). 이 PRISMA-ScR은 주제 범위 문헌고찰의 보고 기준을 명확히 하여, 연구자가 고찰을 어떻게 수행하고 기술해야 하는지를 결정할 때 도움이 될 수 있다.

[표 1-4] PRISMA-ScR checklist(주제 범위 문헌고찰을 위한 PRISMA 보고 항목)

항목(Item)	구성	내용
1	제목(title)	제목
2	초록(abstract)	구조화된 요약
3	소개(introduction)	이론적 근거
4		목표
5	방법(methods)	프로토콜 및 등록
6		포함 기준
7		근거 출처
8		검색
9		증거 출처 선택
10		데이터 목록 방법
11		데이터 항목
12		개별 증거 출처에 대한 비판적 평가
13		결과의 합성
14	결과(results)	근거 출처 선택
15		근거 출처의 특성
16		근거 출처 내 비판적 평가
17		개별 근거 출처의 결과
18		결과의 합성
19	결론(discussion)	근거 요약
20		제한점
21		결론
22	자금 지원(funding)	자금 조달

출처: Tricco, 2018

(2) 주제 범위 문헌고찰 수행 단계[2)]

① 연구 목표 및 질문 정의

- 연구 시작하기 전에 명확한 목표와 이에 부합하는 하나 이상의 질문 설정
- 검토 질문 설정(PCC 구조)
  - 집단(population): 연구 대상이 되는 특정 인구집단 집단
  - 개념(concept): 연구 또는 평가의 핵심 주제, 개념 또는 주요 변수
  - 맥락(context): 연구 또는 평가가 이루어지는 환경, 배경 또는 조건
- 주제 범위 문헌고찰 프로토콜 작성

② 포함 기준 개발(범위 결정 및 주제 사용)

- 체계적 문헌고찰과 동일한 방식으로 포함 기준과 증거 제시
- 체계적 문헌고찰 보다 포함 기준 광범위하게 설정
- 포함 기준의 범위를 지정하기 위한 기본 프레임워크 집단, 개념, 맥락(population, concept, context, PCC) 적용
- 포함 기준에 대한 증거 출처 기술 및 적합성 기술

③ 포괄적인 검색 전략(근거 검색에 대한 계획된 접근 방식 적용)

- PCC 프레임워크를 기반으로 검토 질문 구성, MeSH(medical subject headings) 등 연결하여 검색
- 주요 데이터베이스 검색, 회색 문헌(미공개 또는 대체 출판 자료) 포함
- MEDLINE 등을 이용한 초기 검색 및 다른 데이터베이스를 통한 검색 실행
- 검색 결과 검토 : 연구질문, 프로토콜, 검색어 관련성 및 검색 포괄성 검토

④ 데이터 선택(근거 선택)

- 검색 문헌을 EndNote 및 Covidence에 저장
- 개별 문헌에 대해 포함 기준 적용
- 최소 2명 이상의 검토자가 문헌 선별에 참여
- 1단계 제목, 초록 검토, 2단계 전문 검토

---

2) 주제범위 문헌고찰 수행 단계는 Arksey와 O'Malley (2005)와 Peters 등(2020)에 근거하여 10단계로 정리하였고, 단계별 내용은 증거합성을 위한 JBI 매뉴얼 주제범위 문헌고찰(JBI Manual for Evidence Synthesis,)을 참조하였다(https://guides.library.unisa.edu.au/ScopingReviews/ScopingReviewOverview). 0821

⑤ 데이터 추출 및 근거 제시

- 지정된 범위, 검토 질문, PCC 관련 데이터 항목 추출
- 자료 추출 양식(data extraction form) 및 자료 추출 지침(extraction guidance form) 개발
- 최소 2명 이상 검토자의 독립적인 데이터 추출

⑥ 데이터 분석(analysis) 및 결과 발표(presentation of the results)

- 주제 범위 문헌 검토의 목표와 검토 질문에 대한 이상적 답변 제시
- 기본적으로 정성적 내용(contents) 분석을 통해 데이터 제시
- 다양한 형식으로 결과 보고: 일반적으로 빈도(%), 시각화된 그림으로 분석 결과 제시

⑦ 근거 요약 및 결론

- 문헌고찰의 결과 요약 및 한계
- 결론 및 권장 사항

심화 가설 검정을 통한 체계적 문헌고찰

- 체계적 문헌고찰에서 가설을 설정하고, 이를 검정하는 방식으로 결과를 종합하는 접근은 연구자와 이해 관계자들이 보다 명확하고 구조화된 방식으로 연구질문에 답할 수 있도록 유도하는 데 유용
- 먼저 연구질문을 구성하고, 그 질문을 가설로 재구성하거나, 또는 일련의 가설을 먼저 설정한 이후에 연구질문들을 구조화하여, 결과에 따라 가설을 수락(accepted) 또는 거부(rejected)하는 방식임
- 항상 가능한 것은 아니지만 가설 검정을 통한 체계적 문헌고찰은 포함/제외 기준을 더 쉽게 정의할 수 있고, 문헌고찰을 원활하게 수행하는 데 유용함

참고문헌

1. Walker, J. J. (2007). Systematic Reviews in the Social Sciences: a Practical Guide - by Petticrew, M. and Roberts, H.
2. Cajal, B., Jiménez, R., Gervilla Garcia, E., & Montaño, J. J. (2020). Doing a systematic review in health sciences. Clínica y Salud, 31(2), 77-83.
3. Cheung, M. W. L. (2013). Applied Meta-Analysis for Social Science Research by NA Card.
4. Moher D, Shamseer L, Clarke M, Ghersi D, Liberati A, Petticrew M, Shekelle P, Stewart LA. Preferred Reporting Items for Systematic Review and Meta-Analysis Protocols (PRISMA-P) 2015 statement. Syst Rev. 2015;4(1):1.
5. Page, M. J., Moher, D., Bossuyt, P. M., Boutron, I., Hoffmann, T. C., Mulrow, C. D., ... & McKenzie, J. E. (2021). PRISMA 2020 explanation and elaboration: updated guidance and exemplars for reporting systematic reviews. bmj, 372.
6. Tricco AC, Lillie E, Zarin W, O'Brien KK, Colquhoun H, Levac D, et al. PRISMA Extension for Scoping Reviews (PRISMA-ScR): Checklist and Explanation. Annals of Internal Medicine 2018; 169(7): 467-473.
7. van der Waldt, G. (2021). Elucidating the application of literature reviews and literature surveys in social science research. Administratio Publica, 29(1), 1-20.
8. Tsertsvadze, A., Chen, Y. F., Moher, D., Sutcliffe, P., & McCarthy, N. (2015). How to conduct systematic reviews more expeditiously?. Systematic reviews, 4, 1-6.
9. Tricco, A. C., Khalil, H., Holly, C., Feyissa, G., Godfrey, C., Evans, C., ... & Munn, Z. (2022). Rapid reviews and the methodological rigor of evidence synthesis: a JBI position statement. JBI evidence synthesis, 20(4), 944-949.
10. Grant, M. J., & Booth, A. (2009). A typology of reviews: an analysis of 14 review types and associated methodologies. Health information & libraries journal, 26(2), 91-108.
11. Nussbaumer-Streit, B., Ellen, M., Klerings, I., Sfetcu, R., Riva, N., Mahmić-Kaknjo, M., ... & Gartlehner, G. (2021). Resource use during systematic review production varies widely: a scoping review. Journal of clinical epidemiology, 139, 287-296.
12. Arksey, H., & O'malley, L. (2005). Scoping studies: towards a methodological framework. International journal of social research methodology, 8(1), 19-32.
13. Booth, A. M., Wright, K. E., & Outhwaite, H. (2010). Centre for Reviews and Dissemination databases: value, content, and developments. International journal of technology assessment in health care, 26(4), 470-472.
14. Hulland, J. (2020). Conceptual review papers: revisiting existing research to develop and refine theory. AMS Review, 10(1), 27-35.
15. Munn, Z., Peters, M. D., Stern, C., Tufanaru, C., McArthur, A., & Aromataris, E. (2018). Systematic review or scoping review? Guidance for authors when choosing between a systematic or scoping review approach. BMC medical research methodology, 18, 1-7.

16. Peters, M. D., Marnie, C., Tricco, A. C., Pollock, D., Munn, Z., Alexander, L., ... & Khalil, H. (2020). Updated methodological guidance for the conduct of scoping reviews. JBI evidence synthesis, 18(10), 2119-2126.

제2장

문헌고찰의 질문 정의 및 프로토콜 개발

제2장

문헌고찰의 질문 정의 및 프로토콜 개발

1 개요

성공적인 연구 프로젝트의 필수 요건은 구체적이고 체계적인 연구계획서라고 할 수 있다. 체계적 문헌고찰도 검토 프로세스와 수행 방법을 명시한 프로토콜을 사전에 개발해야 고찰 결과의 타당성과 신뢰성을 높일 수 있다. 이 프로토콜에는 검토 질문에 대한 설명 및 근거, 다양한 유형의 문헌 수집 방법, 문헌 선별 기준, 평가, 종합하는 방법 등이 포함된다.

체계적 문헌고찰을 수행하는 과정은 일반적으로 다음과 같이 구성할 수 있다. 1단계, 가능한 모든 전자 자원을 이용하여 광범위한 초기 문헌 검색을 수행하고, 선행 연구와의 중복 여부 확인한다. 2단계, 연구 또는 검토 질문을 명확하게 정의하고, 주요 구성 요소를 이용하여 질문을 구조화한다. 검토 질문이 설정되면 포함 및 제외 기준을 수립한다. 3단계, 문헌고찰 수행 계획이 반영된 프로토콜(protocol)을 개발한다. 4단계, 설계된 검색 전략에 따라 문헌을 체계적으로 검색하여 검토에 포함할 문헌을 수집한다. 5~6단계는 검색된 문헌들을 선별하는(screening) 단계로 사전에 마련한 포함 및 배제 기준을 적용하여 포함 여부를 세밀하게 결정하는데, 5단계에서는 문헌의 제목과 초록(title/abstracts)을 통해, 6단계에서는 전문(full-text)을 통해 선별한다. 7단계, 분석에 포함된 연구에 대하여 비뚤림 위험(risk of bias) 평가 또는 질 평가와 같이 비판적 평가를 수행한다. 8단계, 검토 질문에 대한 답변을 도출하기 위해 주요 정보를 추출하고(information extraction), 표준화된 서식에 맞게 입력한다. 9단계, 개별 연구의 결과들을 분석하여 요약 또는 합성하고, 연구결과 간의 이질성을 평가한다. 10단계, 분석 결과 및 결론을 보고서에 기술하고 이를 배포한다(1, 2).

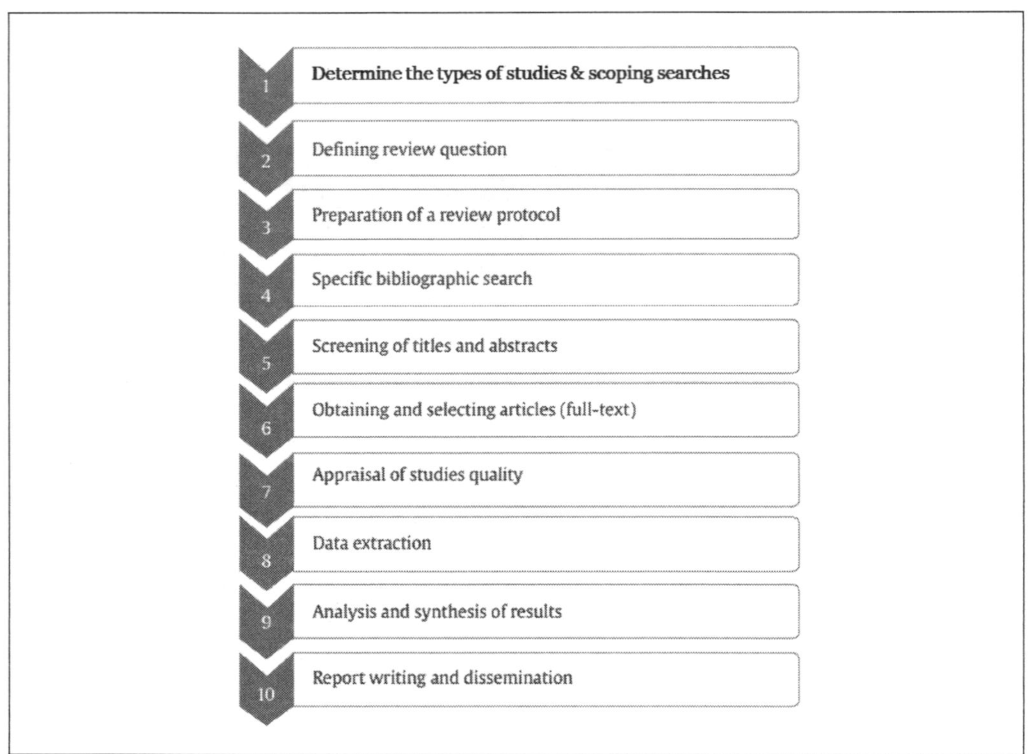

[그림 2-1] 체계적 문헌고찰의 수행 단계
출처: Lee, 2019; Cajal et al., 2020;

이 장에서는 체계적 문헌고찰의 질문 또는 가설 설정을 포함한 연구 방법의 계획 과정을 다룬다. 계획 과정에 검토팀의 구성과 최종 사용자 및 자문 위원회를 참여시키는 방법에 대한 논의부터 시작한다. 다음으로 주제 개발 및 개선, 핵심 질문 및 가설의 명확화, 검토 범위를 지정하는 방법을 다룬다. 마지막 단계로 고찰을 위한 제목과 프로토콜 개발 내용을 다룬다.

2 검토팀 및 자문단 구성

1) 검토팀(the review team)

체계적 문헌고찰 및 메타분석을 수행하기 위해서는 검토 주제에 대한 이해, 정보 과학, 연구 방법론에 대한 깊이 있는 지식과 다양한 기술 및 다각적 관점이 필요하다. 검토 주제는 문헌 검토의 방향을 설정하는 개념적 프레임워크 개발에 필수적이다. 따라서 검토자는 주제에 맞게 문헌의 포함 및 제외 기준을 명확히 설정해야 하고, 문헌 검토와 메타분석 전반에 걸친 주요 결정을 내리며, 결과를 해석하기 위해 해당 분야에 대한 지식을 가져야 한다.

체계적 문헌고찰 및 메타분석은 연구를 종합하는 과학적 접근으로 빠르게 발전하고 있는 분야이며, 최신 방법론을 반영하기 위해서는 현재 개발 중인 방법론에 정통한 분석가의 참여가 도움이 된다. 체계적 문헌고찰 과정과 메타분석은 노동 집약적이며 각 단계의 세부 사항이 엄격히 관리되어야 하므로 검토자에게는 인내심과 주의력이 요구된다. 이에 따라 검토팀은 문헌 선별 및 코딩 과정에서의 오류와 편향을 최소화하기 위해 평가자 간 합의 절차를 마련하고, 검토자 간 신뢰를 기반으로 한 팀워크를 구축해야 한다. 이러한 이유로 코크란(Cochrane)과 캠벨연합(Campbell Collaborations)은 단독 작성자에 의한 문헌고찰을 허용하지 않으며, 검토자는 반드시 해당 분야의 전문 지식을 갖춘 공동 검토자로 구성되어야 한다(1).

2) 최종 사용자 및 자문단(end users & advisory boards)

1차 연구(primary research)와 마찬가지로 체계적 문헌고찰에서도 검토 질문 및 목표를 개발하고 결과를 해석하는 과정에서 잠재 사용자를 참여시키는 것은 체계적 문헌고찰의 타당성과 활용도를 높이는 방법이다.

체계적 문헌고찰을 계획하고 개발하는 데 사용자를 참여시키는 방법에는 여러 가지가 있다. 문헌 검토자는 최종 사용자인 정책 입안자 및 실무자와 검토 작업에 대해 논의할 수 있으며, 검토팀에 실무자, 정책 입안자 또는 소비자가 검토 팀의 구성원으로 참여할 수 있다. 또 다른 대안은 해당 분야의 실무자 및 정책 전문가로 구성된 자문 위원회를 만들어 검토 과정 전반에 걸쳐 개선안(feedback)을 제공하도록 요청하는 것이다. 또한 이러한 방식들을 결합한 접근 방식을 활용할 수도 있다(1).

3 연구질문의 공식화(formulating a question)

1) 연구질문 정의(defined research question.)

연구 합성에서 첫 번째 단계는 고찰을 수행할 연구 문제를 공식화하는 것으로, 이는 실용적인 관점과 방법론적 관점 모두에서 기존 문헌에 대한 충분한 이해에 기반해야 한다. 연구 문제가 광범위할수록 적절한 시간 내에 고찰을 완료하는데 많은 정보와 출처가 필요하게 되며, 막대한 시간을 낭비할 수도 있다(3). 반면에 문헌고찰의 목적과 관점, 핵심 문제, 범위를 명확히 설정하고, 논리적인 프레임워크(framework)를 사용하면, 보다 체계적이고 효율적으로 수행할 수 있다(1). 한 가지 유용한 접근법으로는, 이전에 수행된 체계적 문헌고찰을 검토하여 더 흥미로운 연구질문을 도출하고, 이를 바탕으로 새로운 체계적 문헌고찰을 수행하는데 활용할 수 있다. 이러한 초기 범위 검색은 새로운 체계적 문헌고찰의 필요성을 입증하거나, 기존과는 다른 관점으로 접근함으로써 기존 1차 문헌의 기반(base)을 보완하고 확장할 수 있다. 따라서 SR팀은 온라인 프로토콜 등록소(on-line registries: PROSPERO, Cochrane Collaboration, Campbell Collaboration)를 통해 각 분야에서 유사한 SR이 이미 진행 중이거나 완료되었는지, 그리고 이러한 체계적 문헌고찰이 동일한 질문을 다루고 있는지 사전에 중복 여부를 확인해야 한다(3).

Box 2-1 (정책 개입 측면) 좋은 연구 문제란?

- **연구 문제 예시**: "개입이 효과가 있습니까? (Does an intervention work?)"
  - 이 질문은 "예" 또는 "아니요"라는 답변을 의도하는 질문이지만, 개입 효과는 다음과 같이 간단하지 않기 때문에 답변하기 어려움
    첫째, 가장 효과적인 개입이 모든 사람에게 효과가 있는 것은 아니며, 가장 효과적인 치료법이 다른 입장에서는 효과가 없을 수도 있기 때문임
    둘째, 효율성은 상대적인 개념으로 항상 암묵적이거나 명시적인 비교가 있음. '효과가 있습니까?'라는 질문에는 '무엇과 비교하여?'라는 중요한 수식어가 포함되지 않았기 때문에 관심 있는 모집단, 조건, 비교 및 결과를 지정하는 것이 중요함
- 개입 효과에 관한 질문에 대한 구조는 다음과 같이 표현할 수 있음
  - [개입 X1]이 [개입 X2] 보다 [인구 Z] 에 [Y 결과]를 얻는데 더 효과적인가?
- **정책 문제의 답변 가능한 질문으로 구성**
  - 정책 질문은 체계적 문헌고찰이 수행될 수 있도록 명확하고 구체적으로 구성해야 함
  - 체계적 문헌고찰은 단일 질문 또는 단일 가설 검증을 목표로 하는 경우가 많지만, 정책 질문은 광범위하며, 답변을 요구하는 질문이 무엇인지 확인하는 과정이 필요함
  - 정책 수준에서 입법 개입의 영향을 체계적으로 고찰하면, 어떤 개입이 효과가 있는지, 부작용이 무엇인지 제시하는데 도움이 됨
  - 질적 연구에 대한 체계적인 문헌고찰은 개입이 어느 정도 채택되거나 거부될 가능성이 있는지를 밝힐 수 있음
  - 모든 관련 정보가 체계적인 문헌고찰을 통해 얻는 것이 아니라 다른 출처에서 얻을 수 있으며 비용과 편익 정보는 경제 연구 또는 의사 결정 모형에서 얻을 수 있기 때문에, 이와 같은 문헌에 대한 체계적인 고찰이 포함될 수 있음

그렇다면, 어떤 질문이 좋은 연구질문인가? 좋은 연구질문은 구체적이고 답변이 가능해야 하며 흥미롭고 참신하면서도, 윤리적이어야 한다. 또한, 양질의 연구질문과 가설은 실무 경험, 선행 연구, 기존 문헌에 대한 비판적 평가 등 다양한 출처에서 도출될 수 있다(1).

2) 검토 질문의 구조화(structuring the research question)

(1) 검토 질문 구성 요인

① 연구 참가자(participants)

문헌고찰에 포함된 1차 연구의 참여자(participants)는 일반적으로 개인이다. 그러나 목적에 따라 연구 참여자는 가구, 가족, 조직, 지역사회 또는 사회 집단으로 정의될 수 있다. 연구 참여자는 특정 개입(intentions)의 대상일 뿐만 아니라 결과가 산출되는 자료 수집의 출처가 되기도 한다(1). 연구 참여자는 검토 주제와 관련성이 높은 인구를 대상으로 해야 하며, 주제에 따라 성별, 인종, 사회 경제적 지위, 가족 구성, 지리적 위치와 같은 인구통계학적 특성을 반영하는 것이 중요할 수도 있다(11).

② 개입(interventions)

체계적 문헌고찰에서 개입 요인으로 지정된 항목에 대해 그 목표를 포함하여 이론적 기초, 핵심 기술 및 활동, 인력 자격, 개입의 빈도 및 강도, 지속 시간 등의 특성을 간략하게 설명해야 한다. 이러한 정보는 개입의 맥락과 구조를 이해하는 데 필수적이며, 연구 간 개입 특성의 유사성 또는 이질성 판단에도 도움이 된다. 특히, 개입과 관련성이 낮은 항목들을 무리하게 결합하는 '사과와 오렌지' 문제를 방지하기 위해서는 개입의 목적과 의미를 고려하여 항목을 적절하게 그룹화하는 방법도 검토할 수 있다. 또한, 하위집단분석(subgroups analysis)은 다양한 개입들이 서로 다른 효과를 가지는지를 확인할 뿐만 아니라, 서로 다른 개입 또는 다양한 실무 분야에 적용되는 이론과 원리를 검토하고 검증하는 목적으로도 체계적 문헌고찰에 활용할 수 있다. 분석 책임자는 개별 연구에서 사용된 개입의 공통점이 무엇인지, 그리고 왜 유사한 방식으로 작동할 것으로 기대했는지를 명확히 기술해야 한다. 만약 이러한 유사점을 설명할 수 있는 논리적 모형(logic model)이 없다면, 개입 간의 이질성이 매우 클 수 있으며, 의미있는 증거 합성(synthesis)을 수행하기 어려워질 수 있다(1).

③ 비교(comparisons)

관심 대상의 개입과 비교할 조건이나 특성을 명확히 지정해야 한다. 개입 연구에서는 하나 이상의 개입 효과를 서로 직접 비교하거나, 단일 개입에 초점을 두고 시간 경과에 따른 대상자의 상태 변화를 추적하는 방식으로 접근할 수 있다(11). SR에 포함된 비교 연구의 비교 집단은 일반적으로 무치료 대조군, 위약 대조군, 통상적 치료군(treatment as usual), 대체 치료군(alternative treatment) 등을 포함한다. 이 중에서 통상적 치료와 대체 치료는 임상적 맥락이나 연구설계에 따라 매우 이질적일 수 있다. 따라서 해당 조건(conditions)을 명확하게 정의하고, 그것이 관심 치료의 적절한 비교 대상이 되는지를 분명히 지정할 필요가 있다.

하나의 개입과 대안적 개입(one intervention and alternative intervention) 사이의 비교는 상대적 효과에 대한 정보를 제공하며, 무치료 대조군과의 비교는 절대적 효과의 근거를 제공한다. 두 가지 모두 관심 대상이라면, 분석에서 각 비교 조건을 별도로 유지해야 한다. 따라서 검토자는 비교하고자 하는 대상과 유형을 결정하여 비교 조건을 지정해야 한다(1, 12).

④ 결과(outcomes)

정의 및 추정방식은 개입의 효과를 평가하는 데 사용되는 척도이다. 메타분석에서 가장 일반적인 접근 방식은 유사한 연구에서 단일 요약 효과(single summary effect)를 추정하는 것이다(14). 연구결과는 이론이나 실제적 근거를 통해 1차 결과와 2차 결과로 구분하는 것이 중요하다. 1차 결과는 중재의 핵심 목표와 예상 결과를 반영하는 것이고, 2차 결과는 추가적인 이점과 잠재적인 위해가 포함된다. 논리 모델(logical model)은 개입과 결과 사이의 가정된 인과 관계를 보여주기 때문에 1차 및 2차 결과를 구분하는 데 유용하다. 보건 · 사회 서비스 분야의 개입에 대한 결과는 다양하고 복잡해서 대부분 단일 측정 결과가 아닌 여러 출처로부터 서비스 측정 결과를 얻는다. 만약 개입이 다양한 목표 달성을 목적으로 한다면 이러한 접근 방식이 적절하지만, 단지 의미 있는 결과를 확인하려는 목적이라면 신뢰성과 타당성 확보를 위해 분석에서 제외할 결과 측정치를 사전에 명확히 설정할 필요가 있다.

1차 연구를 표준화된 도구를 이용한 문헌으로 제한하여 메타분석을 수행한 연구결과는 특정 하위 집단에 일반화하기 어려울 수 있다. 일부 메타분석은 다양한 출처에서 자료를 수집하고, 삼각 측량법을 통해 신뢰성과 타당성을 확보하기도 한다. 이는 검토 기준의 문제로, 검토자는 어떤 종류의 조치를 수용할 것인지 미리 기준을 설정해야 한다.

또한, 결과의 측정 시점도 중요한 고려 요소이다. 개입 직후의 결과 측정은 즉각적인 효과는 확인할 수 있으나, 효과의 지속성 여부를 판단하기 어렵다. 실무자나 정책 입안자는 일반적으로 장기적 효과에 더 관심을 두므로, 검토자는 개입 종료 후 6개월, 2년, 또는 3년 등 일정한 추적 관찰 간격을 설정하여 후속 평가 결과를 포함할 필요가 있다(1).

⑤ 연구설계(research designs)

연구설계는 무작위 대조 시험(Randomized controlled trials, RCT), 비대조 시험(uncontrolled trials), 코호트 또는 횡단면 연구와 같이 문제의 현상을 평가하는 데 사용되는 방법이다(12). 메타분석은 다양한 연구질문을 다루기 때문에 검토자는 핵심 질문에 가장 신뢰할 수 있는 답변을 제공하는 연구설계를 지정해야 한다(1).

메타분석에서 RCT는 내적 타당성(internal validity)의 위협을 통제하기 때문에 개입 효과를 평가하는데 '황금 표준(gold standard)'으로 간주된다. 개입 조건에 참가자를 무작위로 할당하면 비교 대상 집단이 만들어지고, 개입이 실험군에만 적용되고 대조군에는 적용되지 않음으로써(또는 다른 치료가 제공되는 경우), 외부 요인의 영향 없이 개입 효과를 확인할 수 있는 조건이 마련된다. 적절하게 구현된 RCT는 치료 효과를 신뢰하는 추론을 뒷받침할 수 있는 최고의 설계이다. 그러나 일부 RCT는 제대로 구현되지 못하거나, 집단의 초기 구성이 변경되어 치료 효과에 대한 증거를 제공하지 못하면서, 치료 이외의 요인으로 인한 집단 간 결과 차이를 설명할 수도 있다(14). 일부 방법론자들은 연구설계에 따라 결과에 실제로 차이가 있는지, 얼마나 다른지를 파악할 수 있는 광범위한 설계를 권장하기도 한다(12). 특정 연구 분야에서 설계 유형이 중요한지, 또는 어떠한 연구설계 유형이 중요한지에 관한 질문은 경험적인 문제이다(1). 캠벨 연합(Campbell Collaboration)의 체계적 문헌고찰에서는 무작위와 비무작위 연구 모두 포함할 수 있으며, 두 설계 유형의 결과를 별도로 분석하거나, 결과와 잠재적으로 연관성을 가지는 조절 변수(moderator)로 간주하여 중재 분석(moderator analysis)을 통해 차이를 검증한다(15). 또한 두 설계에서의 효과 크기가 유사한(동질적) 추정치가 산출되면 결과를 통합할 수도 있다. 위와 같이 보건 · 사회 정책분야에서 모든 SR에 적용해야 하는 단일 설계 기준은 없으나, 다음의 항목들을 수행하도록 한다(1).

- 특정 검토에서 연구설계에 대한 허용 가능한 최소 기준을 설정
- 비뚤림 위험을 증가시키는 연구설계가 포함된 연구와의 차이 평가
- 중재 분석(moderator analysis)을 이용한 특정 연구설계의 영향 평가

3) 체계적 문헌고찰 보고 항목

연구 보고 지침(reporting guidance)은 명시적인 방법론(explicit methodology)을 적용하여 개발된 특정 유형의 연구를 보고하도록 안내하는 확인 사항, 흐름도, 구조화된 설명서 등을 말한다. 체계적 문헌고찰 및 메타분석의 보고 지침에는 최종적으로 제시되어야 하는 보고 항목과 구체적인 제시 방법이 설명되어 있다(17).

의학, 간호학, 보건 · 사회 정책분야에서 수행하는 체계적 문헌고찰 및 메타분석에는 임상 시험과 중재를 통한 효과 또는 효능을 평가는 연구들이 포함되기 때문에 보고의 투명성과 정확성이 매우 중요하다. 따라서 각 연구설계에 따라 연구 계획, 실행 및 보고에 대한 지침을 준수할 필요가 있으며(22), 이러한 보고 지침을 준수함으로써 체계적 문헌고찰 독자의 이해를 돕고, 다른 연구원에 의해 복제를 가능하게 하며, 논문의 질을 개선할 수 있다.

문헌고찰을 위한 대표적인 보고 지침에는 PRISMA, Cochrane, Campbell에서 개발한 다양한 지침들이 있다. PRISMA는 체계적 문헌고찰 및 메타분석을 보고할 때 권장되는 항목(Reporting Items for Systematic Reviews and Meta-Analyses)을 제시하며, 중재의 평가, 병인, 진단 또는 예후를 평가하는 문헌고찰의 보고 지침으로 사용된다. PRISMA는 오랜 시간에 거쳐 많은 부분이 수정되었는데, PRISMA 2020 Statement에는 PRISMA checklist와 PRISMA flow diagram으로 구성되어 있다. 또한 PRISMA Statement에는 여러 확장 형태의 보고 지침들이 있는데, PRISMA-P(프로토콜 보고 지침), PRISMA-S(검색 보고 지침), PRISMA-ScR(주제범위 보고 지침), PRISMA-NMA(네트워크 메타분석 보고 지침) 등이 있다.

코크란 연합회(Cochrane Collaboration)는 체계적 문헌고찰(Methodological Expectations of Cochrane Intervention Reviews)과 프로토콜(Reporting protocols of new Cochrane Intervention Reviews)에서 준수해야 하는 방법론적 표준 지침을 출판하고 있으며, 방법론적 교과서로 간주되는 코크란 핸드북(Cochrane Handbook)을 지속적으로 개선 및 확장하고 있다(22).

캠벨 연합회(Campbell Collaboration)는 체계적 문헌고찰 보고 방법론(Campbell MECCIR)을 통해 검색 전략, 검색 방법 및 검색 보고의 품질에 대한 포괄적인 지침을 제공하고(23), 메타분석 없는 체계적 문헌고찰 보고지침(Campbell SWiM)과 정보검색 가이드(Guide to information retrieval)를 제공하고 있다(24).

분석에 포함된 1차 문헌의 연구설계 유형에 따라 권고되는 보고 지침이 있는데, 무작위 할당 임상 실험(RCT)이 포함된 체계적 문헌고찰에는 CONSORT 보고 지침을 적용할 수 있고(18), 관찰 연구(observational studies)가 포함된 경우에는 STROBE를 적용할 수 있다. STROBE는 코호트연구(cohort studies), 환자-대조군 연구(case-control studies), 단면연구(cross-sectional studies)에 각각 적용 가능하며, 필요에 따라 개별적으로 또는 조합하여 활용할 수 있다(19). MOOSE는 관찰 연구를 대상으로 메타분석을 수행할 때 보고(reporting)를 표준화하기 위한 지침을 제공한다. 그동안 관찰 연구의 문제점으로 지적된 비뚤림(bias)과 혼동(confounding), 개별 연구의 질 평가와 출판 오류(publication bias) 측면을 개선하여, 관찰 연구에 대한 메타분석을 보다 체계적이고 신뢰할 수 있는 방식으로 수행할 수 있도록 설계되었다(10).

[표 2-1] 체계적 문헌고찰 보고 지침 유형 및 내용

보고 지침 유형	주요 내용(reporting items))
PRISMA 2020 Statement - PRISMA checklist - PRISMA flow diagram	- PRISMA 2020 설명서 - 확인 항목(checklist)과 흐름도(flow diagram)로 구성 - 보건의료 분야 개입을 평가하는 SR에 사용하도록 설계 - 비-보건의료 분야(사회, 교육) 개입에 적용 가능
PRISMA-P 2015	- SR 프로토콜 17개 보고 확인 항목(PRISMA for Systematic Review Protocols)
PRISMA-S 2021	- SR 검색 보고를 위한 항목(PRISMA for Searching) - 모범적인 보고 항목 및 근거 포함 16개 확인 항목
PRISMA-ScR 2018	- 주제 범위 문헌 검토에 포함되어야 할 확인 항목(PRISMA for Scoping Reviews) - 20개 필수 보고 항목과 2개 선택 항목으로 구성
PRISMA-NMA 2015	- 직 · 간접적인 증거를 사용하여 여러 치료법을 비교하는 체계적 문헌고찰 지침 제공(PRISMA for Network Meta-Analyses) - 네트워크 메타분석 실행을 위한 주의 사항
CochraneMECIR	코크란 중재 검토 수행 및 보고 지침(Methodological Expectations of Cochrane Intervention Reviews)
Cochrane RPCIR (PR1-PR44)	코크란 프로토콜 보고 지침(Reporting protocols of new Cochrane Intervention Reviews)
Campbell MECCIR	Campbell Collaboration SR 보고 방법론(methodological expectations of Campbell Collaboration Intervention Reviews)
Campbell SWiM 2020	Campbell의 SWiM은 메타분석 없는 SR에 보고 지침(synthesis without meta-analysis in systematic reviews)
Campbell guide to information retrieval	Campbell의 체계적 문헌고찰 수행을 위한 정보 검색(문헌 검색)을 위한 지침(searching for studies: a guide to information retrieval for Campbell systematic reviews)
CONSORT	SR에 포함될 무작위 임상 시험의 품질평가 보고를 위한 지침

STROBE	역학 분야 관찰 연구(코호트, 단면 및 사례 대조 연구)의 메타분석 보고 강화(Strengthening the Reporting of Observational studies in Epidemiology)를 위한 확인 항목
MOOSE	역학 분야 관찰 연구의 메타분석 보고(Meta-analysis Of Observational Studies in Epidemiology)를 위한 확인 항목

보건 · 사회 정책분야에서 가장 널리 사용되고 있는 보고 지침(reporting guidance)인 PRISMA checklist는 본래 보건의료 분야의 개입을 평가하는 SR에 사용하도록 설계되었으나, 사회정책이나 교육과 같이 비-보건의료 분야까지 확대 적용할 수 있으며, 모든 연구설계 유형에 적용 가능하다(16, 17). 이 도구에는 [표 2-2]와 같이 제목, 초록, 서론, 배경 및 연구 목표를 포함한 방법 및 결과에서 보고해야 하는 27개 요구 사항이 포함되어 있다(22). 검토자는 프로토콜을 설계하는 단계부터 문헌고찰 보고 지침을 참조하여 보고서 마지막에 보고해야 하는 내용들이 포함되도록 주의해야 한다.

[표 2-2] 체계적 문헌고찰 보고 지침(reporting guidance): PRISMA Checklist

영역	내용
제목(title)	-
초록(abstract)	-
서론(introduction)	근거(rationale)
	목표(objectives)
방법(methods)	자격 기준(eligibility criteria)
	정보 출처(information sources)
	검색 전략(search strategy)
	선정 과정(selection process)
	자료 수집 과정(data collection process)
	데이터 항목(data items)
	비뚤림 위험평가(study risk of bias assessment)
	효과 측정(effect measures)
	합성 방법(synthesis methods)
	보고 편향 평가(reporting bias assessment)
	확실성 평가(certainty assessment)
결과(results)	연구 선택(study selection)
	연구 특성(study characteristics)

	비뚤림 위험(risk of bias in studies)
	개별 연구결과(results of individual studies)
	합성 결과(results of syntheses)
	보고 편향(reporting biases)
	근거의 확실성(certainty of evidence)
토론(discussion)	
기타 정보(other informa)	등록 및 프로토콜
	지원(support)
	상충하는 이해관계(competing interests)
	데이터 가용성, 코드 및 기타 자료

출처: McKenzie et al. 2021

4 연구 프로토콜 개발(Developing a Protocol)

1) 프로토콜 개발의 필요성

프로토콜은 체계적 문헌고찰과 메타분석을 수행하기 위하여 연구 목표와 방법을 설명하는 계획서를 의미한다. 프로토콜에는 연구 목표와 검토 질문에 대한 설명과 근거, 접근 방법, 검색 전략, 접근 방법, 문헌에 대한 평가 및 종합 방법 등 세부적인 절차와 기준이 포함되어야 한다.

체계적 문헌고찰과 메타분석에는 복잡한 과정과 수많은 판단, 통계 분석을 수반하기 때문에 오류(bias)를 최소화하고 효율성을 확보하기 위해서는 엄격하고 투명하게 수행되어야 한다. 따라서 이러한 고찰을 수행하기에 앞서 프로토콜을 개발하는 것은 연구의 일정과 자원 관리, 진행 상황을 추적하는 데에도 도움이 된다(1).

체계적 문헌고찰을 수행하는데 프로토콜은 다음과 같은 기능을 한다. 첫째, 검토자가 신중하게 계획함으로써 연구자와 이해 관계자들의 방향과 목표를 이해하고 공유할 수 있게 된다. 둘째, 프로토콜은 연구설계와 방법론을 명확히 정의함으로써 연구의 일관성과 신뢰성을 확보할 수 있고, 잠재적인 문제를 예측할 수 있게 한다. 셋째, 검토자가 문헌고찰을 수행하기 전에 계획된 내용을 문서화함으로써 최종 고찰 결과와 비교하여 선택적 보고 여부를 확인할 수 있으며, 계획된 방법의 타당성을 평가하고, 연구의 재현 가능성을 확보할 수 있다. 넷째, 포함 및 배제 기준과 데이터 추출 방식 등에 대한 자의적인 의사결정을 방지할 수 있다. 다섯째, 검토 팀원 간의 역할과 책임을 명확히 하여 업무 중복으로 인한 비효율성을 줄이고 협업을 촉진할 수 있다.

PRISMA 보고 지침(reporting guideline)은 프로토콜을 '문헌고찰의 근거, 가설 및 계획된 방법을 설명하는 문서'로 정의하고 있으며, 문헌고찰을 수행하기 위한 지침으로 사용할 것을 권고하였다(17). 또한 코크란 연합회와 캠벨 연합회도 검토자에게 서면화된 프로토콜을 작성하고 제출할 것을 요구하고 있다.

2) 프로토콜 등록(registering a review protocol)

체계적 문헌고찰 및 메타분석의 프로토콜을 등록소(registry)에 등록하는 것은 동일한 주제로 이미 수행 중인 문헌고찰이 있는지를 확인하여 연구자 간의 중복을 방지할 수 있으며, 프로토콜에 대한 동료 심사를 통해 체계적 문헌고찰에 대한 질적 수준을 높일 수 있다. 또한, 사전에 결정된 방법론을 저자가 임의로 조작하지는 않았는지 확인함으로써 보고된 결과에 대한 신뢰도를 높일 수 있다(25). 따라서 검토자는 출판을 위해 원고를 제출하기 전에 최종 프로토콜을 등록하는 것이 좋다.

(1) 캠벨 연합회 프로토콜(A protocol for a Campbell Review)

국제 사회과학 연구 네트워크인 캠벨 연합회에서 관리하는 '캠벨 체계적 문헌고찰(Campbell Systematic Reviews)'은 온라인 오픈 액세스 저널(open access journal)로, 사업 및 경영(business and management), 교육, 장애, 국제 개발, 사회복지, 영양 및 식량 안보, 기후 문제 등 다양한 주제 영역을 다루고 있다. Campbell Systematic Reviews는 편향을 최소화하기 위해 연구가 시작되기 전 프로토콜을 수립하고, 해당 프로토콜을 동료 심사를 거쳐 게시하고 있다(24) (Box 2-2).

(2) 프로스페로 프로토콜(PROSPERO for registering protocol)

PROSPERO는 영국 요크 대학(University of York) 산하 국립보건연구소(NIHR)에서 자금을 지원하는 체계적 문헌고찰 프로토콜을 위한 국제 전자 데이터베이스(international database)로 인간의 건강과 관련된 결과를 다루는 보건 · 사회, 사회복지, 공중보건, 교육, 국제학 분야에 중점을 두고 있다. 이 등록 시스템에서는 문헌고찰 프로토콜의 질 평가나 동료 심사가 포함되지 않으며, 등록된 프로토콜은 누구나 열람할 수 있도록 개방형 전자 데이터베이스에 게시된다(25). 연구자가 PROSPERO에 프로토콜을 등록하면, 문헌고찰이 진행됨에 따라 진행 상황을 반영해 주기적으로 업데이트해야 한다(26) (Box 2-3).

Box 2-2 캠벨 연합회 프로토콜(A protocol for a Campbell Review)

1. 표지(cover sheet)
   - 검토 제목(the title of the review)
   - 검토자 이름(the names of the reviewers)
   - 지원 출처(sources of support)
2. 검토 배경(background for the review)
3. 검토 목적(objectives of the review)
4. 방법론(methodology)
   a. 포함 및 제외 기준(criteria for inclusion and exclusion of studies in the review)
   b. 검색 전략(search strategy for identification of relevant studies)
   c. 구성 요소에 사용된 방법(description of methods used in the component studies)
   d. 독립적 검토 결과 결정 기준(criteria for determination of independent findings)
   e. 코딩 세부 항목(details of study coding categories)
   f. 통계 절차(statistical procedures and conventions)
   g. 연구 기간(treatment of qualitative research timeframe)
      - 검색
      - 포함 기준에 대한 파일럿 테스트
      - 관련성 평가
      - 연구 코드 및 데이터 수집에 대한 파일럿 테스트
      - 연구 보고서에서 데이터 추출
      - 통계 분석
      - 보고서 작성
5. 검토 업데이트 계획(plans for updating the review)
6. 감사 인사(acknowledgments)
7. 이해 상충(statement concerning conflict of interest)
8. 참고문헌(references)
9. 표(tables)

PROSPERO가 확장되면서 개입 및 진단검사 정확도 검토(intervention & diagnostic test accuracy reviews)를 위한 새로운 코크란 프로토콜(Cochrane protocols)이 별도로 제공되고 있다(26) (Box 2-4).

Box 2-3 **프로스페로 프로토콜(PROSPERO for registering protocol)**

검토 제목 및 일정(review title and timescale)
- 리뷰 제목(review title)
- 원문 제목(original language title)
- 예상 또는 실제 시작 날짜(anticipated or actual start date)
- 완료 예정일(anticipated completion date)
- 제출 시점의 검토 단계(stage of review at time of this submission)

검토 방법(review methods)
- 검토 질문(review questions)
- 검색(searches)
- 검색 전략(search strategy)
- 연구 분야 및 영역(condition or domain being studied)
- 대상 인구(participants/population)
- 중재/노출(intervention(s), exposure(s))
- 비교/통제((comparator(s)/control)
- 초기에 포함된 연구 유형(types of study to be included initially): 검토에 포함될 연구설계
- 상황(context): 포함 또는 제외 기준을 정의하는 데 도움이 되는 상황 및 특성
- 일차 결과(primary outcome(s)): 사전에 결정된 가장 중요한 결과(질적 연구(qualitative studies)에 대한 문헌고찰의 경우, 고찰의 목표가 무엇인지 상세히 기술)
- 이차 결과(secondary outcomes): 사전에 결정된 2차 결과에 대해 1차 결과와 유사한 수준의 내용으로 기술: 2차 결과가 없는 경우, '없음' 또는 '해당 사항 없음'으로 기술
- 데이터 추출(선택, 코딩)(data extraction; selection and coding)
- 비뚤림 위험(질) 평가(risk of bias (quality) assessment)
- 데이터 합성 전략(strategy for data synthesis): 데이터 합성에 대한 계획한 일반적 접근 방식
- 하위 집단 분석(analysis of subgroups or subsets)

일반 정보(general information)
- 고찰 유형 및 고찰 방법(type of review and method of review)
- 언어(language) : 작성 및 제공 언어
- 국가(country)

Box 2-4 그외 SR&MA 프로토콜 등록(Registering a review Protocol)

- Cochrane Library : Cochrane Database of Systematic Reviews (CDSR)
  - 코크란(Cochrane) 연합회에 제출한 프로토콜은 동료 심사과정을 거쳐 최종적으로 온라인 데이터베이스(online database)인 코크란 라이브러리(Cochrane Librar)에 게시
  - 일련의 절차에 따라 프로토콜 등록: 코크란 프로토콜 제안서 제출-전문가 및 동료 심사의 제안서 승인- 검토 프로토콜 개발 및 초안 제출 - 동료 심사 검토- 프로토콜 승인 및 게시 - 고찰 시작
  - 저자는 CDSR에 프로토콜을 등록하여 독자들이 계획서를 검토하고, 문헌고찰 및 메타분석이 초기 계획에 따라 수행되었는지를 논평할 수 있도록 해야 함
- Open Science Framework : 무료 오픈 소스 프로젝트 관리 도구
  - 체계적 문헌고찰 또는 주제 범위 문헌 검토 프로토콜 사전 등록 가능
  - OSF를 이용하여 연구 프로젝트, 데이터의 공동 작업, 문서화, 보관, 공유 및 등록 가능

심화 용어 정의

- primary analysis : 연구자가 개인, 회사 등으로부터 원자료를 수집하고, 분석하여 연구질문에 대한 답을 직접 구하는 일반적인 데이터 분석 방법
- secondary analysis : 2차 데이터 분석은 연구자로부터 원시 데이터를 얻을 수 있는 경우를 의미하며, 다른 사람이 분석을 수행할 수 있음

Cheung, M. W. L. (2013). Applied Meta-Analysis for Social Science Research by NA Card.

참고문헌

1. Walker, J. J. (2007). Systematic Reviews in the Social Sciences: a Practical Guide-by Petticrew, M. and Roberts, H.
2. Cajal, B., Jiménez, R., Gervilla Garcia, E., & Montaño, J. J. (2020). Doing a systematic review in health sciences. Clínica y Salud, 31(2), 77-83.
3. Johnson, B. T., & Hennessy, E. A. (2019). Systematic reviews and meta-analyses in the health sciences: Best practice methods for research syntheses. Social Science & Medicine, 233, 237-251.
4. Richardson, W. S., Wilson, M. C., Nishikawa, J., & Hayward, R. S. (1995). The well-built clinical question: A key to evidence-based decisions. ACP journal club, 123(3), A12-A12.
5. Petticrew, M., & Roberts, H. (2006). Systematic reviews in the social sciences: A practical guide. Malden, MA: Blackwell Publishers.
6. Davies, K. S. (2011). Formulating the evidence based practice question: a review of the frameworks.
7. Cooke, A., Smith, D. & Booth, A. (2012). Beyond PICO: the SPIDER tool for qualitative evidence synthesis. Qualitative Health Research(10), 1435-1443.
8. Methley, A. M., Campbell, S., Chew-Graham, C., McNally, R., & Cheraghi-Sohi, S. (2014). PICO, PICOS and SPIDER: a comparison study of specificity and sensitivity in three search tools for qualitative systematic reviews. BMC health services research, 14(1), 1-10.
9. Booth, A (2004) Formulating answerable questions. In Booth, A & Brice, A (Eds) Evidence Based Practice for Information Professionals: A handbook. (pp. 61-70) London: Facet Publishing.
10. Wildridge, V., & Bell, L. (2002). How CLIP became ECLIPSE: A mnemonic to assist in searching for health policy/management information. Health Information & Libraries Journal, 19(2), 113-115.
11. Johnson, B. T., & Hennessy, E. A. (2019). Systematic reviews and meta-analyses in the health sciences: Best practice methods for research syntheses. Social Science & Medicine, 233, 237-251.
12. Jahan, N., Naveed, S., Zeshan, M., & Tahir, M. A. (2016). How to conduct a systematic review: a narrative literature review. Cureus, 8(11).
13. Baxter, S. K., Blank, L., Woods, H. B., Payne, N., Rimmer, M., & Goyder, E. (2014). Using logic model methods in systematic review synthesis: describing complex pathways in referral management interventions. BMC medical research methodology, 14(1), 1-9.
14. Shadish, W. R., Cook, T. D., & Campbell, D. T. (2002). Experimental and quasi-

experimental designs for generalized causal inference. Boston: Houghton Miffli
15. Shadish, W., & Myers, D. (2004). Research design policy brief. Oslo: Campbell Collaboration.
16 Moher D, Shamseer L, Clarke M, Ghersi D, Liberati A, Petticrew M, Shekelle P, Stewart LA. Preferred Reporting Items for Systematic Review and Meta-Analysis Protocols (PRISMA-P) 2015 statement. Syst Rev. 2015;4(1):1-9.
17. Page, M. J., McKenzie, J. E., Bossuyt, P. M., Boutron, I., Hoffmann, T. C., Mulrow, C. D., ... & Moher, D. (2021). The PRISMA 2020 statement: an updated guideline for reporting systematic reviews. International journal of surgery, 88, 105906.
18. Schulz KF, Altman DG, Moher D, the CONSORT Group. (2010). CONSORT 2010 statement: Updated guidelines for reporting parallel group randomised trials. Trials BMC Med 8:18
19. von Elm, E., Altman, D. G., Egger, M., Pocock, S. J., Gøtzsche, P. C., & Vandenbroucke, J. P. (2007). The strengthening the reporting of observational studies in epidemiology (STROBE) statement. Epidemiology, 18(6), 800-804.
20. Stroup, DF, Berlin, JA, Morton, SC, Olkin, I, Williamson, GD, Rennie, D, Moher, D, Becker, BJ, Sipe, TA & Thacker, SB 2000, 'Meta-analysis of observational studies in epidemiology: A proposal for reporting. Meta-analysis of observational studies in epidemiology (MOOSE) group', JAMA, vol. 283, no. 15, pp. 2008-2012.
21. Power, C. L. (2014). Systematic review of meta-analytic studies assessing the prevalence of child sexual abuse and A meta-analysis of the prevalence of contact and non-contact child sexual abuse as reported by adolescents in the past 10 years.
22. Kim, G. (2023). How to perform and write a systematic review and meta-analysis. Child Health Nursing Research, 29(3), 161.
23. The Methods Group of the Campbell Collaboration. (2019). Methodological expectations of Campbell Collaboration intervention reviews: Reporting standards. Campbell Policies and Guidelines Series.
24. Kugley, S. , Wade, A. , Thomas, J. , Mahood, Q. , Jørgensen, A.-M. K. , Hammerstrøm, K. , & Sathe, N. (2017). Searching for studies: A guide to information retrieval for Campbell systematic reviews. Campbell Systematic Reviews, 13(1), 1-73
25 Cheung, M. W. L. (2013). Applied Meta-Analysis for Social Science Research by NA Card.
26. Centre for Reviews and Dissemination. (2016). Guidance notes for registering a systematic review protocol with PROSPERO.

더 읽을 거리

Methley, A. M., Campbell, S., Chew-Graham, C., McNally, R., & Cheraghi-Sohi, S. (2014).

PICO, PICOS and SPIDER: a comparison study of specificity and sensitivity in three search tools for qualitative systematic reviews. BMC health services research, 14(1), 1-10.

3

제3장

연구질문 설계

제3장 연구질문 설계

1 개요

체계적 문헌고찰을 성공적으로 진행하기 위해서는 연구 주제를 정교화하고, 중심 질문이나 가설을 명확하게 하며, 고찰 문헌 범위를 설정하는 등 일련의 과정들이 수반되어야 한다.

여느 연구들과 마찬가지로 연구설계의 첫 번째 단계로서 문헌고찰의 방향을 잡아줄 연구 중심 가설을 세워야 한다. 체계적 문헌고찰의 목적, 중점, 범위, 그리고 중심 가설 설정을 명확하게 하는 것이 필요하다. 이는 체계적 문헌고찰 수행 시 각 단계들에서 지침 역할을 하게 된다. 따라서 연구자는 체계적 문헌고찰을 시작하기 전에 연구질문을 구조화하기 위한 도구를 활용하여 연구를 설계해야 한다.

체계적 문헌고찰의 목적과 핵심 질문을 어떻게 개념화하는지에 따라 고찰 범위는 넓을 수도 있고 좁을 수도 있다. 예를 들어, 한 문헌고찰에서는 장기요양보험과 관련된 광범위한 결과(노인의 행복감, 우울, 의료이용, 가족의 부양 부담 등)에 미치는 영향을 평가할 수도 있고, 다른 고찰에서는 장기요양보험 서비스 만족도에만 초점을 맞출 수 있다. 이 외에도 문헌고찰 시 문헌 선정 및 배제 기준에 대한 설정도 필요하다. 일반적으로 연구질문을 공식화한 이후에 설정하며, 포함 기준이 너무 광범위하거나 너무 좁으면 비효율적인 선별 과정으로 이어질 수 있다.

이 장에서는 체계적 문헌고찰의 목표, 핵심 질문 및 가설 설정을 명확하기 위해 사용되는 구조화된 도구(프레임워크)들을 소개하고자 하며, 문헌 선정 범위를 설정할 때 고려되어야 할 포함 및 배제 기준으로 문화 및 지정학적 맥락, 언어, 타임 프레임, 출판 형태 등에 대해 다루고자 한다.

2 연구질문 정의(defined research question)

체계적 문헌고찰은 명확하고 잘 정의된 질문을 기반으로 한다. 프레임워크는 연구질문을 명확하게 하고, 핵심적인 요인에 초점을 두어 연구 문제를 구조화하도록 설계된 도구이다. 연구 분야 및 질문에 따라 여러 유형의 프레임워크가 있는데, 이 장에서는 보건의료 및 보건 · 사회 정책분야의 SR(Systematic Review)과 MA(Meta-Analysis) 수행 시, 연구 문제 구조화를 위해 개발된 주요 도구인 PICO 모형(PICO-확장 모형), SPICE 모형, SPIDER 모형, ECLIPSE 모형을 중심으로 기술한다. 연구자는 전문 분야, 관심 문제, 연구 유형에 따라 관련성 높은 도구를 선택해야 한다.

1) PICO 프레임워크

PICO 프레임워크는 임상 연구(clinical medicine)를 대상으로 하는 SR의 문제 정의 및 적격성 기준을 설정하는데 적합한 도구이다. 즉, 개입 및 치료에 대한 효과를 다루는 질문을 공식화하는 데 주로 사용된다(1). 코크란(Cochrane collaboration)은 PICO 모형을 다양한 영역에서 널리 사용하고 있고, 캠벨(Campbell collaboration) 및 기타 기관에서도 채택하고 있다(2).

PICO 모형에는 4가지 구성 요인인 인구 집단(population), 중재(intervention), 비교(comparison) 및 결과(outcome)를 포함하고 있는데, 시나리오에 채택된 PICO 모형에는 주제, 분야, 질문의 의미를 가장 잘 나타내는 1~2개 용어들을 포함할 수 있다. 예를 들면, 인구 집단(population)에 해당하는 용어 중에서 개인, 가족, 집단과 같이 특정 인구의 특성을 가장 잘 나타내는 용어를 선택하여 대상자를 정의한다(3).

[표 3-1] PICO 프레임워크 구성 요인 및 정의

유형	구성 요인	정의
P	대상 (patient, population, problem)	환자 및 인구 집단은 누구인가? 관심 질병은 무엇인가?
I	개입/노출 (intervention, indicator)	주요 개입 및 노출은 무엇인가?
C	비교/대안 (comparison, control)	비교 또는 대안은 무엇인가?
O	결과(outcome)	영향이나 개선이 예상되는 결과는 무엇인가?

PICO 항목에 추가해야 할 개념이 있는 경우 PICO-확장을 통해 추가 항목을 적용할 수 있으며, 초기 PICO 검색을 통해 수집된 결과에 대해 필터(filter)의 역할을 하게 된다(3, 4).

- PICO-(S) : 연구설계(S: study design)를 의미하며, 특정 연구설계를 검토하는 데 관심이 있는 경우 이 프레임워크를 사용한다.
- PICO-(T) : 기간(T: time frame)을 의미하는 것으로, 일정 시간 내에 결과를 측정해야 하는 경우 이 프레임워크를 사용할 수 있다.
- PICO-(C) : 사회과학(social sciences) 분야에서 상황(C: context)을 의미하는데, 문헌고찰에서 특정 조직이나 상황 또는 시나리오에 초점을 두는 경우에 이 프레임워크를 사용할 수 있다.

2) SPICE 프레임워크

SPICE 프레임워크는 특정 사업이나 중재에 대한 경험과 의미를 평가한 질적 연구를 종합하는데 사용하는 모형이다(4). 주로 보건, 사회과학, 교육 분야에 적용할 수 있으며, 구성 요인은 설정-인구(관점)-개입-비교-평가가 포함된다. PICO와 유사하지만 가장 큰 차이점은 '인구(population)'요인을 환경(setting)과 관점(perspective)으로 구분했다는 것이다. 이것은 정보를 다루는 분야가 자연과학이 아닌 사회과학이라는 것을 인식하게 한다.

일반적으로 사회과학 분야는 정보에 대한 평가가 주관적이며, 특정 이해관계자의 관점에서 관심 대상에 대한 정의가 필요하기 때문이다. 두 번째 차이는 '결과(outcome)'요인에 광범위한 의미가 포함된 '평가(evaluation)'라는 용어를 사용한 점이다. 이는 보건의료(healthcare) 분야에서 널리 사용되는 것으로, 가시적인 효과가 적게 나타나는 교육 및 사회과학 분야의 개입(intervention)에 SPICE 프레임워크를 적용할 때 효과(effects)뿐만 아니라 산출물(outputs)과 영향(impact) 등 서로 다른 개념들을 통합적으로 평가하기 위함이다(5).

[표 3-2] SPICE 프레임워크 구성 요인 및 정의

유형	구성 요인	정의
S	환경/배경(setting)	질문의 맥락(배경)이 무엇인가?
P	인구/관점 (population/perspective)	어떤 인구 또는 어떠한 관점에서 연구가 이루어졌는가?
I	개입(intervention)	연구에서 수행 중인 개입은 무엇인가?
C	비교(comparison)	비교할 수 있는 다른 대안이 있는가?
E	평가(evaluation)	개입의 성공 여부는 무엇인가? 즉, 개입으로 인한 결과는 무엇인가?

3) SPIDER 프레임워크

SPIDER는 보건 · 사회과학(health & social sciences) 분야에서 정성적 · 혼합 연구설계(qualitative and mixed-method)를 위해 설계된 도구이다. 이 프레임워크는 기존 PICO 모델의 한계를 보완하기 위해 만들어졌다. 기존에는 PICO에 연구설계(study design)를 추가한 PICO-(S)형태로 정성적 연구를 검색하는 시도가 있었으나, SPIDER는 이러한 PICO의 변형을 기반으로 보다 정성적 연구에 적합하도록 발전된 형태로 개발되었다(6). SPIDER의 구성 요인은 표본, 관심 현상, 설계, 평가, 연구 유형이며, PICO에 포함된 항목 중에서 중재(intervention)와 비교 집단(comparison) 요소는 제외되었다.

현재 SPIDER는 대중적으로 이용되고 있는 도구는 아니다. 일부 학자들은 SPIDER를 특이성(specificity)이 높아 잠재력 있는 도구로 평가하지만, 동시에 관련성이 높은 논문을 식별하지(identifying) 못하는 위험성(risk)이 크다는 이유로 사용을 권장하지 않기도 한다(7).

[표 3-3] SPIDER 프레임워크 구성 요인 및 정의

유형	구성 요인	정의
S	표본(sample)	관심 집단에 대한 설명
PI	관심 현상 (phenomenon of interest)	연구에서 조사하고자 하는 현상, 경험, 행동
D	연구설계(design)	연구 수행 방법 (인터뷰, 설문조사, 관찰 등)
E	평가(evaluation)	결과 측정
R	연구 유형(research type)	질적 방법, 양적 방법, 혼합 방법 등

4) ECLIPSE 프레임워크

ECLIPSE 프레임워크는 2001년 영국 King's Fund에서 개발한 CLIP 프레임워크를 확장한 모형으로, 보건정책, 보건관리, 사회복지 분야에서 사용하는 용어가 임상 의료에서 사용하는 의학 용어와는 다르다는 관점에서 체계적으로 접근하였다. CLIP는 대상 집단(client group), 서비스 위치(location), 개선/정보/혁신(improvement/information/innovation), 전문가(professionals)로 구성되었다. 이후 여러 차례의 세미나와 컨퍼런스를 통해 이용자의 피드백을 반영하였고, 문헌고찰의 다양한 목적을 고려하여 ECLIPSE 모형으로 발전하였다.

Box 3-1 CLIP 구성 요소 및 사례

- **대상 집단(client group)**: 서비스는 누구를 대상으로 하는가?
  - 노인, 소수 민족 및 흑인, 특정 조건을 가진 집단
- **서비스 위치 및 수준(location)**: 서비스는 어디에 위치하는가?
  - 1차 진료, 또는 2차 진료
  - 농촌 지역, 또는 도시 지역
- **개선/정보/혁신(improvement/information/innovation)**:이용자가 알고 싶어 하는 것은?
  - 모범 사례 모형
  - 서비스 개선 방법
  - 서비스 구성 방법
- **전문가(professionals)**: 서비스 제공/개선에 관여하는 사람은 누구인가?
  - 의사, 간호사, 사회 복지사

기존 CLIP의 구성 요소 중에서 대상 집단(client group), 서비스 위치(location), 전문가(professionals)는 새로운 도구에 그대로 유지되었고, 새로운 내용이 추가된 ECLIPSE 모형은 아래의 표와 같다. 모형의 가장 첫 부분에 '개선, 혁신, 정보' 필수 요인을 함축한 기대(E: expectation)가 배치되었고, 영향(impact)을 의미하는 'I' 요인이 추가되었는데, 이것은 PICO 모형에서의 '결과(outcome)'와 유사한 항목이다. ECLIPSE 모형의 마지막에는 '서비스(service)'가 추가되었다. 이 항목은 관리 및 정책분야의 문헌 검색에서 특정 서비스와의 관련성을 명확히 기술하는 것이 검색 효율을 높이며, 일부 검색에서는 필수 요소로 작용함이 확인되었다. 이에 따라 서비스를 기본 구성요소로 포함하게 되었다(9).

[표 3-4] ECLIPSE 프레임워크 구성 요인 및 정의

유형	구성 요인	정의
E	기대(expectation)	사용자가 원하는 정보가 무엇인가?
C	대상 집단(client group)	서비스는 누구를 대상으로 하는가?
L	위치(location)	서비스는 어디에 위치하는가?
I	영향(impact)	찾고 있는 서비스의 변경 사항은 무엇인가? 성공을 구성하고 있는 것은 무엇인가? 성공은 어떻게 측정되고 있는가?
P	전문가(professionals)	서비스 제공/개선에 관여하는 사람은 누구인가?
SE	서비스(service)	어떤 서비스에 대한 정보를 찾고 있는가?

Box 3-2 **질문 구조화를 위한 주요 프레임워크의 유형 및 적용**

- PICO **모형**: 주로 서로 다른 개입을 비교하는 데 적합한 접근 방식. 진단 및 치료, 예후와 관련된 연구질문을 공식화하는 데 도움이 됨
- SPICE **모형**: 특정 서비스, 개입 또는 프로젝트의 결과를 평가하는 데 적합한 접근 방식
- SPIDER **모형**: 모집단보다는 특정 집단 및 연구설계에 더 중점을 두는 접근 방식
- ECLIPSE **모형**: 정책 또는 서비스 관리 결과를 평가하는 데 유용한 접근 방식

3 포함 및 제외 기준(inclusion and exclusion criteria)

체계적 문헌고찰에서 데이터의 '포함 및 제외 기준' 설정은 어떤 연구를 고찰에 포함할 것인지 결정하기 위해 공식화하는 과정이다(2, 10). 처음부터 명확한 기준을 개발하는 것이 중요하다.

- **선택 및 제외 기준 설정** : 비뚤림 가능성을 최소화하기 위해 문헌 검색을 시작하기 이전에 수행해야 한다. 일반적으로 연구질문을 공식화한 이후에 설정하는데, 연구질문을 공식화하는 과정에서도 포함 및 제외 기준을 고려해야 한다. 이는 1차 문헌들이 체계적 문헌고찰에 포함되기 위해 사전에 갖추어야 하는 특성들이 정의되어야 하기 때문이다.
- **적격성 기준** : 체계적 문헌고찰의 범위를 설정하기 위해 연구설계, 타임 프레임, 출판 형태 등의 기준을 마련할 수 있다. 포함 기준은 관심 대상 연구를 식별할 수 있어야 하며, 포함 기준이 너무 광범위하거나 너무 좁으면 비효율적인 선별 과정으로 이어질 수 있다.
- **기준 근거 마련 절차**: 선택 및 제외 기준은 개념 모형에 근거하거나, 연구자들 간의 협의를 통해 마련할 수 있다. 포함 기준과 이유를 명시한 이후, 연구를 배제하게 만드는 중요한 특성을 확인하여 제외 기준을 기술한다. 결론적으로 포함 및 제외 기준을 명확하고 구체적으로 제공하여 다른 연구자가 고찰 방법을 복제(replicated)하거나 확장할 수 있어야 한다(2, 11).

1) 연구설계(research designs)

체계적 문헌고찰은 다양한 종류의 연구질문을 설정할 수 있고 그에 따른 연구결과들을 합성하게 된다. 이때 연구자는 중심 질문에 대한 신뢰할 수 있는 연구결과들을 합성할

수 있도록 연구설계에 대한 포함 기준을 설정해야 한다.

- **단면연구** : 질병의 유병률, 건강상태나 행동의 특성, 또는 변수 간의 상관관계를 파악하는 고찰에 적절하다. 주로 역학, 공중보건, 보건의료 실태를 파악하는데 활용 가능하다.
- **코호트연구** : 종단 데이터(longitudinal data)를 활용한 연구설계는 역학적 변화(epidemiological change)를 추적하고 결과를 합성하는 데 적합하다. 특정 노출이 질병 발생, 사망, 예후 변화 등과 어떤 관련이 있는지를 시간 경과에 따라 추적할 수 있으므로, 시간 경과에 따른 결과 변화로 인과적 관계 추론이 가능하다.
- **무작위대조시험(randomized controlled trials, RCT)** : 연구 대상자를 무작위로 배정해 중재군(intervention group)과 대조군(control group) 간의 결과를 비교하는 연구로 개입에 따른 효과를 평가하기 위한 연구설계이다. 따라서 중재 효과 평가(약물, 치료법, 예방 전략 등의 효과와 비교), 안정성 평가(중재에 따른 부작용, 이상반응, 순응도 등), 치료 간 비교 등이 목적인 고찰에 적합하다.
- **준실험연구(quasi-experimental)** : 특정 개입의 효과를 평가하고자 하지만, 현실적 조건이나 윤리적, 실천적 이유로 무작위 배정이 어려운 경우에 적절한 연구설계이다. 이는 개입 효과를 평가하기 위해 사용되며, 인과적 추론의 타당성을 위협할 수 있는 그럴듯한 요인들(plausible threats to internal validity)을 다루는 데 중점을 둔다(12).
- **단일군 사전-사후(pre-post) 연구** : 중재 전후 변화를 평가한 연구를 종합하여 개입의 효과성을 탐색하는 고찰에 활용 가능하다. 그러나 단일 그룹 설계로 동일한 대상자의 사전-사후 테스트는 내부 타당성이 취약해서 체계적 문헌고찰과 메타분석에서 제외하는 것이 일반적이나, 일부 방법론자들은 메타분석에 단일 대상 데이터를 포함하는 방법을 연구하고 있다(13, 14).
- **질적연구** : 경험, 인식, 태도, 의미, 맥락 등을 탐색하는 고찰에 적합하다. '암 생존자의 삶의 질 경험은 어떤가?', '노인 돌봄에 대한 가족의 인식은 무엇인가?' 등을 주제로 인터뷰, 포커스 그룹 분석한 연구들을 활용할 수 있다. 수량화된 데이터로는 포착할 수 없는 의미, 문화적 수용성 등을 반영할 수 있다는 장점이 있는 반면, 일반화보다는 맥락에 특화되어 있으며, 주관성 및 해석자의 비뚤림 가능성이 있음에 주의해야 한다.

2) 문화적, 지정학적 맥락(cultural and geopolitical contexts)

코크란 및 캠벨 리뷰는 전 세계적으로 관련성이 있는 증거를 제공하는 것을 목표로 하므로, 정당한 이유가 없는 한 지리적 포함 및 제외 기준이 없어야 한다는 것이 기본 입장이다. 그러나, 특정 지역에만 존재하는 중재를 검토할 때 지정학적 경계는 피할 수 없다. 예를 들어, 민영 의료보험이 의료이용에 미치는 영향을 검토할 경우, 민영 의료보험 프로그램을 시행하고 있는 일부 국가들에서 수행된 연구로만 제한할 수밖에 없을 것이다. 한정된 지역 및 국가에 대한 중재 고찰은 문화적, 사회적, 조직적, 정치적 맥락이 중재의 실행과 효과에 영향을 미칠 수 있으므로 도출된 근거를 다른 지역 및 국가에 적용하기 어렵다는 한계점을 지니게 된다.

따라서 문화적, 지정학적 맥락이 개입의 실행 또는 결과에 영향을 미친다고 뒷받침할 근거가 있는 경우, 연구자는 체계적 문헌고찰을 유사한 맥락(예: 선진국 또는 개발도상국)으로 제한하거나 추가적인 분석을 통해 맥락적 차이를 검토해야 한다.

3) 언어 기준(language criteria)

메타분석에서 영어 논문만 포함했을 때 효과크기(effect size)가 과대평가되는 사례가 보고되었다. 이는 효과가 없거나 부정적 결과는 자국어 저널 또는 학위논문 등에서 발표하는 반면, 긍정적인 결과는 영어로 출판할 가능성이 높기 때문이라고 한다(15). 언어 관련 출판 비뚤림(16)에 대한 우려를 고려하여 코크란과 캠벨은 언어 제한에 대해 주의를 기울이고 있다. 이들은 가능한 언어 제한 없이 포괄적 검색을 권장하며, 특정 언어를 포함하거나 제외하는 기준이 있다면 이를 명확하게 보고해야 한다. 언어 제한이 이상적이지는 않지만, 현실적으로 필요한 경우가 있다. 이때 제한 사유가 합리적이고 충분히 문서화되어 있다면, 연구자들은 다른 언어 검색어와 출판물을 활용하여 검색 범위를 확장할 수 있는 명확한 기준점을 제시했다고 볼 수 있다.

4) 타임 프레임(time frame)

일반적으로 체계적 문헌고찰은 특정 기간에 관심이 있는 특별한 이유가 없는 한 모든 관련 연구를 포함해야 한다. 그러나 검토 대상 기간을 무한으로 설정하는 것은 실용적이지 않다. 타임 프레임을 설정하면 연구 범위를 제한하여 연구의 수를 관리할 수 있는 수준으로 줄일 수 있다. 따라서 연구 수행에 필요한 시간과 자원을 관리할 수 있으며, 연구를 완료하는 데 제한된 시간 내에 결과를 도출할 수 있다. 특히 연구 주제나 질문이 시대적 변화에 영향을 받는 개혁 운동, 주요 정책 변화, 논쟁의 출현 또는 새로운 방법이나 도구의 가용성과 관련되면 타임 프레임을 설정해야 한다. 타임 프레임을 설정하면 다른 연구들의 결과와 비교하기 쉽다. 최근 연구와 과거 연구의 결과를 비교하거나 시간에 따른 변화를 분석할 수 있다.

요약하자면, 타임 프레임을 설정하는 주요 이유는 연구 범위의 제한, 연구 진행 가능성, 자원 관리, 시대적 변화 고려, 결과 비교 가능성을 향상시키기 위함이다. 이를 통해 체계적 문헌고찰을 보다 효과적으로 수행하고 더 유용한 연구결과를 얻을 수 있다.

5) 출판 형태(publication type)

체계적 문헌고찰은 특정 주제에 대한 모든 관련 연구를 종합적으로 수집하고 분석하는 것을 목표로 하므로, 동료 심사를 거친 저널 논문뿐만 아니라 컨퍼런스 초록, 회색 문헌, 보고서 등과 같이 다른 형태의 자료들도 고려하는 것이 중요하다. 동료 검토를 거친 저널 논문은 일반적으로 엄격한 검토 과정을 거치므로 신뢰도가 높아질 수 있다. 반면, 검토 과정이 덜 엄격한 컨퍼런스 초록이나 보고서는 연구설계, 방법론 또는 보고 측면에 한계가 있을 수 있다. 다양한 출판 형태를 모두 포괄하여 선택 및 출판 오류를 줄이는 것이 이상적이나, 고찰에 대한 신뢰도 및 타당성을 높이기 위해 동료 심사를 통해 연구의 질이 검증된 저널 문헌들만을 대상으로 하는 경우도 있다. 그러나 저널 논문의 경우 긍정적이거나 유의미한 결과가 나온 연구가 부정적이거나 유의하지 않은 결과보다 출판될 가능성이 더 높은 출판 비뚤림에 영향을 받기 쉬우며, 이로 인한 종합적인 결과가 과대 해석될 여지가 있다. 메타분석을 수행하는 경우, 출판 바이어스를 평가하는 통계적 기법을 활용하여 결과의 타당성을 보충해야 한다.

6) 정량적 합성을 위한 제외 기준(메타분석 시 고려 사항)

메타분석은 통계적 기법을 통해 개별 연구의 정량적 결과들을 통합하여 특정 주제나 연구질문에 대한 종합적인 결론을 도출하는 분석 기법이다. 메타분석을 통해 효과 크기 추정, 통계적 유의성 평가, 이질성 평가 등을 수행하기 때문에, 선정된 문헌들에는 결과를 수치적으로 합성할 수 있는 데이터가 포함되어야 한다. 따라서 정량적 결과나 95% 신뢰구간(CI)이 제시되지 않은 문헌은 메타분석 시 제외된다. 또한 연구자들 간의 합의를 통해 보정된 효과 값(adjusted relative effects)을 제시하지 않거나, 보정된 변수에 대한 정보를 제시하지 않은 문헌도 제외할 수 있다.

4 연구질문 사례

1) 연구질문에 따른 프레임워크

연구질문에 따른 관련 프레임워크는 아래의 표와 같다. 연구질문에 따라 적절한 프레임워크를 선정해서 진행하는 것이 중요하다. 질문에 적합하지 않은 프레임워크를 사용할 경우, 문헌 검색 과정에서 너무 많이 검색되거나 한정된 문헌만 추출될 수 있다. 따라서 비슷한 주제의 선행 연구에서 사용한 프레임워크를 참고하는 것도 도움이 된다.

[표 3-5] 연구질문에 따른 관련 프레임워크

연구질문	관련 프레임워크
중재/치료의 효과 및 노출의 영향에 대한 임상적 질문 (clinical questions about the effectiveness of inter-ventions / treatments, and the impact of exposures.)	– PECO[1], PECOT[2], PECODR[3], PEO[4] – PerSPECTiF[5] – PICO[6], PIO[7], PICOC[8], PICOS[9], PICOT[10], PICOTS[11], PICOTT[12])
진단 테스트 평가 (diagnostic test evaluation)	– PICO[13] for diagnostic tests
경제성 평가/비용 효율성 (Economic evaluation / cost effectiveness)	– PICOC[8]
정책 평가 (policy evaluation)	– CIMO[14], CIMOS[15], CIMOT[16] – CLIP[17] – ECLIPSE[18] – PIFT[19] – SPICE[20]
진료 지침 평가 (practice guideline evaluation)	– PIPOH[21], PIPOS[22]
유병률, 질병, 증상, 건강 상태, 위해 발생률 (prevalence of a condition incidence of a condition, disease, symptom, health condition, problem)	– CoCoPop[23]
예후 문제 / 예후 판정 (prognosis issues / determining prognosis)	– PFO[24]
고객의 복지에 관한 질문(일상적인 진료에서 발생하는 질문) (questions about a client's welfare(arising from daily practice)	– COPES[25]
복잡한 개입에 관한 질문 (questions about complex interventions)	– ProPheT[26]

재활 치료에 관한 질문(언어 병리학, 작업 치료, 물리 치료 등) (questions about rehabilitation therapies(in speech pathology, occupational therapy, physiotherapy, …))	– PESICO[27)]
서비스 평가/개선 (service evaluation / improvements)	– CLIP[17)] – ECLIPSE[18)] – PICOC[8)] – SPICE[20)]
이론 / 방법론 (theories / methodologies)	– BeHEMoTh[28)]

1) PECO = Population, Exposure, Comparison, Outcome,
2) PECOT = Population, Exposure, Comparison, Outcome, Timeframe,
3) PECODR = Population, Exposure, Comparison, Outcome, Duration, Results,
4) PEO = Population, Exposure, Outcome,
5) PerSPECTiF = Persperctive, Setting, Phenomenon of interest or Problem, Environment, Comparison, Time or Timing, Findings,
6) PICO = Population, Intervention, Comparison, Outcome,
7) PIO = Population, Intervention, Outcome,
8) PICOC = Population, Intervention, Comparison, Outcome, Context,
9) PICOS = Population, Intervention, Comparison, Outcome, Study type,
10) PICOT = Population, Intervention, Comparison, Outcome, Time,
11) PICOTS = Population, Intervention, Comparison, Outcome, Timing, Setting,
12) PICOTT = Population, Intervention, Comparison, Outcome, Type of question, Type of study,
13) PICO = Patient or Participants or Population, Index tests, Comparator or reference tests, Outcome,
14) CIMO = Context, Intervention, Mechanisms, Outcomes,
15) CIMOS = Context, Intervention, Mechanisms, Outcomes, Study design,
16) CIMOT = Context, Intervention, Mechanisms, Outcomes, Time,
17) CLIP = Client group, Location, Improvement or Information or Innovation, Professionals,
18) ECLIPSE = Expectation, Client group, Location, Impact, Professionals, Service,
19) PIFT = Product or Process, Impact, Flows, Type(s) of lifecycle assessment,
20) SPICE = Setting, Perspective, Intervention, Comparison, Evaluation,
21) PIPOH = Population, Intervention, Professionals, Outcomes, Health care setting / context,
22) PIPOS = Population, Intervention, Professionals, Outcomes, Setting,
23) CoCoPop = Condition, Context, Population,
24) PFO = Population, Prognostic Factors, Outcomes,
25) COPES = Client-Oriented Practical Evidence Search,
26) ProPheT = Problem, Phenomenon of interest, Time,
27) PESICO = Person (and problem), Environments, Stakeholders, Intervention, Comparison, Outcome,
28) BeHEMoTh = Behaviour of interest, Health context, Exclusions, Models or Theories

(1) (예시 1) 노인의 신체활동과 인지기능에 대한 체계적 문헌고찰

"좌식 생활 습관을 지닌 노인에서 신체활동이 인지기능 향상에 영향을 미치는가?"에 대한 연구질문을 설정 후 아래의 표와 같이 PICO 프레임워크에 적용하여 질문을 구조화하였고, 그에 따른 선택/배제 기준을 예시로 제시해 보았다.

[표 3-6] PICO 프레임워크 및 선택/배제 기준 예시

PICO(ST) 프레임워크	
대상(population)	60세 이상 노인
개입(intervention)	운동 트레이닝
비교(comparison)	신체적 비활동성(physical inactivity), 좌식 생활 습관
결과(outcome)	인지기능 개선
연구설계(study design)	무작위 대조 시험(RCT)
기간(time)	별도의 기간 설정 없음
선택/배제 기준	
1) 실험군과 대조군을 무작위 배정하여 실험군에 운동 중재를 한 RCT 연구 포함 2) 무작위 대조 시험이 아닌 비 무작위 연구, 관찰연구, 사례 연구, 정성적 연구 등은 모두 배제 3) 특정 지정학적, 문화와 관계없이 출판된 연구 포함 4) 좌식 시간과 상관없이 좌식 생활 습관을 가진 노인을 대상으로 한 연구라면 포함 5) 결과로 전반적인 인지, 기억력, 실행 기능과 같은 기타 특정 영역을 포함 6) 영어 및 한국어로 출판된 동료 심사를 거친 학술연구 포함	

(2) (예시 2) 당뇨환자 관점에서 개발된 식습관 교육과 건강 지식 및 행동 개선에 대한 체계적 문헌고찰

"지역사회 내 보건 교육 프로그램으로 당뇨환자 관점에서 개발된 식습관 교육이 기존에 시행하던 식습관 개선 교육보다 주민들의 건강 지식 및 행동 개선에 효과적인가?"를 대한 연구질문을 설정 후 아래의 표와 같이 SPICE 프레임워크에 적용하여 질문을 구조화하였고, 선택/배제 기준을 예시로 제시해 보았다.

[표 3-7] SPICE 프레임워크 및 선택/배제 기준 예시

SPICE 프레임워크	
환경/배경(setting)	지역사회 내 보건 교육 프로그램
인구/관점(population/perspective)	당뇨환자 관점
개입(intervention)	새롭게 개발된 식습관 개선 교육
비교(comparison)	기존에 시행하던 식습관 개선 교육

평가(evaluation)	지역주민들의 식습관 인식 개선 및 행동 개선
선택/배제 기준	
1) 무작위 및 비 무작위 배정된 실험군과 대조군에 대하여 중재를 통한 비교 연구 포함 (RCT, 환자-대조군 연구설계) 2) 중재가 포함되지 않은 연구 사례, 동일 대상자의 전후 비교 연구는 배제 3) 특정 지정학적, 문화와 관계없이 출판된 모든 연구를 포함. 그러나 지역단위의 주민들을 대상으로 한 보건 교육 프로그램에 한함 4) 평가에 대한 객관적인 지표 없이 인터뷰 등을 통한 정성적 결과를 제시한 연구는 배제 5) 영어로 출판된 동료 심사를 거친 학술연구 포함	

(3) (예시 3) 개발도상국 원격의료 도입에 대한 의료진의 주관적 생각에 대한 체계적 문헌고찰

"개발도상국 의료진은 원격의료 도입을 어떻게 평가하는가?"에 대한 연구질문을 설정 후 아래의 표와 같이 SPIDER 프레임워크에 적용하여 질문을 구조화하였고, 선택/배제 기준을 예시로 제시해 보았다.

[표 3-8] SPIDER 프레임워크 및 선택/배제 기준 예시

SPIDER 프레임워크	
표본(sample)	개발도상국 의료진
관심 현상(phenomenon of interest)	원격의료 도입
연구설계(Design)	정성적 데이터 수집 및 분석
평가(Evaluation)	주관적 생각(견해 및 태도)
연구 유형(Research type)	정성적, 정량적, 혼합 연구(질적 + 정량적 데이터 수집 및 분석 방법 결합)
선택/배제 기준	
1) 원격의료에 대한 RCT 연구, 전후 비교 연구, 관찰연구, 사례 연구는 배제 2) 개발도상국을 대상으로 한 연구로 선진 국가들을 대상으로 한 연구 배제 3) 원격의료는 최근에 다뤄지는 이슈로 2010년 이후 대상의 문헌들로 한정 4) 동료 심사를 거친 학술연구, 보고서, 기사 등을 포함 5) 출판언어에 제한을 두지 않음	

(3) (예시 4) 중증 정신질환자의 퇴원 후 지역사회로 복귀에 대한 체계적 문헌고찰

"중증 정신질환자가 지역사회로 복귀했을 때 재활 서비스가 제대로 작동할 수 있는가?"에 대한 연구질문을 설정 후 아래의 표와 같이 ECLIPSE 프레임워크에 적용하여 질문을 구조화하였고, 선택/배제 기준을 예시로 제시해 보았다.

[표 3-9] ECLIPSE 프레임워크 및 선택/배제 기준 예시

ECLIPSE 프레임워크	
기대(expectation)	정신병원 퇴원 후 지역사회로의 복귀
대상 집단(client group)	중증 정신질환자
위치(location)	지역사회
영향(impact)	치료의 연속성, 환자 만족도, 전문가간의 소통 강화
전문가(professionals)	병원 의료진, 지역사회 서비스 담당자, 사회복지사
서비스(service)	지역사회 재활 서비스
선택/배제 기준	
1) 별도로 연구디자인, 출판 형태에 제한을 두지 않음 2) 비정신병적 장애(예: 약물 및 알코올, 후천성 뇌 손상 또는 신체 재활)를 대상으로 한 연구 배제 3) 정신질환 재활서비스를 지역사회 단위로 한정 4) 정신과적 탈시설화에 대한 움직임은 1950년대부터* 강조되어 1950년 이후에 출판된 문헌들로 한정 5) 출판언어에 제한을 두지 않음	

출처: Stiker, Henri-Jacques. "deinstitutionalization". Encyclopedia Britannica, 1 Mar. 2018, https://www.britannica.com/topic/deinstitutionalization.

참고문헌

1. Richardson, W. S., Wilson, M. C., Nishikawa, J., & Hayward, R. S. (1995). The well-built clinical question: A key to evidence-based decisions. ACP journal club, 123(3), A12-A12.
2. Walker, J. J. (2007). Systematic Reviews in the Social Sciences: a Practical Guide - by Petticrew, M. and Roberts, H.
3. Petticrew, M., & Roberts, H. (2006). Systematic reviews in the social sciences: A practical guide. Malden, MA: Blackwell Publishers.
4. Davies, K. S. (2011). Formulating the evidence based practice question: a review of the frameworks.
5. Booth, A (2004). Formulating answerable questions. In Booth, A & Brice, A (Eds) Evidence Based Practice for Information Professionals: A handbook. (pp. 61-70) London: Facet Publishing.
6. Cooke, A., Smith, D. & Booth, A. (2012). Beyond PICO: the SPIDER tool for qualitative evidence synthesis. Qualitative Health Research(10), 1435-1443.
7. Methley, A. M., Campbell, S., Chew-Graham, C., McNally, R., & Cheraghi-Sohi, S. (2014). PICO, PICOS and SPIDER: a comparison study of specificity and sensitivity in three search tools for qualitative systematic reviews. BMC health services research, 14(1), 1-10.
9. Wildridge, V., & Bell, L. (2002). How CLIP became ECLIPSE: A mnemonic to assist in searching for health policy/management information. Health Information & Libraries Journal, 19(2), 113-115.
10. Jahan, N., Naveed, S., Zeshan, M., & Tahir, M. A. (2016). How to conduct a systematic review: a narrative literature review. Cureus, 8(11).
11. Johnson, B. T., & Hennessy, E. A. (2019). Systematic reviews and meta-analyses in the health sciences: Best practice methods for research syntheses. Social Science & Medicine, 233, 237-251.
12. Shadish, W. R., Cook, T. D., & Campbell, D. T. (2002). Experimental and quasiㅎ experimental designs for generalized causal inference. Boston: Houghton Miffli
13. Kendrick, D., Coupland, C., Mulvaney, C., Simpson, J., Smith, S. J., Sutton, A., et al. (2007). Home safety education and provision of safety equipment for injury prevention. Cochrane Database of Systematic Reviews, 1, Art.
14. Shadish, W. R. (2007). A new method for meta-analysis of single-case designs. Presentation at the Second Annual Meeting of the Society for Research Synthesis Methodology, Evanston, IL, July 11, 2007.
15. Egger, M., Smith, G. D., Schneider, M., & Minder, C. (1997). Bias in meta-analysis detected by a simple, graphical test. bmj, 315(7109), 629-634.

16. Egger, M., Zellweger-Zahner, T., Schneider, M., Junker, C., Lengeler, C., & Antes, G. (1997). Language bias in randomised controlled trials published in English and German. The Lancet, 350, 326–329.

더 읽을 거리

Methley, A. M., Campbell, S., Chew-Graham, C., McNally, R., & Cheraghi-Sohi, S. (2014). PICO, PICOS and SPIDER: a comparison study of specificity and sensitivity in three search tools for qualitative systematic reviews. BMC health services research, 14(1), 1-10.

제**4**장

문헌검색

제4장 문헌검색

1 개요

이 장에서는 체계적 문헌고찰의 주요 연구 출처(전자 데이터베이스 포함)와 이를 찾는 데 사용되는 주요 방법, 언제 검색을 중단해야 하는지에 대한 기준 등을 설명한다. 관련 연구를 식별하는 것은 체계적 문헌고찰자에게 '가장 근본적인 과제'로 여겨지며, 연구자에게 일반적으로 가르치지 않는 정보 기술을 필요로 한다. 검토자가 체계적 문헌고찰을 수행하는 데 도움이 되는 많은 도구와 전문가가 있지만, 사회과학 주제 영역에서는 이러한 종류의 보조 도구가 부족하고, 일부 데이터베이스는 단순한 검색 전략보다 더 정교한 검색 방법을 요구하기도 한다. 따라서 문헌검색에 있어서는 전문가의 도움을 구하는 것이 중요할 수 있다(1).

2 문헌수집 출처(search sources)

1) 전자 데이터베이스의 역할과 한계

고려해야 할 정보 출처는 많지만, 전자 데이터베이스를 검색하는 것이 주된 출발점이다. 이러한 데이터베이스는 주로 출판되고, 동료 심사를 거친 문헌에 중점을 두고 있다. 그러나 이러한 전자 데이터베이스가 문헌을 찾는 유일한 수단은 아니며, 때로는 가장 유용하지 않을 수도 있다. 많은 연구분야, 특히 사회과학 분야에서는 관련 근거의 대부분이 학술지에 실리지 않고 '회색문헌'에 있는 보고서에 있으며, 이 중 상당수는 전자 데이터베이스에 색인화되지 않을 수 있다. 따라서, 전자 검색만으로는 많은 정보를 찾지 못할 위험이 있다. 예를 들어, 주택 연구에 대한 체계적 문헌고찰에서는 관련 연구의 약 1/3만이 데이터베이스 검색을 통해 검색되었고, 나머지는 연구자 간 교신, 참고문헌 수기 검색, 전문가 자문 등을 통해 확인되었다(1).

2) 검색 범위 결정

검색해야 하는 데이터베이스 또는 기타 출처의 수는 주제마다 다르며, 사용할 수 있는 시간과 자원에 따라 달라진다. 또한 연구자의 역량과 누락된 연구로 인한 영향 평가에 따라서도 달라진다. 일부 임상 주제의 경우 포괄적인 검색을 위해서 최소 2개 이상의 데이터베이스를 검색하고, 일부 저널을 수작업으로 검색해야 한다(2).

3) 포함할 문헌의 유형과 검색 방법

찾고자 하는 정보의 유형은 검토 질문과 포함 기준에 따라 달라진다. 출판된 저널 논문과 기타 출판 및 미발표 연구보고서가 포함될 수 있다. 후자는 학회발표자료, 논문 초록 및 기타 회색문헌 검색을 통해 찾을 수 있다. 특히 사회과학 분야에서는 학술지에 발표되지 않은 연구결과들이 보고될 수 있으므로 책 챕터도 검색에 포함해야 한다. 기타 문헌고찰(체계적이든 아니든) 및 일차 연구의 참고문헌도 수작업으로 검색해야 한다. 학술지 논문, 서적 및 미출판 문헌의 전자 및 기타 검색 방법은 아래에 자세히 설명되어 있으며, 데이터베이스 및 기타 자료원 목록은 이 장 전체에 걸쳐 설명되어 있다(1).

[표 4-1] 학술문헌용 데이터베이스

분야	데이터베이스	소개
다학제적	Web of Science	과학, 사회과학, 예술 및 인문학 인용 색인을 포함한 서지 정보의 다학제적 데이터베이스로 구성된 통합 플랫폼으로 인용문헌 검색을 통해 특정 기사나 저자를 인용한 연구를 확인할 수 있는 인용 데이터베이스
	Scopus	과학, 기술, 의학, 사회과학, 예술 및 인문학 분야의 연구를 포함하여 동료 심사를 거친 문헌에 대한 최대 규모의 초록 및 인용 데이터베이스
	DBpia	인문, 사회, 과학기술 등 전 분야의 국내학회 및 학술단체에서 발행하는 저널의 원문을 제공하는 데이터베이스
	KCI(한국학술지인용색인)	KCI 등재 논문의 원문, 저자정보, 인용정보, 통계정보, 학술지정보, 학회정보 제공, 논문유사도 검사를 지원
	KISS(Korean Studies Information Service System)	인문, 사회, 과학기술 등 전 분야의 국내학회 및 학술단체에서 발행하는 저널의 원문을 제공하는 국내 학술지 데이터베이스

분야	데이터베이스	소개
	eArticle	국내 620여 학회 및 학술단체에서 발행하는 920여 종의 학술저널에 대해 창간호부터 최신호까지 PC, 태블릿, 모바일 등을 통해 논문을 제공함
건강/의학	PubMed를 통한 MEDLINE	미국 국립의학도서관에서 주관하는 생명과학 및 생물의학 정보에 대한 가장 포괄적이고 최신의 서지 데이터베이스. MEDLINE 뿐만 아니라, 생물의학 분야의 색인되지 않은 문헌 및 추가자료까지 PubMed를 통해 검색할 수 있음
	TRIP Database	검색할 수 있는 임상 연구 근거 라이브러리로 PICO로 검색할 수 있음
	EMbase	1974년부터 현재까지의 생의학, 의약품, 신약 연구 및 개발, 임상 연구 등에 대한 서지정보 제공 데이터베이스
	CABI: CAB Abstracts and Global Health	ISI Web of Science 플랫폼을 통해 검색할 수 있으며 CABI는 영양, 농업, 임업, 인간 건강, 동물 건강, 천연자원관리 및 보존 분야의 연구 개발 문헌을 다루고 있음
	AACR(American Association for cancer research)	American Association of Cancer Research에서 출판하는 8개 암 관련 저널과 2개의 Online Platform을 제공
	CINAHL	간호, 보건의학의 약 40여 분야, 5,000여 종의 저널에 관한 서지정보와 함께 730여 종 저널에 대한 원문 및 임상정보, 근거중심 간호정보, 교육정보 등을 추가로 제공하는 간호학 분야 데이터베이스
	KNBASE	한국에서 발간되는 간호학 분야 중 학술지의 서지 정보, 초록 및 원문을 제공하는 간호학 전문 데이터베이스
	KMbase	한국에서 발간되는 1,000여 종의 생의학 분야(의학, 간호학, 치의학, 보건학, 약학, 수의학, 한의학) 저널의 68만 6천여 건의 서지 및 초록 정보를 제공하는 데이터베이스
	CNC 한의학	〈동의보감〉, 〈동의수세보원〉, 〈광제비급〉 등 의학, 의술서 데이터베이스로 고전원문과 번역본 제공
건강근거	Epistemonikos	의료 및 건강 정책에 대한 결정을 내리는 사람들을 위한 근거 기반 라이브러리
	PAIS International	저널기사, 서적, 정부문서, 통계디렉토리, 회색문헌, 연구보고서, 회의보고서, 국제기관 출판물, 마이크로피시, 인터넷 자료 등에 대한 인용을 포함하는 CSA의 국제 데이터베이스. 주제에는 사법행정, 비즈니스, 경제, 정부, 인권, 노동 조건 및 정책, 사회 조건이 포함됨
	3iE Database	영향 평가를 위한 국제 이니셔티브로 무엇이 효과가 있고, 무엇이 효과가 없는지, 개발이유에 대한 근거를 찾고 있는 정책입안자와 연구자를 위한 데이터베이스
	Health Systems Evidence	의료시스템을 강화하거나 개혁하는 방법에 관심이 있는 정책 입안자, 이해관계자 및 연구자를 지원하는 근거정보 데이터베이스로 무료 접근 가능
	EVIPNet	저소득 및 중간 소득 국가에 초점을 맞춰 정책 결정에서 건강연구 근거의 체계적인 사용을 촉진하는 WHO 자원

분야	데이터베이스	소개
	PDQ(pretty darn fast)-Evidence	의료시스템에 대한 결정을 내릴 수 있는 최상의 근거에 신속하게 접근할 수 있도록 지원함
농업/식품	CAB Abstracts	건강/의학 분야의 'CABI: CAB Abstracts and Global Health' 데이터베이스 소개와 동일
	AGRICOLA	농업, 농산물, 동물과학, 수생과학, 수산, 사료과학, 식품과학, 인간 영양학 및 농촌 사회학 분야를 다룸
	BIOSIS Previews	ISI Web of Science의 일부로 제공되며 생물학 및 생의학 분야의 연구보고서와 리뷰를 다룸. 구체적으로 식물학, 동물학, 미생물학 등 전통적인 생물학 분야뿐만 아니라 생의학, 농업, 약학, 생태학 등 관련 분야도 포함
	Food Science and Technology Abstracts (FSTA)	ISI Web of Science 플랫폼을 통해 검색 가능하며 전 세계 식품과학, 식품기술 및 식품 관련 인간 영양 문헌의 초록을 제공함. 1969년부터 현재까지 저널, 특허, 서적, 회의록, 보고서, 논문, 표준 및 법률을 포함
	Environment Index	농업, 생태계, 에너지, 환경법, 지리, 해양 및 담수자원, 공공정책, 사회적 영향, 도시계획 등의 분야에 대한 초록과 색인을 제공함
사회과학	PsycINFO	정신의학, 사회학, 인류학, 교육학, 약리학, 언어학 등 심리학 및 관련 행동, 사회과학 분야의 국제 문헌 인용과 요약 포함
	GenderWatch	광범위한 주제 영역에서 성별이 미치는 영향에 초점을 맞춘 출판물의 전문을 제공하는 데이터베이스. 가족, 출산, 피임, 보육, 가정폭력, 일과 직장, 성희롱, 노화, 노부모, 신체 이미지, 섭식장애, 사회 및 사회적 역할 등 여성의 삶에서 중심이 되는 주제에 대한 심층적인 내용을 제공함
	AgeLine	50세 이상의 인구와 노화 문제에 초점을 맞추고 있음. 보건과학, 심리학, 사회학, 사회사업, 경제학, 공공정책의 노화 관련 콘텐츠를 포함
	ERIC	교육자, 연구자 및 일반 대중이 관심을 가질 만한 무료 교육 관련 정보를 제공하는 디지털 라이브러리
	Sociology Source Ultimate	사회학의 모든 하위 분야와 밀접하게 관련된 연구 분야를 포괄하는 데이터베이스. 낙태, 범죄학 및 형사법, 인구학, 민족 및 인종연구, 성 연구, 결혼 및 가족, 정치사회학, 종교, 농촌 및 도시사회학, 사회개발, 사회심리학, 사회구조, 사회사업, 사회문화 인류학, 사회학 역사, 사회학 연구, 사회학 이론, 약물 남용 및 기타 중독, 폭력 및 기타 여러 분야가 포함됨
	Sociological Abstracts	사회학 및 사회 행동 과학 관련 분야의 국제 문헌 초록과 색인을 제공함
비즈니스 경제학	EconLit	경제이론과 역사, 재정이론, 계량 경제학, 농업 경제학, 공공 금융, 인구학, 통화이론, 국제 경제학 등을 다룸
	ABI/Inform	서지인용, 초록 및 논문 전문을 포함하는 광범위한 국제 비즈니스 및 경영 데이터베이스
	Business Source Complete	학술 비즈니스 저널 및 기타 다양한 출처의 전문을 제공하며, 비즈니스와 관련된 거의 모든 주제 영역을 포함

분야	데이터베이스	소개
	Human Resources Abstracts	인적자원 관리, 직원 지원, 조직 행동 및 기타 해당 분야와 주요한 관련성이 있는 분야를 포함하여 인적자원과 관련된 필수 영역을 다루는 서지 정보 포함
	PAIS Index	저널기사, 서적, 정부문서, 통계디렉토리, 회색문헌, 연구보고서, 회의보고서, 국제기관 출판물, 마이크로피시, 인터넷 자료 등에 대한 인용을 포함하는 CSA의 국제 데이터베이스. 주제에는 사법행정, 비즈니스, 경제, 정부, 인권, 노동 조건 및 정책, 사회 조건이 포함
지역	Health Sciences Spanish Bibliographic Index(IBECS)	스페인 보건부, 사회정책 및 평등부 산하 국립보건과학 도서관에서 발행하는 데이터베이스
	LILACS	라틴 아메리카 및 카리브해 지역의 포괄적인 과학 및 기술 문헌 데이터베이스
	SciELO Citation Index	주로 남미 등 개발도상국에서 출판된 문헌에 중점을 둔 오픈 액세스 저널의 서지 데이터베이스 및 디지털 라이브러리
	Virtual Health Library	LILACS와 SciELO 외에도 라틴 아메리카 및 카리브해에 대한 자료를 찾을 수 있는 라이브러리
	Native Health Database	아메리칸 인디언, 알래스카 원주민, 캐나다 원주민의 건강 및 의료와 관련된 건강관련 기사, 보고서, 설문조사 및 기타 문서의 서지 정보와 초록이 포함됨. 이 데이터베이스는 북미 원주민에 관한 건강 관련 문제, 프로그램 및 이니셔티브에 관심이 있는 조직과 개인의 이익, 이용 및 교육을 위한 정보를 제공함
	African Index Medicus (AIM)	WHO에서 아프리카 보건정보 및 도서관 협회(AHILA)와 협력하여 아프리카 보건 문헌 및 정보 출처에 대한 국제 색인의 생성을 제공하는 데이터베이스
	Western Pacific Region Index Medicus(WPRO)	의학 및 건강 학술지 색인으로 WHO 서태평양 지역 사무소가 회원국의 여러 기관과 협력하여 진행하는 프로젝트
	China Academic Journals (CNKI)	중국에서 발행되는 중국 학술지 인용 데이터베이스로 의학 및 공중보건 주제를 포함하여 10개 시리즈로 분류됨
	Scholarly Academic Information Navigator (CiNii)	학회지, 대학 연구회보에 게재된 학술논문 또는 국회도서관의 일본 정기간행물 색인 데이터베이스 및 데이터베이스에 포함된 논문에 대한 정보를 검색할 수 있는 일본의 데이터베이스
	Index Medicus for the South-East Asian Region (IMSEAR)	WHO 동남아시아 지역 내 저널에 게재된 논문의 데이터베이스로 보건 문헌, 도서관 및 정보서비스(HELLIS) 네트워크에 참여하는 도서관의 협력 데이터베이스
	Index Medicus for the Eastern Mediterranean Region(IMEMR)	동부 지중해 지역에서 생산된 건강 문헌을 색인화한 데이터베이스로 동지중해 지역의 보건 및 생의학 저널을 색인화할 필요성에 따라 시작된 WHO 가상 보건 과학 도서관의 주요 프로젝트 중 하나

출처: Cornell university Library. https://guides.library.cornell.edu/evidence-synthesis/databases

3 검색 전략(search process strategy)

1) 기본 검색 전략의 구성 원리

검토 질문과 포함/제외기준에서 어떤 유형의 연구를 식별해야 하는지 명확히 해야 한다. 많은 경우 특정 연구 디자인을 식별하는 데 도움이 되는 검색 전략이 있으며, 이러한 전략은 대체로 일관된 방식으로 구성된다. 중재(intervention)의 경우 동의어 목록을 작성하는 등 개입을 정의할 수 있는 다양한 용어들을 나열하는 것을 포함한다. 그런 다음 모집단을 지정하고 관련 동의어를 포함하여 관심 있는 결과를 다시 지정한다. 이러한 동의어들을 결합하여(일반적으로 AND, OR, NOT이라는 용어를 사용) 가장 관련성이 높은 연구만 검색할 수 있도록 한다(1). 이때 불리언 연산(boolean logic)은 검색 전략 작성의 중요한 구성요소이다.

- AND: 검색 범위를 좁히는 연산자(예: 행복 AND 건강)
- OR: 검색 범위를 확장하는 연산자(예: (행복 OR 긍정) AND (건강 OR 스트레스))
- NOT: 용어를 제외하는 연산자(예: 건강 NOT 스트레스)
- "*": 해당 단어(*)의 모든 형태를 찾는 연산자(예: (행복* OR 긍정*) AND (건강* OR 스트레스*))
- ( ): 괄호를 사용하면 모든 용어가 집합으로 함께 검색됨
- "": 문구 인용문은 정확한 용어를 검색하게 함(예: (행복* OR 긍정* OR "건강"))

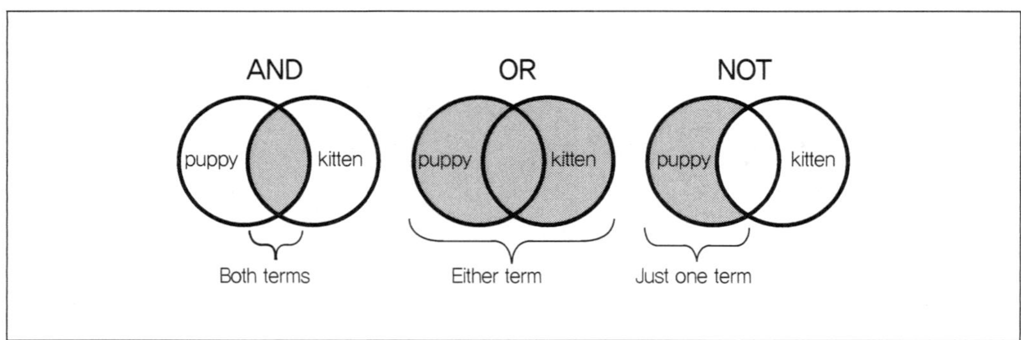

[그림 4-1] 검색 전략 연산자 시각화

출처: Cornell university Library. https://guides.library.cornell.edu/evidence-synthesis/search-strategy

2) 방법론적 제한과 무작위 대조시험 필터

검색 전략에서 방법론 제한은 목적과 다른 연구 디자인 제거를 통해 대규모 검색 집합의 크기를 줄일 수 있다는 점에서 사용될 수는 있지만, 일반적으로 제한을 두지 않는 것이 권장된다. 이러한 제한은 연구 유형을 설명할 때 사용되는 방법론 용어가 매우 다양해서 관련성 있는 연구가 제외되는 결과를 초래한다. 비무작위 설계의 경우 많은 저자가 제목이나 초록에 방법론을 언급하지 않고 색인이 일관되지 않아 문제가 특히 심각하다. 다양한 연구설계 디자인 중에서 무작위 대조시험(randomized controlled trials)은 다른 방법론에 비해 필터를 적용한 검색 전략을 짜는 게 가장 성공적이다. 이는 저자들이 제목이나 초록에서 무작위 추출 방법을 자주 언급하고, 1990년대 중반부터 MEDLINE과 Embase 모두에서 검색필터가 일반적으로 사용되어 높은 검색 정확도를 보이기 때문이다(3).

검색을 무작위 대조시험으로 제한하는 데 사용할 수 있는 수십 개 필터가 있다. 대부분의 연구에서는 PubMed와 Embase에서 제공하는 필터를 적절히 활용하고 있다.

- PubMed: (clinical[tiab] AND trial[tiab]) OR "clinical trials as topic"[mesh] OR "clinical trial"[pt] OR random*[tiab] OR "random allocation"[mesh]
- Embase: ('clinical':ti,ab AND 'trial':ti,ab) OR 'clinical trial'/exp OR random*

Cochrane Collaboration에서 출판한 체계적 검토를 위한 핸드북에는 PubMed와 Embase 에서 무작위 대조시험을 대상으로 한 검색 전략이 포함되어 있다.

- PubMed: "randomized controlled trial"[pt] OR "controlled clinical trial"[pt] OR randomized[tiab] OR placebo[tiab] OR "drug therapy"[sh] OR randomly[-tiab] OR trial[tiab] OR groups[tiab]
- Embase: 'randomized controlled trial'/exp OR 'controlled clinical trial'/exp OR randomized:ti,ab OR placebo:ti,ab OR 'drug therapy':lnk OR randomly:ti,ab OR trial:ti,ab OR groups:ti,ab

대안으로 Royle과 Waugh(2005)은 앞선 방법들만큼 효과적이면서도 바이어스를 거의 유발하지 않는 PubMed 이외의 인터페이스로 쉽게 전달하기 쉬운 단순화된 검색 전략을 제시했다(4).

- PubMed: random*[tw]
- Embase: random*

더 정확한 제한을 위한다면 MeSH 또는 Emtree를 활용하여 무작위 대조시험을 다음과 같이 검색할 수도 있다.

- PubMed: "randomized controlled trial"[pt]
- Embase: 'randomized controlled trial'/exp

3) 질적연구 검색의 특수성과 전략

질적연구의 체계적 문헌고찰은 사회적 개입에 대한 문헌을 통합하는 데 상당히 관심이 있다. 대부분 역사에서 체계적 문헌고찰은 정량적 정보를 종합하는 데 사용됐지만, 개입과 관련된 주요 질문에 대한 해답은 질적 데이터에서만 얻을 수 있는 경우가 많다. 그러나 리뷰에 포함할 질적연구를 식별하는 것은 임상시험을 식별하는 것보다 더 어렵다(1). 임상시험의 경우처럼 전용 데이터베이스에서 질적연구를 식별하고 색인화하려는 지속적인 시도는 아직 없다(예: CENTRAL). 실제로 기존 전자 데이터베이스의 질적연구 색인화는 일관성이 없고, 연구 제목이나 초록에 질적연구임을 명확히 판별할 수 있는 방법론적 정보가 없는 경우가 많다. 따라서 특정 검색어를 정의하기가 어렵다.

Shaw 등 (2004)은 검색어 목록에 'glaser adj2 strauss$'(질적연구 방법론자인 Glaser와 Strauss를 지칭)를 추가하고, 'multi-method', 'multi-modal', 'triangulation,' 'formative evaluation', 'process evaluation'과 같은 추가 용어를 사용함으로써 질적 방법이 정량적 방법과 함께 사용된 사례를 찾을 수 있도록 하였다. 또한, 색인용어(예: MEDLINE)와 자유 텍스트 용어 및 광범위한 용어를 함께 사용하는 검색 전략을 개발했다. 이들의 연구결과에 따르면, 한 가지 전략만으로는 관련 연구를 놓칠 위험이 있으므로 검색의 민감도를 높이기 위해서는 세 가지 전략의 조합이 필요하다고 강조한다(5). 검색 시 질적연구 분석 소프트웨어를 지칭하는 용어(예: NUDIST, N6, NVivo, Ethnograph)도 추가할 수 있는데, 이러한 용어는 질적연구에 특화되어 있을 수 있으나, 단독으로 사용하면 민감도가 낮다(1).

Hawker 등 (2002)은 병원과 지역사회 간 노인 환자 정보 전달 전략과 그 효과를 검토하기 위한 질적연구를 식별하기 위해 얼마나 오랜 시간 투자했는지 설명했다. 그들은 초기 검색에서 식별된 연구를 키워드화 할 수 있는 방법을 검토하는 등 검색 전략을 구체화하는 데 사용한 반복적인 과정을 설명했다. 검색 전략에는 PubMed에서 유사한 연구를 찾을 수 있는 관련 검색과 저널 직접 검색, 참고문헌 검색 방법도 포함되어 있다(6).

이처럼 질적연구의 색인 및 보고가 개선될 때까지는 질적연구 필터를 신중하게 사용할 필요가 있다. 현재 이 분야의 방법론적 작업은 코크란 및 캠벨 협력의 방법론 그룹에서 수행하고 있다(1).

Booth(2001)는 질적 패러다임 내에서 검색하는 것은 양적 연구를 검색하는 것과 다르다고 언급하며, 질적 검토가 포괄적인 범위에서 이루어질 필요가 있는지 질문한다(7). 그는 연구 대상과 관련된 논문 그룹을 식별하는 것이 더 적절하다고 제안한다. 이 안에서 주요 질적연구와 거의 유사한 방식으로 주제 또는 중요한 '핵심정보'를 식별할 수 있다고 말한다. Booth가 말하는 질적연구 체계적 문헌고찰을 위한 문헌검색은 다음과 같은 사항을 고려해야 한다. 첫째, 한 분야의 주요 학파를 식별하는 동시에 소수 견해, 반대 의견에 주의를 기울이는 것, 둘째, 다양한 학문 분야(예: 보건 경제학, 통계학)와 이해관계자(예: 사용자, 임상의, 관리자) 관점을 포함하기 위해 광범위한 분야를 검색하는 것, 마지막으로 전자 및 수동 검색 기법을 모두 사용하여 색인 누락이나 데이터베이스의 한계로 인해 자료를 놓치지 않도록 하는 것이다.

4 회색문헌(gray literature) 검색

1) 회색문헌의 정의와 중요성

회색문헌은 상업 또는 학술 출판이 아닌 개인이나 조직이 제작한 문헌이다. 즉, 정규 출판 경로를 통해 얻을 수 없는 문헌을 지칭하는 데 주로 사용된다. 여기에는 학술 및 비학술 기관에서 독립적으로 발행한 보고서(예: 작업서류, 비정기 논문, 웹사이트에 게재된 보고서, 제한적으로 배포되는 짧은 인쇄본의 비공식 출판물 등)가 포함된다. 학회 발표 자료와 학위논문도 이 범주에 포함되는 경우가 있다(1).

근거 종합의 목적은 연구질문에 적용할 수 있는 '이용가능한 모든 근거(all available evidence)를 종합하는 것'이다. 일반적으로 과학 출판계는 통계적으로 유의한 결과를 발표하는 데 강한 편향성이 있다. 반면에 효과가 없는 연구와 임상시험은 대부분 출판되지 않는다. 그러나 어떤 개입이 효과가 없다는 걸 아는 것은 실무나 정책 결정을 내릴 때 효과가 있다는 걸 아는 것만큼 중요하다. 따라서 동료 심사를 거치지 않은 회색문헌은 이용가능한 모든 근거를 종합하고 평가할 때 고려해야 할 중요한 정보가 된다(8).

2) 회색문헌 검색 방법과 출처

회색문헌을 체계적으로 검색하는 것은 어려운 일이지만 이러한 유형의 정보 검색에 활용할 수 있는 몇 가지 접근 방식이 있다. 첫째, 관련 주제의 기존 체계적 문헌고찰이나 근거 합성 연구에서 사용된 회색문헌 출처를 참조하는 것이다. 둘째, 해당 분야 전문가에게 관련 회색문헌 출처에 대해 문의하거나 진행 중이거나 출판되지 않은 연구가 있는지 확인하는 것이다. 셋째, 회색문헌 전문 데이터베이스를 이용하거나 학술 전용 데이터베이스를 활용하는 것이다. 가장 잘 알려진 것으로는 SIGLE, 미국의 PolicyFile 등이 있으며, 여기에는 대학 또는 연구기관의 기타 자료뿐만 아니라 사회 및 공공정책에 관한 회색문헌이 포함되어 있다. 전문 도서관도 회색문헌의 또 다른 출처가 될 수 있다(1). 넷째, 연구질문과 관련이 있지만 아직 출판되지 않았거나 진행 중인 임상시험을 검색하는 것이다(9). 일부 연구비를 지원한 기관에서 지원한 연구에 대한 세부 정보를 게시하므로, 해당 웹사이트 또는 데이터베이스에서 완료되었거나 진행 중인 1차 연구에 대한 세부 정보를 확인하는 것이 좋다. 진행 중인 연구에 대해 알면 검토에, '유효기간', 즉 검토가 최신 상태로 유지될 가능성이 있는 기간을 추정하는 날짜를 포함할 수도 있다(1). 다섯째, 주제와 관련된 논문이나 보고서를 출판할 수 있는 정부 기관, 국제 및 비정부 조직에서 제공하는 온라인 라이브러리를 이용하는 것이다. 여섯째, 주제와 관련 있는 학회 또는 전문조직의 논문집이나 뉴스레터를 검색하거나 조직 이사회에 문의하는 것이다. 일곱째, 주제나 산업에 관한 전문 잡지나 무역 잡지를 검색하는 것 등이 있다(8).

3) 검색 범위의 결정과 중단 시점

마지막으로 회색문헌을 얼마나 많은 데이터베이스에서 검색할 것인가에 대한 문제이다. 검토를 시작할 때 얼마나 많은 문헌이 있는지, 얼마나 광범위하게 검색해야 하는지 불분명한 경우가 많다. 검색 결과와 가장 관련성이 높은 데이터베이스와 참고문헌을 모두 포함했을 때, 데이터베이스의 추가 검색과 리뷰 논문의 목록에서 새로운 연구가 더 이상 도출되지 않는다면 검색 종료 시점에 근접했다고 볼 수 있다. 따라서 검색의 산출률을 모니터링하면 중단시점(cut-off point)이 명확해질 수 있다(1).

검색 접근 방식은 리뷰 유형에 따라 다를 수 있다. 예를 들어, 어떤 이슈에 대한 다양한 이론적 관점을 체계적으로 파악하고 검토하는 것이 목적이라면 '포괄성(comprehensiveness)' 보다는 '포화도(saturation)[1]'라는 개념이 더 유용할 수 있다(1).

1) 여기서 포화도는 질적 데이터 분석에 사용되는 '이론적 포화도'의 개념과 유사하다.

[표 4-2] 회색문헌을 검색하는 방법

접근방법	데이터베이스	소개
회색문헌 데이터베이스 검색	NY Academy of Medicine Grey Literature Report(GLR)	뉴욕 의학 아카데미(NYAM)에서 격월로 발행되며, 보건과학 및 공중보건 분야에서 최근에 발표된 보고서 목록이 포함되어 있음. 아카이브에는 MeSH 용어가 태그되어 있으며 검색이 가능함
	WHO Library Database	WHO 라이브러리 데이터베이스에는 관리 문서, 보고서 및 기술 문서가 포함되어 있음
	MedNar	상업 데이터베이스, 의학학회, NIH 출처 및 기타 정부 출처를 포함하여 60개 이상의 의학 연구 소스를 검색할 수 있음
	Global Index Medicus	중저소득 국가에서 생산된 생물의학 및 공중보건 문헌에 대한 전 세계 액세스를 제공함. 자료는 WHO 지역 사무소 도서관에서 수집 및 집계되어 중앙 검색 플랫폼에서 서지 정보와 전문(full-text) 정보 검색이 가능함
석박사 학위논문 검색	ProQuest Dissertations and Theses	1990년부터 현재까지 색인된 대부분의 석박사 학위논문에 대한 전문을 유료로 제공함. 구체적으로 Harvard TH Chan School of Public Health, Harvard Medical School 및 Harvard School of Dental Medicine의 학위논문이 포함되어 있음
	Networked Digital Library of Theses and Dissertations(NDLT)	석박사 학위논문을 무료로 제공하고 있음
	Center for Research Libraries	미국 및 캐나다 이외의 교육기관을 위한 리소스
	OCLC WorldCat Dissertations and Theses	OCLC 회원 도서관에서 이용할 수 있는 석박사 학위논문을 빠르고 편리하게 접근할 수 있도록 출판기관에서 무료로 제공하고 있음
	Guide to Theses and Dissertations Resources	미국 이외의 문헌에 대한 출처를 포함하여 논문을 찾고 접근하는 방법에 대한 정보를 제공하고 있음
	EThOS	영국의 박사학위 후보생(doctoral candidates) 논문이 포함되어 있음
임상시험 검색	Australia New Zealand Clinical Trials Registry	호주, 뉴질랜드 및 기타 국가에서 진행 중인 임상시험의 온라인 등록 사이트. 의약품, 수술 절차, 예방 조치, 라이프스타일, 기기, 치료 및 재활전략, 보완 요법 등 모든 치료 영역의 임상시험이 포함되어 있음
	ClinicalTrials.gov	임상시험을 위한 미국 등록기관으로 미국 및 전 세계 국가에서 신규, 진행 중 및 완료된 인체 임상시험을 포함함

접근방법	데이터베이스	소개
	Cochrane Central Register of Controlled Trials	무작위 및 준무작위 대조군 임상시험에 대한 보고서가 집중적으로 수록되어 있음. 기록 대부분은 서지 데이터베이스(주로 MEDLINE 및 Embase)에서 가져온 것이지만, 다른 출판 및 미출판 출처의 기록도 포함되어 있음
	EU Clinical Trials Register	유럽연합(EU) 및 유럽경제지역(EEA)에서 수행된 중재적 임상시험과 유럽 소아 의약품 개발과 관련된 외부 임상시험에 대한 프로토콜 및 결과정보를 검색할 수 있음
	WHO International Clinical Trials Registry Platform(ICTRP)	국제 등록기관에서 제공하는 임상시험 등록 데이터 세트가 포함된 중앙 데이터베이스에 대한 접근을 제공하며, 원본 기록에 대한 링크도 함께 제공함
	Wikipedia Clinical Trial Registries List	국가별 개별 임상시험 등록에 대한 링크 목록이 포함되어 있음
공공정책 검색	World Bank	모든 출판물을 온라인에서 공개적으로 이용할 수 있음
	WHO Institutional Repository for Information Sharing(IRIS)	정부 간 정책 문서 및 기술보고서가 수집된 WHO 데이터베이스로 지역별(아프리카, 미주, 동부 지중해, 유럽, 동남아시아, 서태평양) IRIS로 검색할 수 있음
	Health Research Web	국가보건연구시스템, 윤리검토위원회, 지역 및 지역 정책, 연구 우선순위 등에 대한 설명이 포함되어 있음
컨퍼런스 목록 검색	OCLC PapersFirst	전 세계 컨퍼런스에서 발표된 논문의 색인
	BIOSIS Previews	Web of Science의 하위 컬렉션으로 생명과학 및 생의학 분야의 학술지, 회의, 특허, 서적 전반을 검색할 수 있음
사전 인쇄본 저장소	arXiv	물리학, 수학, 컴퓨터과학, 양적 생물학, 양적 금융, 통계학, 전기공학 및 시스템 과학, 경제학 분야의 학술논문을 무료로 배포하는 서비스이자 오픈 액세스 아카이브
	medRxiv	의학, 임상 및 관련 보건 과학 분야의 완성된 원고 중 출판되지 않은 사전인쇄본(preprint)을 위한 무료 온라인 아카이브
	OSF Preprints	건축, 비즈니스, 엔지니어링, 생명과학, 물리과학 및 수학, 예술 및 인문학, 교육, 법률, 의학 및 보건과학, 사회 및 행동과학을 포괄하는 사전 인쇄본 저장소
기타 리소스	Grey Matters: A practical search tool for evidence-based medicine	의학 분야의 회색문헌에 대한 출처 목록과 프로세스를 체계화하는 데 도움이 되는 체크리스트를 제공함
	Searching the grey literature: A handbook for searching reports, working papers, and other unpublished research	회색문헌에 대해 자세히 알고자 하는 사서와 정보 전문가를 위한 책으로 회색문헌 검색을 처음부터 끝까지 수행할 수 있는 정보를 담고 있음

접근방법	데이터베이스	소개
	Duke University Medical Center Guide to Resource for Searching the Grey Literature	임상시험 등록, 약리학 연구, 컨퍼런스 초록, 정부 문서 등을 위한 리소스
	Gray Literature Resources for Agriculture Evidence Syntheses	비의학적 근거 종합 개발 및 실행을 돕기 위해 제공되는 농업 부문 회색문헌 출처 목록을 제공함
	Searching for studies: A guide to information retrieval for Campbell Systematic Reviews	근거 종합 검색에 대한 포괄적인 지침을 제공하며, 사회과학 분야를 위한 회색문헌 출처 목록을 제공함
	Google Scholar	학술 논문, 학위 논문, 단행본, 초록, 법원 의견 등 다양한 분야와 출처를 폭넓게 검색할 수 있다.

출처: Cornell university Library. https://guides.library.cornell.edu/evidence-synthesis/grey-literature

5 search strategy 사례

1) 농업의 예(9)

(1) **연구질문:** 농민단체가 소규모 생산자의 생계와 환경을 개선하기 위한 전략은 무엇이며, 이러한 전략은 사하라 이남 아프리카와 인도의 소규모 생산자에게 어떤 영향을 미칠까?

(2) PICO

- population: 농작물, 낙농, 축산업을 포함한 사하라 이남 아프리카와 인도의 소규모 생산자
- intervention: 소규모 생산자의 생계와 환경을 개선하기 위해 농부 단체가 사용하는 지식 공유, 기술 이전 및 기타 전략으로 농업 관련 조직, 동호회, 협회 또는 단체 등이 포함될 수 있음
- comparison: 다양한 유형의 농부 조직이 채택한 전략 비교
- outcomes: 환경의 변화와 소규모 생산자의 소득, 농민 조직화 전략이 식량 안보, 빈곤 감소, 수확량 향상 및 기후변화 취약성 감소, 투입물 사용, 재생 에너지 사용 증가 및 기후변화 복원력에 미치는 영향

(3) **문제의 핵심 개념과 AND 연산자 결합 검색:** (farmer organizations) AND (Sub-Saharan Africa OR India)

(4) CAB Abstracts, Web of Science Core collection, Scopus, EconLit, **회색문헌** (AgEcon, AGRIS, Gardian, CSIRO, CIRAD, DATAD, DFID, World Bank)**에서 이 질문에 대한 프로토콜 및 검색 전략**

- EconLit 데이터베이스 검색문 예시

  1. ("farmer*" OR "farming-related" OR "farmer-based" OR "peasant*" OR "producer*" OR "trade" OR "breeder*" OR "beekeeper*" OR "forest user*" OR "community forest*" OR "rangeland*" OR "community forest user*" OR "community forest" OR "water user*" OR "water resources user*" OR "irrigation" OR "rangeland" OR "rangeland management" OR "pasture user*" OR "pastoral" OR "livestock" OR "livestock producer*" OR "herder*")
  2. 1 AND SU=(Africa OR India) *Subject headings
  3. Limit to journal articles OR working papers OR dissertations
  4. Limit to 2000-2019
  5. 4 AND SU=(farm* or agricultur*)

- AgEcon 데이터베이스 검색문 예시

  "farmer organization", "water user" AND (organization OR organisation OR group OR association OR group) AND Africa

2) 영양의 예(10)

(1) **연구질문:** 밀과 옥수수가루에 엽산을 강화하면, 전체 인구집단의 엽산 상태와 건강 결과에 미치는 건강상의 이점과 안정성은 무엇일까?

(2) PICO

- population: 2~5세 미취학 아동, 6~12세 어린이, 13~18세 청소년, 19~44세 성인, 19~24세 청년 성인, 45~64세 중년
- intervention: 엽산, 미량 영양소, 밀가루, 옥수수가루

- comparison: 없음
- outcomes: 선천적 이상, 빈혈증, 임신, 신생물성 질환, 저체중 출생아, 신경관 결손, 인지장애

(3) **문제의 핵심 개념과 AND 연산자 결합 검색:** (folic acid) AND (fortification)

(4) PROSPERO **프로토콜**

- **포함할 연구 유형:** 무작위 대조시험(RCT), Quasi-RCTs, Non-RCTs, cohort studies (prospective and retrospective), controlled before-and-after studies, interrupted time series (ITS) with at least three measurement points both before-and-after intervention

(5) MEDLINE and Medline in Progress, Embase, CINAHL, Web of Science, BIOSIS, Popline, Bibliomap and TRoPHI, OpenGrey, SCIELO, IBECS, PAHO, WHOLIS and LILACS, WPRO, IMSEAR, AFRO and EMRO, INMED, Native Health Research database **등 14개 데이터베이스를 이용한 검색 전략**

- 진행 중이거나 발표되지 않은 연구를 파악하기 위해 보건 및 개발을 위한 영양(Departments of Nutrition for Health and Development), 생식건강 및 연구(Reproductive Health and Research and Maternal), 산모와 아동, 청소년 건강부서(Newborn, Child and Adolescent Health), 세계보건기구(WHO), 질병통제예방센터(CDC), 유엔아동기금(UNICEF) 영양 부문, 세계식량계획(WFP), 미량영양소계획(MI), 영양개선을 위한 글로벌 연합(CAIN) 및 식량강화계획(FFI) 지역사무소에 문의

- Embase 데이터베이스 검색문 예시
  1. exp Folic Acid/
  2. (folic acid or folate or "vitamin b9" or "vitamin m" or folvite or folacin or pteroylglutamic acid).tw.
  3. or/1-2
  4. Flour/
  5. Triticum/
  6. Zea mays/

7. (wheat or maize or mielies or mealies or corn or cornmeal or flour* or cornflour*).tw.
8. 4 or 5 or 6 or 7
9. (fortif* or enrich* or enhanc* or boost*).tw.
10. Food, Fortified/
11. 9 or 10
12. 3 and 8 and 11
13. exp animals/ not humans/
14. 12 not 13
15. limit 14 to embase

- Popline 데이터베이스 검색문 예시

(fortif* or enrich* or enhanc* or boost*)

and

(folic acid or folate or "vitamin b9" or "vitamin m" or folvite or folacin or pteroylglutamic acid)

and

(wheat or maize or mielies or mealies or corn or cornmeal or flour* or cornflour* or Triticum or "zea mays")

Tip 체계적 문헌고찰 수행 단계와 시작 전 고려사항

- **Question 1. 체계적인 문헌고찰이 실제로 필요한가?**
  검증하고자 하는 가설은 무엇인가? 문헌고찰의 필요성을 어떻게 입증할 수 있는가? 체계적 문헌고찰이 이미 존재하지 않는 것이 확실한가? 문헌고찰의 결과를 누가, 어떻게 활용할 것인가?
- **Question 2. 충분한 자원을 확보했는가?**
  체계적인 검토는 시간, 비용, 검토자의 에너지 측면에서 상당한 자원이 소요된다. 연구의 범위와 포함될 내용을 고려했는지? 검색에 도움이 되는 정보 지원과 논문 및 도서의 사본을 구할 수 있는 자금이 있는지? 검토할 연구의 선별과 선정 과정에 참여할 다른 검토자가 확보되어 있는지 확인해야 한다.
- 두 질문에 대한 답변이 '예'인 경우에만 다음 단계로 진행하는 것이 바람직하다.
- **Step 1. 연구질문 정의하기**
  검토가 답하고자 하는 질문을 명확하게 명시한다. 개입의 효과에 대한 검토인 경우 개입, 모집단, 하위집단, 관심 있는 결과, 관심 있는 기간, 개입이 이루어지는 문화적/환경적 맥락을 명시한다. 이 과정에서 이해관계자들과 제안된 연구 계획에 대해 논의한다.

- **Step 2. 운영 또는 자문 그룹을 구성하기**
  다양한 이해관계를 대변할 수 있는 운영 그룹이 권장된다. 예를 들어, 의료 개입에 대한 검토에는 해당 개입을 사용하는 의사, 비용을 내는 서비스 관리자, 해당 개입을 경험한 환자, 이전에 해당 개입을 연구하거나 평가한 적이 있는 연구자, 통계학자, 경제학자가 포함될 수 있다.
- **Step 3. 프로토콜 작성 및 검토받기**
  연구질문, 사용할 방법, 검토자가 찾고자 하는 연구 유형 및 설계, 이러한 연구를 어떤 방법으로 평가하고 종합할 것인지가 명시된 프로토콜을 작성하는 것이 필수적이다. 프로토콜은 해당 분야의 전문가에게 검토받는 것이 권장된다.
- **Step 4. 문헌검색 수행**
  연구질문이 확정되고, 자문 그룹과 논의한 후에는 검토 질문에 답하기 위해 필요한 연구의 유형을 파악할 수 있다. 이 단계에서는 전자 데이터베이스, 참고문헌 목록, 서적, 학술대회 자료 검색과 함께 전문가 자문을 통해 관련 자료를 수집한다.
- **Step 5. 참고문헌 선별**
  문헌검색을 통해 초록이 포함된 수백, 수천 개의 참고문헌이 검색된다. 검토 대상 문헌을 선정하기 위해 이러한 자료를 선별해야 한다.
- **Step 6. 포함/제외기준에 따른 연구 평가**
  명확히 관련성이 없는 연구를 제외한 후에도 여전히 많은 연구가 남아있을 수 있다. 일부는 초록을 더 검토한 후 제외할 수 있지만, 원문 검토가 필요할 수 있다. 이러한 논문들은 사전에 설정된 포함/제외기준에 따라 평가된다.
- **Step 7. 데이터 추출**
  체계적 문헌고찰은 1차 연구에서 관련 정보를 추출하기 위해 구조화된 접근 방식을 채택하며, 여기에는 종종 검토자가 문헌고찰의 모든 연구에 대해 작성하는 데이터 추출 양식을 개발하여 사용한다. 여기에는 모집단, 개입의 세부 사항(있는 경우), 주요 결과, 관련 방법론 및 기타 정보가 요약되어 있다. 이 방법은 일관성과 객관성을 보장하기 위한 것이다. 데이터 추출에는 검토된 모든 연구(포함 기준을 충족하는 연구만 해당)를 자세히 설명하는 상세 요약표를 작성하는 작업도 포함된다.
- **Step 8. 비판적 평가**
  포함 기준을 충족하는 모든 연구는 방법론적 타당성과 관련하여 평가해야 한다. 이 과정은 주요 비뚤림(bias)을 식별하고, 독자가 데이터를 해석하는 데 도움이 된다. 비판적 평가의 결과는 근거 종합 과정에 반영된다.
- **Step 9. 연구결과 합성**
  포함된 연구들은 모집단, 개입(있는 경우), 상황 및 환경, 연구설계, 결과, 비뚤림 위험 등 다양성을 고려하여 통합해야 한다. 이러한 통합은 정량적(메타분석) 또는 정성정 방법(연구결과를 체계적으로 설명, 보고, 표로 작성 및 종합)으로 이루어질 수 있다. 정량적 데이터의 그래프화(예: forest plot)도 이러한 종합을 달성하는 데 도움이 된다.

- **Step 10. 출판 편향 및 기타 비뚤림의 영향 평가**
  연구 규모, 연구 품질, 자금 출처, 출판 비뚤림 등의 문제가 1차 연구결과에 영향을 미칠 수 있는 것으로 알려져 있다. 이는 정량적 연구에 대한 체계적 문헌고찰의 결론에 큰 영향을 미칠 수 있으며, 최악의 경우 해당 문헌고찰이 실제 효과 크기를 과대 추정할 수도 있다. 정량적 연구의 경우 이러한 편향의 영향을 그래픽(예: funnel plot)이나 서술적 방법으로 살펴볼 수 있다.
- **Step 11. 보고서 작성**
  많은 문헌고찰의 경우 최종 결과물은 보고서 또는 저널 논문이다. 어떤 경우에는 먼저 전자출판 형태로 제작하게 된다(예: 웹/CD로 제공되는 Campbell 또는 Cochrane 리뷰). 검토의 최종 버전에는 전체 검색에 대한 세부 사항, 각 단계에서 제외된 연구 수, 이유를 포함한 문헌선별 과정이 포함되어야 한다. 일부 학술지에서는 이러한 정보(예: 순서도)를 제공하는 것이 게재를 위한 전제 조건이 되기도 한다. 일부 의학 저널에서는 저자가 체계적 문헌고찰 보고를 위한 QUORUM(quality of reporting of meta-analyses) 또는 MOOSE 지침을 따를 것을 요구하기도 한다.
- **Step 12. 연구결과의 확산**
  연구결과를 확산하고, 그것들을 해석하고 사용할 수 있도록 돕기 위한 계획을 실행해야 한다. 이것은 정책결정자나 실무자를 위한 요약 또는 다른 버전의 리뷰를 작성하는 것을 포함할 수 있지만, 결과를 적용하기 위해 사용자와 협력하고, 적절한 경우 정책, 실무 및 향후 연구에 대한 리뷰 결과의 의미를 잠재적 사용자가 이해할 수 있도록 돕는 것을 포함할 수 있다. 컨퍼런스, 그룹 및 개인의 브리핑, 세미나, 공개회의, 공개 질의, 언론, 웹 및 기타 많은 매체가 역할을 할 수 있다. 또한, 리뷰가 관련 결과에 미치는 영향을 평가하는 것을 고려해야 한다. 이것은 사회적 또는 건강 결과 또는 프로세스 결과를 측정하는 것을 포함할 수 있다. 물론 이러한 광범위한 배포 작업을 수행하는 연구자의 역량은 시간, 자원 및 연구비 지원 기간에 크게 의존한다.

참고문헌

1. Petticrew, M., & Roberts, H. (2008). Systematic reviews in the social sciences: A practical guide. John Wiley & Sons.
2. Suarez-Almazor, M. E., Belseck, E., Homik, J., Dorgan, M., & Ramos-Remus, C. (2000). Identifying clinical trials in the medical literature with electronic databases: MEDLINE alone is not enough. Controlled clinical trials, 21(5), 476-487.
3. HARVARD COUNTWAY LIBRARY. Systematic Reviews and Meta Analysis. https://guides.library.harvard.edu/c.php?g=309982&p=2070466
4. Royle, P., & Waugh, N. (2005). A simplified search strategy for identifying randomised controlled trials for systematic reviews of health care interventions: a comparison with more exhaustive strategies. BMC Medical Research Methodology, 5(1), 1-7.
5. Shaw, R. L., Booth, A., Sutton, A. J., Miller, T., Smith, J. A., Young, B., ... & Dixon Woods, M. (2004). Finding qualitative research: an evaluation of search strategies. BMC medical research methodology, 4, 1-5.
6. Hawker, S., Payne, S., Kerr, C., Hardey, M., & Powell, J. (2002). Appraising the evidence: reviewing disparate data systematically. Qualitative health research, 12(9), 1284-1299.
7. Booth, A. (2001, May). Cochrane or cock-eyed? How should we conduct systematic reviews of qualitative research. In Proceedings of the Qualitative Evidence-based Practice Conference, Taking a Critical Stance. Coventry: Coventry University.
8. CORNELL UNIVERSITY Library. A Guide to Evidence Synthesis: 3. Select Grey Literature Sources. https://guides.library.cornell.edu/evidence-synthesis/grey-literature
9. OSF home. https://osf.io/4gt3b/
10. Tablante, E. C., Pachón, H., Guetterman, H. M., & Finkelstein, J. L. (2019). Fortification of wheat and maize flour with folic acid for population health outcomes. Cochrane Database of Systematic Reviews, (7)
11. Royle, P., & Waugh, N. (2005). A simplified search strategy for identifying randomised controlled trials for systematic reviews of health care interventions: a comparison with more exhaustive strategies. BMC Medical Research Methodology, 5(1), 1-7.
12. OSF home. https://osf.io/4gt3b/ 2023.11.02. 인출
13. Tablante, E. C., Pachón, H., Guetterman, H. M., & Finkelstein, J. L. (2019). Fortification of wheat and maize flour with folic acid for population health outcomes. Cochrane Database of Systematic Reviews, (7)

5

제5장

문헌 선정

제5장

문헌 선정

1 개요

이 장에서는 체계적 문헌고찰을 수행하는 과정 중 연구 목적에 적합한 문헌을 선정하는 방법에 관해 설명하고자 한다. 문헌 선정은 PRISMA flow chart를 따라 체계적으로 수행할 수 있다. PRISMA flow chart는 문헌 검색, 중복 문헌 제거, 문헌 선별, 문헌 선정, 배제 원문 수 및 사유, 양적 합성에 포함된 연구 수 등으로 구성되어 있다. 이 과정에서는 최소 2명 이상의 연구자가 연구를 선별하고 문헌 적격성을 결정해야 한다. 문헌 선정 과정에 있어, 1명의 연구진이라도 다른 의견이 나타날 경우, 연구자 간의 토론 혹은 제3자의 개입을 통하여 불일치를 해소하도록 한다.

여러 데이터베이스의 서지정보를 추출하여 통합하는 과정에 중복 문헌이 포함될 수 있어 중복 문헌을 제거하는 과정을 수행해야 한다. 적격 기준은 관련성 있는 연구가 모두 포함될 수 있도록 초기 단계에서는 포괄적인 기준을, 이후 단계별로 상세한 배제 기준을 적용하여 문헌을 제외하게 된다. 처음에는 문헌의 제목과 초록만을 검토해 문헌을 식별하고, 이후에는 전문(full text)을 통해 문헌의 적격성을 결정한다. 또한 선별된 문헌들의 참고 문헌 탐색, 회색 문헌 등도 추가로 검토하여, 검색을 통해 추출된 문헌 리스트 외에 발생할 수 있는 누락 가능성을 최소화하여 표본 비뚤림(sample bias)이 발생하지 않도록 주의해야 한다. 또한, 문헌 선정에 수행되는 모든 과정을 문서화하여 절차를 투명하게 제시할 수 있어야 한다. 이는 향후 문헌 선정 적절성을 평가하는 데 활용될 수 있다.

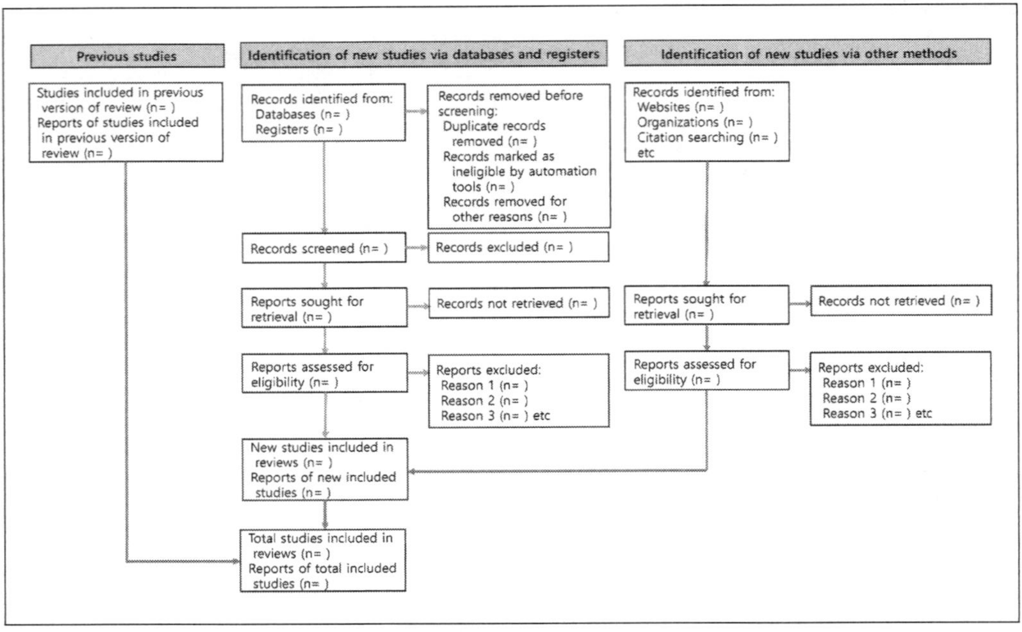

[그림 5-1] 문헌선택 흐름도(PRISMA flow chart)

2 데이터 출처 간 문헌 병합 및 중복 제거

1) 데이터베이스 서지정보 병합

데이터베이스 검색 결과는 nbib, RIS, XML, BibTex 등의 파일 형식으로 추출할 수 있다. 해당 파일들은 연구자들이 서지 관리를 위해 사용하는 Endnote, RefWork, Mendeley 등 소프트웨어로 불러올 수 있다. 각 데이터베이스에서 검색한 결과 파일들을 서지 관리 소프트웨어에 불러들여 병합한 이후 중복 인용 레코드를 제거한다.

2) 중복 및 복수 보고서(duplicate and multiple reports)

중복 인용 레코드 유형은 두 가지로 구분할 수 있다. 하나는 서로 다른 데이터베이스에서 인용을 추출함에 따른 인용 레코드 중복이다. 여러 데이터베이스에서 동일한 학회 초록과 전문 논문이 동시에 검색되는 경우가 있어 수많은 중복 인용 레코드가 생성된다. 두 번째는 다른 저널에 중복 게재된 논문으로 인해 발생하는 중복이다. 일부 저자들이 보고한 연구의 일부 자료를 잘라내거나 포맷을 바꾸어 반복, 중복 출판물을 만들기도 한다. 중복 문헌 및 동일한 관찰에 대한 여러 보고들을 고찰 및 메타분석에 활용할 경우, 중요하지 않은 자료로 문헌을 채우게 되며 그 결과가 지나치게 강조될 가능성이 있다. 중복 인용 레코드 제거는 유효하고 신뢰할 수 있는 문헌들을 확보하는 데 필요한 절차이다(1).

(1) 중복 레코드 제거 전략 선택

대부분의 서지 관리 소프트웨어에 중복 인용 레코드 제거 기능이 내장되어 있다. 서로 다른 데이터베이스에서 인용을 추출함에 따른 인용 레코드 중복은 대부분 자동화된 중복 제거 기능을 통해 배제되지만, 다른 저널에 중복으로 게재된 논문은 검토자의 수작업 검토를 통해 식별될 가능성이 큼으로 중복 인용 레코드를 찾기 위해서는 자동 탐색 방법과 수작업 탐색 방법을 결합한 전략을 사용해야 한다(2).

중복 레코드를 탐색하는 과정에서 단일 연구에서 나온 여러 보고서를 식별하기는 조금 더 어렵다. 이러한 보고서들이 때로는 저자, 표본 크기, 프로그램 설명, 방법론적 세부 사항이 같아 바로 식별되기도 하지만, 일부 보고들은 저자 구성원과 표본 크기가 달라 전문을 통해 식별해야 하는 때도 있다. 앞서 보고된 연구에서 추출된 하위 표본에 대한 보고서(예: 예비 결과 또는 특별 보고서)가 있는 경우, 같은 샘플을 기반으로 보고했는지 파악하는 것이 필요하다. 국가가 제공하는 공공 데이터들을 활용한 연구의 경우, 동일한 자료원을 활용해 다양한 연구 보고가 이뤄지고 있어, 어디까지 동일한 샘플이라고 결정해야 하는지에 대한 세부 논의가 필요할 수도 있다.

(2) 중복 인용을 식별하기 위한 절차

중복 인용을 식별하기 위한 절차에는 세 가지 주요 단계가 포함된다.

① Endnote 중복 문헌 찾기 기능 적용

- 데이터베이스들의 모든 인용을 하나의 Endnote 라이브러리로 결합
- Endnote 내장된 '중복 문헌 찾기(Find Duplicates)' 로 중복 레코드를 식별
- 검토자가 확인하고 중복된 인용 레코드를 제거

■ **데이터베이스에서 Endnote로 인용 레코드 불러들이기**

– 데이터베이스에서 “Send to(Cite export)” 버튼 클릭 → “Citation Manager” 클릭 → 저장하고 싶은 레퍼런스 범위를 선택 후 “Create File” 클릭 → 희망하는 저장위치 지정해서 저장 → 저장된 위치의 파일을 더블클릭하면 자동으로 Endnote 라이브러리로 불러들여진다.

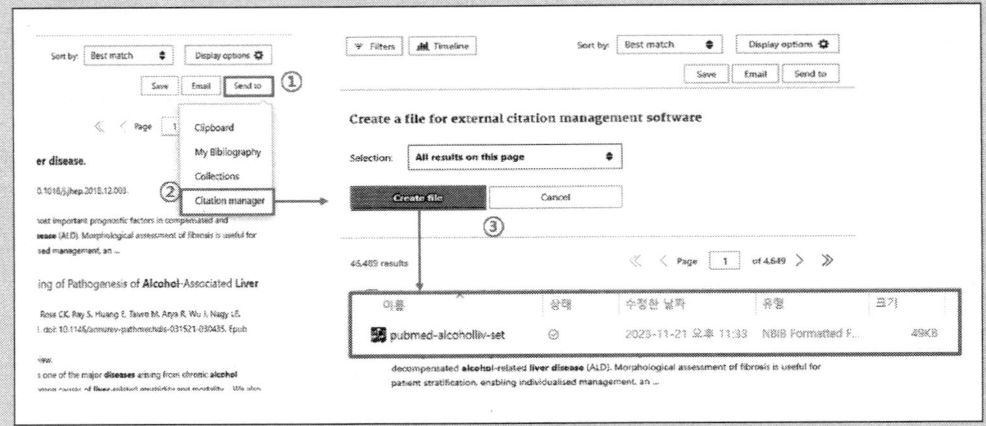

[그림 5-2] Endnote(x9)로 인용 레코드 불러들이기

■ **Endnote에 내장된 “Find Duplicates”기능 활용하기**

– Endnote에서 “References” 버튼 클릭 → “Find Duplicates” 클릭 → 2개 이상의 중복 문헌을 비교할 수 있는 새로운 팝업창 나타남 → 둘 중 하나의 “Keep This Record” 버튼 클릭

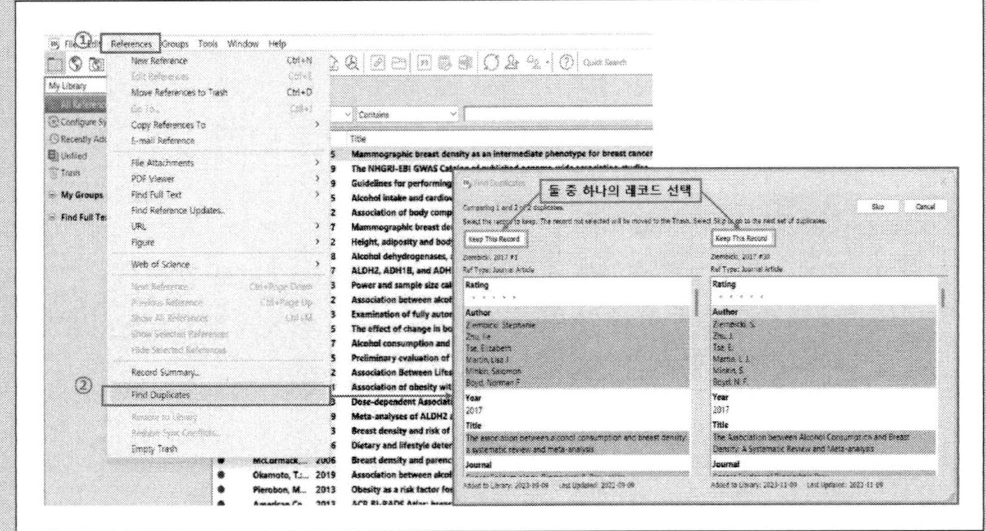

[그림 5-3] Endnote 중복 문헌 찾기

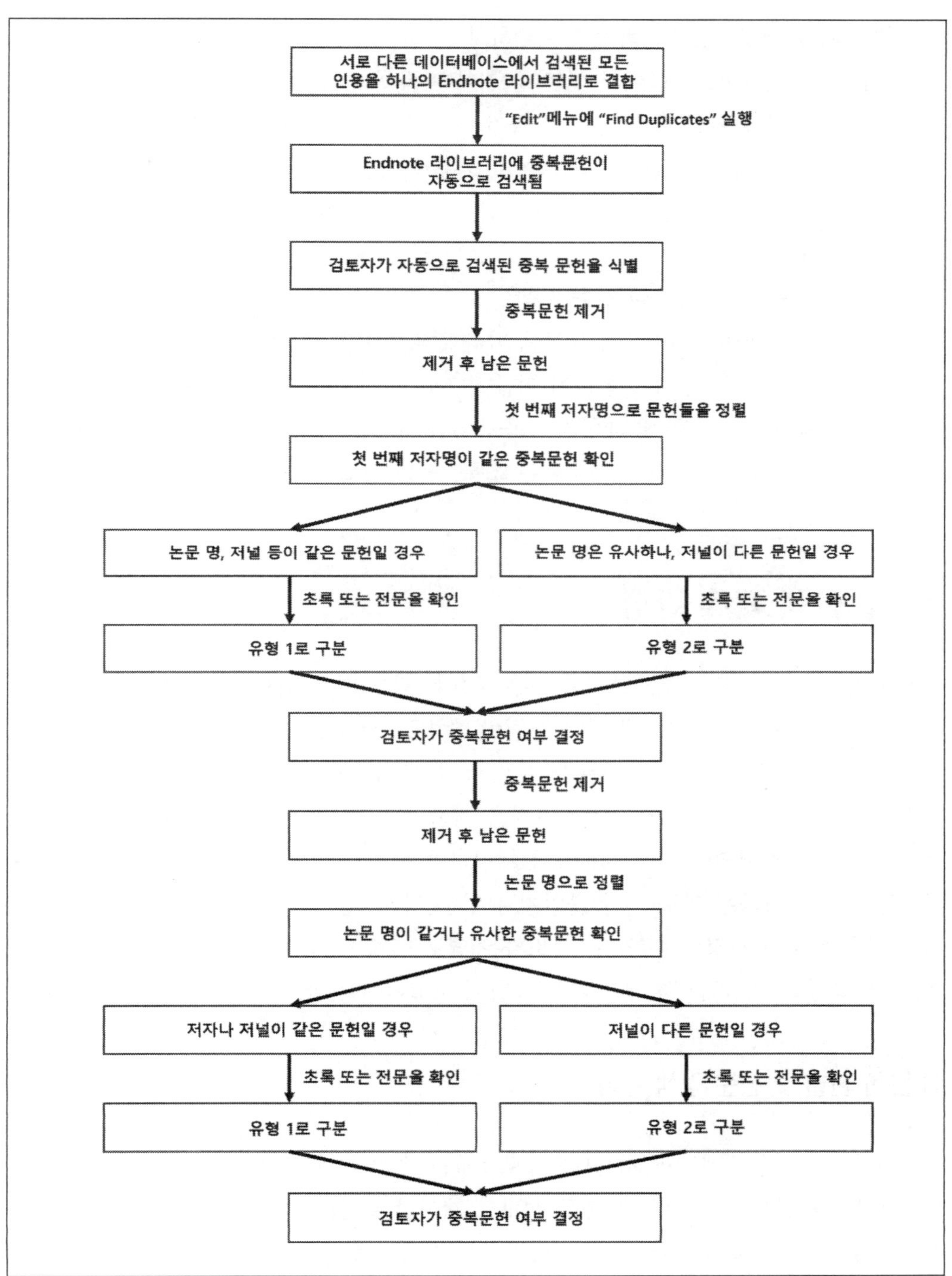

[그림 5-4] Endnote를 활용한 중복 인용 레코드를 식별하기 위한 절차

출처: Qi, X., Yang, M., Ren, W., Jia, J., Wang, J., Han, G., & Fan, D. (2013). Find duplicates among the PubMed, EMBASE, and Cochrane Library Databases in systematic review. PLoS One, 8(8), e71838.

② 첫 번째 저자명이 같은 중복 문헌 확인하기

- Endnote 라이브러리에서 첫 번째 저자 이름에 따라 알파벳순으로 정렬
- 저자 명이 중복일 경우 제목, 학술지 이름 권, 호 및 페이지를 추가로 확인
- 제목, 학술지 이름 권, 호 및 페이지도 중복이면 하나만 남기고 제거
- 제목이 같거나 비슷하고 학술지나 권, 호가 다른 경우에는 초록, 전문 검토

③ 논문명이 같거나 유사한 중복 문헌 확인

- Endnote 라이브러리에서 제목에 따라 알파벳순으로 정렬
- 제목 명이 중복일 경우 학술지 이름 권, 호 및 페이지를 추가로 확인
- 학술지 이름 권, 호 및 페이지도 중복이면 하나만 남기고 제거
- 학술지나 권, 호가 다른 경우에는 초록, 전문 검토

3 선택 배제 과정

연구 선택은 체계적 문헌고찰에서 매우 중요한 단계이며, 의료 정책, 임상 진료 및 향후 연구에 정보를 제공하는 데 있어 신뢰할 수 있고 유용한 결과를 얻기 위해 수행되어야 한다. 이때 가장 중요한 사항은 한 문헌에 대해 적어도 두 명의 연구자가 독립적으로 선정해야 한다는 점이다. 연구 선택 과정은 제목 및 초록 확인 후 선택, 원문 확인 후 선택하는 순서로 진행되며 이때 흐름도를 제시하여 독자가 쉽게 이해할 수 있도록 해야 한다. 연구 선택 결과에 연구자 간 불일치가 있는 경우에는 연구자 간의 토론 혹은 제3자의 개입을 통하여 결정할 수 있다. 검토자는 연구 배제 시 그에 대한 사유를 기록해야 하며, 이후 최종 결과 출판 시 해당 기록도 함께 보고하여야 한다.

1) 문헌 선별 및 전문 검색 결정

연구의 선택 및 배제는 앞서 연구 프로토콜을 수립할 때 정의한 기준에 따라 수행한다. 명백히 관련이 없는 문헌은 제목만 보고 제외할 수 있지만, 확실하지 않으면 초록을 검토해야 한다. 초록을 읽은 후에도 불확실성이 남아 있는 경우, 보고서의 전문을 구해서 판단해야 하므로 검토 목록에 포함해야 한다. 선별 및 전문 검색에 관한 결정은 두 명 이상의 검토자가 결정을 내리며, 대부분 검토자는 이 과정에서 포괄적인 기준을 적용한다. 두 검토자 중 한 사람이라도 잠재적 관련성이 있다고 판단한 경우, 모든 인용에 대해

전문 검색을 수행하게 된다. 검토자끼리 의견을 주고받을 때 서지 관리 프로그램의 record number 기능을 활용해도 된다. 그러나 별도로 인용 정보를 반출하여 스프레드시트 또는 데이터베이스 형식으로 관리할 경우, 문헌에 연구 번호를 부여하면 연구자 간 의견을 주고받기 편리하다.

Tip 연구 선택의 첫 단계에서 논문을 검토하는 데 도움이 되는 질문

- 논문이 프로토콜에서 다루는 기간에 출판되었는가?
- 논문이 포함 기준에 명시된 언어로 출판되었는가?
- 연구 대상 인구가 포함 기준을 충족하는가(예: 성인 또는 아동 또는 둘 다)?
- 검토 질문에 명시된 현상을 연구하는가?
- 연구설계가 보고되어 있나? 검토 질문과 관련이 있는가?
- 결과가 측정되었는가?

Tip 선별 및 검색 결정

1) 연구 선택 시 명확한 선택/배제 기준이 있더라도 제목이나 초록만으로 정보가 부족한 경우, 우선 선택을 한 후 원문을 확인하여 선택/배제를 결정
   : 출판이 오래된 논문일수록, 비영어권 논문일수록 초록이 있음에도 인용 정보에 포함되지 않고 추출되는 경우가 있어, 애매한 경우에는 수기로 초록을 검색해서 내용을 확인해야 함
2) 연구 제목이나 유형이 고찰(review) 및 사설(editorial)에 가깝더라도 확실하지 않다면, 우선 선택하고 원문을 확인하여 선택/배제를 결정
   : 선택/배제 시 인용 정보에 포함된 "type of work"를 참고할 수 있음

2) 문헌 적격성 결정

최소 두 명의 검토자가 포함 및 제외 기준을 사용하여 전문을 보고 필요한 논문을 선택하게 되며, 이 과정에서는 투명성과 재현성이 보장되어야 한다. 독립적으로 전문을 주의 깊게 읽고, 해당 연구를 포함할지 제외할지 결정하며, 결정에 대한 이유도 문서로 작성해야 한다. 그런 다음 서로의 결정을 비교하고, 결정에 차이가 있을 때는 검토자 간 논의를 통해 문헌 선정에 대한 최종 결정을 내린다. 그러나 검토자 간 의견 타협이 이뤄지지 않을 때는 제3자의 도움을 받아 해결해야 한다(3).

관심 있는 결과로 보고되지 않았거나, 보고된 데이터로 효과 크기를 계산할 수 없다고 해서 문헌을 배제해서는 안 된다. 이런 경우에는 원저자에게 요청하여 데이터를 확보할 수 있다. 결과 보고 비뚤림에 대한 우려를 고려할 때, 결과 보고되지 않았거나, 최소 공

개의 경우 미공개 데이터를 확보하는 것이 중요하다(4). 결과 보고 비뚤림을 식별하고 최소화하기 위해 검토자는 적격 연구에 대한 가능한 모든 보고서(출판 및 미출판)를 확보하려고 노력해야 한다. 일부 연구자는 원시 데이터에 대한 엑세스 권한을 제공하기도 한다. 문헌 검색에 앞서 포함 및 제외 기준이 사전에 설정되지만, 때로는 고려하지 않았던 문제를 제기하는 연구를 접하게 될 수도 있다. 이에 따라 앞선 기준을 수정해야 할 수도 있다. 이러한 경우 이전에 심사한 모든 문헌에 대해 새 기준을 적용해서 검토해야 한다. 검토자는 민감도 분석 등을 통해 연구 포함 및 제외 기준의 변경으로 인해 검토 결과가 변경되지 않았음을 보여줄 의무가 있다.

3) 문헌 선정 보고

최종 보고서에는 문헌 선정에 대한 모든 과정을 상세히 설명해야 하며, 이를 재현 또는 업데이트할 수 있어야 한다(5). 대부분 문헌 선정 절차는 PRISMA flow charts를 통해 보고하고 있으며, 상세 내용은 본문 또는 부록을 통해 제시하고 있다.

문헌 선정에 대한 단계별 과정을 기록하기 위해서, 각 데이터베이스의 문헌 검색 결과로 추출된 인용 레코드를 서지 관리 프로그램으로 불러들인 시점부터 기록을 수행해야 한다. 검색 결과로 추출된 인용 수, 중복 문헌 수, 선정 과정에서 제외된 문헌 수와 그 이유, 최종 선정된 문헌의 수 등의 정보들을 보고해야 한다. 서지관리 프로그램에 메모를 남겨서 관리하는 방법도 있지만, 이 방법은 유용성이 제한적이다. 대부분 스프레드시트나 데이터베이스 형태로 서지 정보를 반출 후 인용의 출처 필드, 수기 중복 제거 필드, 선별 및 검색 결정 필드, 검색 상태 필드, 적격성 판정 필드로 구분하여 기록하는 방법을 활용하고 있다.

- **출처 필드** : 참고문헌이 추출된 특정 데이터베이스, 웹사이트, 원저자의 이름 및 연락처 등에 대한 기본 정보를 기록하고 문헌을 추적하는 데 활용
- **수기 중복 제거 필드** : 검토자가 제목, 저자 정보, 초록, 전문 등을 통해 중복 문헌이 있는지 검토한 결과를 기록하고 추적하는 데 활용
- **선별 및 검색 결정 필드** : 논문 제목 및 초록 등을 통해 선정 여부를 결정하는 과정에 대한 기록으로, 초록 활용 가능 여부, 검색 결정 여부 등을 기록해서 관리
- **검색 상태 필드** : 전문 활용 가능 여부, 전문 요청 여부(언제, 누구에 의해, 어떤 출처로), 전문 획득 여부를 기록하고 추적
- **적격성 판정 필드** : 최종 문헌 선정 여부, 제외된 연구에 대해 구체적인 제외 사유(예: 모집단 기준, 개입 기준, 연구 디자인 기준 미충족 등)를 기록하고 추적한다.

연구자는 연구 선정 과정에 대한 상세한 기록을 남김으로써 투명성과 재현성을 보장할 수 있어야 한다. 또한 최종보고 시 독자에게 제외 문헌의 서지 목록과 구체적인 제외 이유, 메타분석에 포함되지 않은 연구에 대한 전체 서지 목록을 독자에게 제공해야 한다.

4 문헌 목록 관리

1) 선별 및 검색 결정 필드

서지 관리 소프트웨어에서 스프레드시트로 파일을 반출 후, 선별 및 검색 결정 과정을 기록한다. 아래의 예시는 검토 문헌당 2명의 검토자가 짝이 되어 진행한 결과를 기록한 것이다. 검토자 각자 해당 문헌에 대해 선택 시 "1"로 코딩, 배제 시 "0"으로 코딩하였고, 이후 두 검토자 간 문헌 선정이 같은지 검토 후 최종으로 선정/배제 여부를 결정하였다. 간혹 초록 정보가 누락되어 스프레드시트에서 확인할 수 없는 경우에는 별도로 초록 정보를 찾아서 내용을 확인 후 선정 여부를 코딩하거나, 선정 보류로 "9999" 등으로 코딩해서 남겨둘 수 있다. 세부 진행에 관해서는 검토자 간 논의를 통해 결정할 수 있다.

no.	Author	Year	Title	Journal	Volume	Issue	검토자 1	검토자 2	최종선택
1	J. F. Gunn, 3rd and F	2022	Youth Gun and Weapon Carrying and Suicide Ra	J Adolesc Health	70	3	0	0	0
2	H. Hales, S. Davison,	2003	Young male prisoners in a Young Offenders' Inst	J Adolesc	26	6	0	0	0
3	S. Ferrari, G. Cuoghi,	2015	Young and burnt? Italian contribution to the inte	La Medicina del lav	106(3)		0	1	1
4	Z. Ali	2019	Workplace bullying: A sad reality and too costly t	Journal of Postgrad	33(3)		0	0	0
5	M. Birkeland Nielser	2015	Workplace Bullying and Suicidal ideation: A 3-W	American Journal o	105	11	0	0	0
6	Z. Győrffy, D. Dweik	2016	Workload, mental health and burnout indicators	Hum Resour Health	14		1	1	1
7	I. Bellairs-Walsh, S. J.	2021	Working with Young People at Risk of Suicidal B	Int J Environ Res Pu	18	24	1	0	1
8	E. Moore, S. Andarg	2011	Working with women prisoners who seriously ha	Criminal Behaviour	21	1	0	0	0
9	A. Holmes, A. Clinch	2022	Working with palliative care physicians to prepar	Australas Psychiatry	30	3	0	0	0
10	N. Younès, M. Rivièr	2018	Work intensity in men and work-related emotion	J Affect Disord	235		1	1	1
11	S. L. Dalglish, M. Me	2015	Work characteristics and suicidal ideation in you	Soc Psychiatry Psycl	50	4	1	1	1
12	P. A. Harrison	1989	Women in treatment: Changing over time	International Journa	24(7)		0	0	0
13	J. Cwikel, K. Ilan and	2003	Women brothel workers and occupational health	J Epidemiol Commu	57	10	1	1	1
14	S. M. Rasmus, B. Cha	2019	With a Spirit that Understands: Reflections on a	American Journal o	64		0	0	0
15	G. A. Petroianu, K. A	2005	Weak inhibitors protect cholinesterases from stro	Journal of Applied	25(1)		0	0	0
16	L. Granek, O. Nakash	2021	We are a transit station here: The role of Israeli o	Soc Work Health Ca	60	3	0	0	0
17	J. F. A. Murphy	2005	The vulnerability of doctors	Irish Medical Journa	98(7)		0	1	1
18	R. Aupperle, T. Aki, T	2020	Ventromedial prefrontal cortex fmri neurofeedba	Neuropsychopharm	45		0	0	0
19	M. A. Tyler, A. M. So	2008	Vector therapies for malignant glioma: Shifting t	Expert Opinion on	5(4)		0	0	0
20	D. M. Coleman, S. R.	2021	Vascular surgeon wellness and burnout: A report	J Vasc Surg	73	6	0	1	1
21	R. Goeree, B. J. O'Bri	1999	The valuation of productivity costs due to prema	Can J Psychiatry	44	5	0	0	0
22	B. Cook, N. Carson,	2015	Understanding provider prescribing behaviors aft	Journal of Mental H	1)		0	0	0
23	H. Hiscock, A. S. Cor	2020	Understanding parent-reported factors that influ	Emerg Med Austral	32	5	0	0	0
24	S. Pezaro, J. Patterso	2020	A systematic integrative review of the literature o	Midwifery	89		0	0	0
25	P. Taylor	2020	System Entrapment: Dehumanization While Help	Qualitative health r	30(4)		0	0	0
26	A. Koné, L. Horter, I.	2022	Symptoms of Mental Health Conditions and Suic	MMWR Morb Mort	71	29	1	0	9999
27	J. Bryant-Genevier, C	2021	Symptoms of Depression, Anxiety, Post-Traumati	MMWR Morb Mort	70	26	1	1	1
28	W. C. Wu and H. P.	2010	Symmetric mortality and asymmetric suicide cycle	Soc Sci Med	70	12	0	0	0
29	W. Wu and H. Chen	2010	Symmetric mortality and asymmetric suicide cycle	Social Science & M	70	12	0	0	0
30	A. Nadkarni, H. A. W	2017	Sustained effectiveness and cost-effectiveness of	PLoS Med	14	9	0	0	0

[그림 5-5] 예시. 선별 및 검색 결정 필드

2) 검색 상태 필드

선별 및 검색 결정 단계 이후에는 선택된 문헌에 대해서 전문을 찾아 적격성을 결정해야 하므로 원문을 확보하는 과정이 필요하다. 아래의 예시는 검토자가 원문 보유 여부를 확인 후 미보유 문헌에 대해 전문을 확보하는 과정을 기록한 것이다. 원문 미보유 건에 대해서는 상세 사유로 확인된 사항에 대해 기록을 남긴다. 원문 확보를 위해 추가 탐색 및 구매 등을 진행하게 되며, 최종적으로 원문을 확보했는지에 대한 여부를 코딩하여 기록을 남긴다.

no.	Author	Year	Title	Journal	원문보유 (1)/ 미보유 (0)	상세사유	원문확보 (1)/ 미확보(0)
2852	Van der Huls	2003	Long workhours and health	Scandinavian journa	1		
2865	Virtanen, M	2018	Long working hours and depressive symptoms: systematic	Scandinavian journa	1		
2876	Brown, J	2020	Mental health consequences of shift work: an updated rev	Current Psychiatry R	0	pdf안열림	1
2880	Major, A	2021	Mental health of health care workers during the COVID-1!	MedRxiv: 2021.2001.	0	저널해당이슈에없음	0
2884	Naz, S	2018	Mental health of healthcare employees: a theoretical pers	research journal of s	0	pdf안열림	1
2887	Jonglertmont	2022	Mental health problems and their related factors among s	BMC Public Health :	0	구매해야함	1
2904	Panchal, S	2020	Mental health problems at the workplace: A review	Internaltion Journal	1		
2945	Morton, J	2015	Mental health, illness, and distress in undergraduate nursing students: A selecte		0	저널사이트없음	0
3001	Zimmermann	2020	Modifiable risk and protective factors for anxiety disorders	Psychiatry research :	0	pdf안열림	
3034	Khoighi, G	2022	Night shift hormone: How does melatonin affect depression? Physiology & Beh		0	저널사이트없음	0
3052	Sullivan, V	2022	Nursing burnout and its impact on health	Nursing Clinics 57(1	0	pdf안열림	1
4045	Landsberg, L	2013	Obesity-related hypertension: Pathogenesis, cardiovascular	Obesity 21(1): 8-24.	1		
5015	Belkić, K	2014	Occupational medicine: Then and now: Where we could g	Medicinski pregled (	0	pdf안열림	0
7005	Choi, K	2010	Occupational psychiatric disorders in Korea	Journal of Korean m	1		
7895	D'Amato, A	2003	Occupational stress: A review of the literature relating to n	Stress Impact. Surrey	0	pdf안열림	1
7901	Willeke, K	2021	Occurrence of mental illness and mental health risks amor	International Journa	0	pdf안열림	1
8432	Waters, J	2007	Police stress: History, contributing factors, symptoms, and i	Policing: An Interna	1		
8652	Violanti, J	2017	Police stressors and health: a state-of-the-art review	Policing: An Interna	1		
9045	Chae, M	2013	Police suicide: Prevalence, risk, and protective factors	Policing: An Interna	1		
10185	Chaves-Filho,	2019	Shared microglial mechanisms underpinning depression ai	Behavioural brain re	0	구매해야함	1
11845	Zhao, Y	2019	Shift work and mental health: a systematic review and met	International archive	0	구매해야함	1
13852	Wright Jr, K	2013	Shift work and the assessment and management of shift w	Sleep medicine revie	0	구매해야함	1
14653	Medic, G	2017	Short-and long-term health consequences of sleep disrupt	Nature and Science	1		
15246	Foster, R	2013	Sleep and circadian rhythm disruption in social jetlag and	Progress in molecula	0	저널사이트없음	0
17824	Vance, D	2011	Sleep and cognition on everyday functioning in older adu	Journal of Neuroscie	1		
19542	Verma, K	2022	Sleep disorders and its consequences on biopsychosocial	Yoga Mimamsa 54(2	0	저널사이트없음	0

[그림 5-6] 검색 상태 필드(예시)

3) 적격성 결정(eligibility decisions)

연구에 대한 적격성 결정은 전문을 확인해서 결정해야 하며, 연구 배제 시 배제 사유에 대한 기록이 필요하다. 배제 사유는 연구 시작 시에 정의한 프로토콜을 기준으로 연구자 간 합의를 통해 배제 기준을 정하게 되고, 그에 따른 코딩번호를 부여한다. 배제 사유는 원문을 검토하면서 프로토콜을 정립 시 고려하지 않았던 새로운 내용으로 인해 기준이 변경될 수 있으며, 이는 연구자 간 합의를 거쳐 수정할 수 있다. [표 5-1]은 배제 사유 코딩에 대한 예시로, 크게 대상, 중재, 결과, 기타로 나누어 배제 코딩을 작성한 것이다. 기록을 남길 때, 배제 사유에 대한 코딩번호뿐만 아니라 상세 사유를 함께 작성 해두면 검토자 간 합의 또는 문헌 재검토 시 도움이 된다.

[표 5-1] 장시간 노동, 교대근무와 우울증 관련 문헌 선택/배제 코딩 예시

구분	inclusion criteria	exclusion criteria	exclusion coding
대상(P)	사람을 대상으로 한 연구	동물실험 및 전임상실험	1
	성인을 대상으로 한 연구	유아, 청소년 대상 연구	2
	노동자를 대상으로 한 연구	노동 형태를 알 수 없거나 비노동자를 대상으로 한 연구	3
중재(I)	장시간 노동, 교대 근무	장시간 노동 시간, 교대 근무 형태 등이 명확하게 제시되지 않은 연구	4
대조(C)	주간 근무자		
결과(O)	우울감, 우울증	정신질환(건강) 증상으로 우울이 아닌 불안, 수면 장애, 충동, 자살 시도 등을 대상으로 한 연구	5
연구설계	비무작위 연구 (코호트, 단면연구, 전후비교 연구)	증례 보고	6
		체계적 문헌고찰 및 메타연구	7
언어	한국어 또는 영어	본문이 영어, 한국어가 아닌 기타 언어로 출판된 연구	8
출판 형태	동료심사를 거쳐 학술지에 게제된 논문 전문(full-text)	포스터, 보고서, 학위논문 등으로 출판된 연구	9

no.	Author	Year	Title	Journal	Volume	검토자1	검토자2	최종선택 (1)/배제(0)	배제사유(YK)	상세사유
1014	P. Wild, N. B	2021	Part-time work and other occupational risk fa	Int Arch Occup Env	94	0	1	1		
1024	Y. Nishimura	2022	Overtime working patterns and adverse events	Int Arch Occup Env	95	1	1	1		
1057	Y. Kawanishi	2008	On karo-jisatsu (suicide by overwork): why do	International Journa	37	0	0	0	9	포스터
1130	E. A. Mumfo	2021	A nationally representative study of law enforc	J Occup Environ Hy	18	0	0	0	5	자살생각
1159	G. Alicandro	2021	Mortality from suicide among agricultural, fish	Occup Environ Med	78	0	0	0	3	근로 시간 제시 없음
1220	S. Kaneko	2014	Mental health survey of truck drivers	Nihon eiseigaku za	69	0	0	0	8	본문 일본어로 작성
1229	R. Tyssen an	2002	Mental health problems among young doctor	Harv Rev Psychiatry	10	0	0	0	7	문헌고찰
1242	J. P. Brown, [	2020	Mental Health Consequences of Shift Work: A	Curr Psychiatry Rep	22	0	0	0	7	문헌고찰
1315	J. Jonsson, C	2021	Low-quality employment trajectories and risk (	Scand J Work Envir	47	0	0	0	5	정신건강(우울별도구분 x)
1351	B. Runeson,	1996	Living conditions of female suicide attempters	Acta Psychiatr Scan	94	0	0	0	5	정신건강(우울별도구분 x)
1385	T. Amagasa,	2005	Karojisatsu in Japan: characteristics of 22 cases	J Occup Health	47	0	0	0	7	문헌고찰
1589	I. Guseva Ca	2021	Identification of socio-demographic, occupatic	Suicide Life Threat	51	0	0	0	5	정신건강(우울별도구분 x)
1711	H. J. Lee, S. V	2021	Gender differences of long working hours ass	Asia Pacific Psychia	13	1	1	1		
1716	N. Sugawara	2013	Gender differences in factors associated with s	Ind Health	51	0	0	0	5	정신건강(우울별도구분 x)
1783	J. Li, X. Zhan	2022	Factors associated with suicidal ideation amon	Psychol Health Mec	27	0	0	0	5	자살생각
2194	T. S. Heller, J	2007	Correlates of suicide in building industry work	Archives of Suicide	11(1)	0	0	0	5	자살생각
2260	A. Takeuchi,	2014	Combined effects of working hours, income, a	Ind Health	52	1	1	1		
2507	H. E. Lee, I. K	2020	Association of long working hours with accide	Scand J Work Envir	46	1	1	1		
2705	M. Takahash	2019	Sociomedical problems of overwork-related de	Journal of occupati	61(4)	0	0	0	9	포스터

[그림 5-7] 적격성 결정 필드(예시)

[표 5-2] 혼인상태와 자살 생각 관련 문헌 선택/배제 코딩 예시

구분	inclusion criteria	exclusion criteria	exclusion coding
대상(P)	다양한 민족의 인구 대상	대상자가 일반인구 대상이 아닌 특정 대상 (정신질환자, 특정 직업)	1
중재(I) / 대조(C)	혼인상태(결혼, 이혼, 사별 등)나 배우자 유/무를 조사한 연구	혼인상태(결혼, 이혼, 사별 등)를 조사하지 않은 연구	2
결과 (O)	자살 생각, 자살 생각 경험	종속변수가 자살 생각이 아닌 변수(예: 자살 행위, 자살 시도)를 조사한 연구	3
		자살 생각 경험률 및 자살률을 보고한 연구	4
중재(I) & 결과(O)	독립-종속(인과적 관계)	자살 생각(종속변수)과 혼인상태(독립변수)가 연결되지 않은 연구	5
연구설계	양적 연구설계	양적 연구가 아닌 연구 (review, editorial, commentary, report)	6
언어	영어	본문이 영어가 아닌 기타 언어로 출판된 연구	7
기타	메타분석이 가능한 연구	효과의 크기를 추출하기에 정보가 불충분한 연구	8

[표 5-3] 노인의 단백질 섭취와 근감소증(근력, 신체기능, 노쇠) 관련 문헌 선택/배제 코딩 예시

구분	inclusion criteria	exclusion criteria	exclusion coding
대상(P)	사람을 대상으로 한 연구	사람이 아닌 동물/생물을 대상으로 한 논문	1
	한국, 한국인을 대상으로 한 연구	한국/한국인을 대상으로 한 연구가 아닌 경우 – 해외 거주 중인 한국인 대상 제외 – 한국 내 외국인 대상 제외	2
	노인(65세 이상): 전체 연령 중 65세 이상 노인 하위집단(sub-group)을 대상으로 한 연구	노인(65세 이상)이 아닌 연령층만 포함된 연구	3
		특정 기관 거주 환경 노인: 지역사회 환경이 아닌 병원 입원(치료 목적), 요양기관(요양원, 실버타운) 거주 노인	
중재(I)	실험군 중재 : 단백질(보충제) 섭취 (Protein intake, Amino acid, Leucine HMB, β-hydroxy-β-methylbutyricacid, β-hydroxy-β-methylbutyrate 등)	– 실험군 중재가 단백질이 아닌 연구 – 실험군 중재에 단백질이 이외 다른 중재 효과 비교	4

구분	inclusion criteria	exclusion criteria	exclusion coding
대조(C)	대조군 : 단백질 이외의 중재(isocaloric placebo)	대조군에 실험군과 유사 단백질(재료, 성분 등) 비교	5
	포함 예시) 실험 vs. 대조 – 단백질 vs. 위약(기타 다른 영양소) – 단백질 충분 섭취 vs. 단백질 부족 섭취 – 단백질 + A 영양소 vs. A 영양소 – 단백질 + 운동(or 교육) vs. 운동(or 교육) – 단백질 + 운동(or 교육) vs. 위약 + 운동(or교육) – 단백질 A + 단백질 B vs. 위약	배제 예시) 실험 vs. 대조 – 단백질 + A 영양소 vs. 단백질 + B 영양소 – 단백질 A vs. 단백질 B	
결과(O)	근감소증 또는 근감소증 지표 – 근감소증/근력/신체기능/노쇠 등의 치료 결과(1개 이상)	종속변수 : 근감소증/근력/신체기능/노쇠 등 없는 연구	6
중재(I) & 결과(O)	독립변수(단백질 섭취)와 종속변수(근감소증) 원인적 관계	– 독립변수와 종속변수가 직접적으로 연결되지 않은 연구 – 매개 및 조절 변수 등	
연구설계	RCT(randomized controlled trials), non–RCT observation(case–control, cohort, cross–sectional)	증례 보고	7
언어	한국어 또는 영어	본문이 한국어/영어 이외의 언어로 출판된 연구 (독어, 일어, 프랑스어, 스페인어 등)	8
출판 형태	동료 심사를 거쳐 학술지에 게재된 논문 전문(full–text) 회색 문헌(학술논문, 단행본, 학위논문) : 포함 논문의 참고문헌 목록을 통해 수집된 논문 포함	초록만 발표된 논문(포스터)	9
		중복 출판 연구 : – 동일 표본 : 동일 자료(표본)를 사용하여 타 학술지에 중복 게재 → 추출 정보가 더 많으면서 세부적 · 구체적으로 제시한 문헌 선택	10
기타	메타분석이 가능한 연구	효과의 크기를 추출하기에 정보가 불충분한 연구	11

5 문헌 선정을 위한 소프트웨어 도구

체계적 문헌고찰을 수행하기 위해서는 검색된 다수의 논문을 직접 선별하여 지정된 선정 기준을 충족하는지 확인해야 한다. 출판되는 논문 수가 증가함에 따라 중복 제거 및 초기 제목과 초록을 통한 선별 단계에서 상당한 시간이 소요된다. 스크리닝 및 선별에 대한 자원 필요성이 증가함에 따라, 체계적인 검토 프로세스를 신속하고 효율적으로 수행하기 위한 인공지능 기반 소프트웨어 도구들이 개발되었으며, 이를 활용한 체계적 문헌고찰 연구들이 출판되고 있다(6, 7, 8).

체계적 문헌고찰을 위해 자동화 소프트웨어를 활용한 연구(9)에 따르면, 출판된 문헌들은 대부분 선별 단계(title & abstract screening, full-text screening, post-protocol screening, abstract classification and filtering and Text mining)에서 소프트웨어를 활용하였다. 나머지는 데이터 추출(data extraction), 비뚤림 위험평가(risk of bias assessment)를 위해 활용하였다고 한다. 이를 활용하는 과정에서 대다수가 재검토하여 수정 작업을 수행했지만, 작업량 감소에는 이점이 있다고 평가하였다.

제목 및 초록 검토 단계를 지원하는 소프트웨어 도구들을 사용한 연구자들을 대상으로 설문 조사를 실시한 연구(10)에 따르면, 6개의 소프트웨어(Abstrackr, Colandr, Covidence, DRAGON, EPPI-Reviewer, Rayyan)가 기능 평가에서 75% 이상 점수(총점수의 백분율로 산출)를 받았고, 이 중 Covidence, Rayyan이 가장 선호하는 도구로 평가되었다.

1) Covidence 소개

Covidence는 웹 기반의 유료 소프트웨어로, 서지정보 불러오기(import citations), 제목 및 초록 검토(title and abstract screen), 전문 검토(full text screen), 비뚤림 위험평가(risk of bias tables), 데이터 추출(data extraction), 내보내기(export) 기능을 제공한다. 또한 문헌 선정 과정에 필요한 고찰 설정 변경(update review settings), 팀 관리(manage your team), 배제 기준 관리(control criteria and exclusion), 관찰 및 관리 기록(view and manage tag)을 할 수 있는 기능이 포함되어 있다.

(1) 서지정보 불러오기

다른 서지 관리 프로그램들과 유사하게 EndNote XML, PubMed, RIS 텍스트 형식의 파일들을 불러올 수 있다.

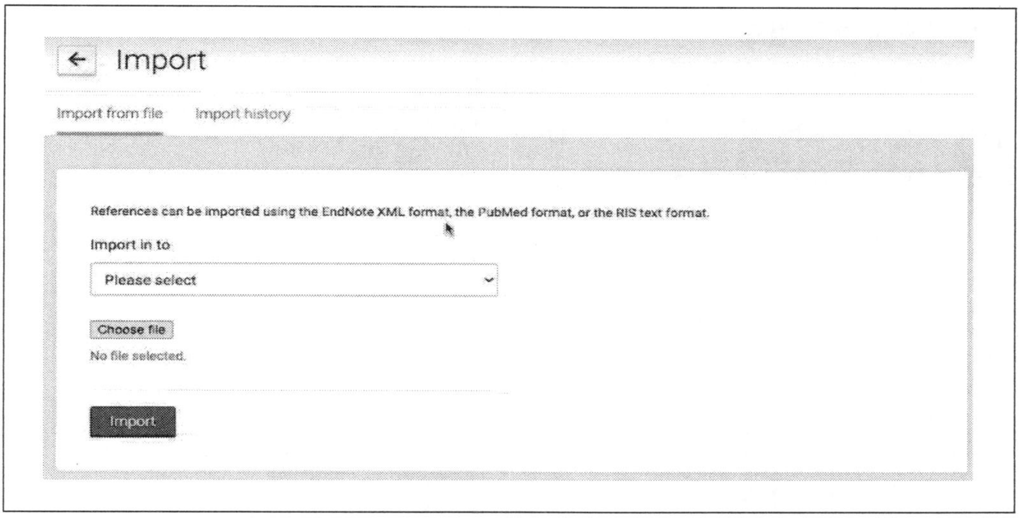

[그림 5-8] Covidence 서지정보 불러오기 화면

(2) 중복 문헌 제거하기

서지정보를 불러들이면, 자동으로 중복 문헌을 제거하는 프로세스가 진행되어 몇 개의 문헌이 삭제되었는지 보여준다. 삭제된 문헌을 누르면, 삭제된 문헌에 대한 상세 내용을 확인할 수 있으며 중복 문헌이 아닌 경우에는 'Not a duplicate' 버튼을 눌러 복원도 가능하다.

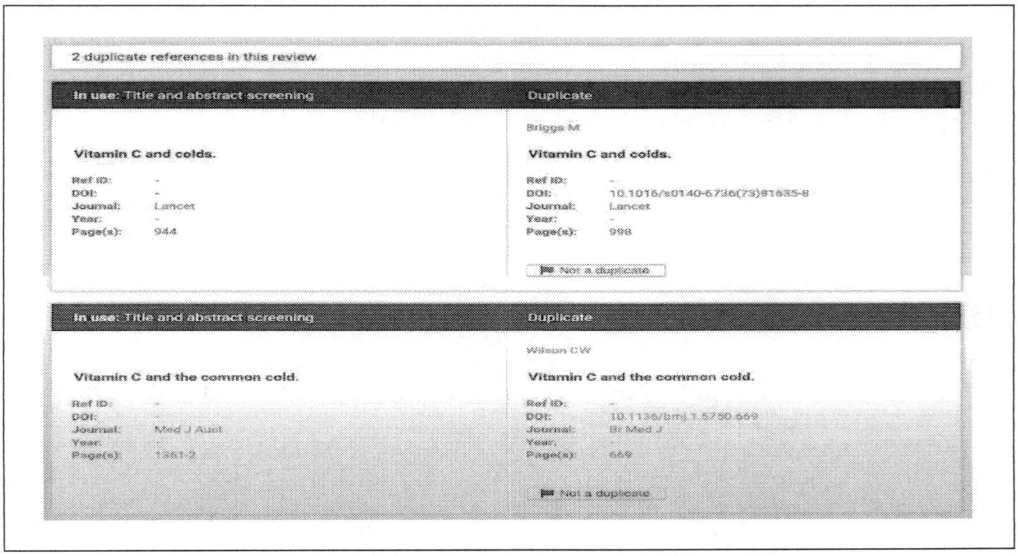

[그림 5-9] Covidence 중복 문헌 제거 화면

(3) 제목 및 초록 검토

제목 및 초록 검토 단계에서는 해당 문헌 옆에 "No", "Maybe", "Yes" 버튼을 연구자가 눌러 선택한다. 또한, 연구자 간 서로 다른 선택을 한 문헌은 별도로 "Resolve conflicts"로 옮겨서 다시 검토할 수 있도록 해준다.

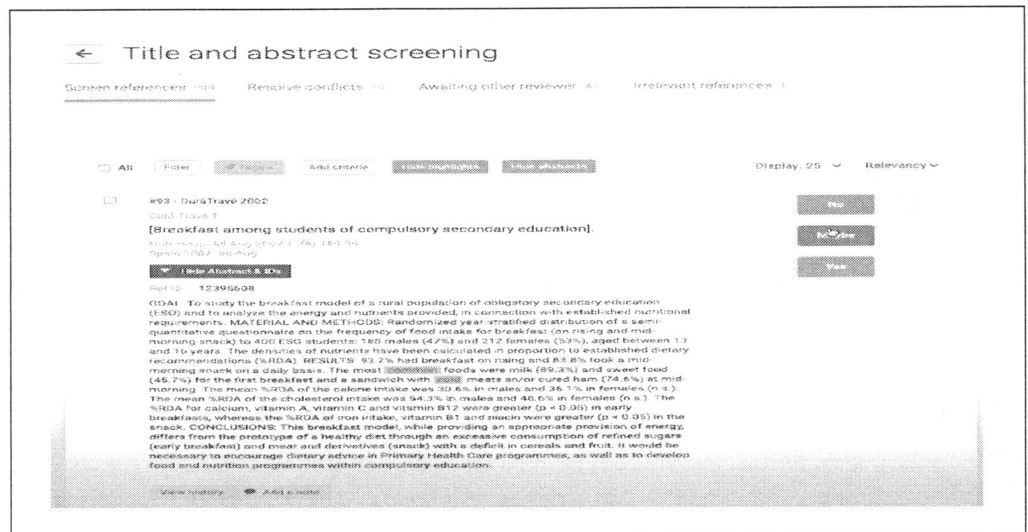

[그림 5-10] Covidence 제목 및 초록 검토 화면

(4) 전문 검토

전문 검토 단계에서는 원문을 검토할 수 있도록 제시하여 연구자가 "Include", "Exclude" 버튼을 눌러 선택한다. 설정 메뉴에 들어가면 적격성 기준(eligibility criteria)을 설정할 수 있으며, 원문 검토 시 선택 및 배제 단어들을 강조하여 선택의 편의성을 높여준다. 또한 "Exclude"를 선택하면, 사전에 설정한 배제 이유를 바로 선택할 수 있도록 한다.

(5) 문헌 선택 흐름도(PRISMA)

최종 문헌이 선택된 후, 앞서 진행한 과정들을 문헌 선택 흐름도로 제시해 준다.

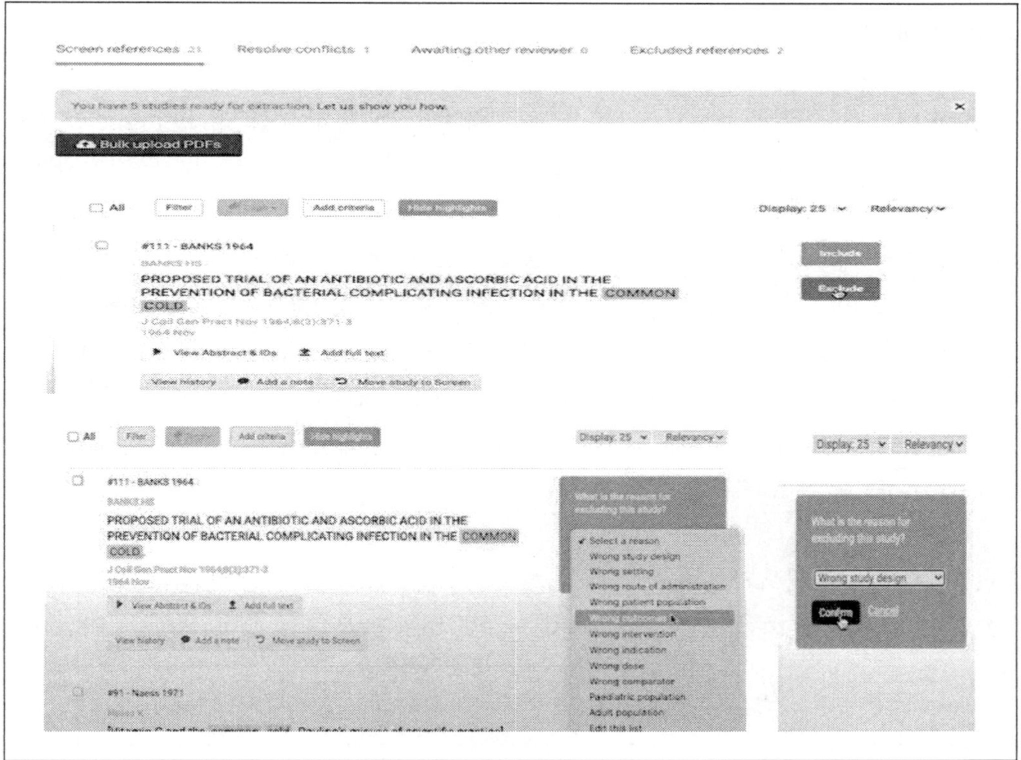

[그림 5-11] Covidence 전문 검토 화면

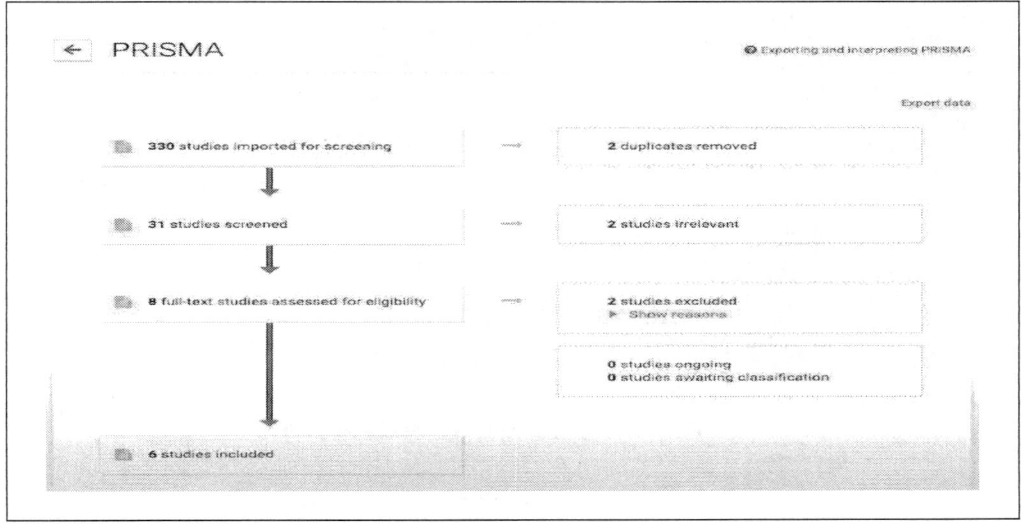

[그림 5-12] Covidence PRISMA 화면

2) Rayyan 소개

Rayyan은 웹 기반의 소프트웨어로 무료로 이용할 수 있지만, 일부 추가 기능은 유료 서비스로 제공하고 있다. 기본 기능으로는 검토자 무제한 초대(invite unlimited reviewers), 서지정보 가져오기(import directly from mendeley), 중복 문헌 제거(industry leading de-duplication), 관련성 순위 제공(5-star relevance ranking), 고급 필터링 기능(advanced filtration facets)이 제공된다. 또한 모바일 앱(mobile app access)을 통해서도 작업할 수 있다. 유료 서비스로는 온라인 교육(online training), PICO 하이라이트 및 필터(PICO highlights & filters), PRISMA, 자동 검토(auto-resolver), 사용자 검색, 검토 문헌에 대한 관리 및 모니터링(monitor & manage users, searches, reviews, full-texts) 기능 등을 제공하고 있다.

(1) 서지정보 불러오기

오른쪽 바(bar)에 가져올 수 있는 서지 형식의 파일들에 대한 설명이 있고, 하단에는 형식별 파일 생성 방법에 대한 가이드를 제공하고 있다.

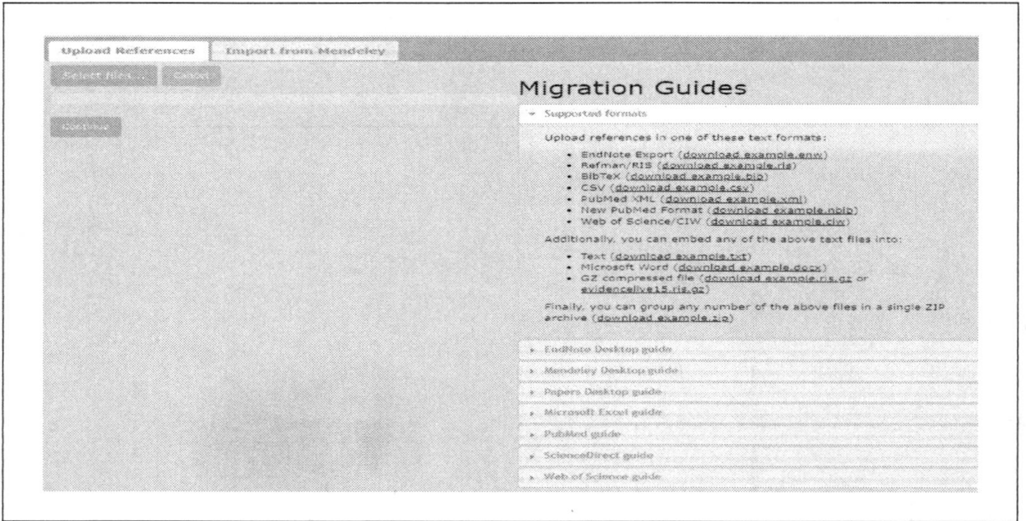

[그림 5-13] Rayyan 서지정보 불러오기 화면

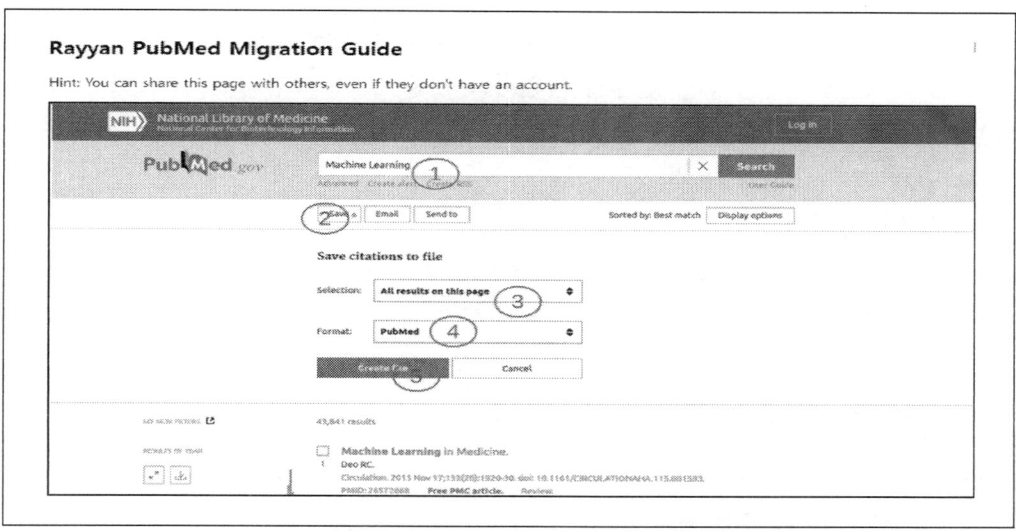

[그림 5-14] Rayyan PubMed 가이드 제공 화면

(2) 중복 문헌 제거하기

가져온 문헌들에 대해 중복 문헌 찾기(detect duplicates) 기능을 제공하고 있으며, 중

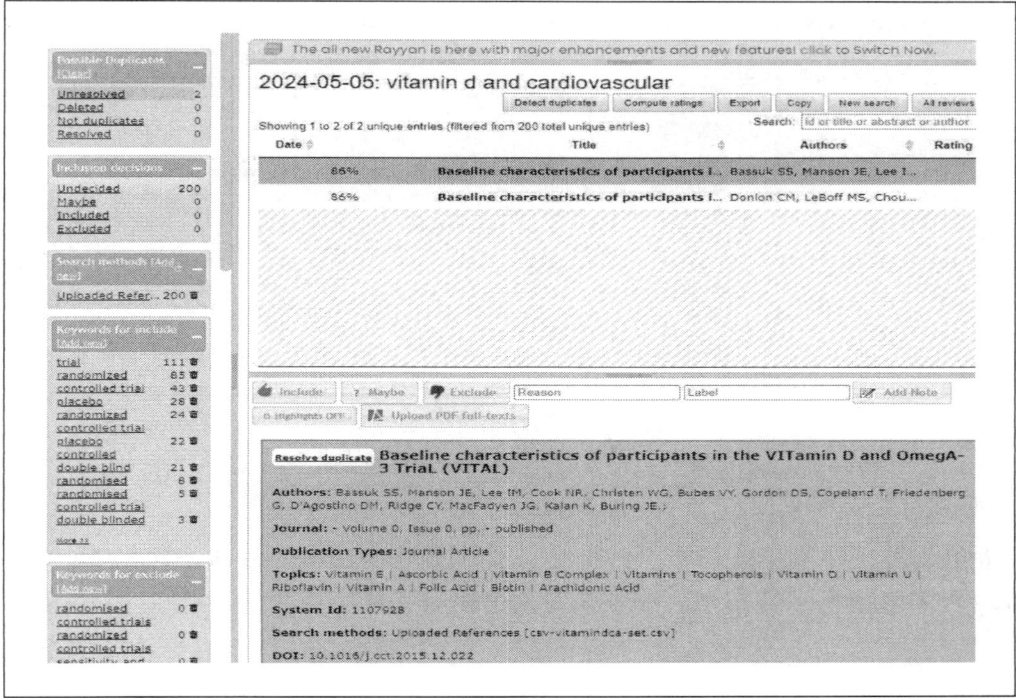

[그림 5-15] Rayyan 중복 문헌 제거 화면

복된 문헌들에 대한 각 중복률(duplicate percentage)을 산출하여 보여준다. 중복된 문헌에 대해서는 검토자가 해당 문헌을 확인하고 최종적으로 포함(include), 미정(maybe), 배제(exclude) 버튼을 눌러 결정한다.

(3) 문헌 선정하기

문헌 선정 단계에서는 왼쪽 사이드바를 통해 포함되어야 할 단어와 배제되어야 할 단어들을 설정할 수 있으며, 하이라이트 기능을 통해 해당 단어들을 강조할 수 있다. 검토자는 문헌별로 'include', 'maybe', 'exclude'를 통해 문헌을 선정하며, "exclude"에 대한 이유를 선택하거나 직접 입력하여 기록을 남길 수 있다.

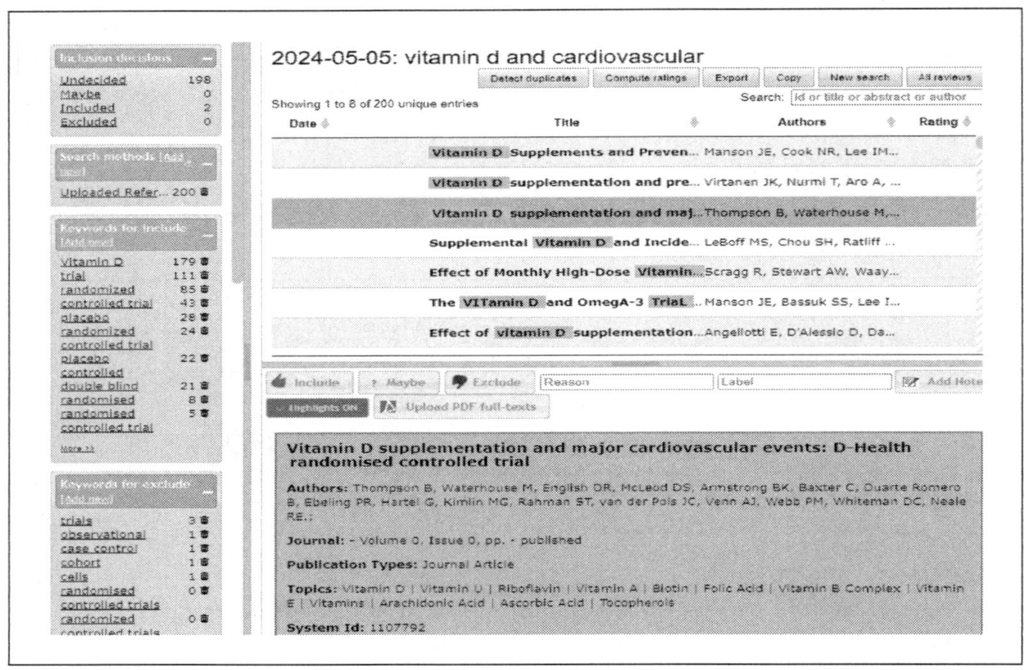

[그림 5-16] Rayyan 문헌 선정 화면

(4) 대시보드 제공

문헌 검토 전체 현황을 보여주는 대시보드를 제공하고 있다. 검토된 문헌에 대한 요약 및 검토자별 진행 현황 및 소요 시간 등을 확인할 수 있다.

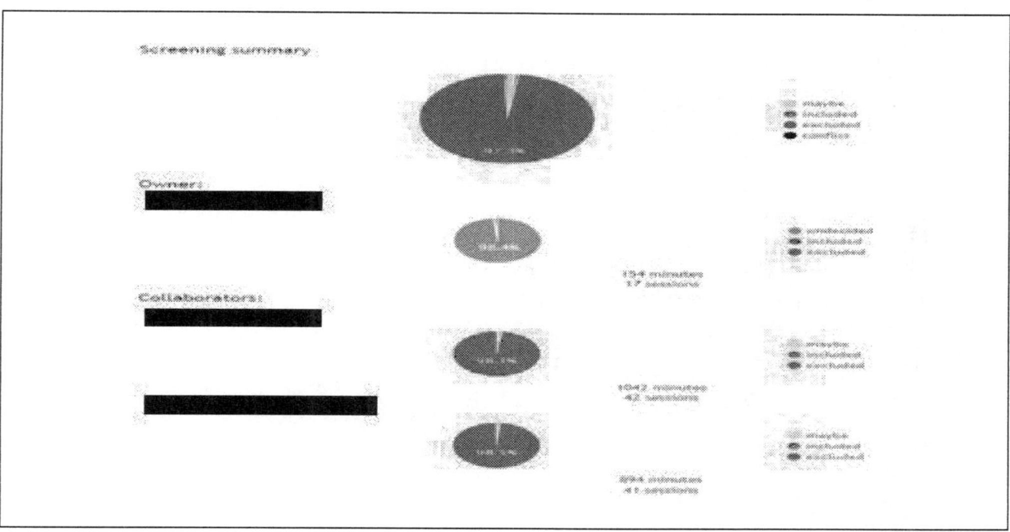

[그림 5-17] Rayyan 대시보드 화면

Tip 서지관리 및 문헌고찰을 위한 프로그램

1. EndNote
   - 특징
     - Clarivate에서 제공하는 상용 서지관리 소프트웨어
     - PubMed · Web of Science 등과 직접 연동
     - PDF 자동 첨부 및 논문 내 텍스트 검색 가능
     - MS Word Cite-While-You-Write로 인용 스타일 자동 변경
   - 장점
     - 강력한 서지 관리 기능: 태그, 그룹핑 기능이 우수
     - Word 연동이 매우 안정적
     - PubMed, Web of Science의 DB에서 서지정보 불러들이기 편리
   - 단점
     - 비싼 가격: 개인 사용자가 구매하기 부담스러울 수 있음
     - 처음 사용하는 사람에게는 기능이 다소 복잡할 수 있음

2. Mendeley
   - 특징
     - Elsevier에서 제공하는 서지관리 프로그램(기본 무료)
     - PDF 자동 관리 · 주석(Annotation) · 하이라이트
     - MS Word 용 Mendeley Cite, LaTeX BibTeX 연동
   - 장점
     - 무료 사용 가능(기본 버전)
     - 논문 PDF 관리 용이: PDF 파일을 바로 업로드하고 주석 달기 가능
     - 클라우드 동기화 지원: 여러 기기에서 접근 가능

- 단점
  - EndNote에 비해 데이터베이스 연동 기능이 약함
  - 무료 용량 2 GB 제한(추가 5/10/50 GB 유료 플랜)
  - 인용 스타일 편집이 제한적

3. Zotero

- 특징
  - 오픈소스 서지관리 프로그램(완전 무료)
  - Chrome, Firefox 브라우저 확장 기능 제공
    → 웹에서 논문을 쉽게 수집 가능
  - MS Word, Google Docs, LaTeX와 연동 가능
  - PDF 파일 자동 정리 및 메타데이터 추출 가능
- 장점
  - 완전 무료(유료 버전 없이 모든 기능 사용 가능)
  - 웹에서 논문 수집이 편리: 브라우저 확장 기능이 강력함
  - LaTeX 지원: BibTeX와 연동 가능
- 단점
  - 인터페이스가 다소 직관적이지 않음
  - 기본 협업(그룹) 외 고급 권한 관리 기능 부족
  - 대형 DB 직접 연동 시 추가 플러그인 필요

4. RefWorks

- 특징
  - Ex Libris(Clarivate Group) 제공 클라우드 서지관리
  - 웹 기반 서비스로 별도의 설치 없이 사용 가능
  - 다양한 논문 인용 스타일 제공(APA, MLA, Chicago 등)
  - MS Word, Google Docs와 연동 가능
- 장점
  - 협업 기능 강력: 폴더 단위 공유 · 실시간 공동 편집
  - 자동 서지 정보 가져오기: 여러 데이터베이스에서 쉽게 인용 삽입 가능
  - 기관 구독 가능: 학교나 연구소에서 지원하는 경우 무료로 사용 가능
- 단점
  - 개인 사용자는 유료(일반 사용자는 무료 체험 후 유료 결제 필요)
  - 인터페이스가 다소 복잡
  - 데스크톱 연동이 부족: 로컬 파일 관리를 선호하는 경우 불편

5. Rayyan

- 특징
  - R웹 기반 AI 스크리닝 도구
  - 타이틀 · 초록 선별, AI Relevance Rating, 중복 제거
  - PRISMA 도식 · PICO 하이라이트(유료) 제공
- 장점
  - 무료 플랜: 활성 리뷰 3개 + 무제한 협업

- AI 우선순위 추천으로 스크리닝 시간 단축
- 실시간 태그 · 필터 · 모바일 앱 지원

* 단점
  - 서지 · PDF 관리 · 인용 기능 없음(스크리닝 전용)
  - 프로페셔널 플랜 $99/년, 학생 $59/년 등 구독제
  - UI 다국어 미지원

6. Covidence

* 특징
  - Cochrane Collaboration이 공인한 온라인기반 서지 관리 프로그램
  - 중복 제거 · 이중 스크리닝 · 데이터 추출 · PRISMA 자동
* 장점
  - PRISMA 흐름도 · Rob 템플릿 자동 생성
  - 협업 관리에 강력
* 단점
  - 개인 요금: Single Review $289/년, 3 Reviews $867/년
  - 서지 · PDF 관리는 외부(EndNote · Zotero 등) 필요

7. Abstrackr

* 특징
  - Brown University 개발 무료 웹 서비스
  - 머신러닝 기반 타이틀 · 초록 우선순위 추천
  - 다중 연구자 실시간 협업
* 장점
  - 완전 무료, 설치 불필요
  - 프로젝트별 태그 · 의사결정 로그
* 단점
  - 서지 및 PDF 관리 기능 부재
  - ML 추천 품질이 데이터 · 키워드에 따라 변동
  - DB 직접 연동 없음(EndNote → RIS 업로드 필요)

8. Colandr

* 특징
  - 체계적 문헌고찰을 위해 설계된 오픈소스 무료 도구
  - AI 보조 기능: 문헌 선별 및 데이터 추출 자동화
  - PRISMA 흐름도 자동 생성 기능 포함
  - 웹 기반 협업 가능
* 장점
  - 무료 및 오픈소스(제한 없이 사용 가능)
  - 검색 → 선별 → 데이터 추출의 문헌고찰 워크플로우 자동화
  - 협업 기능 지원(여러 연구자가 동시에 작업 가능)

- 단점
  - 서지관리 기능 부족: Zotero, EndNote처럼 논문 정리 기능이 강력하지 않음
  - 사용자 인터페이스(UI)가 직관적이지 않음(약간의 학습 필요)
  - 데이터베이스 연동 부족(논문 검색 기능이 제한적)

Tip 프로그램 선택 가이드

- 서지 · PDF 관리가 핵심이면 EndNote, Zotero
- 타이틀/초록 스크리닝을 가속하려면 Rayyan, Abstrackr
- 전체 PRISMA 워크플로를 원스톱으로 처리하려면 Covidence
- 예산 및 라이선스가 없다면 Zotero와 Colandr 조합해서 활용 가능

참고문헌

1. Kwon, Y., Lemieux, M., McTavish, J., & Wathen, N. (2015). Identifying and removing duplicate records from systematic review searches. Journal of the Medical Library Association: JMLA, 103(4), 184.
2. Qi, X., Yang, M., Ren, W., Jia, J., Wang, J., Han, G., & Fan, D. (2013). Find duplicates among the PubMed, EMBASE, and Cochrane Library Databases in systematic review. PLoS One, 8(8), e71838.
3. Higgins, J. P. T., & Green, S. (Eds.) (2006). Cochrane handbook for systematic reviews of interventions. Chichester, UK: John Wiley & Sons.
4. Chan, A. W., Hro´bjartsson, A., Haar, M. T., Gøtzsche, P. C., & Altman, D. G. (2004). Empirical evidence for selective reporting of outcomes in randomized trials: Comparison of protocols to published articles. Journal of the American Medical Association, 291, 2457–2465.
5. Patrick, T. B., Demiris, G., Folk, L. C., Moxley, D. E., Mitchell, J. A., & Tao, D. (2004). Evidence-based retrieval in evidence-based medicine. Journal of the Medical Library Association, 92, 196–199.
6. Duff, O. M., Walsh, D. M., Furlong, B. A., O'Connor, N. E., Moran, K. A., & Woods, C. B. (2017). Behavior change techniques in physical activity eHealth interventions for people with cardiovascular disease: systematic review. Journal of medical Internet research, 19(8), e281.
7. Melnyk, B. M., Kelly, S. A., Stephens, J., Dhakal, K., McGovern, C., Tucker, S., ... & Bird, S. B. (2020). Interventions to improve mental health, well-being, physical health, and lifestyle behaviors in physicians and nurses: a systematic review. American Journal of Health Promotion, 34(8), 929-941.
8. Rogers, C. R., Matthews, P., Xu, L., Boucher, K., Riley, C., Huntington, M., ... & Foster, M. J. (2020). Interventions for increasing colorectal cancer screening uptake among African-American men: a systematic review and meta-analysis. PLoS One, 15(9), e0238354.
9. Blaizot, A., Veettil, S. K., Saidoung, P., Moreno-Garcia, C. F., Wiratunga, N., Aceves-Martins, M., ... & Chaiyakunapruk, N. (2022). Using artificial intelligence methods for systematic review in health sciences: a systematic review. Research Synthesis Methods, 13(3), 353-362.
10. Harrison, H., Griffin, S. J., Kuhn, I., & Usher-Smith, J. A. (2020). Software tools to support title and abstract screening for systematic reviews in healthcare: an evaluation. BMC medical research methodology, 20, 1-12.

더 읽을 거리

Moher, D., Liberati, A., Tetzlaff, J., Altman, D. G., & PRISMA Group. (2009). Preferred reporting items for systematic reviews and meta-analyses: the PRISMA statement. Annals of internal medicine, 151(4), 264-269.

Page, M. J., McKenzie, J. E., Bossuyt, P. M., Boutron, I., Hoffmann, T. C., Mulrow, C. D., ... & Moher, D. (2021). The PRISMA 2020 statement: an updated guideline for reporting systematic reviews. International journal of surgery, 88, 105906.

6

제6장

자료 추출 및 입력

제6장

자료 추출 및 입력

1 개요

자료를 코딩하거나 추출한다는 것은 선정된 문헌에서 근거를 종합하기 위해 관련 정보를 체계적으로 추출하는 과정이다. 이 과정은 데이터 추출 오류로 인해 검토 결과와 결론이 달라질 수 있다는 점에서 매우 중요하다. 자료 코딩은 연구가 언제, 어디서, 누구에 의해 수행되었는지와 연구설계 및 수행 측면과 같은 연구의 관련 특성을 기록하는 것이다. 반면, 자료 추출은 효과 크기, 평균 및 분산 또는 기타 중요한 결과값과 같은 연구결과를 기록하는 것을 의미한다(1). 메타분석 수행 계획과 관계없이 자료 추출은 체계적인 접근 방식으로 진행되어야 한다. 이는 약 7단계를 거치며, 문헌의 전체 텍스트를 검토하고 연구 정보를 표 형식으로 수집하고, 요약하는 과정을 포함한다.

*** 선정된 문헌의 자료 추출 및 요약을 위한 7단계**

1. 선정된 문헌의 전체 텍스트 확보
2. 수집할 정보의 범위 설정
3. 자료수집 방법론 선정
4. 자료 추출 테이블 설계
5. 자료수집 테이블을 시범적용(선택사항)
6. 자료 추출 수행
7. 수집된 자료의 오류 검토

연구의 정확성을 높이기 위해 두 명 이상의 연구자가 독립적으로 데이터를 추출하고 각자 추출한 결과가 같은지를 검증해야 한다. 이러한 데이터 추출 및 검토과정은 수작업으로 하거나 컴퓨터 프로그램을 활용하여 수행할 수 있다.

2 자료 추출

1) 자료 코딩 및 추출 계획

자료 코딩단계에서 수집할 정보를 결정하는 것은 매우 중요하며, 이는 초기 계획 단계에서 이루어져야 한다. 초기 자료 추출 단계에서 중요한 정보를 놓치면 검토의 질이 저하될 수 있으며, 해당 정보를 다시 수집하기 위한 추가 시간이 소요된다. 또한, 과도한 정보 추출은 연구의 주요 목적을 모호하게 만들 수 있으므로, 검토 범위와 목표를 명확하게 정의하는 것이 중요하다. 입력 서식에는 연구질문 해결에 필요한 관련 정보, 비판적 평가에 필요한 추가 정보, 최종 근거 종합보고서 작성에 필요한 맥락 정보와 같은 항목들이 포함되어야 한다(1). 일반적으로 수집되는 자료는 크게 다섯 가지 핵심 요소로 구성된다. 연구설계와 통계분석을 포함하는 study methods, 대상자 정의와 인구통계 정보를 담은 participants, 연구질문의 검증 및 관찰 방법을 설명하는 intervention, 측정변수나 종속변수를 다루는 outcome, 그리고 연구대상자 및 그룹에 대한 요약 자료와 유의미한 결과를 포함하는 results이다(2).

- study methods(연구설계, 통계분석 등)
- participants(대상자 정의, 지리적 위치, 인구통계 정보 등)
- intervention(연구질문을 검증/관찰하는 방법에 대한 설명 등)
- outcome(측정 변수 또는 연구의 종속변수)
- results(연구대상자/그룹에 대한 요약 자료, 유의미한/유의미하지 않은 결과 등)

문헌의 적격성 심사 단계와 마찬가지로 자료 추출 및 코딩표 작성을 위한 파일럿 테스트는 최소 2명의 검토자가 참여하여 불일치 사항을 파악하고 수정한다. 또한, 임상연구보고서, 시험등록 보고서, 규제문서 등 데이터 자원의 가용성이 증가함에 따라, 가장 유용한 정보를 포함하는 리뷰를 확인하여 종합 계획에 반영해야 한다. 이 과정에서 검토팀은 자료가 적절한 형식으로 일관되게 제시되지 않았거나 누락된 자료 또는 원시 자료에 대해 원저자에게 연락할 필요가 있을 수 있다(1). 저자의 연락처 정보는 최신 출판물, 대학 또는 기관 직원 목록, 전문 학회 회원 경로, 웹 검색을 통해 확보할 수 있으며, 명시된 저자와 연락이 어려운 경우 다른 저자에게 연락을 시도할 수 있다. 리뷰 작성자는 필요한 정보의 성격을 고려하여 적절한 방식으로 요청해야 한다. 임상시험에 대한 설명이 필요한 경우, '할당 프로세스가 어떻게 수행되었는지' 또는 '누락된 데이터가 어떻게 처리되었는지'와 같은 개방형 질문이 적절할 수 있다. 반면 특정 수치 자료가 필요한 경우에는 구체적인 요청과 함께 간단한 자료수집 양식을 함께 제공하는 것이 효과적이다(3). 합의된 자료 코딩 또는 추출표 초안은 근거 종합 프로토콜 제출 시 함께 제공되어야 한다(1).

2) 수집할 자료

자료(data)는 연구에서 얻어지는 모든 정보를 의미하며, 여기에는 연구 방법, 참여자, 환경, 맥락, 중재, 결과, 출판물 및 연구자에 대한 세부 정보가 포함된다. 검토과정에서는 결과 자료뿐만 아니라 모든 자료를 추출할 수 있으며(4), 추출된 자료는 포함된 연구를 적절히 설명하고, 표와 그림의 구성을 지원하며, 비뚤림 위험평가와 근거 종합 및 메타분석이 가능하게 해야 한다(3). 수집한 자료로 표를 작성할 때는 다음과 같은 지침을 고려해야 한다(5).

1. 참가자, 중재 및 결과와 관련된 정보를 열(columns) 형태로 구성한다.
2. 참가자의 하위그룹과 중재 유형을 명확히 구분한다.
3. 결과값, 측정 방법 및 분석 방법을 체계적으로 정리한다.
4. 연구설계의 특성과 질적 수준에 따라 세부 분류의 필요성을 검토한다.
5. 하위그룹별로 구분된 연구 정보를 표의 각 셀에 적절히 배치한다.
6. 연구결과의 이해를 돕는 주요 특징에 따라 논리적으로 정렬한다.
7. 표 제목은 독립적으로 이해할 수 있도록 검토 질문의 핵심 요소를 포함한다. 단순히 '표1_연구 특성'을 명시하는 것만으로는 부족하며, 연구 주제와 내용을 명확히 나타내는 정보를 포함하는 것이 좋다(예: 표1_만성 질환에 대한 항생제의 체계적 검토에 포함된 연구 특성).

(1) 포함된 개별 연구에 대한 기술적 자료(descriptive data)

포함된 개별 연구의 기술적 자료수집에서 가장 먼저 고려해야 할 것은 리뷰에 포함된 연구에 대한 기술적 정보이다. 이 작업의 목적은 연구의 특성(대상자, 중재 및 결과), 연구설계와 질, 그리고 효과에 대한 정보를 의미있게 제시하는 것이다. 이는 근거 종합의 핵심 요소로, 근거에 대한 심층적 이해를 돕고, 상호해석의 오류를 방지하며, 데이터 종합의 투명성을 높일 수 있다(5). 수집해야 할 정보에는 저자 정보, 연구 환경(settings), 연구설계, 대상자 특성, 개입의 세부 사항, 결과, 표본 크기, 자금 출처, 포함 또는 제외 이유가 포함된다. 이러한 기술적 자료를 상세히 추출하고 보고함으로써 연구결과의 일반화 가능성을 입증할 수 있으며, 검토자들이 연구 간 이질성을 이해하는 데도 도움이 된다(6).

① 참여자 및 연구 특성

참여자의 세부 정보는 두 가지 주요 목적을 가진다. 첫째, 연구 내 또는 연구 간 참여자의 비교 가능성과 차이점을 이해하기 위함이며, 둘째, 포함된 연구의 참여자가 검토 질문을 얼마나 직접적이고 완벽하게 반영하는지 평가하기 위함이다. 일반적으로 수집해야 할 정보는 중재 효과의 존재나 크기에 영향을 미칠 수 있는 요소나 다른 인구집단에 대한 적용 가능성 평가에 도움이 되는 요소이다. 예를 들어, 서로 다른 사회경제적 집단 간 중재 효과에 중요한 차이가 있다고 판단되는 경우, 관련 정보를 추가로 수집해야 한다. 적용 가능성 평가를 위한 참가자 특성에는 대표적으로 연령과 성별이 포함된다. 이러한 정보는 다양한 형식(연령은 표준편차나 범위를 포함한 평균 또는 중앙값으로, 성별은 전체 연구 또는 중재 그룹별 백분율 또는 N 수로)으로 제시될 수 있다. 연구자는 가능한 한 일관된 수치를 찾아야 하며, 특성을 전체 인구집단 또는 중재 그룹별로 요약할지 결정해야 한다. 추가로 인종, 사회인구학적 세부 정보(예: 교육수준, 소득수준), 동반 질환 유무, 검토 질문과 관련된 임상적 특성(예: 당뇨병에 대한 연구의 경우 혈당 수치)도 질병의 중증도나 단계를 이해하는 데 중요하게 다뤄질 수 있다(3).

연구 환경이 중재 효과나 적용 가능성에 영향을 미칠 수 있는 경우에도 관련 정보를 수집해야 한다. 의료 중재 연구의 주요 환경으로는 급성 치료병원, 응급시설, 일반 진료소, 요양원, 사무실, 학교, 지역사회 장기 요양시설 등이 있다. 연구는 문화적 특성, 경제적 상황, 도시/시골 환경 등 중재와 결과에 영향을 미칠 수 있는 중요한 차이가 있는 요건에서 수행될 수 있다. 또한 연구 시기는 기술적 발전이나 시대적 경향과 관련이 있을 수 있으므로, 이러한 정보가 결과 해석에 중요한 경우 반드시 수집해야 한다. 마지막으로, 포함된 각 연구의 참여자 특성은 '포함된 연구의 특성' 표에 독자가 이해하기 쉽게 요약되어야 한다(3).

② 중재(intervention)

중재 관련 자료수집은 모든 실험군과 비교군 중재에 대한 세부 정보를 수집해야 한다. 특히 중재의 유무나 효과 크기에 영향을 미칠 수 있는 요소들과 연구자가 자신의 상황에 적용 가능성을 평가하는 데 도움이 되는 측면들의 세부 정부가 중요하다. 필요한 경우 연구자는 연구 저자에게 누락된 정보를 요청할 수 있다(3). TIDieR 체크리스트는 1차 연구보고서와 체계적 문헌고찰 모두에서 활용할 수 있는 중재 자료수집 지침을 제공하고 있다(7). 중재와 관련하여 수집해야 할 주요 정보는 다음과 같다.

- 중재의 이론적 근거와 예상되는 작동 방식
- 연구참여자에게 제공되는 중재 관련 지침 문서

- 중재 제공자의 구체적 절차와 과정
- 중재 제공자의 특성(기술 수준 포함), 제공 방식(대면, 웹 기반 등), 제공 환경(가정, 학교, 병원 등)
- 중재의 타이밍과 강도
- 허용 또는 예상되는 수정 사항과 실제 수정 내용
- 중재의 충실성과 순응도 평가 전략 및 계획 대비 실제 제공 정도

약리학적 중재의 임상시험에서는 다음과 같은 정보를 수집해야 한다. 전달 경로(경구 또는 정맥 투여 등), 투여량(각 치료의 양이나 강도, 투여 빈도), 투여 시기(예: 진단 후 24시간 이내), 치료 기간 등이다. 심리치료, 행동 및 교육적 접근법, 의료서비스 제공 전략과 같은 비약리학적 중재의 경우에는 더 많은 정보가 필요하다. 여기에는 중재의 구성요소, 중재 제공자의 특성, 제공 형식 및 시기에 대한 상세한 정보가 포함된다. 마지막으로 각 연구에 포함된 중재의 주요 특성은 다른 자료와 마찬가지로 '포함된 연구의 특성' 표에 독자가 이해하기 쉽게 요약하여 제시해야 한다(3).

(2) 결과 자료(outcome data)

결과 데이터는 각 결과에 대해 별도로 수집해야 하며, 전체대상자 수와 이벤트 발생수, 또는 중재 및 대조군 대상자 수, 상대적 위험도(relative risk), 오즈비(odds ratio), 가중 평균(weighted mean), 표준편차(standard deviation), 신뢰구간(confidence intervals) 등 통계적 측정값을 포함해야 한다(4).

① 사건 발생 시점 자료(time-to-event data)

암 재발과 같은 사건 발생 시점이 주요 데이터인 경우, 위험비(hazard ratio)와 그 불확실성 척도에 대한 정보를 수집해야 한다. 카플란-마이어 도표(kaplan-meier plots)나 생명표(life table)가 보고된 경우에는 개별 참여자 데이터 재구성을 위해 해당 값을 기록해야 한다(8).

② 비율 자료(rate data)

특정 질병의 발생 비율을 보고할 때는 위험에 노출된 총 인년 수를 수집해야 한다. 총 인년 수를 얻을 수 없는 경우, 평균 추적 관찰 기간과 연구 종료 시점의 환자 수 정보를 수집하여 몇 가지 추가 가정을 통해 총 인년 수를 근사화할 수 있다. 비율 데이터는 때로 특정 기간의 신환자 수나 유병자 수로 보고되기도 한다. 이러한 값은 모델링

하여 계산할 수 있으므로, 각 자료 유형을 수집하는 별도의 열을 만들거나 자료 유형을 명시하는 열을 포함할 수 있다(8).

③ 이분형 및 범주형 변수(binary and categorical variables)

이분형 변수 형태의 결과에서는 각 결과와 관련된 표본 크기와 백분율을 수집하는 것이 중요하며, 각 그룹에 대해 참가자 수와 결과를 경험한 수를 기록한다(3). 또한 무작위 배정된 대상자 수, 임상시험을 완료한 대상자 수, 치료를 중단한 대상자 수를 중단 사유별(예: 부작용으로 인한 중단)로 그룹화하여 추출해야 한다(8).

④ 연속형 및 순서형 변수(continuous and ordinal variables)

연속형 변수 형태 결과는 각 개입 그룹의 참가자 수, 평균과 표준편차(sd)를 이용하는 것이 가장 효율적이다. 표준편차를 직접 구할 수 없는 경우에는 표준오차, 신뢰구간, 검정 통계치(t검정, F검정) 또는 P값 등의 대체 통계치를 활용해 계산하거나 추정할 수 있다(3).

효과 크기 계산을 평균 차이로 계산할 때, 기준치(baseline)가 같다면 최종값과 기준치로부터의 변화 값을 모두 통합할 수 있다. 이때 보고된 지표와 관계없이 치료 차이는 같아야 한다. 연구에서 최종값과 기준치로부터의 변화 값이 모두 보고된 경우에는 변화 값을 우선으로 선택하며, 기준치 값도 활용 가능하다면 함께 추출하는 것이 바람직하다. 예를 들어, 한 연구에서 수축기 혈압의 기준치로부터 평균 변화량을 환자군(−5mmHg)과 대조군(−1mmHg)에 대해 보고했다면, 이는 각 군의 수축기 혈압 최종 평균값만 보고한 연구(환자군=118mmHg, 대조군=124mmHg)와 두 군 간의 치료 효과 차이가 동일하므로 직접 메타분석에 이용할 수 있다(8).

특정 변수는 같은 단위로 보고하는 것이 좋다(예: 개월, mg/day). 다양한 단위가 보고되어 일관된 단위로 변환이 어려운 경우에는, 분석 시 쉽게 변환할 수 있도록 변수 옆에 새로운 열을 만들어 각 숫자의 단위를 명시한다. 이러한 코딩 방식은 하나의 결과 변수에 다양한 척도가 사용된 경우(예: 통증, 불안)에도 똑같이 적용할 수 있다(8).

(3) 비뚤림 위험평가 자료

비뚤림 위험이 큰 연구는 내부 타당성을 저하해 잘못된 결론을 내릴 수 있다. 따라서, 포함된 연구의 비뚤림 위험을 평가하기 위한 정보수집이 중요하다. 특히 RCT 연구의 체계적 문헌고찰을 수행할 때는 무작위 배정, 할당, 은폐, 맹검, 추적 관찰의 완전성 및 기타 비뚤림의 원인에 대한 정보수집이 필수적이다(4).

① 연구 방법 및 잠재적 편향의 원인

서로 다른 연구 방법은 각기 다른 비뚤림을 초래하여 연구결과에 영향을 미칠 수 있다. 따라서 평가 및 분석을 위한 적절한 방법을 선택할 수 있도록 중요한 연구설계 특성을 수집해야 한다. '포함된 연구의 특성' 표에는 각 연구의 무작위 배정 여부, 군집 또는 교차 설계 여부, 연구 기간 등 각 연구설계를 설명할 수 있는 정보를 포함해야 한다. 비무작위 연구가 검토에 포함된 경우, 해당 연구의 특징을 적절히 기술해야 한다. 연구의 비뚤림 위험평가를 위해서는 연구의 자금 출처와 저자의 잠재적 이해 상충 정보가 특히 중요할 수 있다. 또한 일부 연구자들은 윤리적 승인 여부나 사전 표본 크기 계산 시행 여부와 같이, 연구 수행의 질에는 영향을 미치지만, 비뚤림의 위험과 직접적으로 연결되지는 않을 수 있는 연구 특성에 대한 추가 정보를 수집할 수도 있다(3).

[표 6-1] 체계적 문헌고찰에서 추출할 수 있는 자료수집 항목

- 데이터 추출자 이름, 데이터 추출 날짜
- 출처(source)
  - 저널명, 출판연도; 컨퍼런스명, 날짜
- 환경(setting), 국가(country)
- 연구 제목(title)
- 선택/배제 기준(inclusion and exclusion criteria)
- 연구설계(study design)
  - RCT, cluster RCT, 환자대조군, 코호트 등
- 수행 기간(year of follow up)
- 추적 기간(duration of follow up)
- 연구 방법(methods)
  - 무작위 할당, 할당 순서 은폐, 블라인드
  - 통계분석
- 대상자(participants)
  - 기본 특성(예: 성별, 연령, 체중, 동반 질환, 사회경제적 상태)
- 중재(intervention)
  - 세부 사항(예: 약물 용량, 빈도, 경로 및 기간)
- 대조군(controls)
  - 세부 사항(예: 중재 없음, 플라시보, 표준 관리)
- 공동 개입에 대한 설명
- 중재 결과(outcomes)
  - 사전에 지정된 결과치(예: 사망률, 이환율)에 대한 정의, 측정 시기, 부작용
- 결과(results)
  - 각 그룹 및 각 시점의 결과에 할당된 참가자 수, 분석에 포함된 참가자 수, 제외된 참가자 수, 추적 관찰 과정에서 손실된 참가자 수, 그룹별 요약 데이터(예: 이분형 데이터, 연속형 데이터의 평균 및 표준편차), 그룹 간 효과 크기 추정치(예: 오즈비, 위험비, 평균 차이)
- 기타(miscellaneous)
  - 연구 저자의 결론, 서신, 연구 저자 또는 리뷰어의 코멘트, 자금 출처, 저자의 이해관계

출처: Moon, K., & Rao, S. (2021).

3) 자료수집 도구 및 방법

자료수집 도구 선택은 리뷰 작성자의 선호도, 검토 규모, 작성자팀이 활용 가능한 자원에 따라 크게 달라진다(3). 일반적으로는 자료 조작과 분석이 용이한 전자 양식(Google Form, Qualtics Survey, Microsoft Access 등)을 사용하지만, 상황에 따라 종이 양식을 사용하기도 한다(2). 이러한 자료수집 양식은 몇 가지 중요한 기능을 제공한다. 첫째, 연구의 적격성을 평가하기 위한 심사 질문 및 기준과 직접 연결되며, 연구보고서에서 추출할 자료를 식별하고 구조화하는 데 필요한 명확한 요약을 제공한다. 둘째, 검토에 사용된 자료의 출처와 검토과정에서 이루어진 다양한 결정에 대한 기록이 된다. 셋째, 분석에 포함할 자료의 출처가 된다(3).

[표 6-2] 자료수집 도구 선택 시 고려사항

	종이 양식	전자 양식	자료 시스템
예시	워드 프로세서 소프트웨어를 사용하여 개발된 양식	마이크로소프트 접근 구글(Google) 양식	Covidence, EPPI-Reviewer, Systematic Review Data Repository (SRDR), DistillerSR, Doctor Evidence
적합한 검토유형 및 팀 규모	소규모 리뷰(10개 미만), 같은 물리적 위치에 2-3명의 자료 추출자가 있는 소규모 팀	중소규모 리뷰(10-20개), 4-6명의 자료 추출자가 있는 중소규모 팀	중소규모도 가능하며, 특히 대규모 리뷰(20개 이상)와 지속적인 업데이트가 필요한 리뷰에 적합, 모든 팀 규모, 특히 대규모 팀(자료 추출자 6명 이상)
필요한 자원	낮음	낮음-중간	낮음(Covidence 또는 SRDR과 같은 오픈액세스 도구 또는 작성자가 기관 라이선스를 보유한 도구) 높음(기관 라이선스를 통해 접근할 수 없는 상용 자료 시스템)
장점	• 컴퓨터와 네트워크 또는 인터넷 연결에 의존하지 않아도 됨 • 메모와 설명을 쉽게 기록할 수 있음 • 최소한의 소프트웨어 기술만 필요함	• 추출된 자료의 편집 및 분석을 위해 전자 처리할 수 있음 • 전자자료 저장, 공유 및 비교 허용 • 필요에 따라 양식을 쉽게 확장하거나 편집 • 추가 프로그래밍을 통해 자료 비교 자동화 가능	• 온라인 자료 저장, 연결 및 공유 허용 • 필요에 따라 양식을 쉽게 확장하거나 편집 • 제목/초록, 전체 텍스트 검색 및 기타 기능과 통합 가능 • 자료 항목을 보고서 위치에 연결하여 쉽게 확인 가능 • 자료 비교 자동화 가능 • 작성자 팀의 진행 상황과 성과를 쉽게 모니터링하고, 자료 수집가 간의 조율을 촉진함

	종이 양식	전자 양식	자료 시스템
		• 수동 재입력 없이 자료를 분석 소프트웨어에 복사하여 오류를 줄일 수 있음	• 여러 작성자가 동시에 자료 입력 가능 • 분석 소프트웨어로 직접 자료 내보내기 가능 • 때에 따라 오픈 자료 공유를 통해 대중의 접근성을 개선함
단점	• 비효율적이고 잠재적인 불안정 가능성 • 오류에 취약함 • 여러 작성자가 수집한 자료는 수동으로 대조해야 함 • 검토가 진행됨에 따라 수정하기 어려움 • 문서 분실 시 모든 자료를 다시 작성해야 함	• 양식을 디자인하고 사용하려면 소프트웨어 패키지에 익숙해야 함 • 소프트웨어 버전 변경에 취약함	• 양식 설정 및 자료 추출기 트레이닝을 위한 자원을 사전에 투자해야 함 • 구조화된 템플릿은 전자 양식과 비교하여 유연성이 떨어질 수 있음 • 상용 자료 시스템 비용이 발생할 가능성 • 자료 시스템에 대해 친숙함이 필요함 • 소프트웨어 버전 변경에 취약함

출처: Cochrane. Chapter 5: Collecting data.

(1) spreadsheet and database software

스프레드시트 소프트웨어(Microsofts Excel 등)와 오픈 액세스형(예: Google Docs 등) 도구는 자료수집에 일반적으로 사용되는 저렴한 도구이다. 최신 버전의 일부 소프트웨어에서는 연구자들이 같은 문서에 대해 온라인으로 동시 입력이 가능하다(9). 엑셀은 체계적 문헌고찰의 추출 단계를 관리하기 위한 가장 기본적인 도구이다. 검토과정을 위해 맞춤형 통합 문서와 스프레드시트를 설계할 수 있으며, 드롭다운 메뉴와 범위 확인 같은 기능이 있어 처리 속도를 높이고 자료 입력 오류를 방지하는 데 도움이 된다(3). 그러나 자료 양식이 여러 행이나 열에 걸쳐 있는 경우 오류가 발생할 가능성이 있으며, 검토자들의 자료 추출 워크시트를 통합하고 불일치 사항 식별, 추적 및 해결하는 과정이 번거로울 수 있다(9).

관계형 데이터베이스(예: Microsofts Access 등)는 연구 출판 세부 사항, 방법론적 질, 환자 특성, 중재 및 결과와 같은 다양한 영역의 일차정보를 수집하는 데 특히 적합하다. 이러한 프로그램을 사용하면 분석에 용이한 맞춤형 표와 보고서를 만들 수 있다. 다만 관계형 데이터베이스를 설정하고 적절한 쿼리와 유용한 보고서를 설계하는 데 전문지식이 필요하다는 단점이 있다(9).

(2) Covidencce

Covidence는 전문(full-text) 검토, 비뚤림 위험평가 및 자료 추출을 포함한 체계적 문헌고찰의 각 단계를 관리하기 위해 제작된 소프트웨어 플랫폼이다. 이 플랫폼은 유료 구독이 필요하지만, 코크란 리뷰 작성자에게는 무료로 제공되며, 코크란 리뷰 작성자가 아닌 사용자를 위한 무료 평가판도 이용할 수 있다. Covidence를 통해 텍스트 필드, 단일 선택항목, 섹션 제목 및 섹션 하위 제목이 포함된 자료 추출 템플릿을 만들고 게시할 수 있다(3).

(3) RevMan(Review Manager)

RevMan은 코크란 리뷰를 관리하기 위한 유료 소프트웨어로, 대상자, 중재, 결과에 대한 설명 정보, 품질 평가, 분석 및 시각화(forest plots 등)를 위한 수집 양식을 제공한다(3). 또한 연구 중심의 자료 관리 및 분석을 위해 검토기준계획, 템플릿 준비, 분석정보 제공 등의 접근 방식을 제시한다. 검토기준계획은 자료 추출 템플릿을 준비하기 전에 검토 기준을 설정했는지 확인하는 과정으로(10), 검토 질문의 PICO를 고려하여 RevMan의 검토 기준 섹션을 통해 합성 계획을 수립하는 것이다. 검토 기준 섹션은 중재 및 중재 그룹의 정의와 추가, 결과 추가 및 설명, 하위그룹 및 민감도 분석을 위한 공변량 추가, 특성, 바이어스 등 6개 탭으로 구성되어 있다(11).

(4) SRDR(Systematic Review Data Repository)

SRDR은 브라운 대학 근거 기반 실습센터(Brown University Evidence-based Practice Center)와 의료연구 품질기관(Agency for Healthcare Research and Quality)이 개발한 체계적 문헌고찰 자료의 웹 기반 저장소로, 자유롭게 접근할 수 있는 협업 저장소 기능을 제공한다. 주로 아카이브와 자료 추출 도구로 활용되며, 체계적 문헌고찰을 수행하는 조직과 개인이 공유하여 지속해서 비평, 업데이트 및 보강할 수 있는 중앙 데이터베이스를 구축할 수 있다.

(5) DistillerSR

DistillerSR은 Covidence와 유사한 체계적 검토 관리 소프트웨어 프로그램으로, 프로젝트별 양식 작성, 자료 추출 및 분석을 안내한다. 진행 상황 추적, 평가자 간 신뢰성 평가, 추가분석을 위한 자료 내보내기 등 다양한 관리 기능을 제공하며, 코크란 및 캠벨 리뷰 작성자는 할인된 가격으로 이용할 수 있다.

(6) JBI SUMARI(Joanna Briggs Institute System for the United Management, Assessment and Review of Information)

JBI SUMARI는 건강, 사회과학, 인문학 등의 분야를 대상으로 하는 체계적 문헌고찰 소프트웨어이다. 프로토콜 초안 작성부터 연구 선택, 중요 평가, 자료 추출 및 합성에 이르는 전체 검토과정을 지원하며, JBI 구독자는 무료로 이용할 수 있다.

(7) SR Toolbox

SR Toolbox는 다양한 영역에 걸친 체계적 문헌고찰 과정을 지원하는 커뮤니티 중심의 검색 가능한 웹 기반 도구이다. 2024년 1월 17일 기준으로 자료 추출 단계에서 활용할 수 있는 총 6개의 가이드를 제시하고 있다(12).

- **질적 연구 읽기를 위한 안내서(A Guide for Reading Qualitative Studies)**: 질적 연구의 자료 추출과 평가를 위한 체계적 방법을 제공한다. 건강 관련 주제의 질적 연구를 읽고 평가하는 검토자와 질적 연구를 작성하는 연구자를 돕는 것이 주요 목적이나, 혼합 방법 연구에는 적합하지 않을 수 있다.
- **캠벨 근거 격차지도지침(Campbell evidence gap map guidance)**: 캠벨 협력단이 제작한 것으로, 근거 격차지도(EGMs)의 커미셔너와 제작자를 지원한다. 10가지 팁과 EGM 작성의 여러 단계에 대한 가이드를 포함하여 캠벨 및 기타 연구를 위한 수행 과정을 설명한다.
- **DECIMAL–복잡한 메타분석을 위한 데이터 추출 가이드(Data extraction for complex meta-analysis guide)**: 복잡한 메타분석을 위한 데이터 추출 가이드로 주로 메타분석을 위해 자료를 준비하는 체계적 문헌고찰자를 대상으로 한다.
- **소프트웨어 엔지니어링 분야의 체계적 문헌고찰 수행을 위한 가이드라인(Guidelines for Performing Systematic Literature Reviews in Software Engineering)**: 소프트웨어 엔지니어링에서 체계적 검토 수행을 위한 포괄적 지침을 제시한다.
- **CHARMS 체크리스트**: 예측 모델링의 체계적 검토를 위한 중요 평가 및 자료 추출 체크리스트이다.
- **TIDieR 체크리스트**: 중재 관련 보고의 완성도 향상을 위해 제안된 서식이다. 중재의 이유(왜), 사용 자료와 절차(무엇을), 수행자(누가), 방법(어떻게), 장소(어디서), 시기(언제), 양(얼마만큼), 그리고 조절, 수정, 계획 및 실제 수행의 정도 등을 포함한다.

(8) 웹 기반 양식 및 설문조사 소프트웨어

웹 기반 설문조사 서비스(Survey Monkey 등)는 컴퓨터활용능력이 낮은 사용자도 웹 상에서 설문조사를 만들고 이를 자료 추출 용도로 변경할 수 있다. 이러한 소프트웨어로 수집된 자료는 회사 서버에 저장되며, 스프레드시트나 데이터베이스 소프트웨어에서 사용할 수 있도록 검색하거나 포맷할 수 있다. 검토자는 드롭다운 상자나 객관식 질문과 같은 다양한 질문 형식을 작업에 맞게 조정할 수 있으며, 일부는 미리 입력된 답변 선택이나 범위 확인을 통해 입력 오류를 제한할 수 있다. 이러한 도구는 데이터베이스나 스프레드시트 양식을 사용할 때 발생하는 검토자 간 불일치 해결의 어려움을 보완할 수 있는 장점이 있다(9).

(9) 웹 기반 체계적 문헌고찰 전문 애플리케이션

대규모 체계적 문헌고찰을 수행하는 연구자들은 자료 추출을 포함한 체계적 문헌고찰의 전반을 관리할 수 있는 온라인 전용 소프트웨어 서비스(Trialstat SRS, EPPI Centre Reviewer 등)를 사용한다. 이러한 전문 소프트웨어 애플리케이션은 다음과 같은 기능을 제공한다. 다양한 참고문헌 관리자(Endnote, ProCite, Reference Manager 등)의 참고문헌 업로드, 검토 및 자료 추출 양식 설계, 검토자 간 작업량 할당, 실시간 진행 상황 추적, 연구자 간 의견 불일치 검토, 맞춤형 보고서 생성 등이다(9).

EPPI Centre Reviewer는 참고문헌 관리, 선별, 비뚤림 위험평가, 자료 추출 및 합성을 포함하여 체계적 문헌고찰 과정의 모든 단계를 지원하는 웹 기반 도구이다. 코크란 및 캠벨 리뷰 작성자는 무료로 사용할 수 있으나, 그 외의 경우에는 유료 구독이 필요하다.

[표 6-3] 자료 추출 도구의 장점과 한계

도구	장점	제한 사항
체계적 리뷰 소프트웨어 (Covidence)	• 일부 계열사에는 무료로 제공됨 • 검토 요소가 단일 시스템에 보관 • 불일치가 자동으로 강조 표시됨 • 평가자 간 신뢰도 계산 가능 • 추출 과정 중 눈가림을 확실하게 보장함 • 기사의 PDF를 읽고 병렬 패널에서 자료를 추출함	• 추출 양식 생성 및 사용자 지정에 대한 학습이 선행되어야 함

도구	장점	제한 사항
스프레드시트(Excel, Google Sheets), 전자문서(Word, Google Docs)	• 무료 옵션 사용 가능 • 배우기 쉽고 사용하기 쉬움 • 손쉬운 추출 필드 사용자 지정	• 불일치를 수동으로 검토, 발견 및 해결해야 함 • 모든 추출기가 동일한 파일을 사용하거나 접근 권한이 있는 경우 잠재적 편향성 증가(예: 추출된 자료의 블라인드 문제) • 수동 자료 입력 및 검토로 인한 오류 증가 및 정확도 저하 가능성
Cochrane RevMan	• 무료 • Covidence와 호환 • 해당 소프트웨어를 사용하여 전체 리뷰를 작성하는 기능	• 새로운 소프트웨어를 배우기 위한 학습이 선행되어야 함
설문조사 또는 설문지 작성 소프트웨어(Poll Everywhere, Qualtriccs)	• 무료(제한적) 및 유료 버전 • 추출 과정 중 블라인드 보장 강화 • 체계적 리뷰 소프트웨어(Covidence)에 비해 익숙할 수 있음	• 무료버전은 질문 또는 답변 옵션이 제한적일 수 있음 • 자료를 다운로드 할 수 있거나 사용 가능한 형식으로 내보낼 수 있는지 확인해야 함

출처: UNC University Libraries. Systematic Reviews: Step 7: Extract Data from Included Studies.

3 자료 입력 서식

1) RevMan(Review Manager)

(1) 연구 정보(study information)

연구 정보 서식은 각 연구마다 한 행을 추가하여 작성하며, 일반적인 연구 정보(study ID, year, data source, DOI), 연구 특성(methods, participants, intervention, outcomes, notes)과 공변량(disease severity, treatment duration) 등에 대한 정보를 포함하도록 구성한다(10).

- study: RevMan에 입력된(또는 입력 예정인) 연구 ID
- year: 연구 연도(선택사항)
- data source: PUB(공개된 데이터-미공개된 데이터는 찾지 않음), MIX(공개된 데이터와 미공개된 데이터), UNPUB(미공개된 데이터), SOUGHT(공개된 데이터-미공개된 데이터는 검색했지만 사용하지 않음)
- ID: 연구 식별자에 대한 정보로 DOI, ISCRCTN, clinicalTrials.gov 등의 유형이 있음(선택사항)

- char: 연구 방법이나 대상자, 중재와 결과 등을 포함하는 연구 특성(선택사항)
- cov: 중증도, 치료 기간 등을 포함하는 공변량 변수(선택사항)

Study	Year	Data source	ID: DOI	Char: Methods	Char: Participants	Char: Interventions	Char: Outcomes	Char: Notes	Cov: Disease severity	Cov: Treatment duration
Author 2022a	2022a	PUB	10.1005/6789	Randomised parallel group trial.	Adults with a diagnosis of severe persistent asthma.	Experimental: combination inhalers. Control: inhaled corticosteroids.	Peak flow.		Severe	> 8 weeks
Author 1999	1999	MIX		Randomised parallel group trial.	Adults with a diagnosis of severe persistent asthma.	Experimental: combination inhalers, inhaled corticosteroids. Control: placebo.	Peak flow, asthma episodes		Severe	<= 8 weeks

[그림 6-1] RevMan 데이터 추출 연구 정보 서식 예시

(2) 연구집단(study arms)

각 연구의 연구집단마다 하나의 행을 추가하고, 각 연구집단에 대한 설명(description)과 해당 연구에 대응하는 중재(intervention)를 포함하도록 구성한다(10).

- study: RevMan에 입력된(또는 입력 예정인) 연구 ID
- arm: 두 개 이상의 그룹이 비교되는 연구집단(필수 사항)
- description: 연구집단 설명(선택사항)
- intervention: 연구집단 중재(선택사항)

(3) 연구결과(study results)

각 연구의 연구집단마다 하나의 행을 추가하고, 계산기 입력 필드를 포함하여 결과 데이터값을 작성하도록 한다(10).

- study: RevMan에 입력된(또는 입력 예정인) 연구 ID
- outcome: 종속변수(필수 사항)
- data type: 결과의 데이터 유형은 연구집단 수준(arm level)과 대조군 수준(contrast level) 중에서 선택(필수 사항)
  - arm level: 각 인구집단에 관한 사례나 사건 수 또는 평균 효과 크기와 같이 모든 연구의 중재 집단에 대한 데이터를 사용할 수 있는 경우

Study	Arm	Description	Intervention
Author 2022a	Control	Inhaled corticosteroids.	Corticosteroids
Author 2022a	Experimental	Combination inhalers.	Combination
Author 1999	Placebo	Placebo inhaler.	Placebo
Author 1999	Corticosteroids	Inhaled corticosteroids.	Corticosteroids
Author 1999	Combination	Combination inhalers.	Combination

[그림 6-2] RevMan 데이터 추출 연구집단 서식 예시

- contrast level: 중재 집단을 비교하기 위한 효과 추정치(예: mean difference, (adjusted) odds ratio, hazard ratios)만 사용할 수 있는 경우
- effect measure: 결과의 효과 척도(MD, SMD, LOG_OR, LOG_RR, LOG_HR, or RD)
- arm: 두 개 이상의 그룹이 비교되는 연구집단
- reference arm: contrast level일 때 각 연구집단이 기준그룹인지 아닌지(true or false로 표시)
- sample size: 연구 대상자 수(N)
- cases: 이분형 종속변수를 가진 arm level 데이터 유형일 때 사례 수
- mean, se, variance, CI level, CI start, CI end, p value: 연속형 종속변수를 가진 arm level 데이터 유형과 contrast level 데이터 유형일 때 값
- sd, t-test: 연구집단의 표준편차: 연속형 종속변수를 가진 arm level 데이터 유형일 때 값
- exp mean, exp CI start, exp CI end: 로그 전환한 종속변수를 가진 contrast level 데이터 유형일 때 값
- z-test: contrast level 데이터 유형일 때 값
- covariance method: 연구에 3개 이상의 연구집단이 있는 경우 대조군 간의 공분산을 계산하는 방법
- covariance: 공분산을 직접 입력
- other arm1, other arm2: 공분산 효과 크기를 계산하고자 하는 두 집단
- correlation arm1, correlation arm2, correlation: 상관관계 효과 크기를 계산하고자 하는 두 집단과 계산된 상관관계 값
- other mean, other se, other variance, other CI level, other CI start, other CI end, other exp mean, other exp CI start, other exp CI end, other t-test, other z-test, other p value: 계산된 값

Study	Outcome	Data type	Effect measure	Arm	Reference arm	Sample size	Cases
Author 2022a	Peak flow	Arm level		Control		105	
Author 2022a	Peak flow	Arm level		Experimental		106	
Author 2022a	Peak flow	Contrast level	MD	Control	TRUE		
Author 2022a	Peak flow	Contrast level	MD	Experimental	FALSE		
Author 1999	Peak flow	Contrast level	MD	Placebo	TRUE		
Author 1999	Peak flow	Contrast level	MD	Corticosteroids	FALSE		
Author 1999	Peak flow	Contrast level	MD	Combination	FALSE		
Author 1999	Asthma attacks	Contrast level	LOG_OR	Placebo	TRUE		
Author 1999	Asthma attacks	Contrast level	LOG_OR	Corticosteroids	FALSE		
Author 1999	Asthma attacks	Contrast level	LOG_OR	Combination	FALSE		
Author 1999	Serious adverse e	Contrast level	LOG_OR	Placebo	TRUE		
Author 1999	Serious adverse e	Contrast level	LOG_OR	Corticosteroids	FALSE		
Author 1999	Serious adverse e	Contrast level	LOG_OR	Combination	FALSE		

[그림 6-3] RevMan 데이터 추출 연구결과 서식 예시(그림 6-4 계속)

Mean	SD	SE	Variance	CI level	CI start	CI end	Exp mean	Exp CI start	Exp CI end	t-test	z-test	P value
12.7	1.9											
14.1	2.2											
-3.2				0.95	-1.7	-4.9						
-2.3		0.7177										
-0.9		0.695										
				0.95			1.3	1.1	1.5			
				0.95			1.4	1.2	1.6			
-2.3		0.7177										
-0.9		0.695										

[그림 6-4] RevMan 데이터 추출 연구결과 서식 예시(그림 6-5 계속)

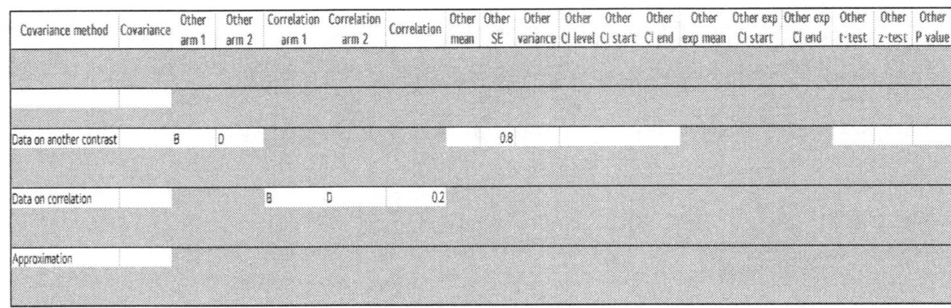

Covariance method	Covariance	Other arm 1	Other arm 2	Correlation arm 1	Correlation arm 2	Correlation	Other mean	Other SE	Other variance	Other CI level	Other CI start	Other CI end	Other exp mean	Other exp CI start	Other exp CI end	Other t-test	Other z-test	Other P value
Data on another contrast		B	D					0.8										
Data on correlation				B	D	0.2												
Approximation																		

[그림 6-5] RevMan 데이터 추출 연구결과 서식 예시

2) Covidence

Covidence는 사용자 요구에 맞게 데이터 추출 양식을 만들 수 있도록 지원한다(그림 6-6). 추출 1은 중재를 활용한 체계적 문헌고찰을 위해 설계되었으며, 연구 방법, 모집단, 중재 및 결과에 대한 자료를 수집할 수 있는 양식을 제공한다. 완성된 양식은 csv, xls, RevMan5, RevMan Web 형식으로 내보낼 수 있다. 추출 2는 추출 1보다 유연한 양식을 제공하며, 스코핑리뷰(scoping-review)를 포함한 정성적 리뷰에 적합하다. 완성된 양식은 csv 형식으로 내보낼 수 있다(13).

추출 1은 두 단계로 진행된다. 첫째, 두 명의 검토자가 독립적으로 작업하여 각자의 데이터 세트를 생성하는 추출 단계, 둘째, 추출된 두 데이터 세트를 비교하여 최종 데이터 세트를 결정하고 합의된 데이터를 내보내는 합의 단계이다. 추출 2도 추출과 합의의 2단계로 구성되지만, 추출 1과 달리 단일 검토자 추출이 가능하다는 특징이 있다. 단일 검토자 추출의 경우, 합의 단계에서는 비교가 아닌 간단한 확인만 진행한다(13).

	Extraction 1	Extraction 2
Designed for intervention systematic reviews	☑	×
Designed for other review types (scoping reviews, qualitative reviews, etc)	×	☑
Changing the template updates all study forms	☑	☑
Decide whether to revisit studies or not after updating the template	☑	×
Add/edit custom fields on the template	☑	☑
Additional custom field types on the template: • Single choice • Checkboxes • Custom tables	×	☑
Dual reviewer extraction	☑	☑
Single reviewer extraction	×	☑
Re-assigning reviewers	☑	☑
Merging and unmerging studies	☑	☑
Export to RevMan (RM5, RevMan Web)	☑	×
View history	☑	×
Highlight text from the study and link it to a quality assessment judgement (add annotations)	☑	×
Create rules to define who: • Must complete extraction • Can complete consensus • Can edit templates	☑	×

[그림 6-6] Covidence 자료추출 기준

출처: covidence. How to decide when to use Extraction 1 vs Extraction 2.

(1) 추출 1: 식별 정보(identification)

① 연구 세부정보(study details)

- **재원 출처**(sponsorship source): 이해 상충이 있거나 결과 해석 방식에 영향을 미칠 수 있는 연구 자금 지원 방식에 대한 정보
- **국가**(country): 연구가 수행된 지역을 기록하여, 포함된 연구의 지리적 분포와 적용 가능성을 고려하기 위한 정보
- **환경**(setting): 외래 진료소나 학교 등 연구가 수행된 장소나 환경 유형 정보
- **코멘트**(comments): 근거 종합이나 보고서 작성 시 고려해야 할 사항 또는 공동 저자와의 논의가 필요한 특별히 주목할 만한 사항을 기록한 정보

② 저자 연락정보

이름, 소속, 이메일, 주소: 추가 데이터나 설명이 필요할 때 연락할 수 있도록 제1저자 또는 교신저자의 세부 정보를 기록

③ 추가적인 정보

- **기관의 수 또는 유형**(number and/or type of centers): 연구가 단일 기관에서 수행되었는지 또는 여러 국내외 기관을 통해 수행되었는지, 일개 병원, 약국, 학교 등에서 수행되었는지 여부
- **임상시험 식별자**(study identifiers): 모든 약물 연구 및 여러 유형의 연구에 필요한 임상시험 등록사이트(clinicaltrials.gov, the WHO's International Clinical Trials Registry Platform(ICTRP) 등)의 고유 코드
- **연구 출처**(study sources): 자료 추출에 사용된 일차 출처를 기록하거나 다양한 유형의 출처를 나열(예: 컨퍼런스 초록만 사용한 경우, 미공개 데이터나 통계분석 계획을 활용한 경우)
- **이해상충**(conflicts of interest): 연구 저자의 이해상충 사항이나 분석 해석 시 고려해야 할 연구 자금 지원 방식과 관련된 내용
- **연구 URL**: 주요 저널 논문이나 연구 레지스트리에 등재된 웹 링크 기록
- **시작과 완료 날짜**(start and/or completion dates): 각 임상시험이 시작되고 완료 날짜를 기록하며, 이는 많은 임상시험 레지스트리에서 표준으로 제공됨

(2) 추출 1: 연구 방법(methods)

① 연구 방법 세부정보

- **연구 디자인**(design): 무작위 대조시험, 환자대조군 연구 등 7가지 일반적인 디자인을 선택할 수 있는 드롭다운 필드와 '기타' 선택권이 있음
- **그룹**(group): 연구의 평행 설계(두 개 이상의 그룹이 동시에 서로 다른 중재를 받음) 또는 교차 설계(두 개 이상의 그룹이 서로 다른 순서로 동일한 중재를 받음) 여부를 선택하는 객관식 필드

② 추가적인 정보

- **연구 목적**(study aim)
- **시점**(time points): 연구의 주요 종료 시점이나 연구간 비교를 위한 주요 평가 시점
- **블라인드 처리**(blinding): 마스킹 절차의 유무와 대상(참가자, 조사자, 결과 평가자 등)
- **시간 관점**(time perspective): 다양한 연구 유형을 포함할 경우, 각 연구가 전향적, 후향적 또는 횡단면 설계인지 여부

- **문화적, 역사적, 사회적 맥락**(cultural, historical and/or social context): 결과의 적용 가능성을 평가하기 위해 연구가 수행된 맥락에 대한 세부 정보
- **분석 단위**(unit of analysis): 결과 합성 시점에서 고려하고 수정할 대상자, 기관 또는 신체 부위
- **모집 방법**(method of recruitment): 진료소, 설문조사 등을 통해 식별된 인구에 어떤 영향을 미칠 수 있는지 고려

(3) 추출 1: 대상자(population)

① 대상자 세부정보

- **포함 기준**(inclusion criteria): 연구대상자를 정의하는 데 사용된 기준 목록
- **배제 기준**(exclusion criteria): 연구에 참여할 자격이 없는 사람을 정의하는 데 사용된 기준 목록
- **그룹 차이**(group differences): 나이가 많거나 중증도 점수가 낮은 등 중재 그룹의 차이를 기록

② 기준 특성(baseline characteristic)

기준 특성은 기본 필드가 포함되어 있지 않으며, 검토 목적에 맞게 사용자 정의 필드를 추가할 수 있다. 아래와 같이 양식 내에서 기준 특성을 추가하여 연구 모집단에 대한 세부 정보를 입력하는 것이 가능하다.

Baseline characteristics

- Number randomised
- Mean age (SD)
- N (%) female
- N (%) taking daily inhaled steroids
- Mean Asthma Control Test score (SD)

+ Add baseline characteristic

③ 추가적인 정보

- 최소연령/최대연령(minimum age/maximum age)
- 질병 중증도 기준(disease severity criteria)

- 참여자 탈락 수(number of withdrawals/%dropout)

(4) 추출 1: 중재(intervention)

중재에 관한 정보는 연구의 각 그룹에서 받은 중재에 대한 세부 정보를 기록하도록 설계되어 있으며, 모든 필드는 필요에 따라 양식 내에서 추가하거나 삭제할 수 있다. 중재 특성은 연구 간 예상되는 변화 유형에 따라 달라진다. 예를 들어, 중재가 '베타 작용제'인 경우 연구에서 중재가 정의된 방식, 용량, 빈도 및 전달 방식(예: 흡입, 경구, 흡입기 유형 등)을 기록하는 특성이 필요할 수 있다.

Baseline characteristics

Number randomised
Mean age (SD)
N (%) female
N (%) taking daily inhaled steroids
Mean Asthma Control Test score (SD)

+ Add baseline characteristic

(5) 추출 1: 결과(outcomes)

양식 내 결과는 관심 있는 결과에 대한 수치 데이터와 각 결과가 정의되고 측정된 방법에 대한 추가 정보를 기록하도록 설계되어 있다.

① 결과 및 시점 추가

- 이름(name): 포함된 연구에 있는 프로토콜 또는 검토 계획에 정의된 결과명
- 유형(type): 결과가 연속형인지 이분형인지 여부
- 시점(timepoints): 기준선, 연구 종료 또는 특정 기간에 관심이 있는 시점

② 기본 측정값 정의

양식에서 각 연구에 대해 결과 테이블이 표시되는 방식을 정의하는 기본 연속형 및 이분형 측정값을 설정할 수 있다.

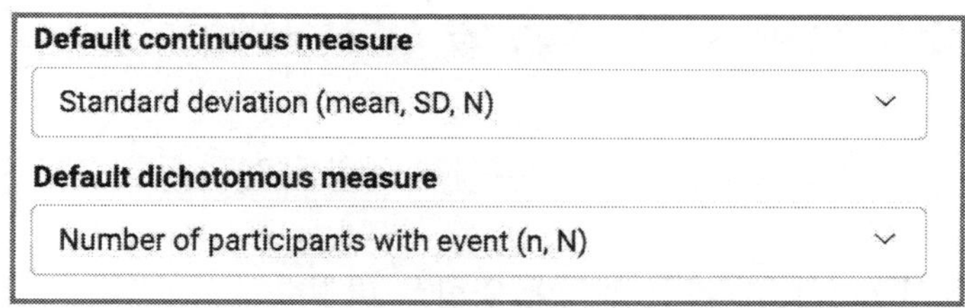

Outcome details
Outcome reporting
Scale
Range
Unit of measurement
Direction
Data value
Notes

③ 결과 세부정보

- 결과 이름(outcome name)
- 결과 유형(outcome type)
- 보고 대상(reported against): 보고된 데이터를 각 군에 대해 개별적으로 보고할지, 효과 추정치로 보고할지 선택할 수 있는 옵션
- 보고된 결과(reported as): 측정값을 변경하여 연구에서 보고되는 형식으로 데이터를 기록할 수 있는 옵션
- 결과 그룹(outcome group): 품질 평가 또는 편향 위험(예시: 주관적 결과 및 객관적 결과, 환자보고 결과)과 같은 결과를 분류하는 옵션
- 결과 보고(outcome reporting): 드롭다운 옵션으로 결과 보고의 완전성 파악
- 척도(scale): 결과를 측정하는 데 사용되는 척도 유형
- 범위(range): 척도의 상한과 하한
- 측정 단위(unit of measurement): 대표적 예시로 일수(days), 센티미터, 리터 등
- 방향성(direction): 점수가 높거나 낮은지 여부
- 데이터값(data value): 자료가 기준점에서 변경되었는지 또는 끝점에서 변경되었는지 여부

3 SR&Meta의 자료 추출 및 입력 사례

1) (예시 1) 혼인 상태와 자살 생각의 연관성에 대한 체계적 문헌고찰 자료 추출 예

(1) 연구질문: 혼인 상태가 자살 생각에 영향을 미칠까?

(2) PICO

- P: 다양한 민족 또는 국가의 성인 대상
- I: 결혼 또는 혼인 상태: 배우자 있음
- C: 비-기혼(배우자 없음: 미혼 또는 사별 또는 별거 또는 이혼 등)
- O: 자살 생각 여부

(3) 자료 추출

범주	데이터 유형	
1. 서지정보	a. 저자(제1저자 외; 제1저자&제2저자) b. 출판연도	
2. 포함 기준과 관련된 정보	population	a. 성별
		b. 나이(연도)
		c. 국가 또는 민족
		d. 대상자 수
	intervention	혼인 상태 기혼(배우자 있음) vs. 비-기혼(배우자 없음: 미혼, 이혼, 사별, 별거 등)
	outcome	a. 각 결혼 상태 유형별 자살 생각(suicidal ideation, suicidal thoughts) 빈도 b. 각 결혼 상태 유형별 자살 생각(suicidal ideation, suicidal thoughts) 비율 c. 기혼(참조 ref.) 대비 비-기혼이 자살 생각(suicidal ideation, suicidal thoughts)에 미치는 위험 : OR, RR
OR3. 연구와 관련된 정보	a. 연구 유형(예: 관찰 연구, 환자 사례연구, RCT) b. 자료원(예: 설문 조사, 2차 자료명) c. 조사 수행 연도 및 자료 생성 연도 d. 주요 결과: 자살 생각(suicidal ideation 또는 suicidal thoughts) - 효과 크기: N(%), OR, RR; 방향(+, -, ns),	

출처: Kyung-Sook, et al. (2018). Marital status integration and suicide: A meta-analysis and meta-regression. Social science & medicine, 197, 116-126 의 주요 변수 및 내용을 수정하여 요약

2) (예시 2) 한국 노인의 단백질 섭취와 근감소증과의 연관성에 대한 체계적 문헌고찰 자료 추출 예

(1) 연구질문: 한국 노인에서 단백질 섭취가 근감소증 위험과 관련이 있을까?

(2) PICO

- P: 65세 이상 한국 성인
- I: 단백질 섭취
- C: 대조군(placebo) 또는 개입 없음
- O: sarcopenia(근감소증 또는 근감소증 관련 지표)

(3) 자료 추출

<table>
<tr><th>범주</th><th colspan="2">데이터 유형</th></tr>
<tr><td>1. 서지정보</td><td colspan="2">a. 저자(제1저자 외; 제1저자&제2저자)
b. 출판연도</td></tr>
<tr><td rowspan="7">2. 포함 기준과 관련된 정보</td><td rowspan="3">population</td><td>a. 성별</td></tr>
<tr><td>b. 나이(연도)</td></tr>
<tr><td>c. 대상자 수</td></tr>
<tr><td rowspan="3">intervention</td><td>a. 식이 평가 방법</td></tr>
<tr><td>b. 단백질 섭취량(unit/scale)</td></tr>
<tr><td>c. 단백질 섭취 기간</td></tr>
<tr><td>outcome</td><td>근육감소증 또는 근감소증 관련 지표 정의
(예: ASM, HGS, Gait speed, SPPB, balance)</td></tr>
<tr><td>3. 연구와 관련된 정보</td><td colspan="2">a. 연구 유형(예: 관찰연구, 환자사례연구, RCT)
b. 자료원(예: 서베이, 2차자료명)
c. 주요 결과(예: 효과크기 +, −, ns)</td></tr>
</table>

출처: Han. (2024). Association of Protein Intake with Sarcopenia and Related Indicators Among Korean Older Adults: A Systematic Review and Meta-Analysis. Nutrients, 16(24), 4350 의 주요 변수 및 내용을 수정하여 요약

3) (예시 3) 장시간 노동, 교대근무 및 우울증과의 연관성에 대한 체계적 문헌고찰 자료 추출 예

(1) 연구질문: 장시간 노동(long working hours)과 교대근무(shift work)가 우울증에 영향을 미칠까?

(2) PICO

- P: 18세 이상 노동자
- I: 장시간 노동(주당 40시간 이상 근무), 교대근무(표준 근무시간 외 근무)
- C: 표준 노동시간 노동자, 주간근무 노동자
- O: 우울증

(3) 자료 추출

<table>
<tr><th>범주</th><th colspan="2">데이터 유형</th></tr>
<tr><td>1. 서지정보</td><td colspan="2">a. 저자(제1저자 외; 제1저자&제2저자)
b. 출판연도
c. 국가</td></tr>
<tr><td rowspan="9">2. 포함 기준과 관련된 정보</td><td rowspan="4">population</td><td>a. 성별</td></tr>
<tr><td>b. 나이(연도)</td></tr>
<tr><td>c. 대상자 수</td></tr>
<tr><td>d. 직업</td></tr>
<tr><td rowspan="4">intervention</td><td>e. 노동 유형(예: 장시간 노동, 교대근무)</td></tr>
<tr><td>f. 노동시간(예: 주 40~51시간, 하루 8시간 미만 등)</td></tr>
<tr><td>g. 교대근무 빈도(예: 거의 없음, 전혀 없음 등)</td></tr>
<tr><td>g. 노동조건 비교(예: 주 40시간 이상, 24시간 교대, NR 등)</td></tr>
<tr><td>outcome</td><td>f. 우울증(depression)을 포함한 정신 질환 진단 여부</td></tr>
<tr><td>3. 연구와 관련된 정보</td><td colspan="2">a. 연구 유형(예: 횡단면, 코호트)
b. 자료원(예: 서베이, 2차자료명), 자료수집 기간
d. 보정된 통제 변인(예: 사회인구학적 특성, 건강행동, 신체건강, 정신건강, 직업적 요인 등)
e. 주요 결과: 우울증 여부
– 효과크기: OR, 95% CI, p-value</td></tr>
</table>

출처: Kim et al. (2024). The association between long working hours, shift work, and suicidal ideation: A systematic review and meta-analyses. Scandinavian Journal of Work, Environment & Health, 50(7), 503. 의 주요 변수 및 내용을 수정하여 요약한 것임

참고문헌

1. Collaboration for Encironmental Evidence. Data Coding and Data Extraction. https://environmentalevidence.org/information-for-authors/6-data-coding-and-data-extraction/
2. BYU LIBRARY. Systematic Reviews: Data Extraction. https://guides.lib.byu.edu/systematicreviews/dataextraction
3. Cochrane. Chapter 5: Collecting data. https://training.cochrane.org/handbook/current/chapter-05#section-5-4
4. Moon, K., & Rao, S. (2021). Data Extraction from Included Studies. In Principles and Practice of Systematic Reviews and Meta-Analysis (pp. 65-71). Cham: Springer International Publishing.
5. Khan, K. S., & Zamora, J. (2023). Systematic reviews to support evidence-based medicine: how to appraise, conduct and publish reviews. CRC Press.
6. Munn, Z., Tufanaru, C., & Aromataris, E. (2014). JBI's systematic reviews: data extraction and synthesis. AJN The American Journal of Nursing, 114(7), 49-54.
7. Hoffmann, T. C., Glasziou, P. P., Boutron, I., Milne, R., Perera, R., Moher, D., ... & Michie, S. (2014). Better reporting of interventions: template for intervention description and replication (TIDieR) checklist and guide. Bmj, 348.
8. Pedder, H., Sarri, G., Keeney, E., Nunes, V., & Dias, S. (2016). Data extraction for complex meta-analysis (DECiMAL) guide. Systematic reviews, 5, 1-6.
9. Elamin, M. B., Flynn, D. N., Bassler, D., Briel, M., Alonso-Coello, P., Karanicolas, P. J., ... & Montori, V. M. (2009). Choice of data extraction tools for systematic reviews depends on resources and review complexity. Journal of clinical epidemiology, 62(5), 506-510.
10. RevMan. Data extraction templates. https://documentation.cochrane.org/revman-kb/data-extraction-templates-260702375.html
11. RevMan. Review criteria. https://documentation.cochrane.org/revman-kb/reviewcriteria-117379428.html
12. SR Toolbox. http://systematicreviewtools.com
13. Covidence. How to decide when to use Extraction 1 vs Extraction 2. https://support.covidence.org/help/which-version-of-data-extraction-should-i-use
14. Kyung-Sook, W., SangSoo, S., Sangjin, S., & Young-Jeon, S. (2018). Marital status integration and suicide: A meta-analysis and meta-regression. Social science & medicine, 197, 116-126.
15. Han, M., Woo, K., & Kim, K. (2024). Association of Protein Intake with Sarcopenia and Related Indicators Among Korean Older Adults: A Systematic Review and Meta Analysis. Nutrients, 16(24), 4350.

16. Kim, J., Kwon, R., Yun, H., Lim, G. Y., Woo, K. S., & Kim, I. (2024). The association between long working hours, shift work, and suicidal ideation: A systematic review and meta-analyses. Scandinavian Journal of Work, Environment & Health, 50(7), 503.

제7장

비뚤림 위험평가

제7장 비뚤림 위험평가

1 개요

체계적 고찰은 사전에 정의된 기준에 의해 체계적이고 엄격한 방법에 따라 수행하므로, 비뚤림 위험(risk of bias)을 최소화하고 신뢰성 있는 결과를 제시하게 된다. 그러나, 검토를 위해 선택된 문헌의 방법론적 타당성이 결여된 경우 연구결과를 신뢰할 수 없으며, 연구결과들을 신뢰할 수 없다면 이를 모아놓은 체계적 고찰의 결과 역시 신뢰할 수 없다. 그러므로 선택된 논문의 적절한 평가가 필요하다.

비뚤림 위험평가는 문헌의 질 평가와 유사하게 사용되기도 하지만, 두 용어는 차이가 있다(1). 질 평가는 연구설계, 방법론, 분석, 보고 등 다양한 측면을 고려하여 연구의 전반적인 품질을 평가하는 것을 말하며 내적 타당도와 외적 타당도가 포함된다. 이 평가에는 연구질문의 명확성, 질문 해결을 위한 연구설계의 적절성, 데이터 수집 및 분석에 사용된 방법, 보고의 투명성 및 완전성 등의 요소를 고려한다. 반면에 비뚤림 위험평가는 일반적으로 내적타당도를 의미하는 방법론적 질 평가로서, 연구결과의 타당성을 훼손할 수 있는 체계적 오류의 영향을 평가한다. 여기에는 선택 비뚤림(selection bias), 성과 비뚤림(performance bias), 탐지 비뚤림(detection bias), 탈락 비뚤림(attrition bias) 등 연구설계, 수행, 분석과 관련된 내용이 포함된다(2).

비뚤림 위험평가의 구성 요소가 일부 질 평가 구성 요소와 동일하지만 평가가 수행되는 방식은 다르며, 질 평가를 위해 비뚤림 위험평가 도구를 사용할 수 있지만 경험적으로 적절한 구성이 먼저 정의되지 않으면 그 반대의 사용은 불가능하다(1).

그러므로 체계적 문헌고찰과 메타분석에서는 질 평가가 아닌 비뚤림 위험평가로 명확히 표현하는 것이 좋으며, 코크란에서도 비뚤림 위험평가에 초점을 맞출 것을 권장하고 있다(2).

2 비뚤림 위험평가 도구

비뚤림 위험평가는 연구설계에 따라 이루어진다. 연구설계는 일반적으로 일차연구와 이차연구로 나뉘며, 이 중 일차연구는 다시 중재를 기반으로 관찰연구와 중재(실험)연구로 구분된다. 관찰연구는 연구자가 개입하지 않고 자연적으로 발생하는 현상을 관찰하는 연구로, 양적연구와 질적연구로 나눌 수 있다. 양적연구로는 사례보고, 사례군연구, 생태학적연구, 단면연구, 환자-대조군연구, 코호트연구와 같은 설계가 포함된다. 중재연구는 연구자가 특정 처치를 시행하고 그 효과를 관찰하는 연구로, 무작위배정 임상연구와 비무작위배정 임상연구가 포함된다. 이러한 연구설계의 유형에 따라 비뚤림 위험을 평가하는 기준과 도구가 달라지며, 적절한 방법론적 판단이 필요하다(그림 7-1).

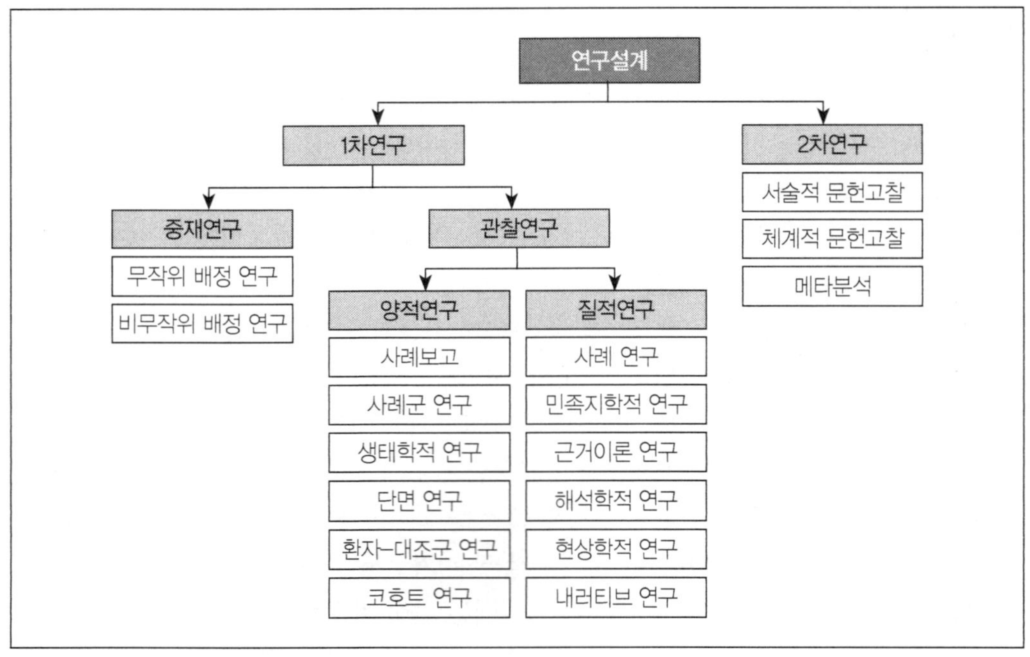

[그림 7-1] 연구유형 분류

* Zeng, et al. (2015)를 바탕으로 재구성

각각의 문헌에서는 연구설계에 따라 각기 다른 형태의 비뚤림 위험성을 가지게 된다. 따라서 연구설계별로 발생할 수 있는 비뚤림 위험을 잘 평가할 수 있는 도구를 사용하는 것이 적합하며, 연구설계별로 구분하여 평가결과를 제시하여야 한다. 또한 연구설계에 따른 평가 도구라 하더라도 해당 연구설계에 공통적으로 적용 가능한 일반적인 평가 항목이 정해져 있는 것이기 때문에, 각 연구주제에 맞는 평가기준을 사전에 정리하여 적용

할 필요가 있다. 연구설계에 따른 비뚤림 위험평가 도구는 [표 7-1]과 같다.

[표 7-1] 연구설계별 비뚤림 위험평가 도구

유형	비뚤림 위험평가 도구
무작위 배정 연구	- Cochrane RoB 2.0 tool - CASP checklist - JBI critical appraisal checklist - PEDro scale - SIGN methodology checklist
비무작위 배정 연구	- JBI critical appraisal checklist - MINORS tool - RoBANs - ROBINS-I tool
코호트 연구	- CASP checklist - JBI critical appraisal checklist - Newcastle-Ottawa Scale(NOS) - RoBANs - SIGN methodology checklist
환자-대조군 연구	- CASP checklist - JBI critical appraisal checklist - Newcastle-Ottawa Scale(NOS) - RoBANs - SIGN methodology checklist
단면 연구	- AHRQ methodology checklist - CASP checklist - JBI critical appraisal checklist
통제집단 사전-사후 연구	- NIH quality assessment tool - ROBINS-I tool
경제성 평가	- CASP checklist - JBI critical appraisal checklist - NICE methodology checklist - SIGN methodology checklist
질적 연구	- CASP checklist - JBI critical appraisal checklist
체계적 문헌고찰	- AMSTAR 2 - CASP checklist - JBI critical appraisal checklist - NIH quality assessment tool - ROBIS tool - SIGN methodology checklist
혼합 연구	- JBI critical appraisal checklist - MMAT

* AMSTAR, A MeaSurement Tool to Assess systematic Teviews; AHRQ, Agency for Healthcare Tesearch and Quality; CASP, Critical Appraisal Skills Programme; DSU, Decision Support Unit; JBI, Joanna Briggs Institute; MINORS, Methodological Index for NOn-Randomized Studies; MMAT, the Mixed Methods Appraisal Tool; NOS, Newcastle-Ottawa Scale; NIH, National Institutes of Health; PEDro, Physiotherapy Evidence Database; RoB, Risk of Bias; ROBINS-I, Risk Of Bias In Non-randomised Studies - of Interventions; ROBIS, Risk Of Bias In Systematic review; SIGN, The Scottish Intercollegiate Guidelines Network

1) 보건학에서 자주 사용되는 연구설계별 비뚤림 위험평가 도구

(1) 무작위배정 연구: RoB 2

RoB 2(Risk-of-bias)는 무작위배정 연구의 비뚤림 위험을 평가하는 도구로, 무작위 과정에서 생기는 비뚤림, 의도한 중재에서 이탈로 인한 비뚤림, 중재결과 자료의 결측으로 인한 비뚤림, 중재결과 측정의 비뚤림, 보고된 연구결과 선택의 비뚤림의 다섯 가지 영역과 전반적인 비뚤림 위험을 체크리스트 방식으로 평가한다. 자세한 평가 방법은 2021년 보건의료연구원에서 한글판으로 번역해서 소개하였고, 홈페이지에서 무료로 내려받을 수 있다. 또한, RoB 2는 코크란 사이트를 통해 평가 가이드라인과 평가를 구현하기 위한 템플릿, 엑셀 등에 접근이 가능하다. 특히 이 엑셀은 평가 후 자동으로 서식을 생성한다. 따라서 기존에 개별 연구의 비뚤림 평가 후 RevMan 등으로 그림을 제작하던 번거로운 과정을 생략할 수 있다.

① 평가 방법

RoB 2는 영역별로 신호 질문(signalling question)에 대한 응답을 통해서 영역별 비뚤림 위험과 최종 비뚤림 위험을 판단을 한다(표 7-2). 신호 질문에 대한 응답은 '그렇다(Y)', '아마도 그렇다(PY)', '아마도 아니다(PN)', '아니다(N)', '정보없음(NI)' 중에서 선택하고, 이 응답을 영역별로 맵핑한 알고리즘([그림 7-2])에 의해 비뚤림 위험을 평가한다. 비뚤림 위험은 '낮음(low risk of bias)', '일부 우려(some concerns)', '높음(high risk of bias)' 세 가지로 판단한다. 판단 기준에 대한 구체적인 가이드라인이 코크란 리소스 페이지에 제시되어 있다. 신호 질문과 함께 프리텍스트 박스 공간이 있는데, 연구 본문을 인용하여 신호 질문의 응답에 대한 판단 근거를 제시한다.

[표 7-2] RoB 2 평가 서식

영역 1. 무작위과정에서 생기는 비뚤림

신호 질문	판단근거	응답 옵션
1.1 배정 순서는 무작위였나?		Y/PY/PN/N/NI
1.2 연구대상자가 모집되어 중재에 배정될 때까지 배정순서가 은폐되었나?		Y/PY/PN/N/NI
1.3 중재군간 기저상태 차이가 무작위 과정의 문제를 시사하나?		Y/PY/PN/N/NI
비뚤림 위험평가		낮음/높음/일부 우려
선택사항: 무작위배정 과정에서 발생하는 비뚤림의 예측 방향은 어떠한가?		적용불가/실험중재선호/비교중재선호/무효점을 향함/무효점에서 멀어짐/예측불가

영역 2. 의도한 중재에서 이탈로 인한 비뚤림(중재 배정 효과)		
2.1 연구대상자는 임상시험 중에 배정된 중재에 대해 알고 있는가?		Y/PY/PN/N/NI
2.2 간병인과 중재 제공자는 임상시험 중에 연구대상자에 배정된 중재에 대해 알고 있는가?		Y/PY/PN/N/NI
2.3 2.1과 2.2이 Y/PY/NI인 경우: 임상시험적 맥락 때문에 의도한 중재에서 이탈이 있었나?		NA/Y/PY/PN/N/NI
2.4. 2.3이 Y/PY인 경우: 이러한 이탈로 중재결과에 영향을 미칠 것 같은가?		NA/Y/PY/PN/N/NI
2.5. 2.4이 Y/PY/NI인 경우: 의도한 중재에서 이탈이 두 군에서 유사한가?		NA/Y/PY/PN/N/NI
2.6. 중재 배정 효과추정에 적절한 분석을 사용하였나?		Y/PY/PN/N/NI
2.7. 2.6이 N/PN/NI인 경우: 무작위 배정군에 따라 연구대상자를 분석하지 못한 경우(연구결과에) 상당한 영향을 미칠 가능성이 있었는가?		NA/Y/PY/PN/N/NI
비뚤림 위험평가		낮음/높음/일부 우려
선택사항: 의도한 중재에서 이탈로 인한 비뚤림의 예측 방향은 어떠한가?		적용불가/임상시험중재선호 /비교중재선호 /무효점을 향함 /무효점에서 멀어짐 /예측불가

영역 2. 의도한 중재에서 이탈로 인한 비뚤림(중재 준수 효과)		
2.1 연구대상자는 임상시험 중에 배정된 중재에 대해 알고 있는가?		Y/PY/PN/N/NI
2.2 보호자와 중재제공자는 임상시험 중에 연구대상자에 대한 배정된 중재에 대해 알고 있는가?		Y/PY/PN/N/NI
2.3 [해당되는 경우] 2.1과 2.2에 대해 Y/PY/NI인 경우: 중재군간 중요한 비프로토콜 중재가 유사한가?		NA/Y/PY/PN/N/NI
2.4. [해당되는 경우] 중재결과에 영향을 미칠 수 있는 중재 실행의 실패가 있는가?		NA/Y/PY/PN/N/NI
2.5. [해당되는 경우] 연구대상자의 중재 결과에 영향을 미칠만한 중재에 대한 비준수가 있는가?		NA/Y/PY/PN/N/NI
2.6. 2.3에 대해 N/PN/NI 혹은 2.4나 2.5에 대해 Y/PY/NI인 경우: 중재 준수 효과추정에 적절한 분석법을 사용하였나?		NA/Y/PY/PN/N/NI
비뚤림 위험평가		낮음/높음/일부 우려
선택사항: 의도한 중재에서 이탈로 인한 비뚤림의 예측 방향은 어떠한가?		적용불가/임상시험중재선호 /비교중재선호 /무효점을 향함 /무효점에서 멀어짐 /예측불가

영역 3. 중재결과 자료의 결측으로 인한 비뚤림		
3.1 현재 중재결과에 대해 모든 혹은 거의 모든 연구대상자의 자료가 이용가능한가?		Y/PY/PN/N/NI
3.2 3.1에 대해 N/PN/NI인 경우: 결측치로 인해 연구결과의 비뚤림이 없다는 근거가 있는가?		NA/Y/PY/PN/N
3.3 3.2에 대해 N/PN인 경우: 중재 결과의 결측여부가 참값에 의존할 가능성이 있는가?		NA/Y/PY/PN/N/NI
3.4 3.3에 대해 Y/PY/NI: 중재 결과의 결측여부가 참값에 의존할 가능성이 높은가?		NA/Y/PY/PN/N/NI
비뚤림 위험평가		낮음/높음/일부 우려
선택사항: 중재결과 자료의 결측으로 인한 비뚤림의 예측 방향은 어떠한가?		적용불가/실험중재선호/비교중재선호/무효점을 향함/무효점에서 멀어짐/예측불가
영역 4. 중재결과 측정의 비뚤림		
4.1 중재결과 측정 방법이 부적절한가?		Y/PY/PN/N/NI
4.2 중재군간 중재결과 측정 혹은 확인 방법이 다른가?		Y/PY/PN/N/NI
4.3 4.1과 4.2에 대해 N/PN/NI인 경우: 중재결과 평가자는 연구대상자가 받은 중재를 알고 있는가?		NA/Y/PY/PN/N/NI
4.4 4.3에 대해 Y/PY/NI인 경우: 중재결과에 대한 평가가 중재에 대한 지식에 의해 영향을 받을 가능성이 있는가?		NA/Y/PY/PN/N/NI
4.5 4.4에 대해 Y/PY/NI인 경우: 중재결과에 대한 평가가 중재에 대한 지식에 영향을 받았을 가능성이 높은가?		NA/Y/PY/PN/N/NI
비뚤림 위험평가		낮음/높음/일부 우려
선택사항: 중재결과 측정의 비뚤림의 예측 방향은 어떠한가?		적용불가/실험중재선호/비교중재선호/무효점을 향함/무효점에서 멀어짐/예측불가
영역 5. 보고된 연구결과 선택의 비뚤림		
5.1 이 연구결과를 도출한 자료는 분석할 수 있도록 미리 지정된 분석 계획에 따라, 중재 결과 자료 눈가림이 해제되기 전에 분석되었는가?		Y/PY/PN/N/NI
평가되고 있는 수치형 연구결과는 다음과 같은 연구결과에 기초하여 선택되었을 가능성이 있는가?		
5.2 중재 결과 영역 내에서 여러 개의 적합한 중재 연구결과 측정(예: 척도, 정의, 시점)		Y/PY/PN/N/NI
5.3 데이터의 다중 적격 분석?		Y/PY/PN/N/NI
비뚤림 위험평가		낮음/높음/일부 우려

선택사항: 보고된 연구결과 선택의 비뚤림의 예측 방향은 어떠한가?		적용불가/실험중재선호/비교중재선호/무효점을 향함/무효점에서 멀어짐/예측불가
전반적인 비뚤림 위험평가		
비뚤림 위험 판단		낮음/높음/일부 우려
선택사항: 중재결과에 대한 전반적인 예측 비뚤림 방향은 어떠한가?		적용불가/실험중재선호/비교중재선호/무효점을 향함/무효점에서 멀어짐/예측불가

* 약어: NA, Not Applicable; Y, Yes; PY, Probably Yes; PN, Probably No; N, No; NI, No Information

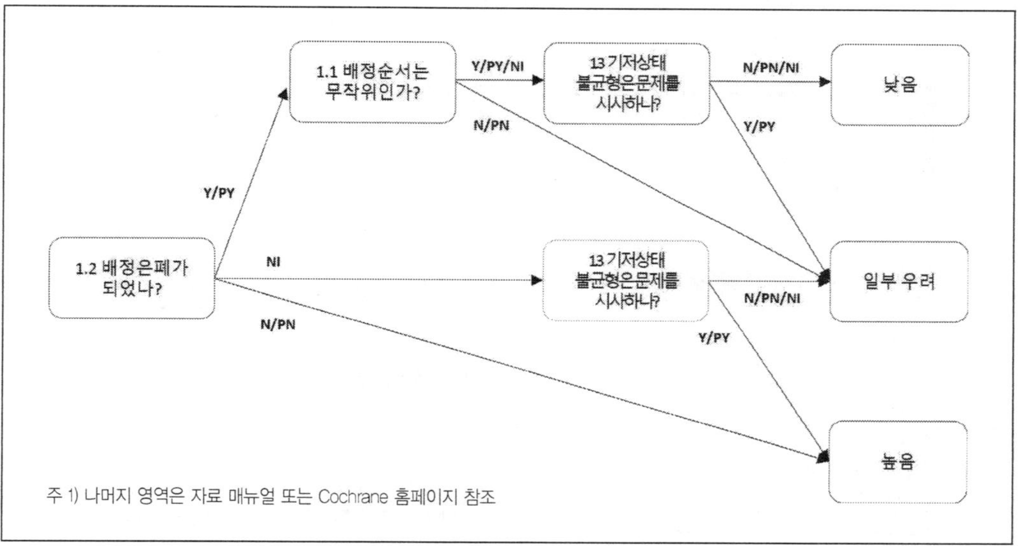

[그림 7-2] 영역 1. 무작위과정에서 생기는 비뚤림 위험 판단을 위한 알고리즘

출처: NECA 비뚤림위험 평가도구 매뉴얼 - AMSTAR2, ROBIS, RoB2.0, ROBINS-I -

코크란 리소스 페이지의 자동화 서식을 통한 평가 방법은 아래와 같다. "https://www.riskofbias.info/welcome/rob-2-0-tool/current-version-of-rob-2"에 접속 후 "An Excel tool to implement RoB 2"를 클릭해서 다운로드를 받으면 아래 [그림 7-3]과 같은 엑셀 파일이 열린다. 화살표 1(①)을 누르면 자동화 서식에 대한 매뉴얼이 열리고, 화살표 2(②)를 누르면 [그림 7-4]와 같은 자동서식으로 넘어간다. 각 연구의 정보를 입력하고 도메인별로 신호 질문에 대한 응답과 전체 비뚤림에 대한 평가를 마친 후 저장(SAVE)을 누르면 엑셀에 자동 저장된다. [그림 7-3]의 화살표 3(③)을 누르면 비뚤림 위험평가 결과를 [그림 7-5]와 같이 보여준다.

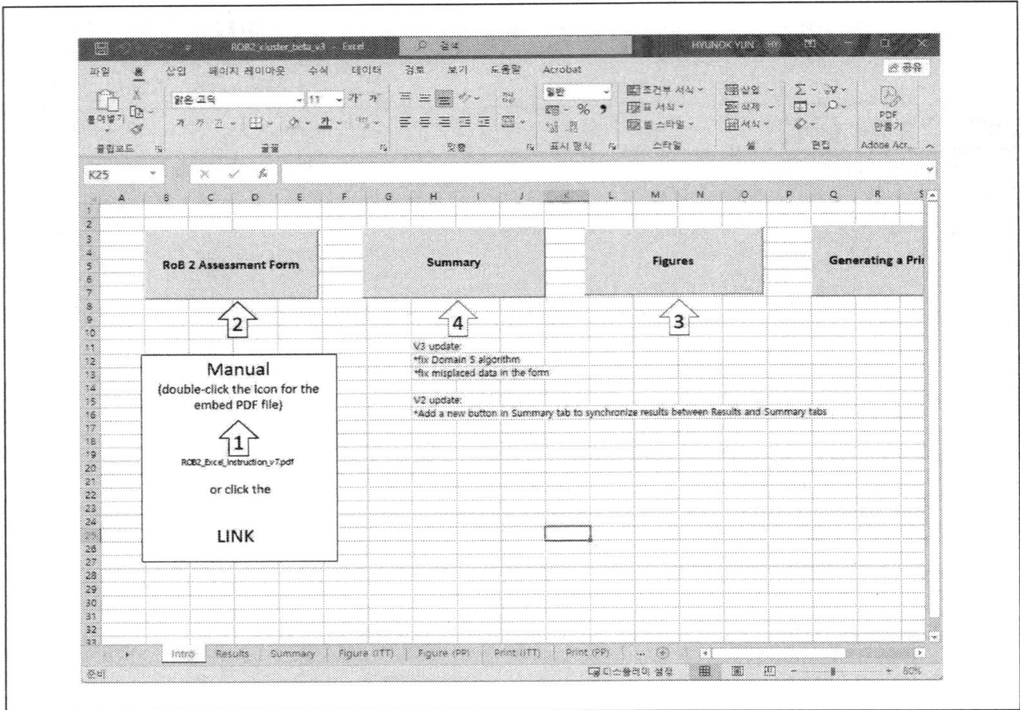

[그림 7-3] RoB 2를 구현하기 위한 Excel 도구

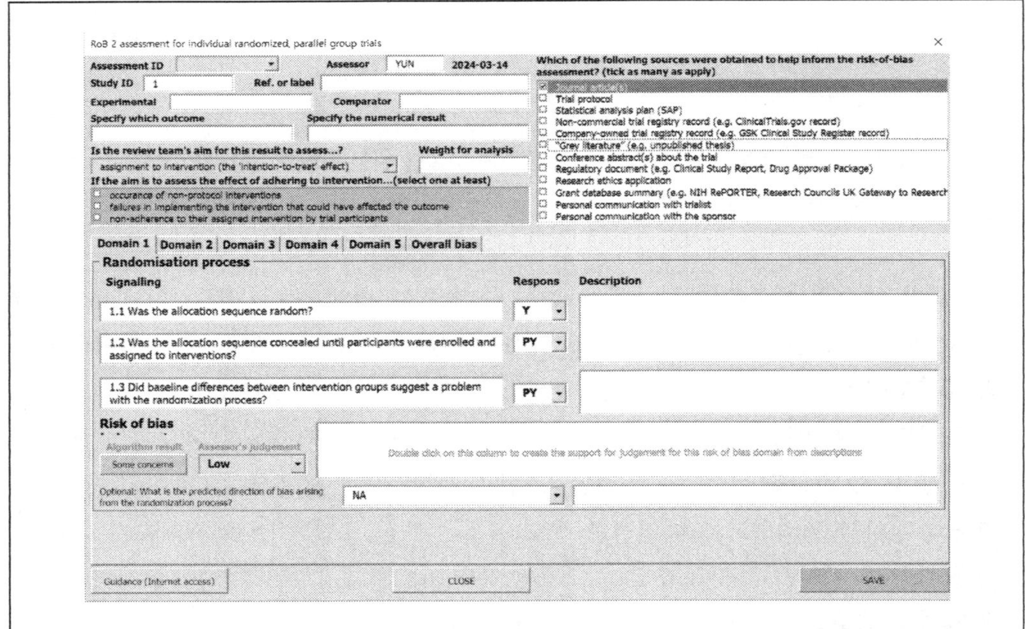

[그림 7-4] RoB 2를 구현하기 위한 자동 서식

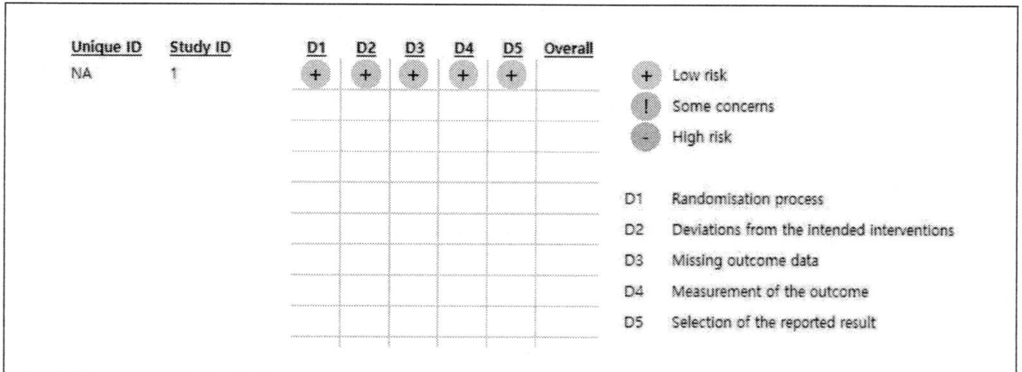

*실제 화면에는 빨간색, 초록색, 노란색의 신호등 색으로 나타남

[그림 7-5] 개별 연구의 ROB 2 평가 결과

② 평가 결과 보고

ROB 2로 평가한 내용을 해석할 때 연구의 평가 결과를 하나로 요약하는 것은 일반적으로 추천되지 않고, 영역별로 비뚤림 위험을 요약하는 것이 추천된다(4). 여기에 각 연구별로 평가된 결과를 함께 제시하기도 한다. 이러한 신호등 그림은 통계 패키지로도 구현이 가능하나, 코크란의 자동화 서식 또는 코크란 리소스 페이지의 'robvis (visualization tool)'을 이용하면 깔끔한 신호등 플랏을 손쉽게 만들 수 있다.

Box 7-1 **RoB 2 영역별 비뚤림 위험평가 결과 예시**

• 영역별 결과 보고

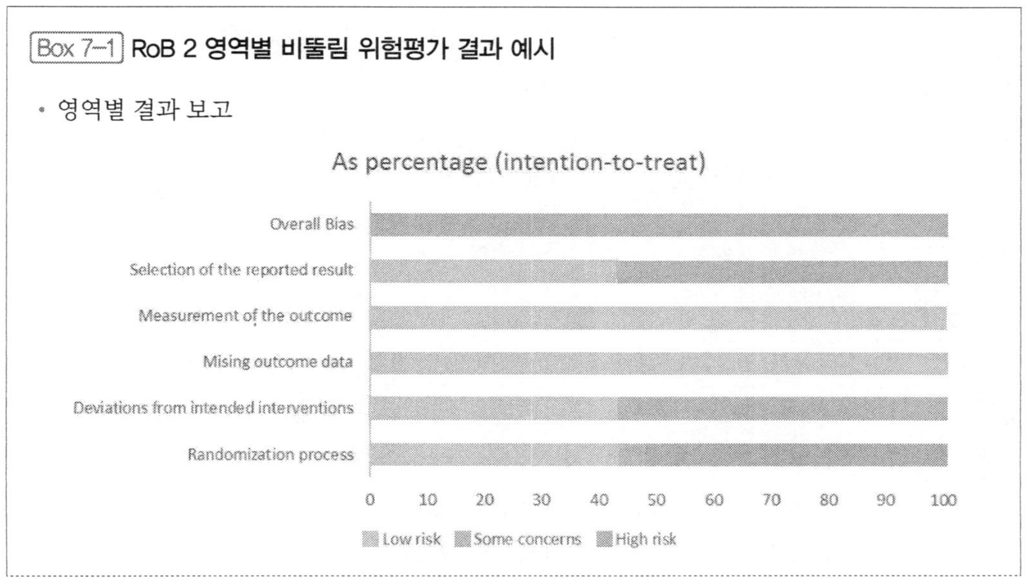

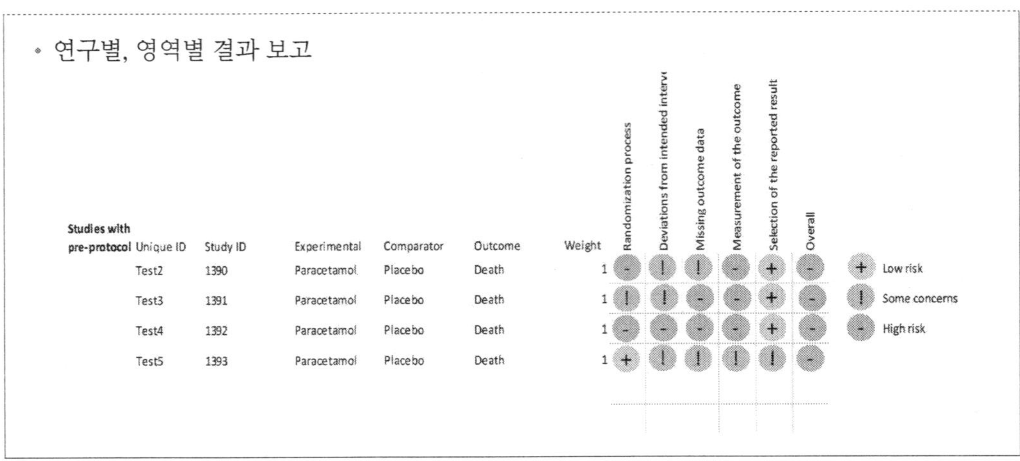

(2) 비무작위배정 연구: ROBINS-I

비무작위배정 연구(non-RCT, 또는 준실험연구)는 비교 유무에 따라 비교 연구(comparative study)와 비교 연구(non-comparative study)로 나뉘는데, 우선적으로 ROBINS-I (Risk Of Bias In Non-randomised Studies of Interventions)를 권장한다. ROBINS-I는 무작위배정 연구 평가 도구인 Cochrane RoB 도구와 진단정확도 평가 도구인 QUADAS 2 도구를 기반으로 2016년에 개발되었고 2024년에 version 2가 발표되었다. 이 도구는 비뚤림이 비무작위 연구에 중재 전, 중재 중, 중재 후에 개입될 수 있는 7개의 영역을 다루고 있다. 무작위배정 연구와는 달리 비무작위배정 연구에서는 연구대상자의 특성이 중재 그룹마다 다르기 때문에 통제되지 않은 교란으로 인한 비뚤림 위험의 평가는 ROBINS-I 평가의 주요 구성 요소이다. 신호 질문과 프리텍스트 박스 등으로 되어 있고 비뚤림 위험을 판단하기 위한 기준이 가이드라인으로 제공된다는 점 등이 RoB 2와 유사하다(4).

① 평가 방법

ROBINS-I는 RoB를 기반으로 만들어서 평가 방법이 매우 유사하다. RoB 2와 마찬가지로 신호 질문에 따른 맵핑된 알고리즘으로 비뚤림 위험을 판단하지만 자동화 서식은 제공하지 않는다. 비뚤림 위험은 RoB 2와 달리 '낮음(low risk of bias)', '중등도(moderate risk of bias)', '높음(serious risk of bias)', '매우 높음(critical risk of bias)' 네 가지로 판단하고, 비뚤림 위험을 판단할 만한 기초가 되는 정보가 없을 경우에는 '정보없음'으로 기록한다. 이와 관련한 자세한 지침이 코크란 리소스 페이지에서 제공되고, 또한 한국보건의료연구원에서 한글로 번역해 놓았으므로 참고하면 된다.

② 평가 결과 보고

ROBINS-I의 결과 보고를 위한 신호등 그림도 코크란 리소스 페이지의 'robvis (visualization tool)' 이용하여 만들 수 있다. [그림 7-6]의 robvis 화면에서 'Upload your data'를 클릭하여 이동한 화면에서 'ROBINS-I' 도구를 선택한다. ROBINS-I 도구로 평가한 비뚤림 위험 결과가 정리된 엑셀 파일을 사용하려면 [그림 7-7]에서 화살표 1(①) 'Browse'를 클릭하여 데이터를 찾아서 올리고, robvis 화면에서 직접 비뚤림 위험 결과를 입력하려면 화살표 2(②) 'enter your data manually'를 클릭하여 나온 Review your data에 입력한다. 입력을 완료하고 활성화된 [그림 7-8]의 'Generate Plots'을 누르면 [그림 7-9]처럼 신호등 그림이 나오고 그림파일로도 내려받을 수 있다. 'Summary Plot'으로 들어가면 영역별 비뚤림 위험평가 그림도 확인할 수 있다.

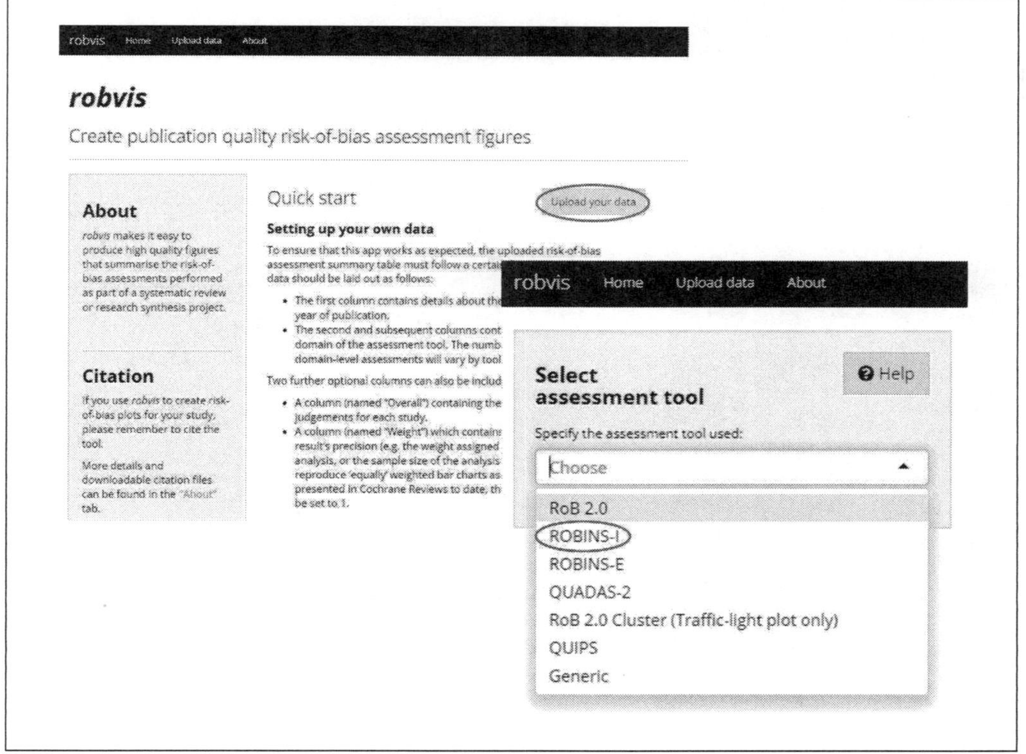

[그림 7-6] ROBINS-I 결과 보고를 위한 robvis 화면 1

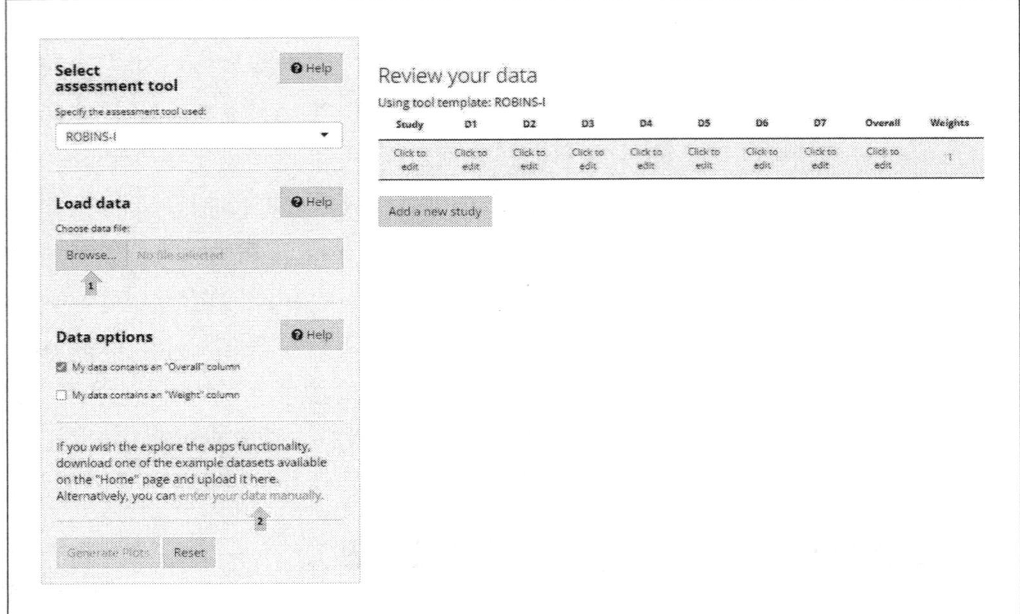

[그림 7-7] ROBINS-I 결과 보고를 위한 robvis 화면 2

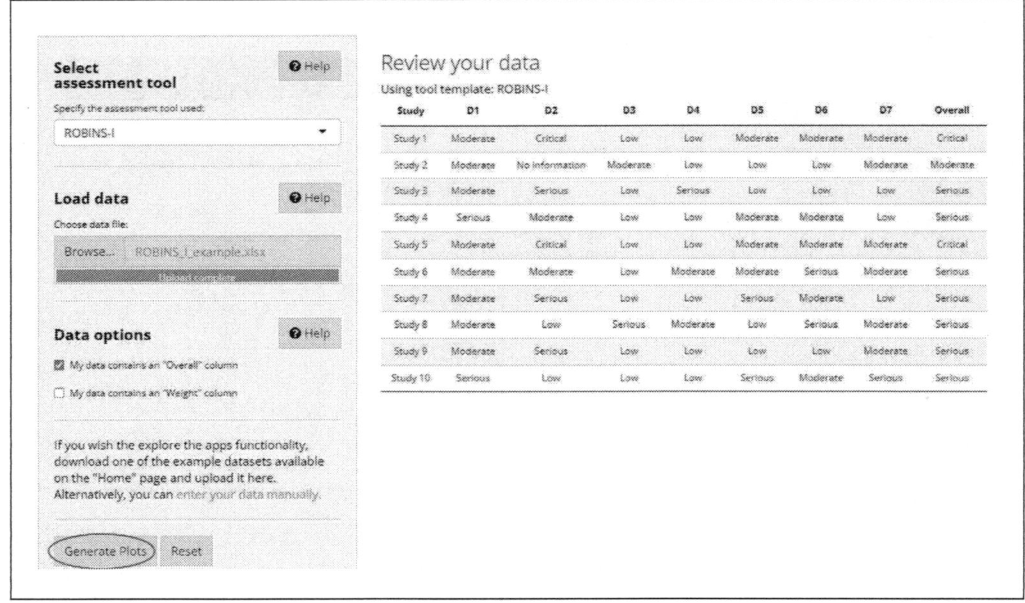

[그림 7-8] ROBINS-I 결과 보고를 위한 robvis 화면 3

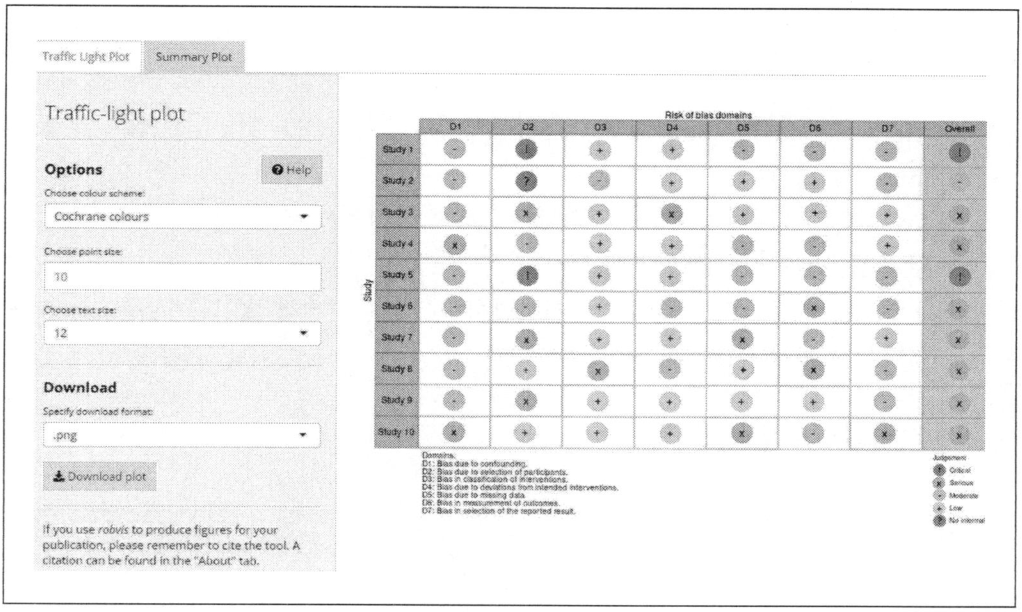

*실제 화면에는 빨간색, 초록색, 노란색의 신호등 색으로 나타남

[그림 7-9] ROBINS-I 비뚤림 위험평가 결과 신호등 그림

(3) 코호트, 환자-대조군 연구: NOS Scale

코호트 연구와 환자-대조군 연구의 평가 도구로는 CASP checklist, SIGN checklists, NOS Scale, JBI critical appraisal checklist 등이 있다. 그 중 NOS Scale (Newcastle-Ottawa Scale)이 현재 코호트와 환자-대조군 연구에서 가장 일반적으로 사용되고 있다. NOS 도구는 환자-대조군 연구와 코호트 연구의 평가 도구를 구분하여 개발하였다. 연구그룹의 선택(4 문항), 비교 가능성(1 문항), 노출 또는 관심 결과의 확인(3 문항)의 세 가지 영역에 총 8문항으로 구성되어 있다. NOS Scale은 8개 항목으로 이루어진 비교적 간단한 척도로 관찰연구의 질을 평가하는 데에 유용한 척도지만, 명확한 지침부족과 이로 인해 각 비뚤림 위험평가에 대한 주관적 평가로 인해 타당성 측면에서 비판을 받고 있다(5).

① 평가 방법

각 질문에 대한 근거의 질이 높은 경우 '★'로 표시하도록 한다. 선택 영역의 4개 문항은 각 문항에 최대 한 개의 '★'을 줄 수 있고, 비교가능성 영역의 1개 문항은 최대 두 개의 '★'을 줄 수 있다. 노출확인 및 결과평가 영역의 3개 문항은 최대 한 개의 '★'을 줄 수 있다. 세 영역의 총 8개 문항에서 '★'의 점수범위는 최소 0점에서 최대 9점까지

이다. 개별 연구들에 대해서 3개 영역(선택과 비교가능성, 노출 또는 결과)에 대한 별의 개수로 최종적으로 good, fair, poor을 판단할 수 있다. 상세 조건은 다음과 같다.

- good quality: 선택에서 별이 3~4개이면서 비교가능성에서 별이 2개이고, 노출 또는 결과에서 별이 2~3개인 경우
- fair quality: 선택에서 별이 2개이면서 비교가능성에서 별이 1~2개이고, 노출 또는 결과에서 별이 2~3개인 경우
- poor quality: 선택에서 별이 0~1개이면서 비교가능성에서 별이 0개이고, 노출 또는 결과에서 별이 1~2개인 경우

[표 7-3] NOS의 평가 서식

◈ 코호트 연구

영역	질문	결과
선택(selection)	1) 노출 집단의 대표성	a) 진정으로(truly) 대표적인 집단 ★ b) 다소(somewhat) 대표적인 집단 ★ c) 선택된 집단 d) 관련 정보 없음
	2) 비노출 집단의 선정	a) 노출 집단과 같은 지역사회에서 모집 ★ b) 다른 출처에서 모집 c) 관련 정보 없음
	3) 노출 확인 방법	a) 확실한 기록(예: 수술기록) ★ b) 구조화된 면담 ★ c) 자가 보고 d) 관련 정보 없음
	4) 연구 시작 시 관심있는 결과(outcome)가 없음을 증명	a) 예(연구 시작시 해당 결과가 없었음) ★ b) 아니오
비교 가능성(comparability)	1) 혼란변수에 대한 통제	a) 나이, 성별 등 연구 주제에서 가장 중요한 혼란변수를 통제 ★ b) 사회경제적 요인, 흡연 여부 등 추가적인 중요한 혼란변수 통제 ★ c) 주요 혼란변수를 통제하지 않았거나 비교 가능성이 없음
결과(outcome)	1) 결과 평가 방법	a) 독립적 블라인드 평가 ★ b) 의무기록, 영상자료 등 연계 ★ c) 자가 보고 d) 관련 정보 없음
	2) 충분한 추적 기간	a) 예 ★ b) 아니오

	3) 추적의 적절성	a) 전원 추적 ★ b) 20% 이하 탈락이며, 탈락자의 특성이 추적된 집단과 유사함 ★ c) 추적률이 80% 미만이고, 탈락자 특성에 대한 설명 없음 d) 관련 정보 없음
◈ 환자-대조군 연구		
선택 (selection)	1) 환자 정의의 적절성	a) 독립적 검증(예: 진단기록, 영상자료 등) ★ b) 단순 자가보고나 진단코드 등으로만 정의됨 c) 관련 정보 없음
	2) 환자군의 대표성	a) 일정기간 동안 정의된 모든 적격 환자 모집 ★ b) 선택 편향 우려가 있거나 기술되지 않음
	3) 대조군의 선정	a) 환자군과 동일한 지역사회 대조군 ★ b) 병원 기반 대조군 c) 관련 정보 없음
	4) 대조군 정의	a) 대조군은 해당 질환 병력이 없음이 명시되어야 함 ★ b) 병력 언급 없음
비교 가능성 (comparability)	1) 환자군과 대조군의 설계/분석 기반 비교 가능성	a) 가장 중요한 혼란변수를 통제 ★ b) 나이와 성별 외 소득 등의 추가 혼란변수도 통제 ★
노출 (exposure)	1) 노출 확인 방법	a) 수술기록 등 신뢰할 수 있는 기록 ★ b) 블라인드 구조화 면담 ★ c) 블라인드 되지 않은 면담 d) 단순 자가보고 e) 관련 정보 없음
	2) 노출 확인 방법의 일관성	a) 환자군과 대조군에 동일한 방식 적용 ★ b) 서로 다른 방식 적용
	3) 비응답률	a) 두 집단의 응답률이 동일 ★ b) 비응답자 특성 기술됨 c) 응답률 다르며 기술 없음

② 평가 결과 보고

지침으로 정해진 결과 보고 방식은 없다. 문헌들을 살펴보면, [Box 7-2]의 예시와 같이 개별 연구의 문항별 평가결과를 보고하기도 하고, 영역별 결과를 보고하기도 한다.

Box 7-2 NOS 비뚤림 위험평가 결과 예시

• 문항별 결과 보고

For Case-control study

	Selection				Comparability	Outcome/Exposure			Total score	Quality power
	Adequate definition of case	Representativeness of case	Selection of control	Definition of control	Comparability of cases and controls on the basis of the design or analysis	Ascertainment of exposure	Same method of ascertainment for cases and controls	Non response rate		
A study (2020)	★		★	★		★	★		★★★★★	Poor
B study (2023)	★	★		★	★★	★	★		★★★★★★★	Good

For Cohort study

	Selection				Comparability	Outcome/Exposure			Total score	Quality power
	Representativeness of the exposed cohort	Selection of the non-exposed cohort	Ascertainment of exposure	Outcome of interest not present at start of study	Comparability of cohort on the basis of the design or analysis	Ascertainment of outcome	Adequacy of duration of follow-up	Adequacy of completeness of follow-up		
C study (2018)	★	★	★	★	★★	★	★		★★★★★★★★	Good
D study (2024)	★	★	★	★	★★	★	★		★★★★★★★★	Good

• 문항별 결과 보고 2

Domain	Item	Low risk of bias
Selection	Case definition adequate	8/9 (89%)
	Representativeness of cases	7/9 (78%)
	Selection of controls	8/9 (89%)
	Definition of controls	5/9 (56%)
Comparability	Comparability: age and sex	9/9 (100%)
	Comparability: additional factors	8/9 (89%)
Exposure	Ascertainment of exposure	8/9 (89%)
	Cases and controls: same ascertainment method	7/9 (78%)
	Cases and controls: same nonresponse rate	2/9 (22%)

□ Low risk of bias ■ High risk of bias

• 영역별 결과 보고 1

	Selection	Comparability	Outcome	Overall score
A study (2017)	★★★	★★	★★	7 stars
B study (2020)	★★★★	★★	★★	8 stars
C study (2023)	★★★★	★★	★	7 stars

(4) 단면연구: JBI critical appraisal checklist

단면연구는 목적에 따라 분석적 단면연구와 기술적 단면연구로 구분되며, 각 유형에 적합한 비뚤림 위험평가 도구가 있다. 분석적 단면연구에는 NIH quality assessment tool과 JBI critical appraisal checklist가 권장되고, 기술적 단면연구에서는 JBI critical appraisal checklist와 AHRQ methodology checklist가 사용되는데, 그 중 JBI checklist가 가장 널리 사용되는 최신 평가 도구이다. JBI 도구는 체크리스트 형식으로 구성되어 있으며, 무작위배정 연구, 사례군 연구, 코호트 연구와 같은 양적 연구뿐만 아니라 질적연구, 전문가 의견 등의 텍스트, 그리고 문헌고찰과 정책 연구의 비뚤림 위험도 평가할 수 있어, 가장 다양한 연구설계를 포괄하는 비뚤림 위험평가 도구로 인정받고 있다. 체크리스트는 연구디자인과 유형에 따라 6~11개의 질문이 포함되어 있는데, 체계적 문헌고찰에 포함된 연구설계에 맞게 도구를 선택하여 평가한다. 각각의 질문에 대해서는 '예', '아니오', '불분명' 또는 '해당 없음'으로 답을 하고, 전반적인 평가를 통해 문헌고찰에 '포함', '제외'가 마지막에 제시되지만, 포함에 대한 공식적인 기준이 없다. 연구자들은 JBI 홈페이지를 통해 JBI SUMARI (JBI System for the Unified Management of the Assessment and Review of Information)에 접근할 수 있는데, 이는 프로토콜부터 보고서까지 체계적 문헌고찰 수행을 지원하도록 설계된 소프트웨어 패키지이다. 여기에 비뚤림 위험평가도 포함되어 있다. JBI checklist는 다양한 연구 디자인별 비뚤림 위험평가 도구가 있는 만큼 다양한 연구에서 사용되고 있지만, 최근 단면연구의 비뚤림 위험평가 도구로 가장 선호되고 있다(6).

① 평가 방법

JBI checklist 중 단면연구 평가 도구는 총 8개의 문항으로 되어 있다. 각각의 질문에 해당하는 답을 선택한 후 최종적으로 문헌의 포함 여부를 결정한다. 각 연구 디자인별 도구의 매뉴얼에는 질문의 평가 기준이 설명되어 있지만, 문헌의 포함에 대한 기준은 없다.

[표 7-4] JBI 단면연구 평가 도구

	평가			
	예	아니오	불확실	해당 없음
1. 연구 대상자의 포함 기준이 명확히 정의되었는가? - 연구 대상자를 선정하기 위한 포함 및 제외 기준이 사전에 명확하게 기술되어야 함	☐	☐	☐	☐
2. 연구 대상자와 연구 환경이 상세히 기술되었는가? - 연구 대상자의 인구사회학적 특성, 모집 위치, 기간 등이 명확히 제시되어야 함	☐	☐	☐	☐
3. 노출 변수는 타당하고 신뢰성 있게 측정되었는가? - 측정 도구가 검증되었고 반복 가능성이 있는지(내/외 평가자 일치도 등) 확인	☐	☐	☐	☐
4. 측정 도구는 객관적이고 표준화된 기준이 사용되었는가?? - 진단 기준, 정의, 또는 표준화된 방법으로 측정	☐	☐	☐	☐
5. 혼란변수가 식별되었는가? - 결과에 영향을 줄 수 있는 잠재적 혼란변수를 사전에 인식했는지 여부	☐	☐	☐	☐

6. 혼란변수를 다루기 위한 전략이 명시되었는가? – 설계(예: 매칭, 층화) 또는 분석(예: 다변량 회귀)을 통해 통제하려는 노력이 있었는지 여부	☐	☐	☐	☐
7. 결과 변수는 타당하고 신뢰성 있게 측정되었는가? – 진단기준 사용, 도구 검증 여부, 데이터 수집자의 훈련 수준 등 포함	☐	☐	☐	☐
8. 적절한 통계 분석이 사용되었는가? – 분석 방법의 타당성, 통계 기법의 전제조건 충족 여부, 혼란변수 조정 여부 포함	☐	☐	☐	☐
종합평가: ☐ 포함 ☐ 제외 ☐ 추가 정보 필요				
비고(제외 사유 또는 추가 설명):				

② 평가 결과 보고

JBI critical appraisal checklist를 사용한 평가 결과는 문헌고찰에서 기술하도록 되어 있는데, 이 서술적 요약은 포함된 연구의 방법론적 품질과 비뚤림 위험에 대한 설명을 모두 제공하도록 하고 있다. 이 서술적 요약은 점수로 요약하는 대신 표를 통해 모든 질문에 대한 평가결과를 제시하도록 권장하고 있다.

Box 7-3 JBI 비뚤림 위험평가 결과 예시

• 결과 보고 1

	Q1	Q2	Q3	Q4	Q5	Q6	Q7	Q8	Decision
A et al., 2013	Y	Y	Y	N	N	Y	U	Y	E
B et al., 2014	Y	Y	Y	Y	Y	Y	Y	Y	I
C et al., 2015	N	Y	Y	N	Y	Y	N	Y	I
D et al., 2016	N	Y	Y	N	Y	Y	Y	Y	I

Y, Yes; N, No; U, Unclear; I, Inclusion; E, Exclusion

• 결과 보고 2

	A et al., 2013	B et al., 2014	C et al., 2015	D et al., 2016
1. Were the criteria for inclusion in the sample clearly defined?	Yes	Yes	No	No
2. Were the study subjects and the setting described in detail?	Yes	Yes	Yes	Yes
3. Was the exposure measured in a valid and reliable way?	Yes	Yes	Yes	Yes
4. Were objective, standard criteria used for measurement of the condition?	No	Yes	Yes	Yes
5. Were confounding factors identified?	No	Yes	Yes	Yes
6. Were strategies to deal with confounding factors stated?	Yes	Yes	Yes	Yes
7. Were the outcomes measured in a valid and reliable way?	Unclear	Yes	No	Yes
8. Was appropriate statistical analysis used?	Yes	Yes	Yes	Yes
Overall appraisal:	E	I	I	I

*문헌에는 빨간색, 초록색, 노란색 등 신호등 구분이 되는 색으로 나타냄

(5) 체계적 문헌고찰과 메타분석: AMSTAR 2, ROBIS tool

AMSTAR (A MeaSurement Tool to Assess systematic Reviews)는 체계적 문헌고찰의 비뚤림 위험을 평가하기 위해 2007년 개발된 도구로, 현재까지 가장 널리 사용되는 평가 도구 중 하나이다. 그러나 초기 AMSTAR는 비무작위배정 연구에 대한 비뚤림 위험평가 항목이 포함되어 있지 않아, 이를 보완하기 위해 2017년 AMSTAR 2가 새롭게 개발되었다. AMSTAR 2는 총 16 문항으로 구성되어 있으며, 각 문항은 평가자가 내용만으로도 의미를 파악할 수 있도록 명확하게 작성되어 있다. 평가자는 고찰의 목적 및 포함된 연구설계에 따라 기존 문항을 추가하거나 일부 문항을 다른 내용으로 대체할 수 있다.

ROBIS (Risk Of Bias In Systematic review) 또한 체계적 문헌고찰의 비뚤림 위험을 평가하고자 개발된 도구로, 중재, 진단, 예후 및 병인과 관련된 질문을 다루는 의료 환경 내의 문헌고찰을 위해 사용되도록 설계되었다. 이 도구는 목표질문(target question)을 통해 문헌고찰과의 관련성을 평가하고, 연구 적격 기준, 연구 검색 및 선택, 자료 수집 및 연구 평가, 합성 및 결론 4개 영역에서 신호 질문을 통해 비뚤림 위험에 대한 우려를 판단한다. 지침에는 각 신호 질문의 등급부여(rating) 지침이 함께 요약되어 있다. ROBIS는 우려사항 등 판단에 대한 근거를 기록함으로써 투명하게 등급을 매기고 독립적인 평가가 완료된 후 문헌고찰 저자 간의 토론을 용이하게 하도록 한다. 그러나 ROBIS는 일부 방법론적, 내용적 전문지식이 요구될 가능성이 높다(7).

AMSTAR 2는 ROBIS에 비해 질문, 응답, 지침이 더 명확하고 간단하여 초보 평가자에게 유용할 수 있다는 평가가 있지만(8), RCT 또는 non-RCT 연구 기반 체계적 문헌고찰 및 메타분석에는 AMSTAR 2를, 중재, 진단 정확도, 예측 연구 기반 메타분석에는 ROBIS를 권장한다(4).

① 평가 방법

AMSTRA 2는 각 문항에 대해 '예', '아니오', '일부 예'로 평가하며, 각 문항에는 명확한 설명과 평가 가이드라인이 제공된다. 메타분석을 수행하지 않는 체계적 문헌고찰인 경우에는 문항 11번을 적용할 수 없는데, 이러한 경우 문헌고찰 연구자가 비뚤림 위험의 영향을 충분히 고려하여 연구결과를 요약하였는지 여부를 평가해야 한다. AMSTAR 2는 단순히 개별 문항의 '점수 합산 방식'을 사용하지 않고, 대신 핵심 문항의 충족 여부와 전체적인 맥락을 종합하여 전반적인 신뢰도(overall confidence)를 평가한다. AMSTRA 2도 한국보건의료연구원에서 번역해서 소개하였다.

[표 7-5] AMSTAR 2 checklist 평가서식 및 예시

Ref ID. 1000 출판연도. 2015 (평가자: YUN)		
질문	판단	판단근거(논문 인용)
1. 체계적 문헌고찰의 연구질문과 포함 기준에 PICO 구성 요소를 포함하였는가?	■ 예 □ 아니요	– study selection (p.977) – "Figure 1 shows the analytic framework and key questions (KQs).(p.978)"
2. 체계적 문헌고찰 방법론이 실제 문헌고찰을 시행하기 전에 확립되었으며, 보고서에는 프로토콜로부터 중대한 이탈이 있는 경우 이에 대한 정당화(합당한 이유)가 제시되었나? – 고찰의 질문, 검색 전략, 포함/배제 기준, 비뚤림 위험평가의 모든 항목을 미리 정해 놓아야 일부 예를 부여하도록 하고 예를 받으려면 부분적으로 예인 항목들을 모두 만족하면서 이에 더해 연구계획서(protocol)를 등록하고 여기에 메타분석이나 결과 합성의 계획, 이질성 원인 조사 계획, 연구계획서와의 차이에 대한 해명이 있어야 한다.	■ 예 □ 일부 예 □ 아니요	– study selection (p.977) – eMethod1.2. –"Figure 1 shows the analytic framework and key questions (KQs).(p.978)" – "This evidence report was conducted to update the 2013 USPSTF review on HCV screening in adults~"
3. 문헌고찰 저자는 문헌고찰에 포함될 연구설계 선택에 대해 설명하였나? – 예: 아래 중 하나 충족 무작위 연구(RCT)만 포함하는 것에 대해 설명 혹은, 비무작위연구(NRSI)만 포함하는 것에 대해 설명 혹은, 무작위 연구와 비무작위 연구 모두를 포함하는 것에 대해 설명	■ 예 □ 아니요	– "Randomized clinical trials (RCTs) of screening and currently recommended DAA regimens vs placebo or an outdated antiviral regimen were included. ~"(p.977)
4. 포괄적인 문헌검색을 하였는가? – 적어도 두 개의 DB 이용, 검색연도와 데이터베이스, 주제어가 기술되어야 하고, 실행 가능한 검색전략이 제시되어야 한다.	■ 예 □ 일부 예 □ 아니요	– "Ovid MEDLINE, the Cochrane Central Register of Controlled Trials, and the Cochrane Database of Systematic Reviews were searched from 2013 through February 2019" (p.977)
5. 저자들이 연구 선택을 이중으로 하였는가? – 최소 2인의 연구자가 독립적으로 연구 선택 – 포함 가능성이 있는 연구의 표본을 2인의 연구자가 선택하여 최소 80% 이상의 일치를 얻은 다음 나머지 연구들을 1인의 연구자가 선택	■ 예 □ 아니요	– "Two investigators independently reviewed titles, abstracts, and full-text articles using predefined eligibility criteria." (p.977)
6. 저자들이 자료 추출을 이중으로 하였는가? – 최소 2명의 검토자가 추출할 데이터에 대해 합의 – 2인의 연구자가 추출하고 최소 80% 이상의 동의를 얻고, 나머지는 1명의 검토자가 추출	■ 예 □ 아니요	– "One investigator abstracted details about the study design, patient population, setting, interventions, analysis, follow-up, and ~" (p.977)

Ref ID. 1000 출판연도. 2015 (평가자: YUN)		
질문	판단	판단근거(논문 인용)
7. 배제된 연구들의 목록을 제공하고 배제된 이유를 해명하였는가? – 배제된 모든 연구 목록을 제공하고 배제된 연구의 합당한 이유를 제시	□ 예 ■ 일부 예 □ 아니요	– Figure 2. Literature search flow diagrams (p.980) – 배제 사유 제시, 배제된 연구의 목록 제시되지 않음
8. 포함된 연구들을 적절한 수준에서 자세히 기술하였는가? – PICO의 세부사항에 대해 상세히 설명	□ 예 ■ 일부 예 □ 아니요	– KQ 별 결과에 기술되어 있음. (p.979~983)
9. (RCTs) 포함된 개별 연구의 비뚤림 위험을 평가하기 위해 만족스러운 도구를 사용하였는가? – 일부 예: 배정순서 은폐, 환자와 평가자의 눈가림 – 예: 선택적 보고	■ 예 □ 일부 예 □ 아니요 □ NRSI만 포함	– eMethod2. Quality assessment criteria
9. (NRSI) 포함된 개별 연구의 비뚤림 위험을 평가하기위해 만족스러운 도구를 사용하였는가? – 일부 예: 교란변수, 표본 선택 비뚤림 – 예: 노출 및 중재 결과 측정의 비뚤림, 중재 결과 및 분석에 대한 선택적 보고	■ 예 □ 일부 예 □ 아니요 □ RCT만 포함	– eMethod2. Quality assessment criteria
10. 고찰의 저자들이 고찰에 포함된 연구들의 연구비 재원에 관해 보고하였는가?	■ 예 □ 아니요	– "All of the trials were industry-funded." (p.981) – eTable 1~4
11. 메타분석을 수행하였다면 고찰의 저자들이 결과를 합성하는 데에 통계적으로 적절한 방법을 사용하였는가? – 메타분석을 통해 자료를 결합한 합당한 이유 제시	■ 예 □ 아니요	– 효과 모형 선택 이유 등에 대한 설명이 충분치 않으나, 2013년 문헌을 update 하였으므로 연구계획서에 따라 진행했을 것으로 판단됨
12. 메타분석을 수행하였다면, 문헌고찰 저자는 개별 연구의 비뚤림 위험이 메타분석 연구결과나 다른 근거 합성에 미칠 잠재적 영향을 평가하였는가? – 비뚤림 위험이 낮은 RCT만 포함 – 비뚤림 위험이 효과의 요약 추정치에 미칠 수 있는 영향을 위한 분석 수행	■ 예 □ 아니요	– "studies rated poor quality because of critical methodological limitations were excluded." (p.977)
13. 고찰의 저자들이 고찰의 결과를 해석하고 토의할 때 개별 연구의 비뚤림 위험을 고려하였는가?	■ 예 □ 아니요	– 비뚤림 위험이 낮은 연구만 분석
14. 고찰의 저자들이 고찰의 결과에서 나타난 이질성에 대해 만족할 만한 수준으로 설명하거나 고찰하였는가? – 연구결과에서 유의미한 이질성이 없거나, 이질성이 있는 경우 이질성의 원인에 대해 조사하고 이질성이 문헌고찰 연구결과에 미치는 영향에 대해 논의	□ 예 ■ 아니요	– 이질성 분석 수행 및 결과값만 제시, 포함 연구들의 설계 다양성만 언급. I^2>75%인 결과들도 설명하지 않음

Ref ID. 1000 출판연도. 2015 (평가자: YUN)		
질문	판단	판단근거(논문 인용)
15. 양적 합성을 수행하였다면 고찰의 저자들이 출판비뚤림(작은 연구 비뚤림)을 적절하게 조사하고 이것으로 인해 고찰의 결과에 미칠 영향에 관해 토의하였는가? – 출판비뚤림에 대한 그래프 또는 통계적 검정을 수행하고 출판비뚤림의 유무와 영향정도에 대해 고찰	□ 예 ■ 아니요	– "Sixth, formal assessment for small sample effects (a potential marker of publication bias) using graphical or statistical methods was not performed because of the small number of randomized trials." (p.988)
16. 고찰의 저자들이 고찰 수행을 위해 받은 연구비 지원을 포함하여 이해 상충의 잠재적 자원을 보고하였는가?	■ 예 □ 아니요	– "ARTICLE INFORMATION" (p.988)
Rating overall confidence – 높음 : 0 또는 하나의 중요하지 않은 약점 – 보통 : 하나 이상의 중요하지 않은 약점 – 낮음 : 심각하지 않은 약점, 하나의 치명적인 결함 – 매우 낮음 : 둘 이상의 치명적인 결함	□ 높음 ■ 보통 □ 낮음 □ 매우 낮음	

ROBIS는 비뚤림 위험을 평가하기 위해 코크란에서 개발한 구조화된 접근 방식으로, RoB 2 또는 ROBINS-I와 평가 방법이 거의 유사하다. 영역별 신호 질문을 기반으로 문헌 선택의 우려를 '낮음', '높음', '불확실'로 평가하고 우려의 근거를 기술한다. 마지막으로 문헌고찰이 전체적으로 비뚤림 위험이 있는지 검토하는데, 여기에 추가로 세 가지 신호 질문이 포함된다. ROBIS 평가를 위해서는 모든 신호 질문을 고려할 것을 권고한다.

③ 평가 결과 보고

지침으로 정해진 결과 보고 방식은 없다. 개별 연구의 항목별 평가결과를 보고하거나 전체 연구의 항목별 결과를 보고하기도 한다.

Box 7-4 체계적 문헌고찰과 메타분석 비뚤림 위험평가 결과 예시

• AMSTAR 결과 보고 1

	1. PICO components	2. Protocol	3. Study design explanation	4. Comprehensive search strategy	5. Duplicate study selection	6. Duplicate data extraction	7. Details of excluded studies	8. Description of included studies	9a.Risk of bias assessment (RCTs)	9b.Risk of bias assessment (NRSIs)	10. Funding sources	11. Statistical appropriate methods	12. Assess potential impacts	13. Account for risk of bias	14. Heterogeneity	15. Publication bias	16. Conflict of interest	**Rating overall confidence**
A et al. (2013)	+	-	-	?	+	+	?	+	?	?	-	+	?	?	+	?	-	-
B et al. (2015)	+	-	-	+	-	-	+	+	?	?	-	+	-	+	+	?	-	-
D et al. (2019)	+	-	-	?	+	+	-	?	NA	?	-	NA	NA	-	-	NA	+	-
E et al. (2020)	+	?	+	?	+	+	+	+	+	+	-	-	+	+	+	NA	+	+

+ = low risk of bias; ?=moderate or unclear bias; – = high risk of bias
* 문헌에는 빨간색, 초록색, 노란색 등 신호등 구분이 되는 색으로 나타냄

• AMSTAR 결과 보고 2

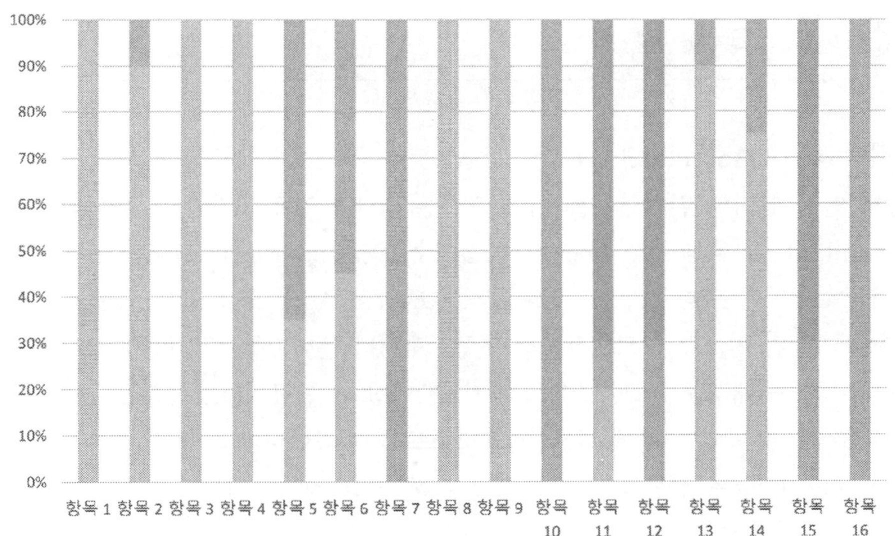

• ROBIS 결과 보고 1

	Phase 2				Phase 3
Review	1. Study eligibility criteria	2. Identification and selection studies	3. Data collection and study appraisal	4. Synthesis and findings	Risk bias in the review
1	☺	☺	☺	☺	☹
2	☺	☺	☺	☺	☺
3	☹	☹	☺	☺	☹
4	☹	☹	☺	☺	☺
5	☹	?	☺	☺	☹
6	☹	?	☺	☺	☺
7	☹	☺	☺	☺	☹
8	☹	☺	☺	☺	☹
9	☹	☺	☺	☺	☹
10	☹	☺	☺	☹	☹
11	☺	☺	☺	☺	☺

* ☺ = Row risk, ☹ = High risk , ? = Unclear

(6) 질적연구: CASP checklist

정량적 연구에 비해 질적연구를 위한 도구는 상대적으로 적지만, 대표적인 도구로는 CASP qualitative research checklist와 JBI critical appraisal checklist (for qualitative research)가 있다. CASP checklist (Critical Appraisal Skills Programme)는 1993년에 개발된 평가 도구로, 정량적 연구, 체계적 문헌고찰, 질적연구, 코호트 연구, 진단 연구, 환자-대조군 연구, 경제성 평가 및 임상 예측 규칙(clinical prediction rule)과 같은 8가지 유형의 연구에 대한 체크리스트를 제공한다. 그 중 CASP qualitative research checklist는 정성적 증거 합성을 위해 코크란과 세계보건기구의 승인을 받았으며, 초보 정성적 연구자에게 사용자 친화적인 옵션으로 간주되어 최근 질적연구를 위한 도구로 자주 권장되고 있다(9).

① 평가 방법

평가를 위해서는 크게 세 가지 핵심 요소를 중심으로 고려해야 한다. 연구결과가 유효한가? (내적 타당성), 결과가 무엇인가? (결과의 명확성 및 중요성), 결과가 실제로 도움이 되는가? (실용성 및 적용 가능성)이다. 각 항목은 개방형 질문이 포함되어 있고, 사이트에서 제공되는 지침에는 평가 시 고려사항이 제공되고 있다. 질문은 연구설계별로 10~12개의 질문이 있는데 그 중 질적연구의 평가 항목은 10개가 있다. 처음 두 질문은 선별 질문이고, 두 질문 모두 '예'라면 다음 질문을 계속해서 평가하면 된다. 예, 아니오 또는 말할 수 없음으로 평가하고, 평가의 근거를 고려사항란에 기록하면 된다.

[표 7-6] CASP 평가서식

평가 항목	평가		
Section A: 연구결과는 타당한가?			
1. 연구 목적이 명확히 제시되었는가?	예	아니오	불분명함 (명시되지 않음)
고려사항: 연구의 목표, 중요성, 관련성 등			
2. 질적 연구 방법이 적절한가?	예	아니오	불분명함 (명시되지 않음)
고려사항: 참여자의 행동, 경험, 의미를 해석하려는 연구인가?			
평가를 계속할 건가요?			
3. 연구설계가 연구 목적에 적절한가?	예	아니오	불분명함 (명시되지 않음)
고려사항: 연구설계 정당화에 대해 논의가 있었는가?			
4. 참여자 모집 전략이 적절한가?	예	아니오	불분명함 (명시되지 않음)
고려사항: 선정 기준, 모집 방식, 적합성 설명, 비참여 이유 등			
5. 자료 수집 방법이 연구문제를 잘 반영하는가?	예	아니오	불분명함 (명시되지 않음)
고려사항: 자료 수집 장소, 방식, 도구, 포화 여부 등			
6. 연구자와 참여자의 관계가 적절히 고려되었는가?	예	아니오	불분명함 (명시되지 않음)
고려사항: 연구자의 편향, 역할, 영향력에 대한 성찰			
Section B: 연구결과는 무엇인가?			
7. 윤리적 문제가 고려되었는가?	예	아니오	불분명함 (명시되지 않음)
고려사항: 설명 및 동의 과정, 비밀 보장, IRB 승인 등			
8. 자료 분석이 충분히 엄격하게 이루어졌는가?	예	아니오	불분명함 (명시되지 않음)
고려사항: 분석 절차, 주제 도출 과정, 자료 제시, 이질적 자료 고려 등			

9. 연구결과가 명확히 제시되었는가?	예	아니오	불분명함 (명시되지 않음)
고려사항: 명확성, 신뢰성 확보(삼각검증 등), 연구질문과의 연결			
Section C: 이 연구결과가 실제 현장에 도움이 되는가?			
10. 이 연구는 얼마나 가치가 있는가?	예	아니오	불분명함 (명시되지 않음)
고려사항: 기존 연구/정책과의 연계, 실천 적용성, 후속 연구 제안 등			

종합 평가 요약(appraisal summary)		
긍정적/방법론적으로 타당한 점	부정적/방법론적으로 미흡한 점	불분명함(unknowns)

③ 평가 결과 보고

지침으로 정해진 결과 보고 방식은 없다.

Box 7-5 질적연구 비뚤림 위험평가 결과 예시

- CASP 결과 보고 1

	A study	B study	C study	D study	E study
Section A: Are the results valid?					
Was there a clear statement of the aims of the research?	Y	Y	Y	Y	Y
Is a qualitative methodology appropriate?	Y	Y	Y	Y	Y
Was the research design appropriate to address the aims of the research?	Y	N	Y	Y	Y
Was the recruitment strategy appropriate to the aims of the research?	Y	Y	Y	Y	Y
Was the data collected in a way that addressed the research issue?	Y	Y	Y	Y	Y
Has the relationship between researcher and participants been adequately considered?	?	?	?	?	?
Section B: What are the results?					
Have ethical issues been taken into consideration?	Y	Y	Y	N	Y
Was the data analysis sufficiently rigorous?	Y	N	Y	Y	Y
Is there a clear statement of findings?	Y	Y	Y	Y	Y
Section C: Will the results help locally?	Y	Y	Y	Y	Y

Y = Yes, N = No, ? = Can't tell

(7) 혼합방법 연구: MMAT

MMAT(the Mixed Methods Appraisal Tool)는 질적 연구, 양적 연구, 혼합방법 연구를 동시에 포함하는 체계적 문헌고찰에서 각 연구유형의 방법론적 품질을 평가하기 위해 설계된 체크리스트 기반 도구이다. 이를 통해 정성적 연구, 무작위배정 연구, 비무작위 연구, 정량적 연구, 혼합방법 연구의 방법론적 품질을 평가할 수 있다. 그러나 경제성 및 진단정확도 연구와 같은 일부 특정 설계는 MMAT로 평가할 수 없다. 또한 리뷰논문이나 이론논문 등 비실증적 논문에도 사용할 수 없다. 방법론적 품질이 낮은 연구를 단순히 제외하는 방식은 혼합방법 리뷰의 특징과 목적을 고려할 때 일반적으로 권장되지 않는다(10).

① 평가 방법

MMAT는 지침을 통해 평가 문항과 평가 기준을 제시하고 있다. 문헌을 평가하기 전 두 가지 선별 질문에 답을 해야 하는데, '아니오' 또는 '말할 수 없음'으로 응답하는 것은 해당 논문을 MMAT로 평가할 수 없음을 의미한다. 5가지 연구설계별 방법론적 평가 질문이 있고, 여기에 '예', '아니요', '알 수 없음'으로 응답한다. 평가 항목을 모두 평가해야 하는 것은 아니며, 평가팀 내에서 합의하고 이를 동일한 카테고리에 포함된 모든 연구에 균일하게 적용해야 한다. 각 기준의 평가에서 전체 점수를 계산하는 것은 권장되지 않으며, 포함된 연구의 질을 더 잘 알리기 위해 각 기준의 등급에 대한 보다 자세한 설명을 제공하는 것이 좋다.

[표 7-7] MMAT 평가서식

연구 디자인	방법론적 질 평가 기준	응답	고려사항
사전 확인 질문 (모든 연구유형)	S1. 연구질문이 명확히 제시되었는가?	□ 예 □ 아니오 □ 불분명함	
	S2. 수집된 데이터가 연구질문에 답할 수 있는가?	□ 예 □ 아니오 □ 불분명함	
	위 질문 중 하나라도 "아니오" 또는 "불분명"이면 이 평가가 부적절할 수 있습니다.		
1. 질적연구	1.1. 질적 접근이 연구질문에 적절한가?	□ 예 □ 아니오 □ 불분명함	
	1.2. 자료 수집 방법이 연구질문에 적절한가?	□ 예 □ 아니오 □ 불분명함	

연구 디자인	방법론적 질 평가 기준	응답	고려사항
	1.3. 결과 도출이 수집된 자료에 근거했는가?	☐ 예 ☐ 아니오 ☐ 불분명함	
	1.4. 해석이 충분히 자료에 의해 뒷받침되는가?	☐ 예 ☐ 아니오 ☐ 불분명함	
	1.5. 자료 수집, 분석, 해석 간 일관성이 있는가?	☐ 예 ☐ 아니오 ☐ 불분명함	
2. 무작위배정 연구	2.1. 무작위 배정이 적절히 수행되었는가?	☐ 예 ☐ 아니오 ☐ 불분명함	
	2.2. 기준선에서 집단 간 비교 가능성이 확보되었는가?	☐ 예 ☐ 아니오 ☐ 불분명함	
	2.3. 결과 데이터가 완전한가?	☐ 예 ☐ 아니오 ☐ 불분명함	
	2.4. 결과 평가자가 중재에 대해 눈가림(blind)이 되었는가?	☐ 예 ☐ 아니오 ☐ 불분명함	
	2.5 참여자들이 할당된 중재에 따랐는가?	☐ 예 ☐ 아니오 ☐ 불분명함	
3. 비무작위배정 연구	3.1. 대상자가 목표 모집단을 대표하는가?	☐ 예 ☐ 아니오 ☐ 불분명함	
	3.2. 중재 및 결과 측정이 적절한가?	☐ 예 ☐ 아니오 ☐ 불분명함	
	3.3. 결과 데이터가 완전한가?	☐ 예 ☐ 아니오 ☐ 불분명함	
	3.4. 혼란변수가 설계나 분석에서 통제되었는가?	☐ 예 ☐ 아니오 ☐ 불분명함	
	3.5. 연구 기간 동안 중재 또는 노출이 의도대로 수행되었는가?	☐ 예 ☐ 아니오 ☐ 불분명함	

연구 디자인	방법론적 질 평가 기준	응답	고려사항
4. 양적 기술연구	4.1. 표본추출 전략이 연구질문에 적절한가?	☐ 예 ☐ 아니오 ☐ 불분명함	
	4.2. 표본이 모집단을 대표하는가?	☐ 예 ☐ 아니오 ☐ 불분명함	
	4.3. 측정 도구나 방법이 적절한가?	☐ 예 ☐ 아니오 ☐ 불분명함	
	4.4. 비응답 편향의 위험이 낮은가?	☐ 예 ☐ 아니오 ☐ 불분명함	
	4.5. 통계 분석이 연구질문에 적절한가?	☐ 예 ☐ 아니오 ☐ 불분명함	
5. 혼합방법 연구	5.1. 혼합 방법을 사용하는 근거가 명확한가?	☐ 예 ☐ 아니오 ☐ 불분명함	
	5.2. 질적 및 양적 구성요소가 효과적으로 통합되었는가?	☐ 예 ☐ 아니오 ☐ 불분명함	
	5.3. 통합된 결과 해석이 충분한가?	☐ 예 ☐ 아니오 ☐ 불분명함	
	5.4. 양적-질적 결과 간 불일치가 적절히 설명되었는가?	☐ 예 ☐ 아니오 ☐ 불분명함	
	5.5. 각 구성요소가 해당 방법론의 질 평가 기준을 충족하는가?	☐ 예 ☐ 아니오 ☐ 불분명함	

③ 평가 결과 보고

지침으로 정해진 결과 보고 방식은 없다.

Box 7-6 MMAT 비뚤림 위험평가 결과 예시

- MMAT 결과 보고 1

		screen		quantitative randomised controlled trials					quantitative non-randomized				
		S1 Are there clear research questions?	S2 Do the collected data allow to address the research questions?	1 Is randomisation appropriately performed?	2 Are the groups comparable at baseline?	3 Are there complete outcome data?	4 Are outcome assessor blinded to the intervention provided?	5 Did the participants adhere to the assigned intervention?	1 Are the participants representative of the target population?	2 Are measurements appropriate regarding both the outcome and intervention?	3 Are there complete outcome data?	4 Are the confounders accounted for in the design and analysis?	5 During the study period, is the intervention administered as intended?
A study		Y	Y	CT	Y	Y	N	Y					
B study		Y	Y						N	Y	Y	Y	Y
C study		Y	Y	CT	Y	Y	N	Y					
D study		Y	Y						N	Y	Y	CT	Y
E study		Y	Y						Y	Y	Y	N	Y
Total	Y	5	5	0	2	2	0	2	1	3	3	1	3
		100	100	0	100	100	0	100	33.3	100	100	33.3	100
	N	0	0	0	0	0	2	0	2	0	0	1	0
		0	0	0	0	0	100	0	66.7	0	0	33.3	0
	CT	0	0	2	0	0	0	0	0	0	0	1	0
		0	0	100	0	0	0	0	0	0	0	33.3	0

Y, Yes; N, No; CT, Can't tell

- MMAT 결과 보고 2

연구 설계	논문 수	MMAT 점수 분포					
		0	20	40	60	80	100
정량적 무작위 대조 시험(Quantitative randomized controlled trials)	10 (27.8)	-	-	1	5	4	-
정량적 비무작위 연구(Quantitative nonrandomized)	22 (61.1)	-	-	1	1	8	12
정량적 기술 연구(Quantitative descriptive)	3 (8.3)	-	-	-	-	3	-
혼합 연구(Mixed methods)	1 (2.8)	-	-	-	-	-	1
합계	**36 (100)**	**0**	**0**	**2**	**6**	**15**	**13**

(8) 그 외 평가 도구들

① MINORS tool

MINORS (Methodological Index for Non-Randomized Studies)는 비무작위 연구의 방법론적 질을 평가하기 위해 개발된 도구로, 총 12개의 문항으로 구성된 체크리스트 형식의 평가 도구이다. 평가 문항은 비교군의 유무에 따라 달라진다. 12개의 문항 중, 1) 분명한 목적이 있는가, 2) 환자가 연속적으로 포함되었는가, 3) 자료가 전향적으로 수집되었는가, 4) 연구목적에 적절한 결과인가, 5) 연구결과가 비뚤림 없이 평가되었는가, 6) 추적기간은 적절한가, 7) 탈락이 5% 미만인가, 8) 연구 크기가 전향적으로 계산되었는가의 8개의 문항은 공통문항이다. 그리고 비교군이 있는 비무작위연구 경우 9) 적절한 대조군이 있는가, 10) 대상자군 모집이 동시에 이루어졌는가, 11) 대상자군의 기저상태가 동질한가, 12) 통계분석이 적절한가의 4개 문항이 추가된다. MINORS의 각 항목은 보고되고 적절하면 2점, 보고되었지만 부적절하면 1점, 보고되지 않으면 0점으로 점수를 부여한다. 이에 따라 비교군이 없는 연구는 최대 16점, 비교군이 있는 연구의 경우에는 최대 24점까지 부여된다. 총점이 높을수록 연구의 방법론적 질이 높고, 비뚤림 위험이 낮은 것으로 간주한다. 그러나 이 도구는 비무작위 연구에서 비뚤림을 유발할 수 있는 주요 요소인 교란변수의 통제 여부를 평가하지 않는다는 점이 주요한 제한점으로 지적된다(11).

② RoBANS 2

RoBANS (Risk of Bias for Nonrandomized Studies)는 비무작위 연구의 비뚤림 위험을 평가하기 위해 2013년 국내에서 개발된 도구로, 개정판이 2023년 발표되었다. RoBANS는 RoB 2.0와 유사하게 체크리스트 방식과 영역평가 방식이 결합된 형태로, 참여자의 비교가능성과 대상군 선정, 교란변수, 개입/노출측정, 결과 평가의 눈가림, 결과 평가 방법, 불완전한 결과 자료, 선택적 결과 보고의 총 8가지 평가 영역을 통해 비뚤림 위험을 평가한다. 비뚤림 위험 수준은 '낮음', '높음', '불확실'의 세 가지로 평가하는데, 각 항목에 대해서는 가이드라인을 통해 연구설계별 평가 기준이 구체적으로 제시되어 있어, 코호트 연구, 환자-대조군 연구, 전후 연구 등 다양한 비무작위 연구에 적용 가능하다. RoBANS는 코호트 연구, 환자-대조군 연구, 전후 연구 등을 평가하기 위한 포괄적인 도구이지만, 비교군이 있는 전후 연구(controlled before-and-after study), 단속 시계열 연구(interrupted-time-series) 등은 직접적인 평가가 힘들어 연구자의 판단이 필요하다(12).

③ SIGN methodology checklist

SIGN (Scottish Intercollegiate Guidelines Network) Methodology Checklist는 연구 수행의 방법론적 질과 연구설계의 적절성을 종합적으로 고려하여 비뚤림 위험 유입 가능성을 평가하고 증거 수준을 등급화하는 도구이다. 체크리스트 형식으로 영역별 문항을 평가하며, 각 문항의 판정 기준에 대한 구체적인 가이드라인이 제공된다. 평가영역은 내적 타당도와 연구의 전반적인 평가 2개의 영역으로 구성되어 있다. 내적 타당도 평가는 연구설계별로 10-14문항으로 구성되어 있고 '그렇다(yes)', '아니다(no)', '말할 수 없음(can't say)'으로 판정한다. 연구의 전반적인 평가는 ++, +, -로 판정하는데, 이는 각 연구가 제공하는 증거수준을 결정한다. '++'는 평가기준이 모두 또는 대부분 충족되고 충족되지 않은 기준들이 연구의 결론을 바꿀 가능성은 매우 적다고 판단되는 경우이다. '+ 는 일부 기준이 충족되며, 충족되지 않거나 적절히 기술되지 않은 기준들이 연구의 결론을 바꿀 가능성이 낮은 경우이다. 이에 비하여 '-'는 대부분 또는 모든 기준이 충족되지 않으며, 연구의 결론이 바뀔 가능성이 있거나 매우 높다고 판단되는 경우이다.

④ QualSyst quality assessment[1)]

QualSyst quality assessment (Checklist for assessing the quality of quantitative and qualitative studies)는 캐나다 의료연구재단인 AHFMR (Alberta Heritage Foundation for Medical Research)이 체계적 문헌고찰에 포함되는 다양한 설계의 연구의 질을 평가하기 위해 개발된 도구이다. 이 도구는 특정 연구설계에 국한되지 않고, 다양한 설계와 주제를 동시에 평가할 수 있어, 보건학 분야의 체계적 문헌고찰에 자주 사용되고 있다. 그러나 정량적 연구와 정성적 연구를 구분하여 평가할 수 있도록 별도의 체크리스트를 제공한다. 정량적 연구는 총 14 문항, 정성적 연구는 총 10 문항으로 구성되어 있으며, 각 항목별 질문에 예(2), 부분적으로 예(1), 아니오(0)로 평가한다. 특정 연구설계에 적용할 수 없는 항목은 '해당사항 없음'으로 표시하고 요약 점수 계산에서 제외한다. 각 논문의 요약 점수는 각 문항의 점수를 합산한 후, 적용 가능한 항목 수로 나누어 평균을 계산한다. QualSyst는 평가 과정은 유용하지만 평가 기준이 주관적일 수 있어 평가자 간 일관성이 떨어질 수 있다. 또한 요약점수를 기반으로 고품질의 연구를 식별하거나 포함 여부를 결정할 경우, 체계적 문헌고찰의 편향

1) 앞서, 문헌의 질 평가와 비뚤림 위험평가는 차이가 있으며, 코크란에서는 체계적 문헌고찰과 메타분석 수행 시 비뚤림 위험 평가에 초점을 맞출 것을 권장하고 있다고 언급하였다. 그러나, 메타분석을 수행하지 않는 체계적 문헌고찰에서는 비뚤림 위험평가는 대신 문헌의 질 평가 만을 수행하기도 하며, 많은 보건학 분야의 체계적 문헌고찰에서 질 평가 도구로 사용되고 있어 추가로 소개하였다.

(bias)을 초래할 수 있으며, 메타분석 결과에 영향을 미칠 수 있다고 평가되었다(13).

Box 7-7 점수를 통한 비뚤림 위험평가

Cochrane에서는 체계적 문헌고찰과 메타분석에서 비뚤림 위험평가 시 숫자 척도를 사용하여 점수를 매기거나 정량화하는 것을 권장하지 않고, 정성적으로 평가하는 설명적 접근 방식을 권장한다. 이는 채점 방식이 상대적 중요도에 관계없이 전체 평가를 지나치게 단순화하여 잘못 표현할 가능성이 있기 때문이다(2). 메타분석 결과의 일관성을 확인하기 위해 비뚤림 위험 수준에 따른 민감도 분석을 수행하기도 하는데, 점수화된 평가방식은 임계값의 기준이 명확하지 않다(14). 또한 Cochrane에서는 메타분석의 근거수준을 평가하기 위해 GRADE 접근법을 권장하는데, 이는 비뚤림 위험, 비일관성, 간접성, 비정밀 및 출판 비뚤림의 5가지 영역을 고려하여 GRADE의 근거 수준에 대한 평가가 결정된다. 그러나, NOS나 MINORS와 같이 점수기반 도구는 GRADE의 적용이 어렵거나 불가능하다(15). 이러한 이유로 점수를 통한 비뚤림 위험평가 후 요약 점수를 제시하여 비뚤림 위험을 보고하는 것을 권장하지 않고 있다.

[표 7-8] 비뚤림 위험평가 도구 선택을 위한 특성 요약

평가 도구	특성	웹주소 또는 참고문헌
Cochrane RoB 2.0 tool	• 관련 사이트를 통해 최신 버전의 평가 지침과 실행 엑셀 파일을 내려받을 수 있는데 이를 통해 비뚤림 위험평가 결과 그림과 요약 그림을 만들 수 있음 • 2021년 보건의료연구원에서 한글판으로 번역해서 소개함	https://www.riskofbias.info/welcome/rob-2-0-tool
RoBANS 2	• 국내에서 개발한 비뚤림 위험평가 도구로, 한글로 되어 있어 사용하기 쉬움 • 메타분석시 GRADE 적용이 용이함	김수영, 이윤재, 서현주, & 박지은. (2013). 임상연구 문헌 분류도구 및 비뚤임위험평가도구 개정.
CASP checklist	• 비무작위 연구에 다양한 평가 도구 제공	https://casp-uk.net/casp-tools-checklists/
JBI critical appraisal checklist	• 다른 도구에 없는 질적연구, 전문가 의견이나 정책 연구의 평가까지 다양한 평가 도구 제공	https://jbi.global/critical-appraisal-tools
SIGN methodology checklist	• 비무작위 연구에 다양한 평가 도구 제공	https://www.sign.ac.uk/what-we-do/methodology/checklists/
ROBINS-I tool	• Cochrane RoB 도구를 기반으로 하여 개발되어 평가 방법이 유사함	https://www.riskofbias.info/welcome/robins-i-v2
MINORS tool	• 신뢰도와 타당도가 검증된 평가 도구이나, 비무작위 연구에서 중요한 교란변수 보정을 다루지 않으며, 채점 방식으로 GRADE 평가 불가능함	Slim K, Nini E, Forestier D, Kwiatkowski F, Panis Y, Chipponi J. Methodological index for non-randomized studies (minors): development and validation of a new instrument. ANZ J Surg. 2003;73(9):712 - 6.

Newcastle-Ottawa Scale(NOS)	• 코호트와 환자-대조군 연구에 가장 선호되고 많이 사용됨	https://www.ohri.ca/programs/clinical_epidemiology/oxford.asp
AMSTAR 2	• 초보 평가자에게는 ROBIS 보다 실용적인 도구가 될 수 있음	http://www.amstar.ca/Amstar_Checklist.php
ROBIS tool	• 일부 방법론적, 내용적 전문지식이 요구될 가능성이 높음 • 평가 결과를 테이블이나 그래픽으로 표현할 수 있는 템플릿을 제공하고 있음	https://www.bristol.ac.uk/population-health-sciences/projects/robis/

3 비뚤림 위험평가 결과 보고 방법

1) 결과 보고 시 비뚤림 위험평가 반영 전략

체계적 문헌고찰 및 메타분석에서 비뚤림 위험이 높은 연구를 어떻게 다룰 것인지는 분석의 신뢰성과 해석에 영향을 줄 수 있으므로 신중하게 고려해야 한다. 현재까지 제안된 주요 3가지 전략은 다음과 같다.

첫 번째는, 가장 단순한 접근법으로, 모든 연구를 포함하여 분석하고, 비뚤림 위험은 서술적으로 고찰하는 방법이다. 가장 단순한 접근법이지만, 포함된 연구들의 비뚤림 위험 수준에 큰 차이가 있는 경우에는 적절하지 않다.

두 번째는, 비뚤림 위험이 낮은 연구만을 대상으로 제한하여 분석하는 것이다. 비뚤림 위험이 불확실한 연구를 포함하는 경우에는, 그 이유와 판단 기준을 명확히 설명하는 것이 중요하다. 특히 메타분석을 할 경우 민감도 분석을 통하여 비뚤림 위험이 높은 연구가 결과에 어떠한 영향을 미치는지 보여줄 수도 있다.

마지막으로, 다양한 분석 결과를 제시하는 방법으로, 모든 연구를 포함한 분석 결과와 비뚤림 위험이 낮은 연구만 포함한 분석 결과를 모두 제시한다. 모든 연구를 포함하여 분석한 결과를 제시하거나 비뚤림 위험이 낮은 연구들만 포함하여 분석한 결과를 모두 제시하는 방법이다. 이 방법은 배제 기준에 대한 주관적 판단을 피할 수 있는 장점이 있으나, 결과가 복잡해져 독자에게 혼란을 줄 수 있는 단점도 있다. 보고 시에는 각 분석의 차이점과 해석상 주의사항을 명확히 기술해야 한다.

2) 비뚤림 위험평가 결과 보고 방법

앞서 "2. 비뚤림 위험평가 도구"에서 소개한 바와 같이, 비뚤림 위험평가 도구별로 결과를 보고하는 방식은 다양하며, 반드시 정해진 형식이 존재하는 것은 아니다. 연구자가 자신의 연구 목적, 설계, 포함 문헌의 특성에 따라 적절한 방식으로 비뚤림 위험평가 결과를 넣으면 된다. 체계적 문헌고찰에서 비뚤림 위험평가는 필수 과정이지만, 모든 문헌에서 비뚤림 위험평가 결과를 다루지는 않는다. 어떤 문헌에서는 비뚤림 위험평가 결과를 문헌의 포함과 제외 기준으로 활용하기도 하지만, 또 다른 문헌에서는 방법론에서 논문의 비뚤림 위험평가 기준과 근거를 언급하고, 결과에서 비뚤림 위험평가 결과를 체계적으로 제시하기도 한다. 이는 비뚤림 위험평가 도구마다 평가 방식과 항목이 다르며, 일부 도구는 비뚤림 평가에 대한 명확한 기준을 제공하지만, 다른 도구는 연구자의 주관적 판단을 요구하기 때문이다. 따라서 비뚤림 위험평가 결과의 보고 형식은 표준화되어 있지 않으며, 연구자의 목적과 판단에 따라 유연하게 구성될 수 있다.

그러나, 메타분석에서의 비뚤림 위험평가 결과는, 체계적 문헌고찰의 그것과는 다르다. 물론 체계적 문헌고찰에서도 비뚤림으로 인해 잘못된 결과 분석 및 해석이 이루어지지 않도록 주의해야 하나, 정량적 합성을 하는 메타분석은 효과의 크기를 과장하거나 축소하는 방향으로 영향을 미칠 수 있기 때문에 연구 간 비뚤림 위험 수준을 요약하여 하나의 결과로 제시할 필요가 있다. 이 결과는 GRADE 평가와 같이 고찰 근거의 질 평가 항목으로 들어가기도 하고, 하나의 결과로 제시되기도 한다(10장 출판 오류에서 추가 논의).

Box 7-8 비뚤림 위험평가를 수행하기 위한 주요 권장 사항(16)

[비뚤림 위험평가의 초점과 범위 구성]

- 체계적 문헌고찰의 연구질문과 포함된 연구설계, 효과 추정의 정확성, 증거의 적용 가능성 사이의 일치 정도를 평가하는 등의 다른 활동과 비뚤림 위험평가를 명확하게 분리
- 프로토콜에는 평가할 비뚤림 유형에 대한 명확한 정의와 결정 규칙을 포함해야 하며, 고찰 수행 과정에서 변경된 비뚤림 과정을 명시하기
- 방법 및 결과 보고의 질보다는 연구설계별 기준 및 수행을 기반으로 비뚤림 위험을 평가하고, 제대로 보고되지 않은 연구는 비뚤림 위험이 불분명한 것으로 판단될 수 있음
- 비뚤림 유형이나 비뚤림 범위의 정도를 설명하기 위해 결과별로 비뚤림 위험평가(ratings)를 허용함(일부 연구의 경우 모든 결과에 동일한 비뚤림 원인이 있을 수 있고, 다른 연구에서는 비뚤림의 원인이 결과에 따라 달라질 수 있음).
- 비뚤림 위험평가를 사용하여 결과의 이질성을 탐색하고, 민감도 분석을 통해 효과 추정치를 해석하고, 증거의 강도를 평가함
- 개별 연구의 비뚤림 위험평가를 위해 연구설계별 도구에만 의존하지 않기
- 기존의 체계적 문헌고찰 또는 개별 연구의 하위 그룹 분석을 새로운 고찰에 통합하기 위해서는 기존의 체계적 문헌고찰 또는 개별 연구의 신뢰성을 평가해야 함

[비뚤림 위험 범주 선택]
- 모든 비뚤림 범주가 모든 주제와 연구설계에 동일하게 중요한 것이 아니기 때문에, 주제와 연구설계에 적합한 범주를 선택해야 함
- 비뚤림 위험 범주를 선택할 때 모든 연구에서 무작위 배정 또는 교란변수, 의도된 개입에서 벗어남, 누락된 데이터, 결과 측정, 선택적 결과 보고에서 발생하는 비뚤림을 고려해야 함 (이 부분은 중재기반 연구에 해당)
- 부실하거나 불완전한 보고, 상업적 자금 지원, 공개된 이해 상충을 근거로 결과나 연구를 비뚤림 위험이 높은 것으로 평가하지 말고, 이러한 문제를 공개적으로 보고하고 비뚤림에 미치는 영향을 고려해야 함

[비뚤림 위험평가를 위한 도구 선택]
- 역학 연구설계 원칙, 가장 잘 정립된 측정 속성 또는 경험적 증거에 기반한 비뚤림 위험 도구 선택
- 효과 추정의 정확성에 위협이 되는 각 비뚤림 위험 범주와 관련된 특정 문제를 평가하는 항목을 포함하는 도구를 선택

[비뚤림 위험평가 결과 수행, 분석 및 제시]
- 개별 판단의 불확실성을 줄이기 위해 독립적으로 평가한 이중 평가 사용
- 비뚤림 위험평가에 대한 근거를 명확히 할 수 있도록 충분한 세부정보를 제공해야 함
- 비뚤림 위험평가를 점수로만 제시하는 것을 피하고, 점수로 제시할 경우에는 최소한 점수에 대한 민감도 분석을 고려해야 함
- 증거를 요약할 때 비뚤림 위험이 높거나 불분명한 연구를 포함하는 것이 효과 추정치나 이질성에 영향을 미치는지 여부를 평가하기 위해 민감도 분석을 수행하는 것을 고려해야 함
- 비뚤림 위험이 높은 연구를 분석에서 제외하기로 선택한 체계적 문헌고찰 검토자는 제외된 연구를 식별하는 데 사용되는 기준을 설명하고 정당화해야 함

참고문헌

1. Furuya-Kanamori, L., Xu, C., Hasan, S. S., & Doi, S. A. (2021). Quality versus risk-of-bias assessment in clinical research. Journal of clinical epidemiology, 129, 172-175.
2. Higgins, J. P. (2011). Cochrane handbook for systematic reviews of interventions. Version 5.1.0 [updated March 2011]. The Cochrane Collaboration. www. cochrane-handbook. org.
3. Zeng, X., Zhang, Y., Kwong, J. S., Zhang, C., Li, S., Sun, F., ... & Du, L. (2015). The methodological quality assessment tools for preclinical and clinical studies, systematic review and meta-analysis, and clinical practice guideline: a systematic review. Journal of evidence-based medicine, 8(1), 2-10.
4. 한국보건의료연구원. NECA 비뚤림 위험 평가도구 매뉴얼 - AMSTAR 2, ROBIS, RoB 2, ROBINS-I - First edition. 2021.
5. Quigley, J. M., Thompson, J. C., Halfpenny, N. J., & Scott, D. A. (2019). Critical appraisal of nonrandomized studies—a review of recommended and commonly used tools. Journal of Evaluation in Clinical Practice, 25(1), 44-52.
6. Ma, L. L., Wang, Y. Y., Yang, Z. H., Huang, D., Weng, H., & Zeng, X. T. (2020). Methodological quality (risk of bias) assessment tools for primary and secondary medical studies: what are they and which is better?. Military Medical Research, 7, 1-11.
7. Whiting, P., Savović, J., Higgins, J. P., Caldwell, D. M., Reeves, B. C., Shea, B., ... & Churchill, R. (2016). ROBIS: a new tool to assess risk of bias in systematic reviews was developed. Journal of clinical epidemiology, 69, 225-234.
8. Banzi, R., Cinquini, M., Gonzalez-Lorenzo, M., Pecoraro, V., Capobussi, M., & Minozzi, S. (2018). Quality assessment versus risk of bias in systematic reviews: AMSTAR and ROBIS had similar reliability but differed in their construct and applicability. Journal of clinical epidemiology, 99, 24-32.
9. Long, H. A., French, D. P., & Brooks, J. M. (2020). Optimising the value of the critical appraisal skills programme (CASP) tool for quality appraisal in qualitative evidence synthesis. Research Methods in Medicine & Health Sciences, 1(1), 31-42.
10. Hong, Q. N., Pluye, P., Fàbregues, S., Bartlett, G., Boardman, F., Cargo, M., ... & Vedel, I. (2018). Mixed methods appraisal tool (MMAT), version 2018. Registration of copyright, 1148552(10), 1-7.
11. Slim, K., Nini, E., Forestier, D., Kwiatkowski, F., Panis, Y., & Chipponi, J. (2003). Methodological index for non-randomized studies (minors): development and validation of a new instrument. ANZ journal of surgery, 73(9), 712-716.
12. Seo, H. J., Kim, S. Y., Lee, Y. J., & Park, J. E. (2023). RoBANS 2: a revised risk of bias assessment tool for nonrandomized studies of interventions. Korean Journal of

Family Medicine, 44(5), 249.

13. Kmet, L. M. (2004). Standard quality assessment criteria for evaluating primary research papers from a variety of fields. Alberta Heritage Foundation for Medical Research Edmonton.
14. Higgins, J. (2012). Incorporating 'risk of bias' assessments into meta-analyses. Assess. Risk Bias Cochrane Rev. Loughb.
15. 김수영, 이윤재, 서현주, & 박지은. (2013). 임상연구 문헌 분류도구 및 비뚤임위험 평가도구 개정.
16. Viswanathan, M., Patnode, C. D., Berkman, N. D., Bass, E. B., Chang, S., Hartling, L., ... & Kane, R. L. (2018). Recommendations for assessing the risk of bias in systematic reviews of health-care interventions. Journal of clinical epidemiology, 97, 26-34.

8

제8장

양적 자료의 근거 합성: 서술적 합성

제8장

양적 자료의 근거 합성: 서술적 합성

1 개요

체계적 문헌고찰의 핵심은 자료의 합성(synthesis)이라고 할 수 있다. 합성은 개별 연구에서 추출한 정보를 종합하여 결론을 도출하는 과정으로, 합성의 방식에 따라 체계적 문헌고찰의 결과가 결정된다(1).

문헌고찰에서 합성은 검토 자료의 유형에 따라 질적 자료(qualitative data)와 양적 자료(quantitative data)의 합성으로 구분되며, 양적 자료의 합성은 정량적 합성(quantitative synthesis)과 비-정량적 합성(non-quantitative synthesis)으로 나눌 수 있다(2). 1차 문헌의 연구설계나 중재가 유사하거나, 종속 또는 결과 변수(outcomes)가 유사한 경우 비교적 간단하게 합성할 수 있는데, 특히 양적 자료들이 동질한 경우에는 메타분석(meta-analysis)을 통해 검토 질문에 보다 정밀한 통계적 답변이 가능하고, 결과에 영향을 주는 요인에 대한 탐색도 가능하다(3). 최근에는 다양한 무료 또는 상용 소프트웨어 패키지를 통해 메타분석에 필요한 기초 통계 원리를 쉽게 이해하고, 메타분석 자체를 보다 수월하게 수행할 수 있게 되었다(4).

그러나 의학 분야와 다르게 보건 · 사회정책 분야에서는 연구 간 이질성이 상당히 커서 통계적 요약이 어려운 경우가 많으며, 이러한 경우에는 비-정량적인 방식으로 서술하는 것이 더 적절할 수 있다. 물론 메타분석을 수행한다고 해서 서술적인 합성을 배제하는 것은 아니며, 두 방법을 함께 병행하면 보다 심층적인 고찰을 할 수 있다(2).

이 장에서는 보건 · 사회정책 분야에서 널리 활용되는 양적 자료의 비-정량적 합성 방식인 서술적 증거 합성(descriptive synthesis)을 중심으로, 메타분석을 대체하거나 보완하는 합성 방법에 대해 다루고자 한다.

2 양적 자료의 서술적 합성

1) 서술적 합성(descriptive synthesis)이란?

(1) 서술적 합성 (descriptive synthesis or narrative synthesis)

체계적 문헌고찰에 포함된 1차 연구의 자료들이 다양하거나, 정량적 합성이 가능한 양적 자료가 의미가 없을 정도로 부족한 경우 프로토콜에서 제시하는 지침에 따라 비-정량적 합성(non-quantitative synthesis)을 통해 증거를 종합할 수 있다(5). 이러한 비-정량적 합성은 서술적 합성(descriptive synthesis) 또는 내러티브 합성(narrative synthesis)이라고 불리며, 단순한 연구 요약을 넘어서 체계적이고 투명한 방법을 통해 새로운 지식을 생성하는 것을 목적으로 한다. 1차 문헌 간에 동질성이나 일관성이 부족한 경우, 질적 연구결과를 정량적 검토(quantitative reviews)와 통합하거나, 정량적 합성(quantitative synthesis)을 수행하기에 앞서 자료의 특성과 패턴을 파악하기 위해 이용할 수도 있다(2). 특히, 복잡한 정량적 자료의 합성을 수행하기 전, 미리 설정된 논리 모형(framework)을 기반으로 자료를 표(table) 형식으로 정리하여 체계적으로 작성하는 방법이 권장된다(5). 서술적 합성은 연구결과를 요약하고 설명하기 위해 주로 단어(words)와 텍스트(text)를 사용하여 여러 연구에서 얻은 결과를 종합하는 방식이다. 이 과정에서 통계 데이터를 활용할 수는 있지만, 주요 목적은 연구 특성을 설명하고 해석하는데 있으며, 이 때문에 텍스트 기반 접근이 중심이 된다(6).

서술적 합성은 서사적 고찰(narrative review)과는 구분되어야 한다(1). 앞서 1장에서 논의했던 전통적인 서사적 고찰(traditional narrative literature review)은 문헌고찰 방식 중에서 시간과 자원 측면에서 가장 덜 엄격하며, 데이터 추출 과정 역시 비-표준화 또는 비-체계적으로 수행되며, 자료의 합성 과정도 일반적으로 증거들을 단순 나열하는 방식으로 합성하는 경향이 있다(7). 반면 서술적 합성은 체계적 문헌고찰의 일환으로 수행되며(1), 여러 연구의 정보를 종합하기 위한 표준화된 데이터 추출 서식과 코딩 서식(standard data extraction & coding format)을 사용한다는 점에서 전통적인 서사적 고찰보다 엄격하고 구조화된 접근법이라는 차이가 있다(8).

(2) 서술적 합성의 구성

서술적 합성에서 일반적으로 사용되는 두 가지 주요 방법은 서술적 요약(narrative summary)과 표 작성(tabulation)이다. 이 두 방법은 모두 개별 연구에서 보고된 내용을 바탕으로 연구결과를 설명하고, 검토자가 문헌고찰 과정에서 수집한 정보를 근거로 결론을 도출한다는 공통점을 가진다(7).

① 서술적 요약 (narrative summary)

연구결과들을 요약하고 제시하는 데 가장 많이 사용되는 접근 방식은 서술형 논의(descriptive discussion)를 통한 서술적 요약이다(6). 이 방식은 연구의 주요 특성-예를 들어 핵심 주제 또는 요인, 연구의 질, 연구결과, 중요한 문제의 개요-을 제시하고, 새로운 주제를 도출하는데 활용된다(6). 이 방식에서의 자료의 합성은 1차 문헌들을 동질적인 하위 집단으로 나누고, 추출된 데이터를 바탕으로 연구 간의 유사성과 차이점을 비교하는 방식으로 이루어진다(8). 그러나 서술적 요약은 체계적 문헌고찰시 효율성과 투명성 측면에서 잠재적인 편향이 발생할 수 있다는 이유로 다음과 같은 비판을 받았다(6, 10).

- 텍스트는 숫자처럼 간결하게 요약할 수 없어 연구 방법, 모집단, 개별 연구의 특성, 결과와 같은 항목에서 광범위한 정보의 손실이 발생할 수 있다.
- 데이터를 요약하는데 체계적인 프로세스나 절차가 없어 여러 검토자가 문헌고찰에 참여했을 때, 중요한 의사 결정 과정이 생략될 수 있다.
- 서술적 요약이 연구 내용을 투명하고 합리적으로 요약했는지, 아니면 검토자의 개인적인 의견이나 해석이 개입되어 보고된 것인지에 대한 구분이 명확하지 않아, 결과의 보고 타당성을 위협하는 요인들이 존재한다.
- 서술적 요약 방식은 다른 어떤 유형의 고찰 방법보다 검토 연구의 복잡한 주제를 포착하고 이를 체계적으로 문서화하는데 더 큰 어려움이 따른다.
- 자료와 서술적 요약 간의 연결이 불분명한 경우, 투명성 부족으로 인해 검토 결과에 대한 신뢰도가 저하되며, 서술적 합성을 활용한 체계적 문헌 검토 전반의 신뢰성에도 부정적인 영향을 미칠 수 있다.

② 서술적 표 작성(tabulation)

연구의 특성을 표(tables)로 제시하는 것은 서술적 합성의 또 다른 방법이면서 정성적 합성(quantitative synthesis) 또는 메타분석에서도 중요한 과정이다. 여러 개의 표를 통해 연구 대상, 설계 방법 및 결과와 같이 연구의 주요 구성 요소를 요약하여 제공함으로써 다양한 주제를 다루는 문헌 합성에 활용될 수 있다(4).

표를 통해 어떤 데이터가 어떤 연구에서 추출되었는지, 그리고 각 연구가 전체 합성 결과에 어떤 기여를 했는지를 명확하게 파악할 수 있다. 또한 연구가 수행된 환경과 배경, 대상 인구에 대한 정보도 표로 구성하고 제시할 수 있어 독자는 이를 바탕으로 연구 간의 결과를 비교할 수 있다(4). 이같이 서술적 표 작성은 근거 합성에서 중요한 기능을 하지만, 문헌고찰에서는 일반적으로 표를 통해 연구의 주요 특성만을 제공하거나, 일부 내용이 누락된 표가 제시될 경우 정보의 편향이 발생할 수 있으며, 이는 연구 결과의 해석에 영향을 미칠 수 있다. 따라서 표 작성 방법만을 독립적으로 사용하는 것은 바람직하지 않다(1).

요약하면, 개별 연구의 주요 특성과 효과 추정치를 통계적으로 결합하지 않고 관찰된 자료를 최소한으로 재해석하면서 연구 내용에 대한 설명을 표와 서술적 요약을 통해 보고하는 방법을 구조화된 요약(structured summary)이라고도 하며, 이는 개별 방법의 한계를 보완하면서 결과를 효율적이고 신뢰성 있게 제시하는 방식이다.

(3) 서술적 합성과 메타분석 결정

일반적으로 양적 데이터 증거를 요약할 때는 [그림 8-1]의 1단계에서 제시된 세 가지 상황을 고려하여 서술적 또는 기술적 합성을 수행하는 것이 바람직하다. 첫째, 메타분석을 수행하기에 포함된 연구 수가 충분하지 않은 경우, 둘째, 여러 연구의 결과를 통합하는 데 필요한 핵심 정보가 연구 전반에 걸쳐 누락된 경우, 셋째, 임상적 이질성과 같이 사전에 정의한 주요 근거들 간의 이질성이 지나치게 크다고 판단되는 경우이다. 이러한 경우에는 연구의 질적 한계로 인해 합성 결과에 편향이 초래될 수 있다는 점을 고려하여, 메타분석을 실행하지 않고 서술적 또는 기술적 데이터 합성을 통해 결과를 비-정량적으로 요약하는 것이 권장된다. 모든 연구를 서술적 합성에 포함하면 잠재적 편향에 대

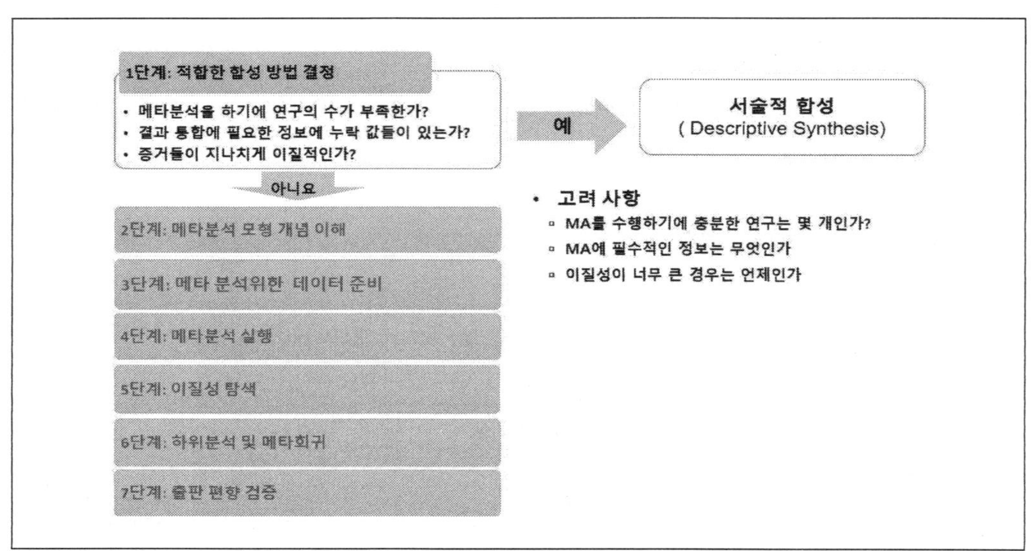

[그림 8-1] 연구의 서술적 합성 및 메타분석 수행 결정 시 고려사항

한 주관적인 해석이 개입되거나 부적절한 연구가 제외될 가능성도 있으나, 메타분석에 포함할 연구를 선택하는 것은 궁극적으로 검토자가 설정한 연구질문에 따라 달라진다. 체계적 문헌고찰 과정에서 서로 다른 연구설계들이 포함되었다면, 메타분석 이전 단계에서 연구설계별로 구분하여 이질성 문제를 해결하고 메타분석을 수행하거나, 연구설계별로 하위 집단으로 분류하여 메타분석 수행 시 하위 집단 분석을 수행할 수도 있다[1](12).

2) 서술적 합성 수행 방법

(1) 서술적 합성 프레임워크 설계

중재(intervention)에 대한 증거의 합성을 보다 체계적이고 효과적으로 수행하기 위해 다음과 같은 요소를 포함하는 프레임워크를 구성할 수 있다.

① 이론적 모형(logic model)

모든 문헌 검토에서 이론 개발이 수행될 수는 없지만, 체계적 문헌고찰에서는 연구 질문을 해결하기 위해 개입이 어떻게 작동하는지, 누구를 위해, 왜 작동하는지에 대한 정보 제공에 이론적 모형이 유용하게 작용할 수 있다. 이러한 모형은 기존에 개발된 이론적 개념 또는 선행 연구에 기반할 수 있으며(2), 문헌고찰 초기 단계에서 검토에 포함된 1차 연구를 통해 도출될 수 있다(6). 따라서 검토자는 증거를 종합하기에 앞서 고찰 초기 단계에서 이론적 모형을 구성하는 것이 바람직하다(9).

② 예비 합성(preliminary synthesis)

검토에 포함된 연구결과를 초기 기술(initial description)하는 필수 과정이라고 할 수 있다. 이 단계에서는 연구의 전반적인 경향과 결과에 영향을 미친 요인을 파악하고, 개별 연구에서 보고된 효과의 방향성과 크기를 종합적으로 설명해야 한다. 예비 합성은 문헌의 핵심 내용을 요약하는 텍스트 기반 서술(textual descriptions) 방식이나, 주요 정보를 정리한 표 작성을 통해 체계적으로 정보를 추출하는 것이 유용하다.

③ 연구 내 · 연구 간(within and between studies) 관계 탐색

예비 합성 과정에서 연구결과들의 패턴이 나타나기 시작할 때 심층적으로 개별 연구

---

1) 메타분석 수행 고려 항목과 메타분석 수행 각 단계는 9장과 10장에서 다루도록 함

내 또는 연구 간 관계를 검토하는 과정이다.

- **효과 확인**: 포함된 연구 전반에 걸쳐 효과의 방향과 크기, 효과를 강화하는 요인과 방해하는 요인을 확인한다.
- **관계 탐색**: 개입 효과가 있거나 또는 나타나지 않는 이유, 효과를 강화하는 요인과 방해 요인이 작동하는 경로를 이해하기 위해 결과를 나열하고, 표 작성하거나, 결과를 계산(counting results)하는 방식으로 연구 내·외의 관계를 탐색한다.
- **서로 다른 연구 간 결과 확인**: 1차 연구에서 추출한 다양한 연구결과와 연구의 주요 구성 요소 간의 관계를 살펴보고, 연구 전반에 걸쳐 비교 및 대조한다(6).

④ 합성의 견고성 평가

견고성은 합성에 포함된 1차 연구의 방법론적 품질에 대한 평가 또는 합성 과정의 신뢰성을 의미한다. 검토자는 합성에 포함된 연구의 방법론적 질에 대한 평가에 어떤 접근 방식을 선택했는지와 무관하게, 합성 과정에 근거하여 도출한 결론을 뒷받침하는 증거로서 해당 평가 결과를 제공해야 한다(6). 합성의 신뢰성은 합성 과정에 적용한 방법에 영향을 받는데, 이는 주로 '검토자가 개별 연구에 대하여 충분한 정보를 가지고 있는가?'라는 질문으로 요약될 수 있다. 따라서 검토자는 신뢰성에 영향을 미칠 수 있는 다음의 사항들을 준수하고, 보고서에 해당 내용을 구체적으로 제공해야 한다(9).

- **개입에 대한 정의**: 개입의 강점과 약점, 대상 인구에 대한 적합성에 대해 자세히 설명한다.
- **문헌 선별 기준**: PICO 또는 연구설계에 기반하여 구체적으로 설명하고, 특정 문헌의 누락 위험을 방지하기 위하여 여러 명의 검토자가 1차 연구를 선별하는 과정에 참여하여 편향을 최소화한다.
- **비정상적인 연구결과 또는 인과관계를 밝히지 못한 결과에 관한 이유를 설명하기 위해 근거를 제시하거나 탐색적인 노력을 시도한다.**
- **1차 연구 저자에 대한 확인**: 시간이 허용된다면 유용할 수 있다. 검토자에 대한 접근성 및 편향 문제 발생에 주의가 필요하다.

(2) 서술적 합성 수행 단계

양적 자료의 서술적 합성은 자료에 대한 논리적 구성(logical organization of the data), 개별 연구 내 분석(within study analysis), 교차-연구 합성(cross-studies synthesis)의 3단계로 구분하여 수행할 수 있다(5).

① 1단계: 연구 설명을 위한 논리적 범주 구성

검토에 포함된 문헌들을 논리적으로 구성하는 것은 자료 분석(data analysis)에 도움이 된다. 특히 검토에 포함된 1차 연구의 수가 많거나, 보건 · 사회 정책 분야의 개입과 같이 다차원적이면서, 여러 인구 집단에 영향을 미치는 복합 중재(complex intervention)를 검토할 경우 더욱 중요하다. 따라서 검토자는 연구 내용과 연구결과에 대한 모형을 신중하게 계획하고, 의미 있는 범주로 구성하여 제시하는 방법을 고려해야 한다(3). 의미 있는 범주의 구성과 선택은 다음과 같이 검토 질문과 목적, 개입의 유형, 모집단, 연구설계, 측정된 결과 등 다양한 요인에 따라 결정될 수 있다(5).

- 양적 자료 합성의 출발은 검토 목적과 질문을 적절하게 구성하는 것에서 시작한다. 구체적으로는 검토 질문을 구성할 때 PICO 프레임워크(framework) 요소 중 하나 이상을 분석하여, 연구 내 또는 연구 전반에 걸쳐 중재 효과가 어떻게 달라지는지를 탐색하는 것이다. 이 방식에서는 PICO 구성 요소를 '조절 요인(moderators)'으로 가정하고, 조사 환경, 대상자, 시점 등의 항목에 따라 개입을 유형화한 뒤, 각 항목에 따른 개입 효과의 변화 또는 개입 유형별 상대 효과를 탐색할 수 있다.
- 효과가 연구 대상자의 행위(behaviours) 또는 활동(actions)에 영향을 주는 경우, 연구 단위를 지역 사회나 조직과 같은 집단 수준과 개인 수준으로 구분한 다수준 모형으로 설정하여, 개입의 효과를 파악하는 방법이 유용할 수 있다.
- 연구설계에 따라 연구를 구성하는 경우, 결과 유형별로 연구를 분류하는 것이 더 의미 있을 수 있다. 연구에 포함된 결과 유형별로 연구를 범주화하면 내적 타당성에 근거한 결과를 제시할 수 있기 때문에 연구 목적을 달성하기 위한 연구 방법에 관한 질문에 더 명확하게 대답할 수 있다.
- 대상자, 연구 방법, 결과에 대한 분석을 논리적인 표(table) 형식으로 요약하면 설명이 용이하며, 중재 변수나 이질성의 원인을 조사하는 데에도 유용하다(4). 또한 연구 전반에 걸쳐 주제를 파악하고, 연구결과 간의 유사점과 차이점을 탐색함으로써 이론을 검증하는데 기여할 수 있다.

[BOX 8-1]에는 문헌고찰을 위한 서술적 표(descriptive table)에 포함할 항목들이 제시되어 있다. 일반적으로 표의 구성은 독자가 서술적인 설명 내용과 표의 정보를 쉽게 비교할 수 있도록 연구(제1 저자) 순으로 시작한다(5).

Box 8-1 체계적 문헌고찰 서술적 표(descriptive table)에 포함할 수 있는 항목 (예시)

- 연구(study): 주 저자 이름
- 출판연도(year)
- 자료 이용 기간(period of data)
- 검토 질문(review questions)
- 연구 배경 및 환경(setting): 국가, 지역 사회
- 대상자(study population): 민족, 인종, 성별 등
- 연구설계(study design)
- 개입(intervention)
- 개입 할당(allocation to intervention)
- 비교 집단(comparison groups)
- 평가 방법(evaluation methods)
- 추적 기간(lengths of follow-up, months)
- 품질 또는 비뚤림 위험(score or risk of bias)
- 표본 크기(sample size)
- 응답률(response rate)
- 결과 측정(outcome measure)
- 1차 결과(primary outcome)
- 최종 결과(finding)

출처: Petticrew & Roberts, 2016;

② 2단계: 연구 내 분석(within study analysis)

검토에 포함된 개별 연구의 비뚤림 위험(risk of bias)에 대한 설명과 함께 각 연구 결과에 대한 서술적인 설명이 포함되거나, 정량적 분석 결과의 광범위한 내용을 표를 이용하여 제시할 수 있다. 또한 일부 연구는 연구의 주요 특성과 결과 간 관계에 중점을 두기도 한다(3).

검토자는 근거 요약을 위해 연구 내 분석에서 연구의 질, 대상 집단, 연구설계와 같은 방법론적 요소와 함께 예측 요인(predictive factors), 통계 분석과 같은 모형 구축 전략을 고려하여 관심 있는 결과와의 관계를 분석하는데 가장 적절한 방법을 선택해야 한다(5).

- 문헌고찰에 포함된 1차 연구의 방법론의 질은 비뚤림(bias)의 개념과 관련이 있기 때문에 사전에 마련한 비뚤림 위험의 개념을 적용한 평가를 하는 것이 중요하다.
- 1차 연구에서 분석에 포함된 예측 요인과 유효 표본의 크기에 따른 예측 변수의 개수(the amount of predictors)가 결과에 영향을 미치기 때문에 검토자는 이들을 확인한다.

- 분석에 포함된 예측 변수와 변수 선택 절차 및 통계 분석 방법을 확인한다. 특히, 변수 선택 절차는 추정 편향으로 인해 모형의 구성에 영향을 미치거나 모형의 불확실성을 증가시킬 수 있다.
- 1차 연구에 포함된 예측 요인 중에서 통계적으로 유의한 효과(statistical significance)를 요인과 결과 간의 인과관계를 집중적으로 탐색하되, 결과의 정확한 데이터 합성을 위해 통계적으로 유의하지 않은 예측 요인의 효과도 고려해야 한다.
- 연구의 근거 보고(reporting)에서 모형에 포함된 예측 변수의 효과 정보가 누락되면 편향되거나 잘못된 결론이 도출될 수 있기 때문에 최종 예측 모형(final prediction model)뿐만 아니라 단변량 결과(univariable results)와 다변량 결과(multivariable results)를 모두 확인한다.

③ 3단계: 교차-연구 합성(cross-studies synthesis)

교차-연구 합성의 주요 목적은 연구 품질과 결과의 일반화에 영향을 미칠 수 있는 요인들을 반영하여 연구결과를 요약하는 것이다. 연구 간 합성은 정량적 합성 과정에서 체계적 문헌고찰 일부 내용으로 사용되기도 한다(3).

검토 질문과 목적에 따라 연구의 주요 특성과 잠재적 편견(bias)을 통합하고, 효과 범위를 합성한 정보는 검토자가 도출한 결론의 근거가 된다. 따라서 검토자는 1차 연구에서 수집한 정보에 근거하여 가설과 결과를 생성하고, 합성 과정을 통해 특정 목적의 결과를 제시할 것인지 결정해야 한다(6).

결과 요약은 검토를 통해 밝혀진 정보의 양에 대한 설명으로 시작하고, 고찰의 포함 기준에 충족하는 문헌의 수와 해당 연구의 설계를 간단히 설명한다. 이를 통해 독자는 검토에 포함된 문헌의 규모 및 개요와 포함 기준을 충족한 증거의 유형을 파악할 수 있다. 교차 연구 합성에는 개입 효과에 대한 전반적인 설명이 포함되는데 하위 집단 변수(sub-group variable)의 다양한 효과 크기 별로, 또는 매개 변수(mediating variables)에 따른 단계별 효과와 효과의 변화 등을 제시할 수 있다. 연구의 방법론과 통계 분석 방법, 평가 방법의 다양성은 연구결과의 차이로 이어지기 때문에 검토자는 연구결과 간의 차이와 발생 원인을 파악하기 위한 노력을 해야 한다(5). 이와 관련하여 체계적 문헌고찰에서는 [BOX 8-2]와 같이 근거 합성과정에 대한 비판적 고찰을 기술할 것을 권장하고 있다(13).

- **결과의 다양성**: 임상 중재에 대한 체계적 문헌고찰에서 결과 간의 차이를 이질성(heterogeneity)이라고 하는데, 보건 사회정책 분야에도 연구결과 간에 차이가 존재한다. 다양한 연구결과 중에서 독립적인 결과를 선택하여, 하위 집단으로 분류하

고, 식별되는 주제나 개념, 그들 사이의 관계를 집중적으로 분석하는 것이 결과의 다양성을 파악하는 데 도움이 된다. 그러나 많은 사회적 개입(보건정책 개입 포함)을 통한 결과 발생 기간은 단기, 중기, 장기와 같이 시점이 다르게 보고될 수 있어 인과관계를 파악하는 데 어려움이 있다. 가장 이상적인 근거 합성 방법은 이러한 시점별 결과를 모두 다루는 것이지만 실제로는 가능하지 않은 경우가 많다.

- **방법론적 다양성**: 방법론적 다양성은 일반적으로 사회적 또는 정책 개입에 관한 체계적 문헌고찰에서 확인할 수 있다. 보건 또는 사회 분야에서의 개입(intervention)은 상호작용과 메카니즘에 대한 이론이 충분히 개발되지 않았고 이질성에 대한 탐구와 해석이 부족한 상황이다. 따라서 이질성의 주요 원인을 선험적으로 예측하는 것이 어렵고, 연구 집단, 연구설계, 개입의 유형 및 문화 환경과 같은 복잡한 요인들이 다양하게 적용될 수 있다(6).

> Box 8-2 **합성 과정에 대한 비판적 고찰**
>
> - 사용한 합성 방법(합성 방법의 제한점과 결과에 미치는 영향)
> - 사용된 근거(품질, 타당성, 일반화 가능성): 자료 출처에서 발생할 수 있는 편향의 원인과 합성 결과에 대한 잠재적 영향
> - 결과의 불일치 및 불확실성: 포함된 증거 간의 결과 불일치 내용과 합성 과정에서 처리 방식, 이에 근거하여 향후 수행할 필요가 있는 연구 영역 제시
> - 예상되는 증거의 변화: 현재 확인된 진행 중인 연구 등
> - 합성 결과를 통해 실제 환경에 영향을 미칠 수 있는 측면
> - 합성의 견고성 분석을 통한 합성 결과의 일반화(generalization of synthesis) 정도

3 메타분석을 대체하는 결과 합성 방법

양적 연구의 결과를 요약(summarizing the results)하여 보고하는 일반적인 방법은 각 연구에서 관찰된 효과 추정치와 그 방향, 유의성(significance)에 대한 정보를 제공하는 것이다(3). 개별 연구에서의 예측 요인의 효과 여부, 효과 요인들의 패턴과 일관성 또는 이들의 조합을 표를 통해 상세하게 제공하거나, 그림(graphics)을 이용하여 시각적인 방식으로 제시할 수 있다. 이번에는 메타분석을 대체하는 결과 합성 방법으로서, [BOX 8-3]에 제시한 가상 사례를 기반으로 1) 효과 크기(effect size)에 기반하지 않는 통계적 접근 방식과 2) 시각적 접근 방식을 통해 비-정량적 합성 결과를 보고하는 다양한 예시를 소개하고자 한다.

Box 8-3 **합성 결과 보고 가상 사례**

- **위험 요인(risk)** : 혼인 상태
  - 비-혼인 상태(배우자 없음: 미혼/이혼/별거 등)
  - 기혼 상태(배우자 있음)
- **가설 설정**
  - 귀무가설(H0): 혼인 상태에 따라 자살 생각 경험에 차이가 없을 것이다.
  - 대립가설(H1): 혼인 상태에 따라 자살 생각 경험에 차이가 있을 것이다.

항 목	예시 내용
1차 문헌 수(효과 크기)	N = 60개(k = 95)
연구 내 표본 크기	50 ~ 1200 명
결혼 상태(위험 요인)	a. 비-혼인(배우자 없음: 미혼/이혼/별거 등) b. 기혼(배우자 있음)
자살 생각 경험(결과)	+ (자살 생각 경험 있음) – (자살 생각 경험 없음)
p-value 범위	0.001 ~ 0.3

*표 내용은 가상 데이터를 기반으로 한 예제임

1) 메타분석을 대체하는 통계적 합성

(1) 요약 효과 추정치(summarizing effect estimates)

여러 연구의 결과를 종합적으로 보여주는 지표로, 개별 연구에서 관찰된 효과 크기를 기술 통계를 사용하여 요약함으로써 연구결과를 간결하게 제시하고 전체적인 경향성을 파악할 수 있다. 이러한 요약에는 평균(mean), 표준편차(standard deviation) 또는 분산(variance), 중앙값(median), 사분위 범위(interquartile range), 범위(range), 빈도(frequency)와 백분율(%), 오즈비(odds ratio) 및 위험비(risk ratio) 등과 같은 통계량

[표 8-1] 요약 효과 추정치(summarizing effect estimates, 예시)

Author (year)	Case (비-혼인)	Control (기혼)	ES	95% CI	p-value
Aa (2002)	55.1% (842 /1527)	29.8% (456 /1527)	1.85(RR)	1.50 – 2.30	–
Bb (2022)	6.33% (121/1913)	1.17% (9/770)	5.41(RR)	3.50 – 7.00	p < 0.001
Dd (2020)	37% (246)	32% (223)	5%(RD)	–	p > 0.05
Ee (2012)			1.90(OR)	0.98 – 2.62	–
Ff (2021)	240/275	208/256	1.07(RR)	1.00 – 1.16	0.059

*표 내용 및 결과는 BOX 8-3의 가상 사례를 기반으로 한 것임
ES: effect size, RR: risk ratio, RD: risk difference, OR: odds ratio

이 사용된다. 다만, 이러한 방식은 연구 규모의 상대적 크기를 고려하지 않는다는 제한점이 있으며, 상자-수염 그림(box-plot)이나 거품 그림(bubble plot)을 통해 관찰된 효과의 분포를 시각적으로 제시함으로써 요약 통계를 보완할 수 있다.

(2) 투표수 계산법(vote-count method)

투표수(vote count)를 사용하여 연구결과를 요약하는 방법으로, 효과의 증거(evidence of an effect)는 연구결과의 방향(direction)과 통계적 유의성(statistical significance)에 의해 결정된다. 개별 연구에서 통계적으로 유의한 효과는 양(+)의 방향 또는 음(−)의 방향으로 제시되기 때문에 '부호 검정법(sign test)'으로도 부른다.

검토에 포함된 문헌의 수가 많거나, 효과의 증거가 강력하게 제시된 투표수 계산 결과(vote-counting result)는 연구자가 가설을 입증하거나 새로운 상호작용을 탐색하는데 활용될 수 있다(11). 그러나 이 방법은 표본 크기, 연구 방법, 비뚤림 위험, 하위 집단 간의 차이 등을 고려하지 않기 때문에, 보건 및 사회정책 분야처럼 표본 크기와 효과 범위의 차이가 큰 연구에서 편향(bias)을 초래할 수 있다는 한계가 있으므로 주의해서 해석해야 한다(3).

[표 8-2] 투표수 계산법(vote counting based on direction of effect, 예시)

factors	suicidal thoughts (+) Direction of effect	suicidal thoughts (−) Direction of effect	number of Studies
older age	1*, 2, 4***, 5, 28*	9, 10*, 13, 14*, 16, 22**	11
higher education.	3*, 4*, 7, 9**, 10	1, 2**, 5, 11, 12***	10
being male	6, 8**, 13, 22	4, 15, 17*	7
being unmarried	3*, 8, 11**, 14* 15** 27*	7**, 12*, 19, 20*	10
high income	3*, 6, 19**, 21, 23	11, 25, 27*, 29	9

Numbers refer to individual studies. The positive association was found among participants who experienced suicidal thoughts. The negative association was observed among participants who did not experience suicidal thoughts.
*p < 0.05, **p < .01, ***p < .001

*표 내용 및 결과는 BOX 8-3의 가상 사례를 기반으로 한 것임

(3) 이항 검정(binomial test)

각 연구에서 최소한으로 보고된 정보만을 사용하여 수행할 수 있는 가장 간단한 방법으로, 통계적 유의성(statistical significance) 여부와 관계없이 개별 연구에서 관찰된 효과의 방향(direction of effect)을 기반으로 하거나, 효과에 대한 정확한 p-값이 보고된 경우에는 이러한 p-값을 결합(combining)하여 효과를 검정할 수 있다(5).

[표 8-3] 이항 검정 방법(binomial test) 예시

결혼 상태	논문 수(n/N)	자살 생각(%)	95% CI	*p*-value 결합	결과 해석
기혼	16/45	13%	8-18	0.005	비-혼인 집단이 기혼집단보다 자살 생각이 유의하게 높음(p <0.005)
비-혼인	15/50	30%	28-38.1		

*표 내용 및 결과는 가상 데이터를 기반으로 각 연구의 p-value를 Fisher의 p-value 결합법으로 산출함

2) 시각적 접근 방식을 통한 결과 합성 방법

(1) 알바트로스 그림(albatross plot)

[그림 8-2]는 다양한 방식으로 보고한 개별 연구의 표본 크기, 단측검정 또는 양측검정의 유의확률(p-value), 그리고 효과의 방향을 이용하여 대략적인 효과 크기를 등고선(contours) 형태로 시각화한 것이다. 이 그림의 등고선이 나는 새(flying birds)를 연상시킨다고 하여 알바트로스(albatross)라는 이름이 붙여졌다. 이러한 등고선은 각 연구의 표본 크기와 유의확률(p-value)의 관계를 나타내는 산점도로, 개별 연구의 표본 크기에

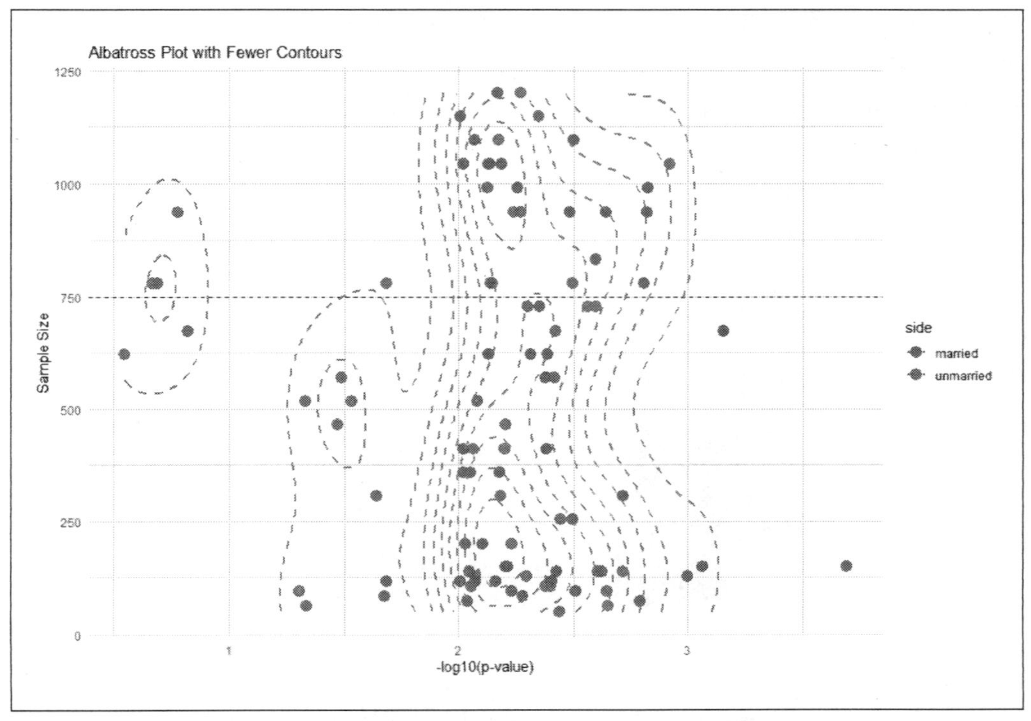

[그림 8-2] 정량적 합성 결과 보고(예시): 알바트로스 그림(albatross plot)

*그림 내용 및 결과는 BOX 8-3의 가상 사례를 기반으로 한 것임

따라 유의확률을 해석할 수 있는 시각적 단서를 제공한다. 양측검정(2-side test)을 기준으로 유의확률 값이 작고 음(-)의 효과가 있는 문헌은 그림의 왼쪽에, 양(+)의 효과를 나타낸 문헌은 그림의 오른쪽에, 효과가 없는(null) 문헌은 그림 중앙에 위치하게 된다(14). 등고선은 사용된 데이터의 유형이나 통계적 방법에 따라 형태가 달라질 수 있으며, 이를 통해 효과 크기의 대략적인 범위를 파악할 수 있다는 장점이 있다. 그러나 해석 과정에서 과도한 일반화나 오해가 발생할 수 있으므로, 등고선에 대한 해석은 신중하게 이루어져야 한다(14).

(2) 수확형 그림(harvest plots)

수확형 그림은 통계적 방법인 투표수 계산법(vote-count method)을 시각적으로 확장한 방식이다. 복잡한 서술적 합성에서 개별 연구의 효과 방향과 주요 특성을 함께 보여주는 데 유용하다. [그림 8-3]에서는 행(row) 축에 연구의 주요 결과 항목을, 열(colum) 축에는 다양한 정성적 결과(+ 효과, - 효과)를 배치한다. 각 1차 연구는 측정된 항목과 정성적 결과에 따라 막대(bars)로 표시되며, 이 막대의 높이와 음영은 결과 측정의 객관성, 연구설계의 적합성, 연구의 전반적인 품질 등 핵심 특성을 시각적으로 나타낸다. 수확형 그림은 표준화된 효과 크기를 제시할 수 없기 때문에 막대의 크기가 연구의 표본 크기를 의미하는 경우에도 이를 효과 크기(effect size)나 연구의 신뢰도(reliability)로 오해하지 않도록 검토자는 도표에 대한 충분한 설명을 제공해야 한다(15, 16).

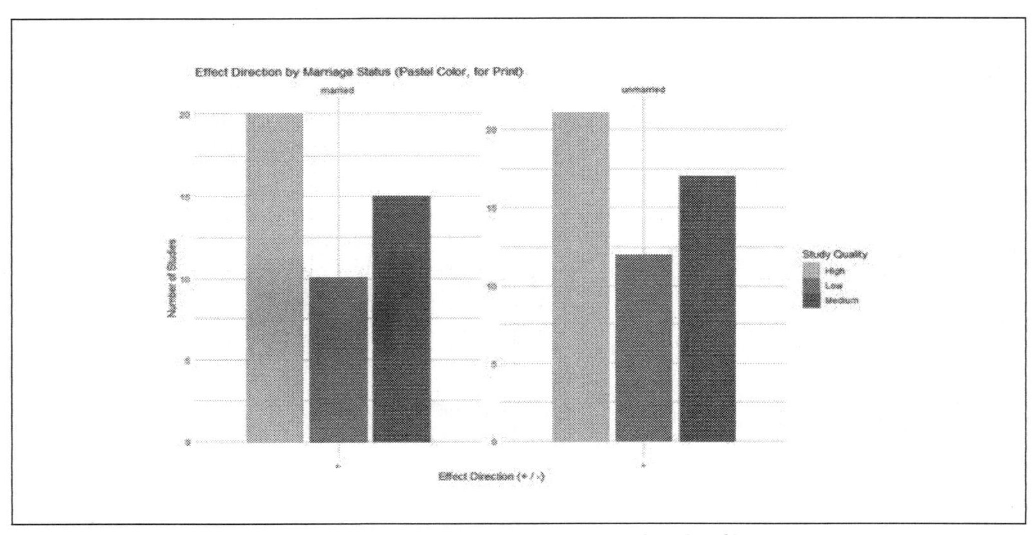

[그림 8-3] 비-정량적 합성 결과 보고(예시): 수확형 그림(harvest plots)

**표 내용 및 결과는 BOX 8-3의 가상 사례를 기반으로 한 것임

(3) 거품형 그림(bubble plot)

거품형 그림은 개별 연구의 특성보다는 검토에 포함된 1차 문헌의 양이 많은 자료 합성에 적합하다. [그림 8-4]의 수평 척도(horizontal scale)는 각 결과의 방향(direction)을, 수직 척도(vertical scale)는 연구 내 표본 수에 따른 증거의 양(volume of evidence)을 나타낸다. 또한 각 거품의 크기는 해당 측정 결과의 신뢰도(credibility)를 나타내는 지표로서, 연구의 표본 크기(sample size)를 나타낸다(17).

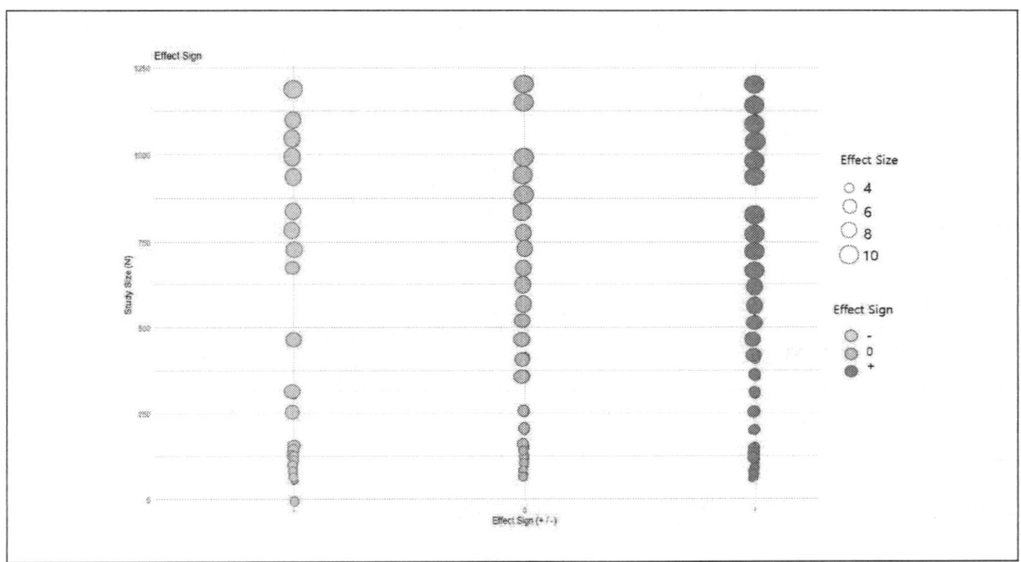

[그림 8-4] 비-정량적 합성 결과 보고(예시) : 거품형 그림(bubble plot)

**표 내용 및 결과는 BOX 8-3의 가상 사례를 기반으로 한 것임

[표 8-4] 양적 자료의 비-정량적 합성 결과 보고 방법

보고 방법	주요 특성	강점 및 제한점
구조화된 요약 (structured summary)	연구의 주요 특성과 결과를 연구별로 보고	• 효율적인 결과 보고 방법 • 연구 간 상대적 비교가 어려움
요약 효과 추정치 (summary statistics)	효과에 대한 요약 기술통계(중앙값과 분산, 사분위 범위, 범위 등)	• 결과 비교가 간단하면서 연구 간 상대적 크기 비교 가능
이항 검정(binomial test)	효과 방향과 p-값	• 비교적 간단한 결과제시 방법 • 효과 크기의 추정치 미제공
투표 수 계산법 (vote-counting)	효과 방향과 통계적 유의성에 기초하여 효과의 편익(+)과 위해(−)의 수를 비교하는 방식	• 검토 문헌이 많은 경우, 잠재적 관계 탐색에 적용 가능 • 표본 크기와 효과 범위 미반영에 의해 편향 발생 위험

보고 방법	주요 특성	강점 및 제한점
유의확률(*p*-값) 결합 (combining *p*-values)	개별 통계 검정에서의 유의확률(*p*-value)과 효과 방향	• 정확한 *p*-value 정보로 통합 가능 • 방향이 다른 효과를 통합, 연구의 질이나 표본 크기 미반영
알바트로스 그림 (albatross plot)	표본의 크기와 유의확률(*p*-value)에 기반하여 효과 크기를 등고선으로 제시	• 효과 크기 추정치를 사용할 수 없거나, 다양한 분석 보고에서 대략의 효과 크기 추론 • 등고선으로 추정된 효과 크기가 과도하게 해석되는 경향
수확 그림 (harvest plot)	투표수 계산법을 그림으로 확장한 방식	• 복잡한 자료의 효과 방향 및 연구 특성을 시각적으로 제시 • 표준화된 효과 크기 미-제공
버블 그림 (bubble plot)	다른 크기의 버블을 사용하여 효과 방향과 크기 제공	• y축, x축, 거품 크기를 통해 3차원 정보 제공 • 많은 수의 문헌 검토에서 제한된 정보만 제공
효과 방향 그림 (effect direction plot/map)	효과에 대한 통계적 검정에 대한 결론	• 다양한 결과를 쉽게 제공 • 통계적 검정에 따라 연구를 임의로 구분, 효과 크기 추정치 미제공

출처: Higgins et al., 2019; Hempel et al., 2014; Thomas et al., 2013;

3) 메타분석이 없는 합성 결과 보고 가이드라인

코크란(Cochrane), 캠벨(Campbell), 영국의 NICE 협력팀은 현재 널리 활용되고 있는 체계적 고찰 및 메타분석을 위한 선호 보고 항목(PRISMA)을 확장하여 메타분석을 수행하지 않는 경우 적용이 가능한 '서술적 합성(Synthesis without Meta-analysi, SWiM)'을 위한 가이드라인을 개발하였다. 이 가이드라인은 메타분석이 불가능하거나, 일부 결과에 적합하지 않은 개입에 대한 정량적 효과의 요약 통계 계산, 효과 방향에 따른 투표수 집계, 유의확률의 결합과 같은 방법을 사용하여 근거를 합성하는 체계적 문헌고찰을 위해 필수적인 9가지 항목을 제시한다. SWiM 가이드라인은 메타분석 없이 양적 데이터를 합성하는 문헌고찰의 투명성과 신뢰성을 향상시키기 위해 제안되었다(19).

[표 8-5] 메타분석 없는 서술적 합성 결과 보고 지침

보고 항목	상세 설명	보고 페이지
방법론적 영역		
1. 연구 집단 분류	a) 합성에 사용할 연구 집단에 대한 설명과 이유 (예: 연구 집단, 개입, 결과, 연구설계)	
	b) 프로토콜 작성 이후에 변경된 내용과 이유	
2. 표준화 지표 및 변환	결과 별로 사용한 표준화 지표와 지표 선택 이유 연구에서 개입 효과를 표준화한 방법	
3 합성 방법	정량적 메타분석 대신 사용한 합성 방법 설명과 타당성	
4. 결과 선택 기준	특정 연구 또는 결과를 선택하는 기준 설명과 그 근거 (예: 연구설계, 편향 위험평가, 검토 질문 관련된 기준)	
5. 효과 이질성 조사	효과의 이질성을 검증하는 방법과 이질성 원인 탐색 방법	
6. 증거의 신뢰도 평가	합성 결과의 확실성을 평가하는 데 사용된 방법 설명	
7. 데이터 제시 방법	효과를 나타내는 데 사용된 그래픽 및 표 형식 방법 (예: 표, 산림 플롯, 수확 플롯)	
	연구를 제시하는데 사용된 주요 연구 특성(연구설계, 편향 위험): 숲 그림, 수확 그림, 버블 차트 등	
결과		
8. 보고 결과	각 비교 대상 및 결과별로 종합 결과와 신뢰도 설명 분석에 사용된 지표와 방법, 연구 수와 핵심 특성 신뢰구간과 효과 크기를 함께 보고, 이질성 검증 결과 기술	
논의		
9. 합성의 한계	사용한 방법론, 집단 그룹화 과정, 선택한 분석 방법의 한계 및 이로 인해 유도된 질문에 대한 결론 도출 (표준화 지표, 합성방법, 그룹 구조 변경 등으로 발생한 한계)	

참고문헌

1. Popay, J., Roberts, H., Sowden, A., Petticrew, M., Arai, L., Rodgers, M., ... & Duffy, S. (2006). Guidance on the conduct of narrative synthesis in systematic reviews. A product from the ESRC methods programme Version, 1(1), b92.
2. Pope C, Mays N, Popay J. How can we synthesize qualitative and quantitative evidence for healthcare policy-makers and managers? Healthc Manage Forum. 2006 Spring;19(1):27-31. doi: 10.1016/S0840-4704(10)60079-8. PMID: 17330642.
3. Petticrew, M., & Roberts, H. Systematic reviews in the social sciences: A practical guide. 2916. John Wiley & Sons.
4. Chalmers I, Hedges LV, Cooper H. A brief history of research synthesis. Eval Health Prof. 2002 Mar;25(1):12-37.
5. Higgins JPT, López-López JA, Becker BJ, et al. Synthesising quantitative evidence in systematic reviews of complex health interventions. BMJ Global Health 2019;4:e000858.
6. NOYES, Jane, et al. Synthesising quantitative and qualitative evidence to inform guidelines on complex interventions: clarifying the purposes, designs and outlining some methods. BMJ global health, 2019, 4.Suppl 1: e000893.
7. EVANS, David. Systematic reviews of interpretive research: interpretive data synthesis of processed data. Australian Journal of Advanced Nursing, The, 2002, 20.2.
8. XIAO, Yu; WATSON, Maria. Guidance on conducting a systematic literature review. Journal of planning education and research, 2019, 39.1: 93-112.
9. Popay Jennie, Roberts Helen, Sowden Amanda, Petticrew Mark, Arai Lisa, Rodgers Mark, Britten Nicky, Roen Katrina, Duffy Steven. 2006. Guidance on the Conduct of Narrative Synthesis in Systematic Reviews. A product from the ESRC methods programme Version 1:b92.
10. Lucas Patricia J., Baird Janis, Arai Lisa, Law Catherine, Roberts Helen M. "Worked Examples of Alternative Methods for the Synthesis of Qualitative and Quantitative Research in Systematic Reviews." BMC Medical Research Methodology 2007, 7 (1): 4.
11. Bushman, B. J., & Wang, M. C. (2009). Vote-counting procedures in meta-analysis. In H. Cooper, L. V. Hedges, & J. C. Valentine (Eds.), The handbook of research synthesis and meta-analysis (2nd ed., pp. 207-220). Russell Sage Foundation.
12. (Glisic, M., Raguindin, P. F., Gemperli, A., Taneri, P. E., Salvador Jr, D., Voortman, T., ... & Muka, T. (2023). A 7-step guideline for qualitative synthesis and meta-analysis of observational studies in health sciences. Public health reviews, 44, 1605454.
13. Busse R, Orvain J, Velasco M, Perleth M, Drummond M, Gurtner F, et al. Best practice in undertaking and reporting health technology assessments. Working

group 4 report. Int J Technol Assess Health Care 2002;18:361-422.

14. Harrison S, Jones HE, Martin RM, Lewis SJ, Higgins JPT. The albatross plot: A novel graphical tool for presenting results of diversely reported studies in a systematic review. Res Synth Methods. 2017; 8(3):281-289.
15. Ogilvie D, Fayter D, Petticrew M, et al.. The harvest plot: a method for synthesising evidence about the differential effects of interventions. BMC Med Res Methodol 2008;8:8:8.
16. THOMSON, Hilary J.; THOMAS, Sian. The effect direction plot: visual display of non-standardised effects across multiple outcome domains. Research synthesis methods, 2013, 4.1: 95-101.
17. Hempel S, Taylor SL, Solloway MR, Miake-Lye IM, Beroes JM, Shanman R, Booth MJ, Siroka AM, Shekelle PG. Evidence Map of Acupuncture [Internet]. Washington (DC): Department of Veterans Affairs (US); 2014
18. The Korean Journal of Applied Statistics. (2013). New Method for Combining P -values in Meta-Analysis.
19. Campbell, M., McKenzie, J. E., Sowden, A., Katikireddi, S. V., Brennan, S. E., Ellis, S., ... & Thomson, H. (2020). Synthesis without meta-analysis (SWiM) in systematic reviews: reporting guideline. bmj, 368.

9

제9장

양적 자료의 근거 합성: 메타분석의 개념적 이해

제9장

양적 자료의 근거 합성: 메타분석의 개념적 이해

1 개요

양적 자료의 정량적 합성(quantitative synthesis)은 여러 연구의 양적 결과를 통계적 합성(statistical synthesis) 방법을 이용하여 결과를 통합하는 것이다(1). 양적 자료의 정량적 합성의 주요 목적은 '고찰에 대한 검정(testing review)'인데, 문헌고찰에 포함된 1차 연구의 공통적인 검토 질문에 답을 하거나 특정 가설 내용을 검정하는 것이다. 고찰에 대한 검토는 검토 문헌에 대한 통계적 분석이 포함되며, 문헌의 유형에 따라 하위 범주로 분류하여 분석할 수 있다.

검증을 위한 고찰의 대표적인 합성 방법은 표준적인 메타분석(standard meta-analysis)과 베이지안 메타분석(bayesian meta-analysis), 네트워크 메타분석(network meta-analysis) 등이 있다(2). 이 중에서 일반적인 메타분석(meta-analysis)은 유사한 양적 연구를 통계적으로 통합(statistical pooling)하는 근거 합성 방법이며, 1970년대 후반 Glass와 Smith가 심리 치료의 효과에 관한 375개 연구결과를 종합한 작업에서 파생되었다. 현재 이 용어는 유사한 연구 가설을 검정하는 선험적 연구결과들을 결합(combining)하기 위해 다양한 통계 방법을 설명하는 데 사용되고 있다(3).

이 장에서는 양적 자료의 정량적 합성 방법(quantitative synthesis: statistical pooling)인 일반적인 메타분석(meta-analysis)을 중심으로 여러 유형의 양적 자료의 효과 크기(effect size), 이질성과 동질성 측정과 진단, 메타분석 모형의 선택, 효과 크기 산출과 하위-집단별 효과 크기 산출 방법, 출판 편향 검정과 조정, 민감도 분석 등을 다루도록 한다.

2 메타분석의 수행 결정과 개념 이해

1) 메타분석의 수행 결정

(1) 메타분석 수행 단계

메타분석(meta-analysis)은 일반적으로 체계적 문헌고찰의 마지막 단계인 정량적 합성에서 수행되며, [그림 9-1]과 같은 흐름에 따른다.

- 1단계에서는 다양한 요인들을 고려하여 체계적 문헌고찰의 서술적 합성이 적합한지 또는 메타분석이 적합한지 결정한다.
- 메타분석 수행이 결정되면, 2단계에서 메타분석에 대한 기본 개념, 자료 유형과 효과 크기, 메타분석 모형에 대한 이해를 통해 1차 연구들이 유사한 특성으로 구성되어 있는지, 효과 크기 유형을 확인하여 단일의 추정치로 예측할 수 있는지 등을 고려하여, 고정효과 또는 임의효과 모형을 선택한다.
- 3단계는 메타분석을 위한 데이터 준비 과정으로 각 연구에서 추출한 결과를 검토하여 효과의 방향성과 크기를 확인하고, 분석 단위를 동일하게 변환하여 관리 데이터베이스 및 메타 분석을 위한 소프트웨어를 함께 준비한다.
- 4단계는 관련 정보들이 모두 수집되었는지 확인을 한 이후에 통계적 방법론에 근거하여 데이터 유형별로 메타분석을 수행한다.
- 5단계는 통계적 이질성(heterogeneity)의 유무와 유의성을 탐색하는 과정이며, 연구의 특성별로 이질성이 높게 나타나면,
- 6단계 하위 집단 메타분석 또는 메타회귀 분석을 통해 잠재적인 이질성의 원인을 찾도록 한다.
- 7단계는 출판 편향(publication bias)을 깔때기 그림(funnel plot)을 통한 시각적 판단과 통계적 검증 과정을 통해 출판 편향을 확인할 수 있으며, 이를 통계적으로 조정할 수도 있다
- 8단계는 누적 메타분석을 통해 특정 연구를 제외했을 때 통합 효과 추정치가 변화하는지 순차적으로 확인하는 영향 분석(influence Analysis) 또는 민감도 분석을 수행한다.

[그림 9-1] 메타분석(meta-analysis) 수행 단계

(2) 메타분석 수행 여부 결정

메타분석은 어떠한 상황에서 수행할 수 있는가? 이 질문은 8장에서 제시한 「연구의 서술적 합성 또는 메타분석의 적합성 결정」과 동일하며, 그에 대한 답변은 다음과 같다.

Q. 메타분석을 수행하기에 충분한 연구는 몇 개인가?

두 개 이상의 연구의 연관성 추정치를 사용할 수 있다면 메타분석이 가능하다. 그러나 메타분석 수행 여부는 는 연구설계, 노출, 조정(adjustment), 결과 평가, 연구 대상, 편향 위험 및 기타 방법론적 특징에 의해 결정된다.

Q. 메타분석을 수행하는데 필수적인 정보는 무엇인가?

연구결과를 결합하려면 개별 연구의 연관성 추정치 측정값과 추정치의 표준오차 또는 95% 신뢰구간(CI)이 필요하다.

Q. 1차 연구 간에 이질성은 어떻게 판단하는가?

널리 인정되는 자동화된 정량적 측정 방법이 없다면, 방법론적 이질성이 너무 높은지를 판단하는 것은 주관적이다. 이질성은 연구설계 차이, 노출 및 결과에 대한 분석적 평가, 여러 연구에 걸친 모집단 간 차이와 같은 방법론적 차이에서 발생할 수 있다. 따라서 연구의 모집단, 연구설계, 노출 또는 결과의 특성을 기반으로 메타분석의 수행 여부를 판단할 수 있다. 또는 통계적 이질성을 정량적으로 탐색하는 방법을 참조할 수 있으나, 메타분석 수행 여부는 통계적 이질성에 기반하여 결정해서는 안된다.

Q. "연구의 질"로 메타분석 수행 여부를 결정할 수 있는가?

연구의 질은 개별 연구에서 방법론적 엄격성(무엇이 수행되었는지)과 보고의 완결성 또는 정확성(무엇이 보고되었는지)에 대한 평가가 포함된다. 검증된 비뚤림 위험(risk of bias) 도구는 체계적 문헌고찰에 포함된 개별 연구를 평가하여 결과 합성과 해석하는데 정보를 제공한다. 방법론적 엄격성이 부족하고 개별 연구에 대한 불완전하거나 부정확한 보고는 합성 결과에 비뚤림을 발생시키고 메타분석 해석과 일반화를 제한할 수 있다. 따라서 포함된 1차 연구 전체에서 잠재적인 비뚤림을 체계적으로 평가해야 한다. 일반적으로 방법론이 불충분하여 메타분석에서 연구를 제외하기로 결정할 경우에는 가능한 근거 전반의 비뚤림 정도를 평가하고, 그 결과를 공개하는 것이 중요하다. 메타분석에 포함된 일부 연구에 비뚤림 위험이 있는 경우 방법론적 특징에 따른 층화를 통해 해결하는 방법도 있다.

[BOX 9-1]은 메타분석을 수행할지 여부를 결정할 때 고려해야 할 요인들을 정리한 것이다. 이러한 내용에 근거하여 메타분석이 실행 가능한지를 신중하게 고려하고, 메타분석이 실행 가능하지 않거나 의미가 없다면 서술적 또는 기술적 데이터 합성을 통해 결과를 비-정량적으로 요약한다. 서술적 근거 합성이 메타분석에 비해 반드시 더 나쁘거나 낮은 것은 아니며, 서술적 합성에 포함된 연구의 수와 연구 간 방법론적 차이에 따라 서술형 근거 요약을 작성하는 것이 메타분석에 비해 더 어려울 수도 있다(4).

Box 9-1 메타분석 수행 여부 결정 시 고려 항목

- 연구마다 서로 다른 방법을 사용하여 노출 또는 결과를 정의한 연구
  - 1차 연구에서 독립 변수와 종속 변수에 대한 정의가 상이한 경우
- 각 연구마다 서로 다른 연구설계(study design)를 사용한 경우
- 각 연구에서 효과 추정치를 산출하는 데 사용한 분석 및 방법이 상이한 경우
- 결과에 영향을 미칠 수 있는 변수에 차이가 있는 경우
  - 연구마다 혼란 변수를 서로 다른 수준에서 보정하는 경우
- 각 연구에 포함된 대상자(populations)의 분포가 매우 다양한 경우
- 연구의 질 또는 비뚤림 위험(risk of bias)이 연구마다 다양한 경우
- 연구 간의 차이를 설명할 수 있는 의미있는 분석을 할 수 있는 연구 수가 부족한 경우

2) 메타분석의 기본 개념과 모형 이해

(1) 메타분석이란(meta-analysis)?

메타분석은 여러 개의 개별 연구(study)의 효과 크기(Effect Size, ES)들을 통계적으로 합성하여, 통합 효과 추정치(pooled effect size) 또는 단일 요약 효과(summary effect)를 산출하는 방법이다(그림 9-2). 즉, 여러 연구에서 수행된 복잡한 개입을 통해 산출된 정량적 결과를 하나로 통합하여, 개별 연구보다 더 일관되고 의미있는 결과를 도출하는 것이다. 여기서 효과 크기란, 노출(exposure)과 결과(outcome) 간의 관련성을 의미하는 추정치를 의미하는데(5), 의학적 개입을 다루는 메타분석에서는 효과 크기를 치료 효과(treatment effect)라고 부르는 경우가 많으며, 일반적으로 오즈비, 위험비 또는 위험 차이를 사용한다. 보건 사회 · 분야 메타분석에서는 효과 크기는 두 변수 간의 관계 또는 두 집단 간의 차이를 정량화하는 데 사용한다(8).

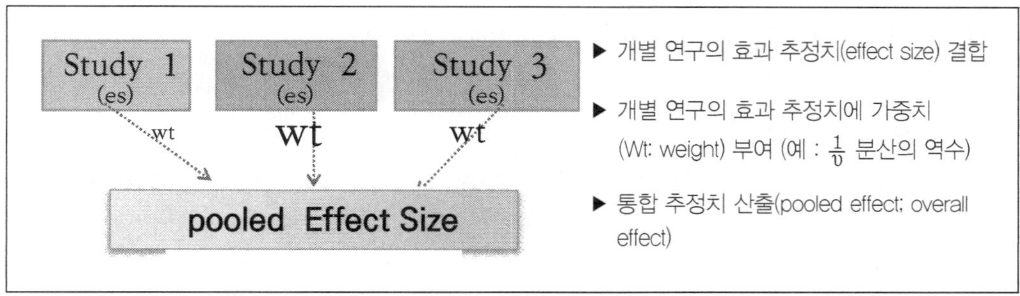

[그림 9-2] 메타분석(meta-analysis)의 개념

[그림 9-3]은 표본 크기(N)가 다양한 연구(study) 6개를 메타분석을 통해 정량적으로 합성한 결과이다. 개별 연구에서 보고한 추정치인 효과 크기(3번 사각형과 내부 세로선)과 추정의 통계적 유의성을 의미하는 신뢰구간(6번 가로 실선), 개별 연구의 추정값에 부여하는 가중치(사각형 크기)를 확인할 수 있다. 개별 연구의 추정값들을 합성하여 산출한 통합 효과 크기(pooled effect size)는 메타분석 모형(고정효과, 임의효과)별로 제시(다이아몬드, 세로 점선)되어 있다. 연구 중 모집단 효과 크기를 완벽하게 추정하지는 않지만(추정 직사각형들이 수직점선에 완벽하게 위치), 표본 크기가 큰 연구일수록 더 정확하게 추정하는 경향이 있으며, 모든 연구의 신뢰구간은 모집단 효과 크기(population effect size)를 포함하고 있는 것을 확인할 수 있다.

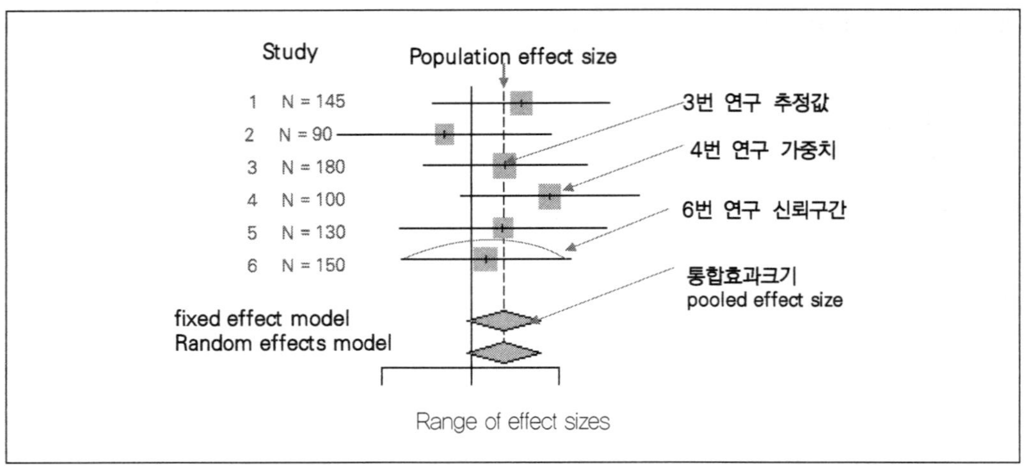

[그림 9-3] 효과 크기 추정치(effect size estimates) 개념

메타분석은 사전에 정해진 선별 기준으로 선택된 문헌을 포함하여 편견 없이 체계적 문헌고찰에서 시작해야 한다. 일반적으로 메타분석은 [그림 9-4-a]와 같이 체계적 문헌고찰의 일부에 해당하며, 체계적 문헌고찰의 마지막 단계에서 메타분석을 수행하여 통계적으로 결과를 합성한다.

반면에 효과 크기가 연구마다 이질적인 경우에는 메타분석을 수행하는 것이 바람직하지 않기 때문에, 이질성을 고려한 통계적 방법을 이용하거나 체계적 문헌고찰의 서술적 합성방식으로 결과를 제시할 수 있다. 따라서 메타분석과 체계적 문헌고찰은 동의어(synonymous)로 볼 수 없다.

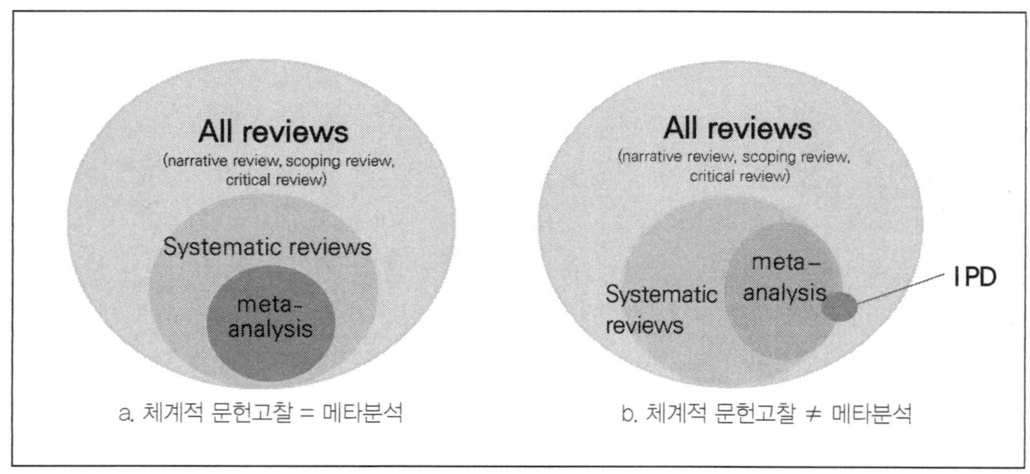

[그림 9-4] 체계적 문헌고찰과 메타분석

일부 연구는 [그림 9-4-b]와 같이 체계적 문헌고찰 없이 메타분석만을 수행하는 경우가 있다. 예를 들면, 메타 분석자는 1차 연구 저자들에게 연락을 취해 개별 연구에 포함된 환자 단위 자료를 수집하여 원시 자료를 합성(data pooling)한다. 이 때 메타분석의 대상은 출판 문헌(published studies)이 아닌 '개별 환자 데이터(Individual Patient Data, IPD)'를 이용한다(6).

(2) 자료의 유형 및 효과 크기

① 이분형 자료(dichotomous data)와 효과 크기

사례-대조(case-control) 연구에서 특정 위험의 노출 여부 또는 중재(intervention) 연구에서 결과의 개선 여부와 같은 두 범주형(categories) 자료를 빈도수(n)와 교차표(cross-tabulation)를 통해 관찰할 수 있다(7).

- **자료 특성** : 전체 대상자 수(Ni)에서 결과에 해당하는 사건(event)의 발생 빈도 수(ni)를 기반으로 하는 이분형(dichotomous) 변수이다.
- **효과 크기**
  - 상대 위험비(Risk Ratio, RR) : 특정 기간 동안 각 집단에서 사건(event)이 발생할 확률(probability)의 비율을 비교
  - 오즈비(Odds Ratio, OR) : 위험 노출 집단에서 사건이 발생할 오즈(odds)와 위험 비-노출집단에서 사건이 발생하지 않을 오즈(odds) 간 비교
  - 위험 차이(Risk Difference, RR) : 집단 간의 특정 사건의 발생 확률 또는 위험률 차이

[표 9-1] 메타분석 수행을 위한 이분형 자료와 효과 크기

	사건발생(event)	비-사건(non-event)	전체(total)
노출군(exposed)	a	b	a+b
비-노출군(unexposed)	c	d	c+d

- 1) 위험 노출군에서 사건 발생 확률 :	a/a+b = R1
- 2) 위험 비-노출군에서 사건 발생 확률 :	c/c+d = R2
1)과 2) 사건 발생 비율 (risk ratio) :	R1/R2
- 1) 위험 노출군에서의 사건 발생 오즈(odds):	a/b
- 2) 위험 비-노출군에서의 사건 발생 오즈(odds) :	c/d
1)과 2)의 사건 발생 오즈비(odds ratio) :	ad/bc
- 1) 위험 노출군에서 사건 발생 확률:	a/a+b = R1
- 2) 위험 비-노출군에서 사건 발생 확률 :	c/c+d = R2
1)과 2)의 사건발생 위험 차이(risk difference):	R1 - R2

② 연속형 자료(continuous data)와 효과 크기

연속형 자료는 측정한 값이 연속형인 데이터를 의미하며, 혈압, 체중, 혈당 수치 등이 이에 해당한다.

- **자료 특성** : 동일 집단에 대한 사전 · 사후(pre-post) 또는 두 독립적인 집단(independent groups) 간의 평균 차이를 비교하며, 대상 집단 간 평균(mean)과 표준편차(Standard Deviation, SD) 또는 표준오차(Standard Error, SE)를 사용한다.
- **효과 크기**
  - 비표준화 평균 차이(Mean Difference, MD): 연구 집단 간(between-group)에 동일 단위나 동일한 척도를 사용한 경우에 원시(raw) 데이터의 평균 차이(difference in means)를 산출한다.
  - 표준화된 평균 차이(Standardized Mean Difference, SMD): 연구 집단 간 서로 다른 측정 단위 데이터를 비교할 경우 사용하며, 집단 간 평균의 차이를 각 집단의 표준편차로 표준화하여 산출한다.
  - (표준화) 평균 차이(Mean Difference): 동일 집단(within-group)에 대하여 두 시점(예: 중재 전과 중재 후)의 차이를 조사할 때 집단 내 비표준화 차이 또는 표준화 평균 차이 산출한다(7).

③ 상관관계 자료(correlations, r)와 효과 크기

상관관계는 연속형의 두 변수 간 공변량(covariation)을 나타내는 효과 크기이며, 가장 일반적인 형태는 피어슨 상관관계(Pearson's correlations)이다.

- **자료 특성**: 두 연속형 변수 간의 관련성을 분석하고자 할 때, 상관관계 계수(correlations coefficient, r)를 효과 크기로 이용한다.
- **효과 크기**
  - 상관관계 계수 r은 두 변수 간 공변량을 표준편차(SD)로 표준화하여 산출한다.
  - 1차 연구에서 관찰한 r 값들을 합성하거나, 보고하는 다양한 결과를 r로 변환할 수 있다(8).

④ 일반화 자료(generic data)와 사전에 계산된 효과 크기

1차 개별 연구에서 보고한 원시 효과(original effect) 크기를 산출하기 위해 필요한 통계 정보를 추출하는 것이 불가능한 경우가 있다. 예를 들어, 개별 1차 연구에서 최종 결과로 오즈비를 보고했으나, 원 저자가 이 효과 크기를 산출하는데 필요한 이변량 데이터(binary data)를 공개하지 않았다면, 최종 결과인 오즈비를 메타분석에서 사용하

는 경우가 있다. 이때 개별 연구에서 보고한 최종 결과 또는 개별 효과 크기를 일반화 자료(generic data)라고 한다.

- **자료 특성** : 일반화 자료(generic data)는 개별 연구에서 제시한 통계적 결과 또는 개별 효과 크기로, 공변량(covariate) 포함 여부에 따라 보정된 일반화 자료(adjusted generic data)와 비-보정된 일반화 자료(non-adjusted generic data) 또는 단일 독립 변수만 포함된 cluade 자료로 구분할 수 있다.
- **효과 크기**
  - 1차 연구에서 보고한 일반화 자료(generic data)를 통해 산출한 효과 크기를 '사전에 계산된 효과 크기(pre-calculated effect sizes)'라고 한다.
  - 사전에 계산된 효과 크기의 대부분은 1차 연구에서 변수 간의 연관성 정도를 나타내는 오즈비(Odds ratio, OR), 상대 위험도(Risk ratio, RR), β계수(Beta coefficient), 위험비(Hazard Ratio, HR) 등이며, 이들을 동일한 유형의 효과 크기로 전환하여 통합 효과 크기를 산출한다(9).

(3) 자료 유형과 효과 크기의 선택

첫째, 여러 연구에서 산출된 효과 크기들은 대략적으로 동일한 것을 측정하는 것임을 전제로 서로 비교 가능해야 한다. 즉, 효과 크기는 연구설계의 여러 특성(표본 크기, 공변량 여부)에 영향을 받아서는 안된다.

둘째, 효과 크기 추정치는 출판된 문헌에서 보고될 가능성이 높은 정보를 바탕으로 계산할 수 있어야 한다. 즉, 원자료(raw data)를 재분석할 필요가 없으며, 만약 원자료가 공개되어 있다면 재분석이 가능해야 한다.

셋째, 효과 크기는 적절한 통계적 특성을 갖추고 있어야 한다. 예를 들어, 그 표본 추출 분포를 통해 분산 또는 신뢰구간을 산출할 수 있어야 한다. 또한 효과 크기는 실질적으로 의미가 있어야 한다. 만약 효과 크기가 본질적으로 의미가 없다면, 다른 척도로 변환하여 제시하는 것도 가능하다. 예를 들어, 로그-위험 비(log risk ratio)를 분석에 사용했더라도, 이를 위험 비(risk ratio) 또는 직관적인 위험도(risks)로 변환이 가능하다.

1차 연구(primary study)에서 사용하는 자료는 일반적으로 3~4가지 효과 크기 범위로 제한되며, 이로 인해 효과 크기 선택 과정이 비교적 간단한 편이다. 만약 개별 연구에서 두 집단의 평균(means)과 표준편차(standard deviations)에 기반한다면 적합한 효과 크기는 일반적으로 원시값(raw)의 평균 차이(difference in means), 표준화 평균 차이(standardized difference in means), 또는 반응 비(response ratio)가 될 수 있다. 1차 연구가 사건(events) 또는 비-사건(non-events)과 같은 이분형(binary) 결과를 기반으로 한다면, 적합한 효과 크기는 위험비(risk ratio), 오즈비(odds ratio), 위험 차이(risk difference)가 될 수 있다. 이외에 1차 연구가 두 변수 간의 상관계수(correlation coefficient)를 보고한다면, 그 자체가 효과 크기의 역할을 할 수 있다(10).

[표 9-2] 메타분석 수행을 위한 자료 유형 및 효과 크기

<table>
<tr><th>효과 크기</th><th>자료 유형 및 정보</th></tr>
<tr><td>평균 차이
(Mean difference, MD)
표준화 평균차이
(Standardized Mean difference, SMD)</td><td>연구명(ID)
집단1 대상자 수(number of individuals in G1)
집단1 평균값(mean value in G1)
집단1 평균에 대한 표준편차(standard deviation of the mean in G1)
집단2 대상자 수(number of individuals in G2)
집단2 평균값(mean value in G2)
집단2 평균에 대한 표준편차(standard deviation of the mean in G2)</td></tr>
<tr><td>오즈비
(Odds ratio)</td><td rowspan="2">연구명(ID)
사례 수(number of cases)
사례 내 사건 수(number of events in cases)
사례 내 비-사건 수(number of non-events in cases)
대조군 수(number of controls)
대조군 내 사건 수(number of events in controls)
대조군 내 비사건 수(number of non-events in controls)</td></tr>
<tr><td>상대위험비
(Relative risk, RR)</td></tr>
<tr><td>상관관계 계수
(Correlation coefficient, r)</td><td>연구명(ID)
연구 대상자 수(study size)
상관계수(correlation coefficient)
95% 신뢰구간(95% confidence interval)</td></tr>
<tr><td>Beta/OR/RR
from generic data</td><td>연구명(ID)
연구 대상자 수(study size)
일반화 자료(generic data)
95% 신뢰구간(95% confidence interval)</td></tr>
</table>

출처: Glisic et al., 2023

3) 메타분석 모형(meta-analytic models)

(1) 메타분석 모형의 유형과 주요 특성

통계학에서 모형(model)의 주요 기능은 주어진 정보에 기반하여 개념과 기초를 형성한다. 메타분석에서 정보는 1차 연구에 포함된 효과 크기이며, 메타분석에서 모형은 관찰된 정보가 생성되는 과정을 설명하기 위해 사용하는 도구이다. 메타분석의 최종 목표는 근거 합성에 포함된 개별 연구에서 보고한 효과 크기들을 통합된 하나의 수치로 제시하는 것이다. 이 과정에서 메타분석 모형은 관찰된 연구결과들이 '얼마나 다른가?' 그리고 '왜 다른가?'를 설명할 수 있어야 한다(9). 이러한 질문에 답변하기 위해서 사용하는 메타분석의 모형에는, 두 가지 유형인 고정효과(fixed effect) 모형과 임의효과(random effect) 모형이 있다.

① 고정효과(fixed effect)

고정효과 모형은 모든 효과 크기가 동일한 모집단에서 나온 것이라고 가정한다. 모든 개별 연구는 동일한 효과 크기(θ)를 가진다고 가정하며, 유일하게 연구 간에 효과 크기가 다르게 나타날 수 있는 요인은 표집 오류(sampling error) 때문이라고 간주한다(7). 즉, 각 연구는 무한히 큰 연구 모집단에서 표본을 추출하기 때문에, 표집 오차의 영향을 받으며, 이로 인해 관찰된 효과 크기는 전체 효과 크기(θ)와 차이가 발생할 수 있다(8).

② 임의효과(random effect)

임의효과 모형은 독립적으로 수행된 개별 연구들로부터 자료를 수집하였기 때문에 모든 연구들이 동일하다고 가정하지 않는다. 임의효과 모형의 핵심은 연구 대상자나 중재(intervention) 방법, 연구설계와 같이 결과에 영향을 미칠 수 있는 요인들이 서로 다르기 때문에 연구별 개입 효과에 분포가 존재한다는 것이다(11).

(2) 고정효과 모형과 임의효과 모형의 차이

① 개념적 차이

고정효과(fixed effect) 모형과 임의효과(random effect) 모형 간의 개념적 차이는 [그림 9-5]를 통해서 설명할 수 있다.

임의효과(random effectg) 모형은 여러 연구별로 개입 효과(intervention effect)에 분포가 존재한다(그림 9-5-A). 각 연구의 규모가 매우 크다면, 연구 간 발생하는 효과 크기의 변동성(variation)은 개입의 효과 차이를 반영하는 것이며, 이는 연구 간 환자 또는 개입 특성의 차이 때문으로 간주할 수 있다. 여기서 연구별로 개입 효과의 분포는 일반적으로 평균을 갖는 정규 분포를 따른다고 가정하며, 개별 연구 효과 크기의 신뢰구간(confidence interval)은 단일 모집단 효과 크기(μ)와 반드시 겹치지 않는다(11). 임의효과 모형은 중심 경향(μ)과 표준편차(τ)로 표현되는 모집단 효과 크기의 분포를 추정하는데, 이를 통해 추정된 결과를 잠재적인 연구 전체 집단에 결과를 일반화하는 것이 임의효과 모형의 연구 목표이다(8).

고정효과 모형의 기본 개념은 개별 연구마다 관찰된 효과 크기가 서로 다를 수 있으나, 모든 연구의 실제 효과 크기는 모두 동일하게 고정되어 있다(그림 9-5-C). 또한 개별 연구에서 보고된 효과 크기들이 세타(θ)로 표시된 단일 모집단 효과 크기와 신뢰구간이 겹치게 되는데, 이는 동일한 모집단에서 추출된 연구들이 표집 과정의 변이(variaton)로 인해 연구 효과 크기에 편차(연구 별 신뢰구간)가 발생했다는 것이다(11). 실제로 메타분석에서 고정효과 모형은 모든 연구의 실제 효과 또는 결과가 동질적이라는 가정(θi)가 모든 k 연구에서 공통된 값 θ와 같다고)을 하지 않는다. 즉, 고정효과 모형은 이질성 하에서 유효한 추론이 가능하다.

동질한 모집단에서 추출된 개별 연구 간 효과 크기가 동질하다는 의미에서 고정효과 모형의 특수 형태인 '일반 효과(common effect)' 또는 '동일 효과(equal effects)' 모형이 있다(그림 9-5-B). 일반효과 모형은 연구 효과들이 실제로 동질적이거나, 분석 대상이 매우 유사한 특성을 갖는 연구 집합에 적용가능하다. 예를 들어, 동일한 프로토콜과 연구 대상을 사용한 임상시험들이 이에 해당한다. 그러나 효과 크기들이 실제로 일치성에서 벗어난다면, 이 모형을 사용하는 것은 부적절하며, 추정의 효율성을 잃게 될 수 있다(8).

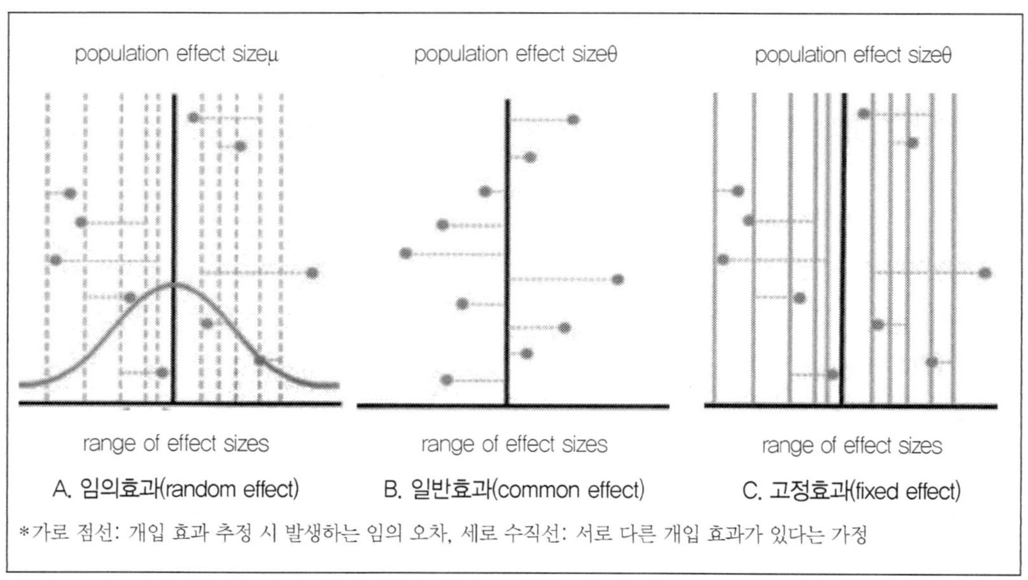

[그림 9-5] 체계적 문헌고찰과 메타분석

② 분석적 차이

고정효과 모형에서 각 연구의 효과 크기는 두 가지 구성 요소의 함수로 간주된다. 하나의 모집단 효과 크기(θ)와 해당 연구의 모집단 효과 크기에 대한 편차(deviation, εi)이다. 모집단 효과 크기는 알려지지 않았지만, 연구 전체의 효과 크기의 가중 평균(weighted average)으로 추정된다. 어떤 연구의 효과 크기가 이 모집단 효과 크기에서 벗어난 편차(εi)는 알려지지 않았으나, 이질성 검증을 통해 연구의 표준오차(standard errors)로부터 이러한 편차의 분포를 추론할 수 있다. 여기서 이질성 검증은 이러한 편차 변동성이 단지 표본 추출 변동만으로 기대하는 것보다 크지 않다는 '귀무 가설'과 이러한 편차가 표본 추출 변동에 의한 것보는 것보다 크다는 '대립가설'을 적용한다.

고정효과 모형을 적용한 메타분석에서 유의미한 이질성이 있을 경우, 이질성을 체계적으로 설명하기 위해 조절 변수를 이용할 수도 있다. 또한 대안적인 방법으로 이질성을 임의효과(random effect) 모형 내에서 실행하는 것이다. 고정효과 모형과 임의효과 모형의 주요 차이점은 고정효과 모형은 단일 모수(parameter)로 모집단의 효과 크기(θ)가 있는 반면에 임의효과 모형에는 두 개의 모수(parameter)인 모평균(μ)과 연구 간 편차(εi)로 구성되어 있다. 즉, 임의효과 모형은 평균 모집단 효과 크기뿐만 아니라, 효과 크기의 모집단 변동으로 인해 연구 효과 크기에서 발생하는 변동성을 추정까지 할 수 있다. 임의효과 모형에서 개별 연구들이 전체 모집단의 효과(population effect sizes)로부터 얼마나 벗어났는지에 대해 연구 간 실제적인 효과의 차이(이질성)에 의한 것인지, 아니면 표본 추출 오차(sampling error)인 추정 오차(estimation variance) 때문인지를 메타분석 과정에서 변동성을 구분하여 산출할 수 있으며, 이 차이를 이해하는 것이 이 임의효과 모형의 핵심이라고 할 수 있다. 여기서 모집단 효과 크기 분포의 중심 경향성은 연구에서 나온 효과 크기의 가중 평균(weighted mean of effect sizes)으로 추정하는 방법을 권장한다(8).

③ 해석적 차이

고정효과 모형과 임의효과 모형을 사용할 두 방법에 적합한 해석의 차이를 이해하는 것이 유용하다.

고정효과 모형을 사용하는 메타 분석가들은 해당 메타 분석에 포함된 특정 연구 집합에 대해서만 결론을 내리는 것이 바람직하며, 이를 조건부 추론(conditional inferences)이라고 한다. 반면에 임의효과 모형은 해당 분석에 포함된 1차 연구를 넘어서 이 연구들이 대표하는 잠재적 연구 전체에 일반화할 수 있는데 이를 무조건적 추론(unconditional inferences)이라고 한다.

Box 9-2 고정효과 모형과 임의효과 모형 해석

- 고정효과 모형을 이용한 조건부 추론(conditional inferences)
  - "이 연구들에서는... 보고했다"라는 유형의 진술로 결론을 제한함
- 임의효과 모형을 이용한 무-조건부 추론(unconditional inferences)
  - 보다 포괄적이고 일반적인 진술 가능
    "문헌에서 보고한 바에 따르면... (the literature finds....)"
    "X와 Y 사이에 ..... 강도의 연관성이 있다(there is this magnitude of association between X and Y)"
  - "이 연구들(these studies)"과 같이 연구를 제한하는 단어 생략 가능

대부분 메타 분석가들은 일반화된 진술, 즉 무-조건부 추론을 내리기를 원하는 경우가 많으며, 실제 임의효과 모형이 더 적합한 상황들이 많이 있다. 그러나 실제로는 메타분석에서 고정효과(fixed effect) 모형을 사용했지만, 일반화된 해석을 통한 결론을 내리는 경우가 있는데 이는 부적절하다. 메타분석의 통계 모형(고정효과 vs. 임의효과)의 방법론에 따라 적절한 방식을 선택하고, 그에 따른 해석과 결론을 신중히 내려야 한다(8).

[표 9-3] 메타분석 모형의 유형과 특성

구분	고정효과 모형 (fixed-Effect)	일반효과 모형 (common Effect)	임의효과 모형 (random-Effects)
가정	- 동일 모집단에서 연구들이 추출되었다고 가정 - 연구 간 효과 동일	연구 간 효과 동일	- 연구 효과는 모집단에서 추출된 분포에 따름 - 연구 효과들은 이질적
연구 목표	확인된 모집단에 대한 효과 크기 추정	효과가 동일하다는 전제 하에 최대 정밀도 추정	모든 효과 크기의 평균을 추정(효과의 이질성 인정)
결과 해석	조건부 추론: 동일 연구 집합 내에서 결과 유효	동일 효과 가정하에서 유효. 일반화 불가	모집단 전체 또는 보다 넓은 범위에 일반화 가능
통합 추정치	통합 추정치는 공통 효과로 하나임		통합효과는 모든 연구 효과의 평균
효과의 차이	효과 차이 없으며, 만약 있다면 표본 추출 오차에 의한 것임	효과 차이가 없다는 가정 하에 적용	- 연구 간 효과 차이 존재 - 분포의 기댓값과 분산 추정
효과 추정 방법	가중 평균(역분산 가중치)		- 분포 전체 추정 - 효과 크기의 평균과 분산
이질성 없음	올바른 통계적 추론 가능	이질성에 대한 고려 불필요	고정효과 보다 p-값이 더 크고, 신뢰구간이 더 넓음
이질성 높음	임의 효과 모형보다 잘못된 결과 가능성 높음		올바른 평균 추정치를 가지지만, 너무 넓은 신뢰구간 및 큰 p-value를 가짐
주의 사항	효과가 실제로 다르더라도 모형 적용할 수 있으나 비효율적임	효과가 동일하다고 판단될 때 적합한 방법임	규모가 큰 연구의 영향력이 상대적으로 작아지고, 보다 균등한 가중치 적용

출처: Harrer et al., (2021); Glisic et al., (2023); McKenzie & Veroniki (2024).

Box 9-3 메타분석 수행 이전 용어 알기

- **효과 크기(effect size, ES)**: 메타분석에서 사용하는 단위로, 두 변수 간의 관계에 대한 정보 또는 집단 간 차이(크기, 방향)를 의미
  - 평균(means), 백분율(percentage), 상관 관계(correlation), 오즈비(odds ratio) 등
- **통합(pooling)**: 유사한 연구의 결과를 종합하여 평균화(averages)하는 수학적 절차임
  - 평균화 과정에서 결과 값이 더 정확한(precise) 연구에 더 큰 가중치(weight) 부여
- **통합 효과 크기(pooled effect size)**: 통합추정치(pooled estimate); 요약 추정치(summary estimate)
  - 개별 연구결과(outcomes)들을 통계적으로 통합(pooling)하여 얻은 산출 값
- **표준편차(standard deviation)**: 표본의 평균으로부터 관측값들이 얼마나 떨어져 있는지를 나타내는 지표로, 관측치의 변동성을 측정하는 데 사용되며 분산의 제곱근으로 계산
- **분산(variance)** : 표본의 평균으로부터 관측치의 값이 평균으로부터 얼마나 떨어져 있는지를 나타내는 지표. 데이터의 변동성을 나타냄
- **가중치(weight)** : 통계 분석에서 각 집단이 분석에 미치는 영향의 상대적 크기를 결정하는 값
  - 일반적으로 가중치는 분산의 역수(inverse variance)를 적용함
- **표준오차(standard error, SE)**: 표본분포의 표준편차(standard deviation)로서, 표본을 반복적으로 추출했을 때, 모집단의 실제 값으로부터 얼마나 떨어져 있는지를 나타내는 표본 분포의 변동성
  - 표본의 크기가 크면 표준오차(SE)의 크기는 작아짐
- **신뢰구간(confidence interval)**: 모수가 포함될 확률이 되는 추정 구간
- **표집 오차(sampling error)**: 모집단에서 표본을 추출할 때 발생할 수 있는 오차
- **결과의 정밀도(precision)**: 평균의 표준오차(standard error)에 의해 결정
  - SE는 표준편차(SD)가 작고, 표본 크기(N)가 클수록 작음
  - SE가 작을수록 결과의 정밀도가 더 높다는 것을 의미함
- **이질성(heterogeneity)**: 개별 연구 효과의 가변성 또는 변동성(variability)
  - 연구 간의 임상적 또는 방법론적 다양성의 결과로 볼 수 있음

3 메타분석 준비

1) 추출 정보 정리 및 검토

(1) 추출 정보 정리 및 요약

메타분석을 수행하기 이전에 사전에 등록한 프로토콜에 기반하여 분석에 필요한 정보 또는 변수들을 표로 정리하는 것이 중요하다. [표 9-4]에 제시된 예시는 혼인 상태와 자살 간의 연관성을 파악하기 위해 1차 연구의 주요 정보를 입력하기 위해 마련한 가상의 '입력 서식(coding forms)'이다.

[표 9-4] 메타분석 추출 정보 및 입력 서식(혼인상태와 자살 생각 가상 예시)

	변수명		변수 설명	코딩방법(예시)
charac-teristics of studies	study_id		meta 수행 논문 번호	
	country		연구 수행 국가	국가명 작성(영문) : 국가가 여러 개일 경우, 한 개의 열(row에 하나씩 기입)
	study year	follow-up period	코호트 연구: 관찰기간	숫자 기입(예: 5)
		extraction year	단면연구: 조사 연도, 코호트 연구 기간	숫자 기입(예: 2005)
	measure of association		결과 측정 단위	OR, RR, HR 등
	type of integration		혼인 상태 변수 (위험 변수)	비교하는 위험 변수가 여러 개일 경우, 한 개의 열(row)에 하나씩 기입 - married vs non-married - married vs divorced - married vs widowed
	Sex		성별	F(여성), M(남성), Both(남녀 전체)
	age gorup		연령별 층화 범위	연령 그룹이 여러 개일 경우, 한 개의 열(row)에 하나씩 기입 - 30-64 - 65+
	sub-sample size		혼인 상태 변수 (case & control) 별 표본수	- (married & non-married), (married & divorced), (married & widowed)
outcome (adjusted)	adj_association		통제변수가 보정된 효과 크기 - ref를 married (기혼)으로 할 것: (기혼) vs 1(기혼 이외)	1) ref가 married인 경우, 제시된 효과크기 그대로 기입 2) ref가 married가 아닌 경우, 효과 크기의 역수(formula 1/OR to convert) 전환
	CL low		효과크기의 신뢰구간: 하한 값	숫자 기입
	Cl_Upper		효과크기의 신뢰구간: 상한 값	숫자 기입
	beta		회귀계수(regression coefficient)	제시된 경우에만 기입
	SE		효과 크기에 대한 표준오차, 미제시(신뢰구간)	1) 제시된 경우: 제시된 값 기입 2) 제시되지 않은 경우, CI 값을 통해 산출 - 95% 인경우, SE = (upper limit - lower limit) / 3.92 - 90% 인 경우, SE = (upper limit - lower limit) / 3.29 - 99% 인 경우, SE = SE = (upper limit - lower limit) / 5.15 제시된 경우에만 기입
	p-value		효과 크기에 대한 P-value	제시된 경우에만 기입
	Non-exposed prevalence		결혼한 사람 중 자살률: 백분율	% 기입(제시된 경우: 제시된 값 기입)

첫 번째 열에는 변수명을 기입하고, 두 번째 열(column)에는 변수에 대한 설명을 기술

하고, 세 번째 열(column)에는 변수의 주요 정보 및 수치를 입력하는 방법을 검토자들이 충분히 이해할 수 있도록 상세하게 기술한다. 또한 연구질문에 따라 연구에서 추출하는 데이터의 방향을 제시하는 것이 좋다(4).

(2) 추출 정보 검토

1차 연구에서 보고한 정보를 메타분석에 사용하기 위해서는 다음과 같은 검토 과정과 확인 및 조정을 거쳐야 한다.

- 각 연구에서 추출한 결과를 데이터의 유형에 따라 이분형(dichotomous) 또는 연속형(continuous) 결과를 입력 구조 및 기준에 따라 입력했는지 검토해야 한다.
- 연구에서 결과를 보고할 때 서로 다른 단위를 사용하는 경우, 결합하기 전에 일관성을 위해 단위를 변환해야 하는데, 연구 추정치를 수학적으로 결합하기 전에 제시할 단위(units)와 척도(scales)를 결정한다.
- 개별 연구에서 보고하는 중심 경향(central tendency)과 산포(spread)와 같은 요약 통계량(summary statistics)을 이해하고, 이들을 공통으로 평균(mean)과 표준편차(SD)로 변환하는 게 좋다. 또한 중심 경향 및 산포를 보고하지 않는 연구는 메타분석에서 제외하되, 이를 사용할 수 없는 이유에 대해 논의해야 한다.
- 결과가 연속형 변수인 경우에 정규 분포인지 확인이 필요하며, 비정규 분포(non-normal distributions)를 변수에 대해서는 효과 크기 합성을 위해 로그 전환(log transformation)을 통해 값을 변환한다.
- 분위수(quantiles)와 같이 여러 수준에서 노출 위험을 반영하는 자료에 대해서 보다 신중해야 한다. 예를 들어, 영양학에서 영양소 수준을 상위 노출 수준과 하위 노출 수준에서만 위험 추정치를 추출하면 중요한 정보가 손실될 우려가 있기 때문에 분위수의 범위를 다양하게 하는 방법도 고려한다.
- 연구에서 연속적인 노출(continuous exposures)에 대한 노출 범주(exposure categories)를 정의하기 위해 선행 연구를 충분히 검토하여 여러 개의 기준점(cut-points)을 고려하는 것이 좋다(4).
- 개별 연구마다 개입 효과에 대한 실험군(case)과 대조군(control) 선정이 다를 수 있기 때문에 메타분석을 수행하기 이전에 프로토콜을 통해 모든 개별 연구의 실험군-대조군 일치시키고, 개입 효과 방향을 조정한 이후 효과 크기를 입력해야 한다.

(3) 메타분석을 위한 자료 입력 구조

메타분석을 수행하기 위해서는 데이터의 위계적 구조를 추출 양식에 반영해야 한다.

특히, 단일 연구 내에서 동일한 구성에 대해 하나의 효과 크기만 사용할지, 아니면 사용 가능한 효과 크기를 모두 분석에 사용할지 결정해야 한다. 동일한 연구에서 나온 여러 효과 크기는 메타분석 데이터를 풍부하게 하고, 다양한 변수의 조정을 통해 이질성을 조사할 수 있다(12)

동일한 연구에서 표본(sample), 시점(time point), 결과(results)를 다양하게 분류하여 여러 번 보고할 수 있으므로, 중요한 정보를 누락하거나 중복되지 않도록 입력 구조를 고려해야 한다.

[표 9-5]와 같이 성별, 연령군과 같이 여러 집단별로 효과 크기를 분류하여 보고하는 경우, 추가된 하위 집단(sub-group) 변수는 문헌 ID에서 결과 입력 방향으로 확장하여 변수를 추가 입력하고, 변수별로 분류된 하위 집단(sub-group)에 문헌 ID를 동일하게 부여하여 스프레드시트(spreadsheet)의 하위의 행(row) 방향으로 결과를 입력하되 연구의 기본적인 정보는 동일하게 적용하여 일관성을 유지하도록 한다.

문헌 ID에서 study3와 study4는 단일 연구 내에서 두 개의 효과 크기를 보고하였다. ID study3은 19세 이상의 성인을 남성(F)과 여성(M)으로 구분하여 결과를 각각 보고하였고, 문헌 study4는 성별 구분 없이 남녀 전체(both)를 보고했으나, 연령을 기준으로 65세 이상과 미만의 두 집단으로 구분하여 각각 보고함으로써 연구 수(N)는 4편이지만 효과 크기(K)는 전체 6개이다(표 9-5).

[표 9-5] 메타분석 자료 입력 구조 예시

ID	gender	age	case			controls		
			N1	cases	non-cases	N2	cases	non-cases
study1	f	65≤	54	33	21	36	12	24
study2	m	65≤	60	53	7	24	9	15
study3	f	19≤	42	21	21	34	14	20
study3	m	19≤	56	31	25	29	8	21
study4	both	65≤	54	27	27	21	3	18
study4	both	65-	46	28	18	32	8	24

※ 표 내용은 가상 자료를 이용한 예시임

체계적 문헌고찰에서는 주요 연구결과를 요약하여 하나의 셀(cell)에 기술하는 것과 다르게, 메타분석을 수행하기 위한 자료는 [그림 9-6]과 같이 효과 크기 산출에 필요한 주요 통계 수치와 유의성 정보를 스프레드시트(spreadsheet)의 셀 하나에 개별적으로 입력해야 통합 효과 크기(pooled effect size)를 생성할 수 있다.

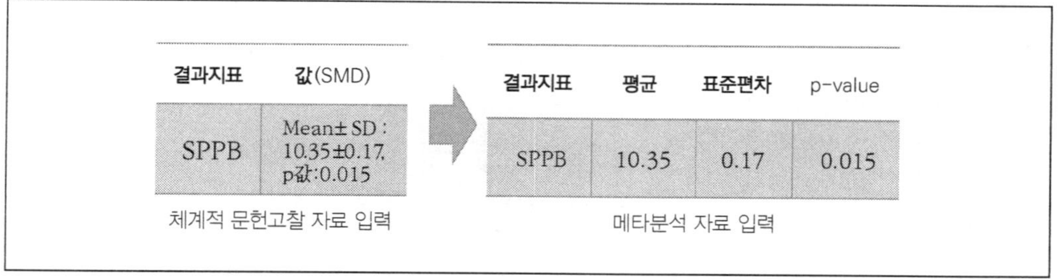

결과지표	값(SMD)
SPPB	Mean± SD : 10.35±0.17, p값:0.015

체계적 문헌고찰 자료 입력

결과지표	평균	표준편차	p-value
SPPB	10.35	0.17	0.015

메타분석 자료 입력

[그림 9-6] 체계적 문헌고찰과 메타분석 자료 입력(예시)

*SPPB(신체수행능력평가(short physical performance battery): 의자에서 일어나기, 보행 속도, 균형 지표

2) 자료 유형별 정보와 입력 구조

(1) 연속형 자료 정보와 입력(coding) 구조

특정 개입(intervention)에 대하여 실험군과 대조군 간에 연속형 결과(continuous data)를 비교하는 연구설계의 고찰 질문이 "단백질 섭취가 노인의 근감소증(sarcopenia)에 영향을 미치는가?"라고 한다면, [그림 9-7] 사례에서 제시하는 3단계 참고하여 메타분석 수행을 위한 핵심 정보와 입력 자료를 준비할 수 있을 것이다.

1단계는 연구질문에 기반하여 실험군과 대조군을 선정하여 연구의 방향성은 결정한다. 여기서는 개입에 따른 결과를 비교하기 위해 단백질 정상 섭취(normal intake)를 개입군(intervention)에 배정하고, 단백질 부족 섭취(abnormal intake)를 대조군(control, placebo)에 배정한다.

2단계는 실험집단과 통제집단 간의 연속형 결과를 비교하는 구조를 설정하기 위해 스프레드시트(spreadsheet)에 먼저 study ID를 입력하고, 이어서 실험군과 대조군의 순서로 통계량 입력 구조를 설정한다.

3단계는 개별 연구에 대해 실험군 결과의 평균(mean), 표준편차(SD), 표본수(N) 정보를 입력하고, 대조군도 동일하게 평균(mean), 표준편차(SD), 표본수(N)를 기입한다(13).

위와 같은 입력 구조는 각 연구의 식별을 명확히 하고, 비교 대상들을 체계적으로 정리하여 분석 프로그램과의 일관성을 유지하는 데 도움을 준다.

Step 1 : 고찰 질문?

Does protein intake play a role in risk of Sarcopenia in older adults? : Observational Study

개입(intervention)

실험군 vs. 대조군

결과 변수

– 효과 크기 산출 정보

– 효과 크기에 영향을 미치는 조절 변수

변수명	변수 설명
ID	연구 번호
study	저자출판
author	제1저자
year	출판연도
age	연령(연령 그룹 단위별로)
sample	전체 표본수
gender	성 (both, men, women)
intervention	**단백질 섭취 (protein intake)**
case	**normal (단백질 정상 섭취)**
control	**abnormal (단백질 부족 섭취)**
outcome	**sarcopenia (SPPB 점수)**
statistic	final value: 최종 시점에서의 추정값 change value : 통계량의 변화값
follow	조사 기간(week 주단위으로 환산)
case_mean	실험군 최종 시점의 평균/평균값의 변화
case_SD	실험군 최종 시점의 평균 표준편차/ 평균값 변화의 표준 편차
case_N	실험군 표본수
con_mean	대조군 최종 시점의 평균/평균값의 변화
con_SD	대조군 최종 조사 시점의 평균의 표준편차/ 평균 변화의 표준 편차
con_N	대조군 표본수

Step 2 : 실험집단과 통제집단 비교를 위한 구조 설정

	실험집단(case)			통제집단(con)		
study	case_mean	case_sd	case_N	con_mean	con_sd	con_N

case_mean: 실험군 평균 (or ΔDelta)

case_sd: 실험군 평균의 표준편차(or ΔDelta)

case_N: 실험군 표본수

con_mean: 대조군 평균 (or ΔDelta)

con_sd: 대조군 평균의 표준편차 (or ΔDelta)

con_N: 대조군 표본수

Step 3 : 개입 결과를 실험군과 대조군에 하위 집단 별로 입력 (예시)

author	year	age	gender	intervention	comparison	outcome	statistic	follow	case_mean	case_SD	case_N	con_mean	con_SD	con_N
aa	2012	65+	f	protein intake	Placebo	SPPB	final value	24	9.5	2.4	31	9.2	2.6	31
aa	2012	65+	m	protein intake	Placebo	SPPB	final value	24	11.5	2.2	31	9.3	2.5	31
bb	2015	70-85	b	protein intake	Control	SPPB	final value	12	10.3	1.5	42	10	1.8	38
cc	2017	65+	f	protein intake	Control	SPPB	final value	8	11.47	0.8	32	11.49	0.8	33
dd	2018	70+	b	protein intake	Placebo	SPPB	final value	12	11.3	1	15	10.3	1.9	13
ff	2022	60-75	b	protein intake	Placebo	SPPB	final value	12	12	0.7	58	12	0	56
gg	2019	65+	m	protein intake	Placebo	SPPB	final value	12	11.3	0.4	16	10.6	0.4	16

[그림 9-7] 메타분석: 이분형 자료 정보 및 입력 구조

(2) 이분형 자료 정보와 입력(coding) 구조

1차 연구의 개입(intervention) 결과가 이분형 자료(dichotomous data)인 경우에도 연구질문에 기반하여 대상자를 실험군과 대조군으로 배정하여 연구결과 방향을 결정한 이후에 메타분석을 수행한다. 8장에서 제시한 가상 사례(혼인 상태와 자살 생각)를 주제로 했을 때, 기혼(배우자 있음)을 대조군으로, 비-기혼(배우자 없음)을 실험군으로 선정한다. Study ID와 연구의 주요 특성, 실험군과 대조군의 순서로 결과 사건 발생 정부에 관한 입력 구조를 스프레드시트(spreadsheet)에 설정한다.

Step 1 : 고찰 질문? 결혼 상태(기혼 vs 비-기혼)에 따라 자살 생각 경험에 차이가 있는가?

- 개입(intervention): 혼인 상태
- 실험군(비-기혼) vs. 대조군(기혼)
- 결과 변수(자살 생각 경험 여부), 조절 변수(성, 연령, 국가 등)

Step 2 : 실험집단과 통제집단 비교를 위한 구조 설정

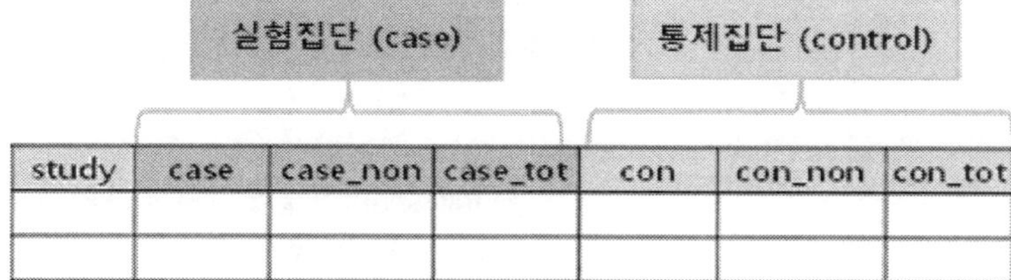

case : 실험군의 사건 발생 수
case_non : 실험군의 사건 미-발생 수
case_tot : 실험군 전체 표본수

con : 대조군의 사건 발생 수
con_non : 대조군의 사건 미-발생 수
con_tot : 대조군 전체 표본

Step 3 : 개입 결과를 실험군과 대조군에 하위 집단 별로 입력 (예시)

ID	study	region	risk	age	gender	case	case_non	case_tot	con	con_non	non_tot
1	Yi et al. (2012)	Aisia	rried vs widowed	15+	men	1196	1479859	1481055	8734	31108683	31117417
1	Yi et al. (2012)	Aisia	arried vs divorced	15+	men	2833	1670125	1672958	8734	31108683	31117417
1	Yi et al. (2012)	Aisia	rried vs widowed	15+	women	1681	7517395	7519076	3043	31633060	31636103
1	Yi et al. (2012)	Aisia	arried vs divorced	15+	women	864	2852651	2853515	3043	31633060	31636103
2	Oe et al. (2018)	Non-Asia	married vs single	16-74	both	222	337036	337258	254	656394	656648
2	Oe et al. (2018)	Non-Asia	rried vs widowed	16-74	both	13	45774	45787	254	656394	656648
3	Ji et al. (2019)	Non-Asia	rried vs widowed	38-70	both	28	51830	51858	147	269265	269412
3	Ji et al. (2019)	Non-Asia	arried vs divorced	38-70	both	17	20328	20345	147	269265	269412
4	P et al. (2015)	Aisia	rried vs widowed	15+	both	47	80	127	685	4745	5430
4	P et al. (2015)	Aisia	arried vs divorced	15+	both	58	243	301	685	4745	5430
4	P et al. (2015)	Aisia	married vs single	15+	both	759	7173	7932	685	4745	5430

[그림 9-8] 메타분석: 연속형 자료 정보 입력 구조

(3) 일반화 자료 정보와 입력(coding) 구조

일반화 자료(generic data)에 대한 메타분석은 1차 연구에서 결과로 보고한 추정값(estimation)과 통계적 유의성(statistical significance)을 메타분석에 이용한다(그림 9-9). 즉, 스프레드시트(spreadsheet)에 Study ID와 연구의 주요 특성, 실험군과 대조군의 구조에 맞게 사전에 계산된 효과 크기(pre-calculated effect sizes)인 오즈비(OR) 또는 상대 위험도(RR), 또는 위험비(HR), 이에 따른 통계적 유의성인 표준오차(SE)와 95% 신뢰구간(CI), 유의확률(p-값) 등을 기입한다.

Step 1 : 고찰 질문? 장시간 노동에 따라 정신 건강 차이가 있는가?

– 개입 또는 노출: 장시간 노동
– 장시간 노동 vs. 정상 시간 노동
– 결과 변수(정신 건강: 우울증 유병), 조절 변수(국가, 성, 연령, 주야 근무 등)

Step 2 : 실험집단과 통제집단 비교를 위한 구조 설정

study	risk	case_cont	outcome	value	ES	CLL	CLU	se	t	p

study : 연구 ID
risk: 노출 위험 요인
case : 실험군
cont : 대조군
value : 효과크기 유형(RR, OR, HR, B)

ES(eff_size) : 개별 연구의 효과 추정 값
CLL : 신뢰구간 하한 값
CLU : 신뢰구간 상한 값
SE : 표준오차(미제시: 신뢰구간을 통해 산출)
t : 효과 크기에 대한 t–값
p : 효과 크기에 대한 p–값

Step 3 : 개입 결과를 실험군과 대조군에 하위 집단 별로 입력 (예시)

author	year	risk	case_control	outcome	value	ES	low_CI	upp_CI	p-value
Bert et al.	2021	Long working	31-40 vs. 41- 50	depression	OR	1.64	0.751	3.612	<0.001
Bert et al.	2021	Long working	31-40 vs. 41- 50	depression	OR	1.73	0.7	4.332	
Che et al.	2018	Long working	≤ 40 vs. > 40	mental disorder	OR	1.02	0.64	1.481	
Che et al.	2018	Long working	≤ 40 vs. > 40	mental disorder	OR	1.08	0.771	1.532	
Kan et al.	2017	Long working	≤ 48 vs. > 48	depression	OR	1.004	0.534	1.888	
Kan et al.	2017	Long working	≤ 48 vs. > 48	depression	OR	1.286	1.051	1.572	
Lei et al.	2016	Long working	≤ 40 vs. 41-53	depression	OR	1.519	1.38	1.674	
Oyan et al.	2013	Long working	≤ 48 vs. > 48	depression	OR	1.46	0.82	2.59	0.21
Oyan et al.	2013	Long working	≤ 48 vs. > 48	depression	OR	1.35	0.75	2.42	
Port et al.	2004	Long working	< 41 vs. 41-50	depression,	OR	0.96	0.59	0.5	
Suz et al.	2003	Long working	≤ 40 vs. ≥ 55	chological symptc	OR	0.91	0.74	1.11	
Suz et al.	2003	Long working	≤ 40 vs. ≥ 55	chological symptc	OR	0.98	0.82	1.18	
Gon et al.	2014	Long working	≤ 40 vs. 41 - 48	depression	OR	1.27	0.97	1.66	
Gon et al.	2014	Long working	≤ 40 vs. 41 - 48	depression	OR	1.4	1.02	1.93	
Pa et al.	2016	Long working	< 59 vs. ≥ 59	depression	OR	1.09	1.01	1.19	

[그림 9-9] 메타분석: 일반화 자료 정보 및 입력 구조

일반화 자료를 이용하여 메타분석을 수행할 때, 다음과 같이 몇 가지 주의해야 할 내용이 있다(13).

- 이분형 자료의 효과 크기(OR, RR, HR)의 경우, 개별 연구에서 개입 효과가 결과에 미치는 영향에 대해 실험군(case)과 대조군(control) 선정을 일치시켜야 하는데, 메타분석 자료 입력(coding) 과정에서 통계적 참조집단(ref.)의 선정과 효과 방향 조정을 통해 모든 개별 연구의 개입 효과 방향을 일치시킨다.
- 개별 연구에서 효과 크기에 대한 가중치(wheigting)를 적용하기 위해서는 분산(variance) 또는 표준오차(standard error) 정보가 필요한데, 1차 연구에서 이 정보가 보고되지 않았다면, 95% 신뢰구간(confidence intervals)의 통계 계산식(statistical formula)을 이용할 수 있다.
- 이분형 자료의 효과 크기(OR, RR, HR)를 메타분석에 사용할 경우, 신뢰구간의 대칭 및 수치 비교를 쉽게 하기 위해 효과 크기에 자연로그(natural log, ln)를 취하여 변환한다(BOX 9-4).

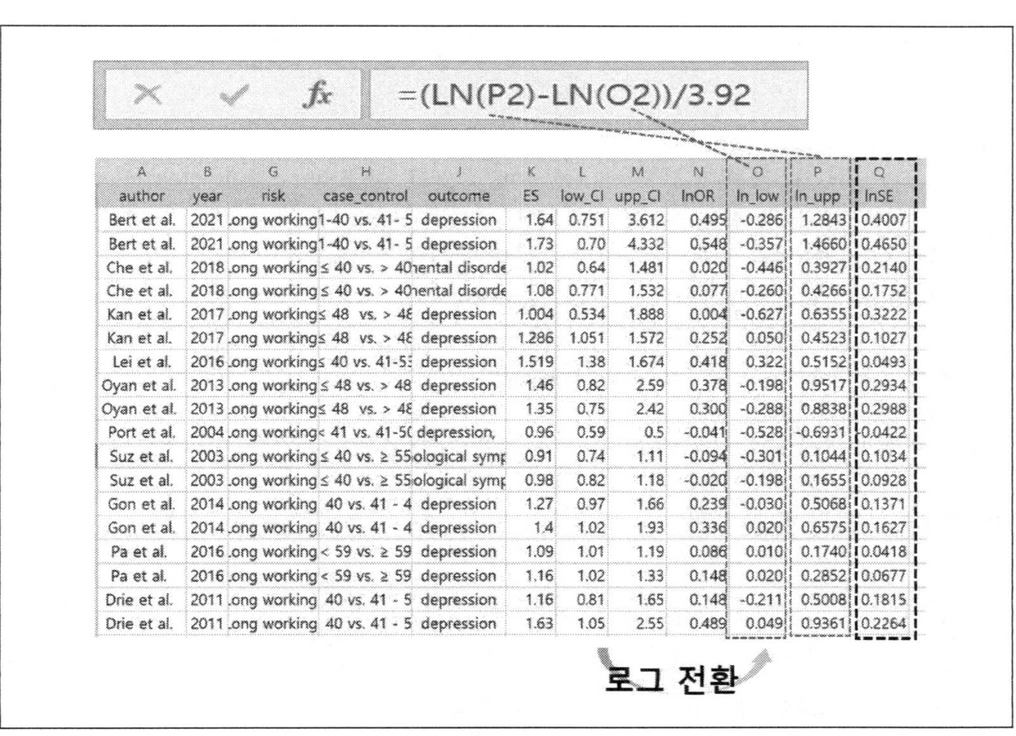

A	B	G	H	J	K	L	M	N	O	P	Q
author	year	risk	case_control	outcome	ES	low_CI	upp_CI	lnOR	ln_low	ln_upp	lnSE
Bert et al.	2021	.ong working	1-40 vs. 41- 5	depression	1.64	0.751	3.612	0.495	-0.286	1.2843	0.4007
Bert et al.	2021	.ong working	1-40 vs. 41- 5	depression	1.73	0.70	4.332	0.548	-0.357	1.4660	0.4650
Che et al.	2018	.ong working	≤ 40 vs. > 40	nental disorde	1.02	0.64	1.481	0.020	-0.446	0.3927	0.2140
Che et al.	2018	.ong working	≤ 40 vs. > 40	nental disorde	1.08	0.771	1.532	0.077	-0.260	0.4266	0.1752
Kan et al.	2017	.ong working	≤ 48 vs. > 48	depression	1.004	0.534	1.888	0.004	-0.627	0.6355	0.3222
Kan et al.	2017	.ong working	≤ 48 vs. > 48	depression	1.286	1.051	1.572	0.252	0.050	0.4523	0.1027
Lei et al.	2016	.ong working	≤ 40 vs. 41-5	depression	1.519	1.38	1.674	0.418	0.322	0.5152	0.0493
Oyan et al.	2013	.ong working	≤ 48 vs. > 48	depression	1.46	0.82	2.59	0.378	-0.198	0.9517	0.2934
Oyan et al.	2013	.ong working	≤ 48 vs. > 48	depression	1.35	0.75	2.42	0.300	-0.288	0.8838	0.2988
Port et al.	2004	.ong working	< 41 vs. 41-5(	depression,	0.96	0.59	0.5	-0.041	-0.528	-0.6931	-0.0422
Suz et al.	2003	.ong working	≤ 40 vs. ≥ 55	ological symp	0.91	0.74	1.11	-0.094	-0.301	0.1044	0.1034
Suz et al.	2003	.ong working	≤ 40 vs. ≥ 55	ological symp	0.98	0.82	1.18	-0.020	-0.198	0.1655	0.0928
Gon et al.	2014	.ong working	40 vs. 41 - 4	depression	1.27	0.97	1.66	0.239	-0.030	0.5068	0.1371
Gon et al.	2014	.ong working	40 vs. 41 - 4	depression	1.4	1.02	1.93	0.336	0.020	0.6575	0.1627
Pa et al.	2016	.ong working	< 59 vs. ≥ 59	depression	1.09	1.01	1.19	0.086	0.010	0.1740	0.0418
Pa et al.	2016	.ong working	< 59 vs. ≥ 59	depression	1.16	1.02	1.33	0.148	0.020	0.2852	0.0677
Drie et al.	2011	.ong working	40 vs. 41 - 5	depression	1.16	0.81	1.65	0.148	-0.211	0.5008	0.1815
Drie et al.	2011	.ong working	40 vs. 41 - 5	depression	1.63	1.05	2.55	0.489	0.049	0.9361	0.2264

[그림 9-10] 일반화 자료의 가중치 정보 및 로그 전환(예시)

Box 9-4 **효과 크기, 가중치, 표준오차 산출 방법**

- 이분형 자료 효과 크기
  - 위험 발생 오즈비(OR), 로그 오즈비(log OR), 로그-오즈 분산(V log OR)

	Event	Non-Event	Total
Case (risk)	a	b	a+b
Control	c	d	c+d

Odds Ratio : $\frac{a/b}{c/d}=\frac{ad}{bc}$

Log Odds Ratio = ln(Odds Ratio)

$VlogOddsRatio = \frac{1}{a}+\frac{1}{b}+\frac{1}{c}+\frac{1}{d}$

- 효과크기 가중치 산출
  - W (Weight)= $\frac{1}{variance}\left(=\frac{1}{SE_i^2}\right)$
  - V $(ES)=\frac{1}{\Sigma W(ES)}$
  - SE (ES) $=\sqrt{V\ (ES)}$
  - LL = *ES* – (1.96 x SE) , Ul =*ES* + (1.96 x SE)
  - Z = $\frac{m}{SE\ m}$
  - *p* = (1- normsdist(z))*2

- 신뢰구간(신뢰상한과 신뢰 하한)을 통한 표준오차 산출

95% SE for(OR/RR Y_i) = (Upper Limit – Lower Limit) / 2*Z

95 % SE for (ln OR Y_i) = (**ln**(Upper Limit) - **ln**(Lower Limit)) /3.92

※ 95% Z-score = 1.96 (2 × 1.96 = 3.92), 99% Z-score = 2.58

3) 메타분석 통계 프로그램

- R : R은 메타분석을 수행하는 데 사용되는 다양한 통계 패키지를 제공하는 무료 프로그래밍 도구이다. meta, metacont, dmetar 패키지는 GitHub에서 무료로 제공되며 다운로드할 수 있다. 이 패키지는 연속형 및 이분형, 일반화 데이터를 통합하는 데 필요한 도구를 포함하고 있다. 또한 메타 회귀, 소규모 연구 효과, 누적메타분석(민감도 분석)도 포함하고 있다.
  - 자료 관리 및 저장: R을 이용하여 메타분석을 수행한다면, 엑셀(excel) 스프레드

시트(spreadsheets)를 코딩 양식(coding form)으로 사용하고, 메타분석을 위해 R에서 사용가능한 .csv 파일 형식으로 저장하는 것을 권장한다(14).

- RevMan : Cochrane Collaboration은 메타분석을 위한 RevMan 소프트웨어를 제공한다. RevMan의 인터페이스는 데이터 추출, 품질 평가, 요약표를 통합한다. 또한 기본적인 메타분석 통계(추정치 통합, 이질성 분석, 포레스트 플롯 작성)를 수행할 수 있다. 하지만 소규모 연구 효과 및 누적 메타분석을 지원하지 않으며, 메타 회귀 기능도 제한적이다.
- Stata® : Stata는 메타분석을 수행하는 유료 통계 프로그램이다. 무료 metan 패키지는 연속형 및 이분형 변수의 연관성 추정치를 통합하는 기본 도구를 포함하고 있다. 추가 패키지로는 메타 회귀, 소규모 연구 효과, 누적메타분석을 수행할 수 있다. Stata의 최신 버전(16 버전 이상)은 이러한 패키지를 포함하여 제공한다.

 참고문헌

1. Pope C, Mays N, Popay J. How can we synthesize qualitative and quantitative evidence for healthcare policy-makers and managers? Healthc Manage Forum. 2006 Spring;19(1):27-31.
2. NOYES, Jane, et al. Synthesising quantitative and qualitative evidence to inform guidelines on complex interventions: clarifying the purposes, designs and outlining some methods. BMJ global health, 2019, 4.Suppl 1: e000893.
3. Petticrew, M., & Roberts, H. Systematic reviews in the social sciences: A practical guide. 2916. John Wiley & Sons.
4. Glisic, M., Raguindin, P. F., Gemperli, A., Taneri, P. E., Salvador Jr, D., Voortman, T., & Muka, T. (2023). A 7-step guideline for qualitative synthesis and meta-analysis of observational studies in health sciences. Public health reviews, 44, 1605454.
5. Higgins, J. P., López-López, J. A., Becker, B. J., Davies, S. R., Dawson, S., Grimshaw, J. M., ... & Caldwell, D. M. (2019). Synthesising quantitative evidence in systematic reviews of complex health interventions. BMJ global health, 4(Suppl 1), e000858.
6. Pai, M., McCulloch, M., Gorman, J. D., Pai, N., Enanoria, W., Kennedy, G., & Colford Jr, J. M. (2004). Systematic reviews and meta-analyses: an illustrated, step-by-step guide. The National medical journal of India, 17(2), 86-95.
7. Cooper, H., Hedges, L. V., & Valentine, J. C. (Eds.). (2019). The handbook of research synthesis and meta-analysis. Russell Sage Foundation.
8. Card, N. A. (2015). Applied meta-analysis for social science research. Guilford Publications.
9. Harrer, M., Cuijpers, P., Furukawa, T.A., & Ebert, D.D. (2021). Doing Meta-Analysis with R: A Hands-On Guide. Boca Raton, FL and London: Chapmann & Hall/CRC Press. ISBN 978-0-367-61007-4.
10. Borenstein, M., Hedges, L. V., Higgins, J. P., & Rothstein, H. R. (2021). Introduction to meta-analysis. John wiley & sons.
11 McKenzie, J. E., & Veroniki, A. A. (2024). A brief note on the random-effects meta-analysis model and its relationship to other models. Journal of Clinical Epidemiology, 174, 111492.
12. Hansen, C., Steinmetz, H., & Block, J. (2022). How to conduct a meta-analysis in eight steps: a practical guide. Management Review Quarterly, 1-19.
13. Hackshaw, A. (2009). Statistical formulae for calculating some 95% confidence intervals. A concise guide to clinical trials, 205-207.
14. Schroeder, N. L. (2024). A beginner's guide to systematic review and meta-analysis.

10

제10장

R을 활용한 메타분석 I 연속형, 이분형, 일반화 자료 메타분석

제10장 R을 활용한 메타분석 I
연속형, 이분형, 일반화 자료 메타분석

1 양적 자료 유형별 근거 합성

1) 연속형 자료의 메타분석

(1) 연속형 자료의 평균 차이 추정

메타분석에서 개별 연구의 결과가 연속형 자료인 경우, 집단 간에 비교되는 각 결과의 효과 크기(effect size)는 평균 차이(Mean Differences, MD)와 표준화 평균 차이(Standardized Mean Differences, SMD)가 있다.

Cochrane에 근거한 임상 연구에서 평균 차이(MD)와 표준화 평균 차이 중에서 선택은 '1차 연구의 결과 측정이 동일한 척도(same scale)로 이루어졌는지 여부'에 따라 결정한다. 그러나 일반적으로 의학에서는 MD를, 사회과학에서는 SMD를 선호하는 경향이 있다(1).

① 평균 차이(Mean Difference, MD)

개별 연구에서 관찰된 연속형 결과들이 모두 동일한 단위(동일 평가 도구)를 사용한 경우, 산출된 효과 크기를 평균 차이라고 한다. 매타분석에 포함된 1차 연구를 치료군(Me)과 대조군(Mc)에 배정했을 때, 두 집단에 대한 평균 차이에 대한 측정(effect measure)은 치료군(Me)의 평균과 대조군(Mc)의 평균의 차이로 정의한다(2).

정밀도를 반영하기 위해 개별 연구의 결과 값에 가중치(weight)를 적용한 이후 통합된 평균 차이(pooled mean difference)를 산출하기 때문에, 이를 가중 평균 차이(Weighted Mean Difference, WMD)라고 한다.

평균의 표준편차(SD)가 작고, 표본의 크기(N)가 크면, 표준오차(SE)는 더 작아지고, 표준오차(SE)가 작을수록 평균의 정밀도는 높아지기 때문에 메타분석에서 더 높은 가중치(weight)를 부여한다. 또한 메타분석에서 표준오차(SE) 또는 95%(CI)는 분산의 척도이기 때문에 이러한 가중치 결정 방법을 역분산(inverse variance) 방법이라고 한다(3).

Box 10-1 평균 차이(Mean difference), 분산, 가중치

통합 평균 차이 $(MDi) = \mathbf{M}_{ei} - \mathbf{M}_{ci}$

개별 연구의 분산 $Var(MDi) = \frac{s_e^2 \mathrm{i}}{n_e \mathrm{i}} + \frac{s_{\mathrm{ci}}^2}{n_{ci}}$

개별 연구의 가중치 $W(MDi) = \frac{1}{\mathrm{Var(MDi)}}$

② 표준화 평균 차이(Standardized Mean Differences, SMD)

㉠ Cohen's d 산출 방식

서로 다른 연구에서 유사한 결과를 측정하기 위해 다른 평가 도구를 사용하거나 관심 대상 결과의 측정 단위(unit)가 서로 다른 경우에 연구 간 평균 차이를 직접 합성할 수는 없다. 따라서 측정 결과를 공통 척도(common scale)로 표준화하는 과정이 필요한데, 이를 위해 집단 간 평균 차이(Me - Mc)를 표준편차(SD)로 나누어 표준화 평균 차이를 산출한다.

여기서 표준편차(SD)는 두 집단의 합동 표준편차(pooled SD)를 이용하는데, 통계학자 제이콥 코헨(Jacob Cohen)의 이름을 인용하여, 코헨의 차이(Cohen's d)라고 부른다. 그러나 이 방식은 소표본에서 효과 크기를 과대 추정하는 편향 발생 가능성이 있어 비교적 대표본 자료(표본수 50개 이상)에 권장된다(4).

㉡ Hedges'*g* 산출 방식

Hedges'*g*는 Cohen's d에 소표본 보정계수(small sample correction)를 곱해 산출하는 표준화 평균 차이이다. 집단 간 평균 차이(Me - Mc)를 가중치가 부여된 합동 표준편차(pooled weighted SD)로 나누어 표준화 평균 차이를 산출한다. 보정계수(correction factor)를 통해 소표본 편향(small-sample bias)을 제거한 추정치(estimator)치를 산출하는 방식이다(5). 이 방식은 일반적으로 메타분석 패키지에서 표준화 평균 차이(SMD)를 산출하는 기본값(default)으로 권장된다(2). Lin & Aloe

(2022)은 기존 연구에 대한 시뮬레이션과 실제 데이터를 통한 분석 결과를 비교한 결과, 일부 자료에서는 Hedges'g방법이 Cohen's d 보다 더 편향된 추정값이 산출될 수 있음을 발견하였다. 따라서 단순히 표본 크기(소표본 여부)에 따라 SMD 합성 방법을 선택하는 것이 아닌 평균을 보정한 분산 추정량(average-adjusted variance estimators)을 사용할 것을 권장하였다(5).

ⓒ Glass's delta

Glass의 델타(Δ)는 대조군의 표준편차(SD)를 표준화 과정에 사용하는 평균 차이 산출 방식이다. 개입(intervetion)이 결과에 평균뿐만 아니라 결과의 변동성, 즉 표준편차에도 영향을 미칠 것으로 예상되는 상황, 분산이 불균등하거나 단일 대조군과 비교할 여러 치료 집단이 있는 경우에 적합하다. 메타분석에서는 일반적이지 않은 방식이지만, 개입이 개인의 변동성에 영향을 미칠 경우, 그러한 요인으로 통합 효과 추정치에 영향을 주어서는 안된다는 근거에 기반하여, 대조군의 표준편차를 사용하여 보다 덜 편향된 효과 추정치를 제공하는 방식이다(6).

Box 10-2 표준화 평균 차이(mean difference) 효과 측정 방법

Cohen's d 산출 방식

- 보정되지 않은 표준화 평균 차이(SMD) 지표
- 대표본(k≥50) 자료에 적합 : 평균과 합동 SD로부터 Cohen's d 산출

$$d = \frac{M_E - M_C}{\text{Sample } SD \text{ pooled}}$$

Hedges'g 산출 방식

- 평균, 표준편차, 표본 크기로부터 Hedges'g 계산
- 기본 권장(default). 소표본(small sample data) 자료에 적합

$$g = \frac{M_E - M_C}{SD \text{ pooled}} \times \left(\frac{N-3}{N-2.25}\right) \times \sqrt{\frac{N-2}{N}}$$

Glass's delta (Δ) 산출 방식

- 개입이 기준선(baseline)으로부터 시간 경과에 따라 결과에 영향을 미치는 경우에 적용
- 대조 집단의 SD를 표준화에 적용

$$delta\ (\Delta) = \frac{M_E - M_C}{Control\ SD}$$

$$d = g\sqrt{N/df} \quad \Longleftrightarrow \quad g = \frac{d}{\sqrt{N/df}}$$

N = 표본 크기, df= 자유도

d와 g는 보정계수를 이용하여 전환이 가능하며, 이를 통해 표본 크기에 따른 추정치 차이를 조절할 수 있음. 이러한 관계식을 통해 모집단을 가정한 표준 효과 크기(Δ)를 표본 기반 효과 크기(g)로 변환할 수도 있음

연구 보고서에서 표준화 평균 차이와 Hedges'*g*라는 용어가 혼용되는 경우가 있는데, 연구결과를 SMD로 보고하는 경우, 보정하지 않은 표준화 평균 차이(Cohen's d)를 의미하는 것인지, 아니면 소표본 편향을 보정한 방법(Hedges'*g*)인지 명확하게 제시해야 한다.

(2) R을 이용한 연속형 자료의 효과 크기 분석

① 메타 패키지 실행과 데이터 불러오기

1차 연구에서 보고한 연속형 결과를 합성하기 위하여 설정한 가상의 고찰 주제는 "노인의 단백질 섭취 수준은 근감소증 위험과 연관성이 있는가?"이며, 효과 크기를 측정하기 위하여 간단 신체수행능력평가(Short Physical Performance Battery, SPPB) 점수를 이용하였다. 개별 연구 대상자들은 단백질 정상 섭취군을 실험군(intervention)에 배정하고, 단백질 부족 섭취군은 대조군(control, placebo)에 배정하여 주요 특성과 함께 엑셀(.csv) 파일에 저장하였다(표 10-1).

[표 10-1] 연속형 자료 메타분석 원자료(예시)

author	year	age	gender	intervention	comparison	outcome	statistic	follow	case_mean	case_SD	case_N	con_mean	con_SD	con_N
aa	2012	65+	f	protein	Placebo	SPPB	final value	24	9.5	2.4	31	9.2	2.6	31
aa	2012	65+	m	protein	Placebo	SPPB	final value	24	11.5	2.2	31	9.3	2.5	31
bb	2015	70-85	b	protein	Control	SPPB	final value	12	10.3	1.5	42	10	1.8	38
CC	2017	65+	f	protein	Control	SPPB	final value	8	11.47	0.8	32	11.49	0.8	33
dd	2018	70+	b	protein	Placebo	SPPB	final value	12	11.3	1	15	10.3	1.9	13
ff	2022	60-75	b	protein	Placebo	SPPB	final value	12	12	0.7	58	12	0	56
gg	2019	65+	m	protein	Placebo	SPPB	final value	12	11.3	0.4	16	10.6	0.4	16

R에는 메타분석을 지원하기 위한 광범위한 패키지 선택 범위가 있으며, 이중 meta와 metafor가 가장 많이 이용된다. meta 패키지는 각 자료 유형별로 효과 크기에 해당하는 여러 함수가 포함되어 기본적인 메타분석을 빠르고 직관적으로 구현할 수 있다. metafor는 다양한 효과 크기뿐만 아니라 이질성을 탐색하고, 소규모 연구 효과와 출판 편향과 같은 고급 기능 및 복잡한 모형 분석에 적합하게 설계된 포괄적인 함수 패키지이다(6).

R에서 메타분석을 수행하기 위해 CRAN(The Comprehensive R Archive Network; https://cran.r-project.org/)을 통해서 R-package를 다운로드 및 설치(부록 참조)를 완료한 이후에 [BOX 10-3]과 같이 분석 파일(.csv)을 불러온다.

- 1단계: R 프로그램에서 메타분석을 실행하기 위해 메타 패키지{meta}와 {metafor} 실행
- 2단계: 명령어(setwd)를 이용하여, 분석자료가 저장된 위치를 지정하는 파일 디렉토리 경로(d:/lecture/meta)를 설정하고, .csv로 저장한 엑셀 'meta_cont'파일을 'cont'로 명명하여, read로 불러 읽도록 한다.

Box 10-3 메타 패키지 실행 및 데이터 불러오기

 # [R-Meta package] 다운로드 및 설치 과정 부록 ____ 참고#

```
meta-package (install.packages("meta")
metafor package (install.packages("metafor")
```

 # 1. 메타분석 패키지 실행 #

```
library(meta)
library(metafor)
```

 # 2. 실행 디렉토리 위치 지정(데이터 저장 경로), 데이터 불러오기#

```
setwd("d:/lecture/meta")
cont =read.csv("meta_cont.csv")
cont
```

 # 메타 패키지 명령어 구분 사용 시 주의 사항 #

- 데이터 유형별 메타분석 명령어 구문에서 사용하는 변수명은 엑셀에 입력한 변수명과 띄어쓰기, 특수문자 및 대소문자까지 동일하기 작성해야 함
- R 패키지에서는 더 이상 'fixed' 구문을 사용하지 않고, 포괄적 개념으로 일반 효과(common effect) 용어로 결과를 보고함. 분석자가 명확하게 고정효과(fixed effec) 모형으로 가정하여 제시하고자 한다면, text.common = "fixed effect model" 작성해야 결과에 고정효과 모형(fixed effec model)으로 보고됨
- R 프로그램의 meta 패키지는 명령어가 변경되거나 업데이트되는 경우가 빈번하기 때문에 명령어 구문 변동 사항을 수시로 확인해야 함

R 프로그램으로 meta_con.csv 파일을 불러서 읽어오면 [그림 10-1]과 같이 엑셀에 입력한 정보들이 출력 화면에 그대로 보고된다. 1차 연구에서 분석 대상 연구(study, N)는 6개이지만, 효과 크기 개수(K)는 7개인 것을 알수 있다. 이것은 연구 1번의 개입과 효과 크기가 성별(gender)에 따라 남(m), 여(f)로 되어 입력되었기 때문이다.

```
파일 편집 보기 기타 패키지들 윈도우즈 도움말

>
> # 메타분석 패키지로딩#
>
> library(meta)
> library(metafor)
>
> # 실행 디렉토리 위치 지정 (데이터 저장 경로), 데이터 불러오기#
>
> setwd("d:/lecture/meta")
> cont =read.csv("meta_cont.csv")
> cont
  study author year   age gender intervention comparison outcome   statistic follow case_mean case_SD case_N con_mean con_SD con_N
1     1     aa 2012   65+      f      protein    Placebo    SPPB final value     24      9.50     2.4     31     9.20    2.6    31
2     1     aa 2012   65+      m      protein    Placebo    SPPB final value     24     11.50     2.2     31     9.30    2.5    31
3     2     bb 2015 70-85      b      protein    Control    SPPB final value     12     10.30     1.5     42    10.00    1.8    38
4     3     cc 2017   65+      f      protein    Control    SPPB final value      8     11.47     0.8     32    11.49    0.8    33
5     4     dd 2018   70+      b      protein    Placebo    SPPB final value     12     11.30     1.0     15    10.30    1.9    13
6     5     ff 2022 60-75      b      protein    Placebo    SPPB final value     12     12.00     0.7     58    12.00    0.6    56
7     6     gg 2019   65+      m      protein    Placebo    SPPB final value     12     11.30     0.4     16    10.60    0.4    16
```

[그림 10-1] 연속형 자료 메타분석 자료(가상 예시)

② R을 이용한 연속형 자료의 통합 메타분석

연속형 자료를 이용하여 메타분석을 수행하기 위해 meta 패키지의 'metacont' 명령어 구문을 사용한다.

Box 10-4 연속형 자료 효과 크기 분석 명령어(metacont) 구문

data_name <- metacont (case_N, case_mean, case_SD, con_N, con_mean, case_SD, sm="MD", study, text.common = "fixed effect model", data = cont)
data_name

- case_N: 실험군 표본수 변수
- case_mean: 실험군 평균 변수
- case_SD: 실험군 평균 변수
- con_N: 대조군 표본수 변수
- con_mean: 대조군 평균 변수
- con_SD: 대조군 표준편차 변수
- sm: 요약추정치(summary measure),
- "MD": 평균차이 또는 "SMD"표준화 평균 차이
- text.common = "fixed effect model" 보고
- data = cont: 데이터셋 명
- data_name: 메타분석 수행 이후 파일명

1차 연구에서 개입(단백질 섭취 수준)에 따른 근감소를 나타내는 종속변수가 SPPB 점수인 연속형 자료(평균과 표준편차)이면서 모든 연구가 동일한 구성과 단위로 SPPB를 측정했다면, 효과는 평균 차이(MD)로 산출이 가능하다. 그러나 개별 연구들이 SPPB를 구성하는 요소들이 다르고, 측정 단위가 다양하다면 MD 보다는 표준화 평균

차이(SMD)로 산출하는 것이 더 적합할 것이다.

[그림 10-2]는 모든 1차 연구들이 동일한 구성과 방식으로 SPPB를 측정했다는 가정 하에 통합효과 효과 추정치를 'MD'로 산출하였다.

효과 크기의 이질성(I^2 = 78.7%)이 상당히 높은 수준이다. 고정효과 모형과 임의효과 모형을 적용한 효과 크기는 각각 0.29(95% CI 0.1381-0.4400)와 0.50(0.0271-0.945)였고, 두 모형 모두 통계적으로 유의하였다.

 # 연속형 자료 효과 크기 분석 결과#

```
> meta1<-metacont(case_N, case_mean, case_SD, con_N, con_mean, con_SD, sm="MD",
  study, text.common = "fixed effect model", data=cont)
> meta1

Number of studies: k = 7
Number of observations: o = 443 (o.e = 225, o.c = 218)

                        MD              95%-CI     z p-value
fixed effect model   0.2940 [0.1381; 0.4500] 3.70  0.0002
Random effects model 0.5008 [0.0271; 0.9745] 2.07  0.0383

Quantifying heterogeneity:
 tau^2 = 0.2747 [0.0518; 2.6737]; tau = 0.5241 [0.2276; 1.6351]
 I^2 = 78.7% [56.1%; 89.7%]; H = 2.17 [1.51; 3.11]

Test of heterogeneity:
     Q d.f.  p-value
 28.16    6 < 0.0001

Details on meta-analytical method:
- Inverse variance method
- Restricted maximum-likelihood estimator for tau^2
- Q-Profile method for confidence interval of tau^2 and tau
```

[그림 10-2] 연속형 자료 평균 차이(MD) 메타분석 결과

[그림 10-3]은 개별 연구들이 근감소를 평가하는 SPPS를 서로 다른 구성과 방식으로 측정했다는 가정하에 통합효과 추정치를 'SMD'로 산출한 것이다.

고정효과 모형과 임의효과 모형을 적용한 효과 크기(ES)는 각각 0.29(95% CI 0.1093-0.4896)와 0.44(95% CI 0.0210-0.8637)였고, 두 모형 모두 통계적으로 유의하였다. 평균 차이(MD)와 표준화 평균 차이(SMD)의 통합 추정치에 다소 차이를 보였으나, 방향이나 유의성은 유사한 수준이었다. SDM의 효과 크기 이질성(I^2 = 73.3%)

은 MD 보다 낮았으나, 여전히 높은 수준이다.

표준화 평균 차이(SMD)가 MD와 가장 큰 차이점은 SMD는 Hedges'g를 이용하여 보정된 표준화 평균 차이를 산출했다는 것이다.

```
> meta1_1 <-metacont(case_N, case_mean, case_SD, con_N, con_mean, con_SD, sm="SMD",
  study, text.common = "fixed effect model", data=cont)
> meta1_1

Number of studies: k = 7
Number of observations: o = 443 (o.e = 225, o.c = 218)

                        SMD            95%-CI     z p-value
fixed effect model   0.2995 [0.1093; 0.4896] 3.09  0.0020
Random effects model 0.4424 [0.0210; 0.8637] 2.06  0.0396

Quantifying heterogeneity:
 tau^2 = 0.2429 [0.0526; 1.8362]; tau = 0.4928 [0.2294; 1.3551]
 I^2 = 73.3% [42.7%; 87.6%]; H = 1.94 [1.32; 2.84]

Test of heterogeneity:
     Q d.f. p-value
 22.49    6  0.0010

Details on meta-analytical method:
- Inverse variance method
- Restricted maximum-likelihood estimator for tau^2
- Q-Profile method for confidence interval of tau^2 and tau
- Hedges' g (bias corrected standardised mean difference; using exact formulae)
```

[그림 10-3] 연속형 자료 평균 차이(SMD) 메타분석 결과

연속형 자료의 메타분석 결과 [그림 10-2]와 [그림 10-3]에서 보고된 단백질 정상 섭취군과 단백질 부족 섭취군 간의 효과 크기(means difference) 차이는 어느 정도라고 할 수 있는가? 에 관심을 가질 수 있다. [BOX 10-5]와 같이 Cohen의 평균 차이 기준(threshold values)에 적용하면, 두 집단의 단백질 섭취 수준에 따른 근감소증(SPPB) 위험은 작은 효과 수준(0.3-0.5)으로 볼 수 있을 것이다(7).

Box 10-5 연속형 자료 효과 크기 차이 기준 및 해석

- Cohen's d : 두 집단의 사후 효과 또는 동일 집단의 사전-사후 평균의 차이를 기반으로 한 "효과 크기"의 척도
  - 코헨의 h 는 두 비율 또는 확률 사이의 거리를 측정하는 척도로, 메타분석에 결과에서 평균의 차이가 "의미가 있는지" 판단하는 기준
  - 코헨의 h 효과 차이 기준은 경험 법칙(rule of thumb)에 따라 상대적 강도인 "작음", "중간", "큼"으로 구분
    - ◦ 작은 효과 크기(small): 0.20 ≤ ES 〈0.50
    - ◦ 중간 효과 크기(moderate): 0.50 ES 〈0.80
    - ◦ 큰 효과 크기(large) : 0.80 ≤ ES
  - 시간 경과에 따른 변화의 크기를 추정하는 기준으로 해석할 경우 해석상 문제 발생
  - 통합 표준편에 기반하기 때문에 초기와 결과 간의 상관관계(correlation)가 존재할 경우에 효과 크기를 과대평가(over-estimation) 또는 과소평가(undere-stimation) 할 수 있음
- Hopkins의 라이커트-척도(Likert scale) : 시간 경과에 따른 효과 변화의 규모인 표준화 결과 평균(Standardized Response Mean, SRM) 해석에 적용
  - Hopkins의 라이커트-척도(Likert scale)는 Cohen의 임계값 보다 효과 크기를 구체화하고, 의미 있는 범위로 세부적으로 해석에 적합
  - Cohen의 h는 '큰' 효과가 0.80 이상에서 시작하는 반면, Hopkins 척도는 1.20 이상, '매우 큰' 효과(2.0 이상), '거의 완벽한' 효과(4.0 이상) 등으로 세분화하여 설정
  - Hopkins 척도는 효과 크기 구간이 직관적이고, '큼' 과 '매우 큼' 등 범주를 명확히 구분함으로써, 연구결과를 해석이 명확함

ES<0.2	0.2–0.6	0.6–1.2	1.2–2.0	20.0–4.0	ES>4.0
trivial (미미한)	small (작은)	moderate (중간)	large (큰)	very large (매우 큰)	awesome (극단적으로 큰)

③ 연속형 자료의 사후 효과 메타분석 숲그림(forest plot)

연속형 자료의 사후 효과 평균 차이(MD)에 대한 메타분석 결과를 숲그림(forest plot)으로 제시할 수 있다. [그림 10-4-A]은 간단한 명령어 forest(meta1)에 평균과 표준편차 소수점 자리수를 조정하는 명령어(digits)를 추가하여 제시하였다. [그림 10-4-B]은 연속형 자료의 사후 효과 평균 차이(SMD)에 대한 메타분석 결과를 숲그림(forest plot)으로 제시한 것이다.

A 숲그림에서는 통합 효과 추정치를 Mean Difference라고 [MD]로 보고한 반면, B 숲 그림에서는 Strandardised Mean Difference [SMD]로 보고하였다.

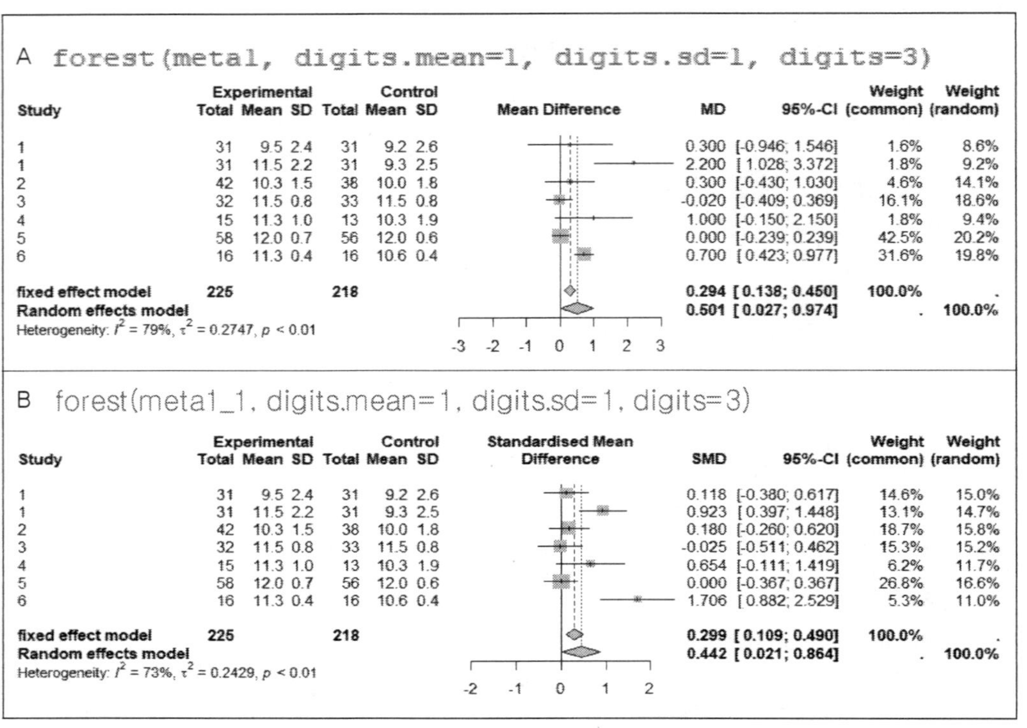

[그림 10-4] 연속형 자료 메타분석 숲그림 결

메타분석 결과에서 이질성(I^2 = 79%)이 상당히 크기 때문에 임의효과(random effect) 모형을 선택하였고, 개별 연구들이 구분되도록 저자(author), 출판연도(year), 성(sex)을 적용한 연구 라벨(studlab)로 옵션을 추가하여 숲그림(forest plot)을 제시하였다(그림 10-5).

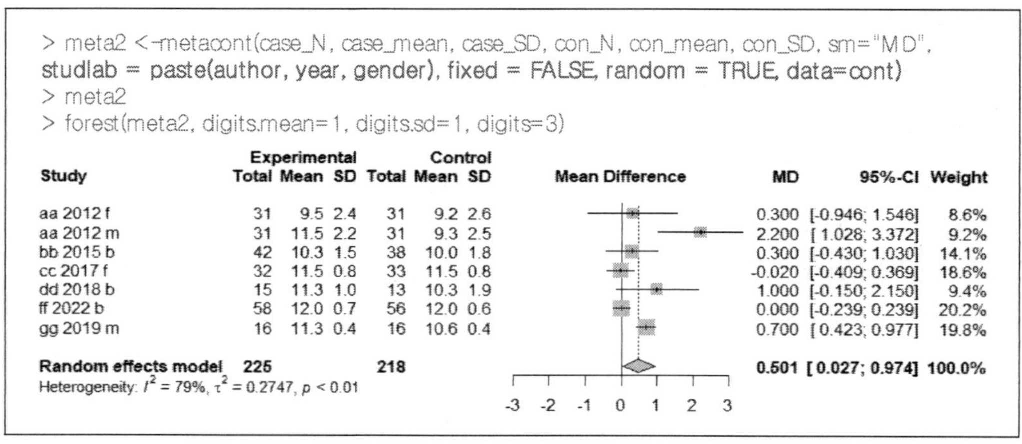

[그림 10-5] 연속형 자료 메타분석 숲그림(forest plot)

[그림 10-6]은 메타분석 숲그림(forest plot)에 다양한 옵션을 추가하여 제시하였다.

- A에는 개별 연구(dark gray)와 통합 효과 크기(gray)에 색상을 추가하였다.
- B는 우측에 가중치(weight)를 제외하여 결과를 간단하게 보고하였다.
- C는 좌측에 연구 정보(studlab)만 남기고, 실험군과 대조군에 대한 통계량은 제외하였다.

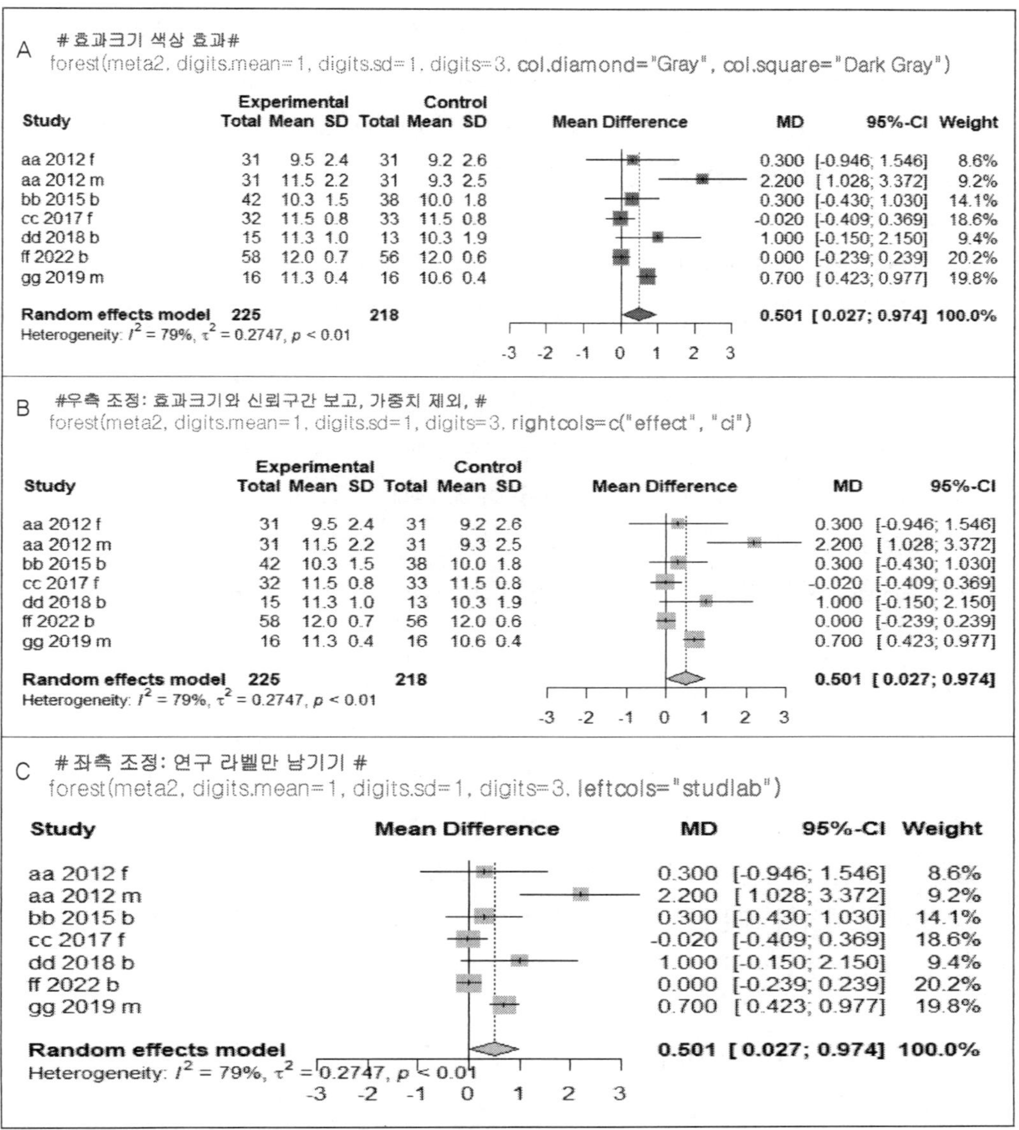

[그림 10-6] 연속형 자료 메타분석 숲그림(forest plot) 옵션 결과

2) 이분형 자료의 메타분석

(1) 이분형 자료의 통합 효과 추정

① 이분형 자료의 효과 추정 방법

분할표로 요약된 이분형 자료(binary data)에 기반한 효과 크기(effect size)는 치료 또는 노출이 결과(사건 발생)에 미치는 영향을 측정하는 데 사용되며, 메타분석에서는 여러 연구의 결과를 통합하는 데 사용된다. 이분형 결과 자료(binary outcome data)에 대한 메타분석에서 효과추정은 일반적으로 위험비(risk ratio), 승산비(odds ratio), 위험 차이(risk difference)로 산출한다.

㉠ 위험비(RR, risk ratio)

위험비는 사건 발생 비율을 의미하며, 위험비(RR) 계산은 로그(log) 전환을 통해 수행한다. 로그 위험비와 로그 위험비의 표준오차를 사용하여 메타분석의 모든 단계를 수행한 이후에 다시 결과를 본래 메트릭(original metric.)으로 변환해야 한다. 위험비에 로그(log)를 취하여 메타분석을 수행하는 이유는 대칭(symmetry)을 유지하기 위해서이다. 동일한 가중치 적용을 가정할 때, 개별 연구들은 서로 균형을 이루고 통합 효과는 동일한 위험을 보여야 하는데, 비율 척도(ratio scale)에서는 위험비가 연구마다 서로 다를 수 있는 문제를 로그 전환을 통해 피할 수 있다.

㉡ 오즈비(OR, odds ratio)

오즈비는 효과 크기 측정이 위험비보다 덜 직관적이라고 알고 있으나, 오즈비는 메타분석에 적합한 효과 크기를 산출하는 통계적 속성을 가지고 있다. 특히, 발생 위험이 낮은 사건에서 오즈비는 위험비와 유사하게 나타난다. 오즈비의 계산은 로그(log) 전환을 통해 수행하는데, 먼저 로그 오즈비와 로그 오즈비의 표준오차로 변환하여 메타분석의 모든 단계를 수행한 이후에 결과를 다시 본래 메트릭(original metric)으로 변환한다.

㉢ 위험 차이(RD, risk difference)

위험 차이는 두 집단에 대한 위험의 단순한 차이이다. 위험 차이는 임상적 관점에서 치료의 영향을 이해하는 데 유용할 수 있지만, 기준 위험(baseline risk)에 민감하다. 또한 오즈비 및 승산비와 달리 위험 차이에 대한 계산은 로그 단위가 아닌 원시 단위로 수행한다.

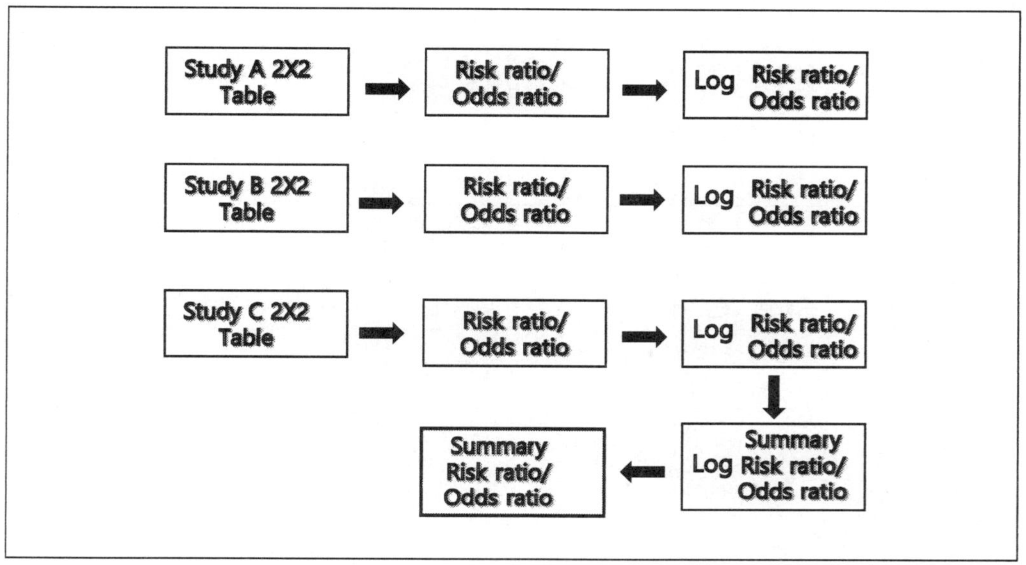

[그림 10-7] 위험비와 오즈비의 로그-전환과 원자료(original metric) 전환

ⓡ 이분형 자료의 효과 크기 선택

위험비(RR), 오즈비(OR) 및 위험 차이(RD) 중에서 효과 크기를 선택할 때 실질적 요인과 기술적 요인을 고려해야 한다(표 10-2).

- 위험비와 오즈비는 상대적 측정치이기 때문에 기준이 되는 사건의 차이에 비교적 둔감한 경향이 있다.
- 위험 차이는 절대적 측정치이기 때문에 기준 위험(baseline risk)에 매우 민감하다. 연구마다 기준 위험이 다르더라도 비율 지표를 사용할 경우, 연구 간에 동일한 효과 크기를 볼 것으로 예측되지만, 위험 차이는 기준율이 높은 연구에서 더 높게 나타날 것이다. 치료의 임상적 영향을 전달하려는 경우 위험 차이가 더 나은 측정 방법이 될 수 있다.
- 비율(rate)은 기준 위험에 덜 민감하고 위험 차이는 때때로 임상적으로 더 의미가 있기 때문에 일부에서는 위험비 또는 오즈비를 사용하여 메타분석을 수행할 것을 권장한다. 이를 사용하여 주어진 기준 위험에 대한 위험 차이를 예측할 수 있을 것이다(9).

[표 10-2] 이분형 자료 효과 크기 유형과 특성

항목	RR (위험비)	OR (오즈비)	RD (위험 차이)
개념	두 집단에서 사건이 발생할 위험의 비율	사건이 발생할 오즈와 발생하지 않을 오즈의 비율(두 그룹 간 비교)	두 집단에서 사건이 발생할 위험의 차이
척도	상대적 척도 (비율)	상대적 척도 (비율)	절대적 척도 (차이)
기준 위험 민감도	낮음	낮음	높음
분포	로그 변환 후 대칭	로그 변환 후 대칭	비대칭 분포
강점	– 직관적이고 이해 쉬움 – 코호트 연구에서 유용	– 메타분석에 적합 – 환자–대조군에 유용	– 임상 의미 파악 용이 – 정책 결정에 유용
단점	사건 발생 확률이 높은 경우 과장된 결과	직관성이 떨어짐	기준 위험에 민감

	Event	Non–Event	Total
Case (exposure, treatment)	a	b	n1 (a+b)
Control	c	d	n2 (c+d)

효과산출 : – 효과크기 – 분산 – 표준오차	$RR = \frac{a/n1}{c/n2}$ Log RR = ln(Risk Ratio) $VlogRR = \frac{1}{a} - \frac{1}{n1} + \frac{1}{c} - \frac{1}{n2}$ $SE\ logRR = \sqrt{V\ logRR}$	OR : $\frac{a/b}{c/d} = \frac{ad}{bc}$ Log OR = ln(Odds Ratio) $VlogOR = \frac{1}{a} + \frac{1}{b} + \frac{1}{c} + \frac{1}{d}$ $SE\ Vlog\ OR = \sqrt{V\ logOR}$	$RD = (\frac{a}{n1}) - (\frac{c}{n2})$ $V\ RD = \frac{ab}{n^{3}1} - \frac{cd}{n^{3}2}$ $SE\ RD = \sqrt{V\ RD}$
결과 해석	결과 비교: 치료/노출 집단 vs. 대조/비교 집단		
	• RR= 1: 두 집단 간 사건 위험에 차이 없음 • RR > 1: 치료/노출 집단 위험이 더 높음 • RR < 1: 치료/노출 집단의 위험이 더 낮음	• OR= 1: 두 집단 간 사건 오즈에 차이 없음 • OR > 1: 치료/노출군의 오즈가 더 높음 • OR < 1: 치료/노출 집단의 오즈가 더 낮음	• RD = 0: 두 집단 간 사건 위험 차이 없음 • RD > 0: 치료/노출 집단 위험이 더 높음 • RD < 0: 치료/노출 집단 위험이 더 낮음
주요 사용	코호트 연구, 임상 시험	환자–대조군 연구, 메타 분석	공중 보건, 임상적 의사 결정

출처: Bhuyan, (2020) 내용을 요약 정리한 것임

② 이분형 자료의 효과 추정 가중치

㉠ 역분산(inverse variance) 가중법

이분형 결과 변수(binary outcome data)에 대한 효과 크기를 합성할 때는 일반적인 역분산 가중법을 사용할 수 있다. 각 효과의 로그 승산비/위험비(log OR/RR)와

각 효과의 표준오차(SE logOR/RR)도 계산한 이후 효과 크기의 분산의 역수(inverse of variance)를 사용하여 가중 평균을 계산할 때 각 연구에 부여할 가중치를 결정할 수 있다. 그러나 이분형 결과의 사건 발생이 희소한 경우, 즉 어떤 연구의 사건 발생 빈도나 전체 표본 크기가 작은 경우에는 표준오차(SE)가 해당 효과 크기의 정확도를 제대로 나타내지 못할 수 있기 때문에 효과 크기 분산의 역수(inverse of variance)를 사용하여 통합 가중치를 결정하는 방식이 최적의 방법이 아니라 오히려 가중치를 부여하는 과정에서 잘못된 가중치가 부여될 가능성이 발생한다.

㉡ 맨텔-핸젤(Mantel-Haenszel, MH)

역분산 가중치의 대안 방법으로 맨텔-핸젤(Mantel-Haenszel, MH)은 로그(log) 변환된 오즈비(위험비)가 아닌, 본래 척도의 오즈비(위험비)를 직접 사용하여 가중 평균을 계산한다. 이 방법은 모든 연구가 동일한 모집단에서 추출되었다는 고정 효과(fixed effect) 모형을 가정하기 때문에 연구 간의 이질성(heterogeneity)을 고려하지 않는다. MH 방법은 오즈비/위험비를 직접 사용하지만, 통계적 유의성을 검정하고 신뢰구간(CI)을 계산하기 위해서는 오즈비/위험비(OR/RR)를 로그 변환해야 한다. 로그 변환된 오즈비/승산비는 대칭 분포를 가지므로, Z-값과 p-값을 계산한다. 오즈비/위험비 자체는 원시 단위로 계산하지만, 분산은 로그 단위로 계산해야 하기 때문에 Z-점수와 신뢰구간(CI)을 계산하기 위해서 오즈비/위험비(OR/RR)를 로그 단위로 변환해야 한다.

㉢ 페토(Peto) **가중치 계산법**

페토 계산법은 메타분석에서 분할표의 값을 사용하여 각 연구의 오즈비/위험비를 결합하기 위해 효과 크기에 가중치를 부여하여 전체 효과 크기를 계산하는 방식이다. 분할표에서 산출된 효과 크기(오즈비/승산비)를 로그 변환한 이후 가중 평균(역분산 가중치)을 계산한 이후, 결과를 해석하기 위해 효과 크기를 다시 역-변환하여 보고한다. 또한 효과 크기를 산출할 때, 차이가 예상되는 방향과 일치하는지 여부를 고려해야 한다. 이는 연구결과가 예상과 반대 방향으로 나타났을 때, 그 효과를 적절히 반영하기 위함이다. 로그-승산비의 가중 평균을 계산한 다음, 지수(e) 변환을 통해 원래 오즈비/위험비 척도로 되돌려 보고하는데, 이는 결과를 해석하기 쉽도록 하기 위해서이다. Peto 방법은 치료 및 대조 집단의 크기가 유사하거나, 연구 간 이질성이 크지 않을 때 적절한 방법이며, 집단의 크기가 크게 다를 경우 결과가 왜곡될 수 있다. 또한 영(0)을 보정하는 방식을 사용하기 때문에 사건 발생 빈도가 매우 낮은 희귀 질환 연구에서 안정적인 결과를 제공할 수 있다(9).

[표 10-3] 메타분석의 효과추정 가중치 유형 및 특징

특징	역분산 가중치 (Inverse Variance)	맨텔-핸젤 가중치 (Mantel-Haenszel)	페토 가중치 (Peto)
개념	분산의 역수 비례하는 가중치	분할표의 값을 사용하여 가중치를 계산하고, 효과 크기 결합	분할표의 값을 사용하여 로그 전환하여 효과 크기를 계산하고, 역변환하여 보고
효과 크기	로그 변환된 효과 크기	원시 값의 승산비	로그-값으로 계산된 승산비
가중치 계산	개별 연구 분산의 역수	2x2 분할표의 값에 기반하여 계산되는 값	2x2 분할표의 값에 기반하여 계산되는 값 (역분산 가중치)
장점	• 통계적으로 효율적(정밀한 추정치 제공) • 다양한 효과 크기에 적용 가능	• 계산이 비교적 간단 • 희귀사건 적용 가능	• 희귀 사건 데이터에 강함 • 치료 효과가 없는 경우 비교적 정확한 결과 제공
단점	• 연구 간 이질성이 존재 시 고정 효과 모형 결과 왜곡 • 이상치에 민감	• 고정효과 모형 가정, 이질성 고려하지 않음 • 짝이 없는 데이터 적용하기 어려움	• 그룹 크기가 크게 다를 경우 결과가 왜곡될 수 있음 • 치료 효과가 큰 경우 보수적인 결과 제공
이질성	고정 효과 모델/ 임의 효과 모델	고정효과 모델만 사용	고정효과 모형 기반 임의 효과 모형 확장 가능
적합 자료	다양한 유형의 메타분석 데이터	이분형 자료 (2x2 분할표)	이분형 자료 (2x2 분할표) 희귀사건 자료

(2) R을 이용한 이분형 효과 크기 분석

① R을 이용한 이분형 자료 효과 크기 분석

[그림 10-8]은 R 프로그램 메타 메키지로 이분형 데이터(binary.csv)를 불러 읽어와서 입출력 화면에 나타낸 것이다. 결과 창을 보면, 분석 대상 연구(study, N)는 10편, 효과 크기 개수(K)는 31개이다. 혼인 상태와 자살 간의 관계를 분석한 연구에 포함된 여러 유형의 결혼 상태(risk_factors),국가, 성별(gender), 연령 등의 효과 크기를 산출할 수 있는 주요 산출에 필요한 정보가 포함되어 있기 때문에 연구의 수에 비해서 효과 크기 개수가 많이 입력되어 있다.

```
> setwd("f:/lecture/meta")
> binary=read.csv("meta_binary.csv")
> binary
   ID          study     country    region    study.designs sple.size ROB      risk        risk_factor   age gender case case_non case_tot  con  con_non  non_tot
1   1  Yi et al. (2012)      japan     Aisia  cross-sectional  32598472 low no_spouse  married vs widowed   15+    men 1196  1479859  1481055 8734 31108683 31117417
2   1  Yi et al. (2012)      japan     Aisia  cross-sectional  32790375 low no_spouse married vs divorced   15+    men 2833  1670125  1672958 8734 31108683 31117417
3   1  Yi et al. (2012)      japan     Aisia  cross-sectional  39155179 low no_spouse  married vs widowed   15+  women 1681  7517395  7519076 3043 31633060 31636103
4   1  Yi et al. (2012)      japan     Aisia  cross-sectional  34489618 low no_spouse married vs divorced   15+  women  864  2852651  2853515 3043 31633060 31636103
5   2  Oe et al. (2018)    Ireland Non-Asia           cohort    993906 low no_spouse   married vs single 16-74   both  222   337036   337258  254   656394   656648
6   2  Oe et al. (2018)    Ireland Non-Asia           cohort    702435 low no_spouse  married vs widowed 16-74   both   13    45774    45787  254   656394   656648
7   3  Ji et al. (2019)    Romania Non-Asia cross-sectional    321270 low no_spouse  married vs widowed 38-70   both   28    51830    51858  147   269265   269412
8   3  Ji et al. (2019)    Romania Non-Asia cross-sectional    289757 low no_spouse married vs divorced 38-70   both   17    20328    20345  147   269265   269412
9   4   P et al. (2015)       Iran    Aisia cross-sectional      5567 low no_spouse  married vs widowed   15+   both   47       80      127  685     4745     5430
10  4   P et al. (2015)       Iran    Aisia cross-sectional      6731 low no_spouse married vs divorced   15+   both   58      243      301  685     4745     5430
11  4   P et al. (2015)      Iran     Aisia cross-sectional     13362 low no_spouse   married vs single   15+   both  759     7173     7932  685     4745     5430
12  5 Dea et al. (2020)        USA Non-Asia           cohort    709898 low no_spouse   married vs single   18+   both  233   115331   115565  781   593552   594333
13  6   K et al. (2015)  Hong Kong    Aisia  cross-sectional    549060 low no_spouse   married vs single 30-39    men  127   146844   146971  100   401989   402089
14  6   K et al. (2015)  Hong Kong    Aisia  cross-sectional    328953 low no_spouse   married vs single 40-49    men   55    27348    27403   99   301451   301550
15  6   K et al. (2015)  Hong Kong    Aisia  cross-sectional    268463 low no_spouse   married vs single 50-59    men   29    27243    27272  100   241091   241191
16  6   K et al. (2015)  Hong Kong    Aisia  cross-sectional    535806 low no_spouse   married vs single 30-39  women   40    96938    96978  113   438715   438828
17  6   K et al. (2015)  Hong Kong    Aisia  cross-sectional    296377 low no_spouse   married vs single 40-49  women    8    33023    33031   66   262280   262346
18  6   K et al. (2015)  Hong Kong    Aisia  cross-sectional    232488 low no_spouse   married vs single 50-59  women    7    36627    36634   84   195770   195854
19  7  Co et al. (2018) South Korea   Aisia  cross-sectional    573158 low no_spouse   married vs single 30-44    men  236   200649   200885  110   372163   372273
20  7  Co et al. (2018) South Korea   Aisia  cross-sectional    602071 low no_spouse   married vs single 45-59    men  178    80378    80556  196   521319   521515
21  7  Co et al. (2018) South Korea   Aisia  cross-sectional    357118 low no_spouse   married vs single   60+    men   78    34544    34622  160   322336   322496
22  7  Co et al. (2018) South Korea   Aisia  cross-sectional    693881 low no_spouse   married vs single 30-44  women   88   200588   200676  113   493092   493205
23  7  Co et al. (2018) South Korea   Aisia  cross-sectional    606388 low no_spouse   married vs single 45-59  women   75   115359   115434  130   490824   490954
24  7  Co et al. (2018) South Korea   Aisia  cross-sectional    319910 low no_spouse   married vs single   60+  women   23    56099    56121   86   263703   263789
25  8  Kp et al. (2010)        USA Non-Asia           cohort    144514 low no_spouse  married vs widowed   15+    men   15     5176     5191  241   139082   139323
26  8  Kp et al. (2010)        USA Non-Asia           cohort    195314 low no_spouse   married vs single   15+  women   14    54654    54668   69   140577   140646
27  8  Kp et al. (2010)        USA Non-Asia           cohort    163964 low no_spouse married vs divorced   15+  women   12    23306    23318   69   140577   140646
28  8  Kp et al. (2010)        USA Non-Asia           cohort    169537 low no_spouse  married vs widowed   15+  women   16    28875    28891   69   140577   140646
29  9    Det al. (2014)        USA Non-Asia     case-control       131 low no_spouse  married vs widowed   50+   both   25       12       37   33       61       94
30 10  Ma et al. (2008)      Italy Non-Asia cross-sectional      3159 low no_spouse  married vs widowed 25-44    men    6       41       47  307     2805     3112
31 10  Ma et al. (2008)      Italy Non-Asia cross-sectional     33331 low no_spouse  married vs widowed 45-64    men   33     1361     1394  584    31353    31937
```

[그림 10-8] 이분형 메타분석 자료(가상 예시)

② 이분형 자료 효과 크기 메타분석 및 결과 해석

[그림 10-9]는 혼인 상태와 자살 간의 관련성을 이분형 메타분석으로 수행한 결과이다. meta1은 효과크기 유형을 오즈비(OR)로 산출하였고, meta 2는 효과크기 유형을 위험비(RR)로 각각 산출하였다. 분석에 포함된 연구는 다양한 문화를 가진 국가들로 구성되었고, 표본도 다양한 연령대의 성인들이 포함되었기 때문에 이질성(I^2)이 99% 이상으로 매우 높았다. 임의효과 모형을 선택하여 분석 결과를 해석하면, 배우자가 없는 비-혼인 사람(미혼, 사별, 이혼 등)이 결혼한 사람(배우자 있음)에 비해 자살 생각 위험이 더 높았다.

```
# OR 효과 크기#
> meta1 <- metabin(case, case_tot, con, con_tot, sm="OR", text.common = "fixed effect model", study, data=binary)
> meta1
Number of studies: k = 53
Number of observations: o = 201381558 (o.e = 23384970, o.c = 177996588)
Number of events: e = 52966

                       OR           95%-CI     z  p-value
fixed effect model   1.8366 [1.7963; 1.8778] 53.70        0
Random effects model 1.5776 [1.2720; 1.9566]  4.15 < 0.0001

Quantifying heterogeneity:
 tau^2 = 0.5974 [0.4039; 0.9130]; tau = 0.7729 [0.6356; 0.9555]
 I^2 = 99.2% [99.1%; 99.3%]; H = 11.15 [10.65; 11.67]

Test of heterogeneity:
       Q d.f. p-value
 6461.84   52       0

Details on meta-analytical method:
- Mantel-Haenszel method (common effect model)
- Inverse variance method (random effects model)
- Restricted maximum-likelihood estimator for tau^2
- Q-Profile method for confidence interval of tau^2 and tau
```

RR 효과 크기

```
> meta2 <- metabin(case, case_tot, con, con_tot, sm="RR", method="I", text.common = "fixed effect model", study, data=binary)
> meta2
Number of studies: k = 53
Number of observations: o = 201381558 (o.e = 23384970, o.c = 177996588)
Number of events: e = 52966

                         RR           95%-CI     z  p-value
fixed effect model   2.2729 [2.2252; 2.3215] 76.02        0
Random effects model 1.5395 [1.2490; 1.8975]  4.04 < 0.0001

Quantifying heterogeneity:
 tau^2 = 0.5665 [0.3840; 0.8635]; tau = 0.7527 [0.6197; 0.9292]
 I^2 = 99.2% [99.1%; 99.3%]; H = 11.28 [10.78; 11.80]

Test of heterogeneity:
       Q d.f. p-value
 6618.58   52       0

Details on meta-analytical method:
- Inverse variance method
- Restricted maximum-likelihood estimator for tau^2
- Q-Profile method for confidence interval of tau^2 and tau
```

[그림 10-9] 이분형 자료(효과 크기 유형) 메타분석 결과

[그림 10-9]의 이분형 메타분석에서 효과 크기 수(K=53)가 상당히 많기 때문에 [그림 10-10]의 숲그림에는 일부 연구결과만 출력되었다.

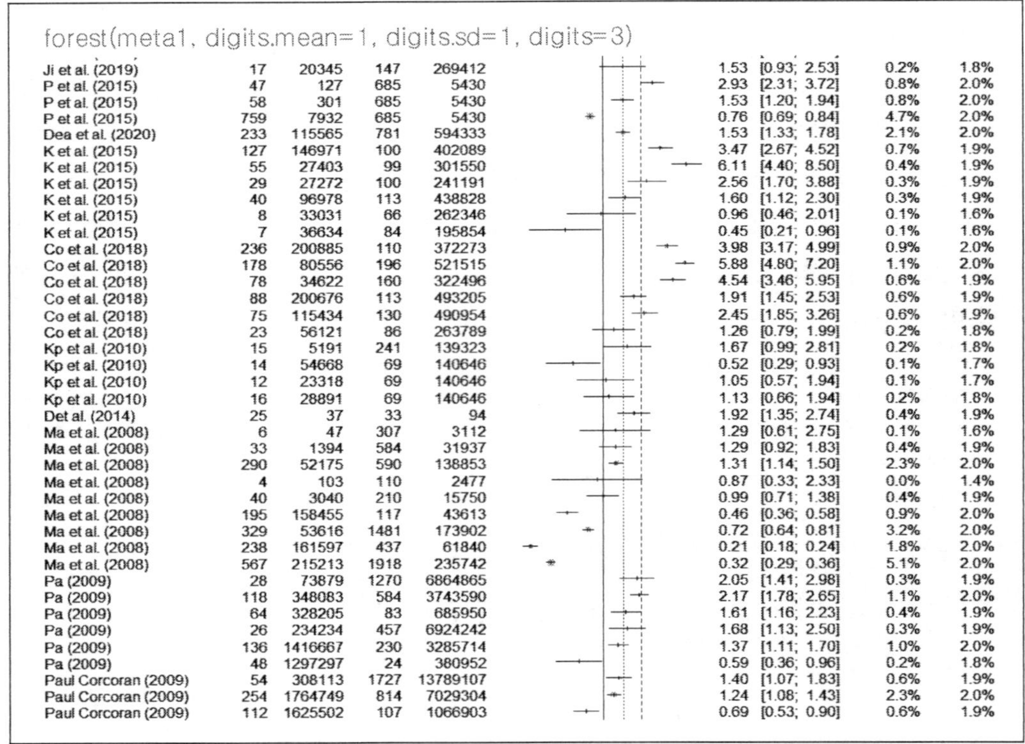

[그림 10-10] 이분형 자료 메타분석 숲그림(forest plot)

모든 연구들이 숲그림(forest plot) 창에 출력되도록 전체 화면에 맞추어서 그림의 크기를 조정하기 위해 bmp() 함수를 이용하여 너비(width)와 높이(height)를 조정할 수 있다. 여기서 width와 height는 인치(inch) 단위이며, res는 해상도(픽셀/인치)이다. [그림 10-11]의 명령어와 같이 너비(width)와 높이(height)를 적절히 큰 값으로 설정하거나, 사용자의 화면 크기에 맞게 조정한다.

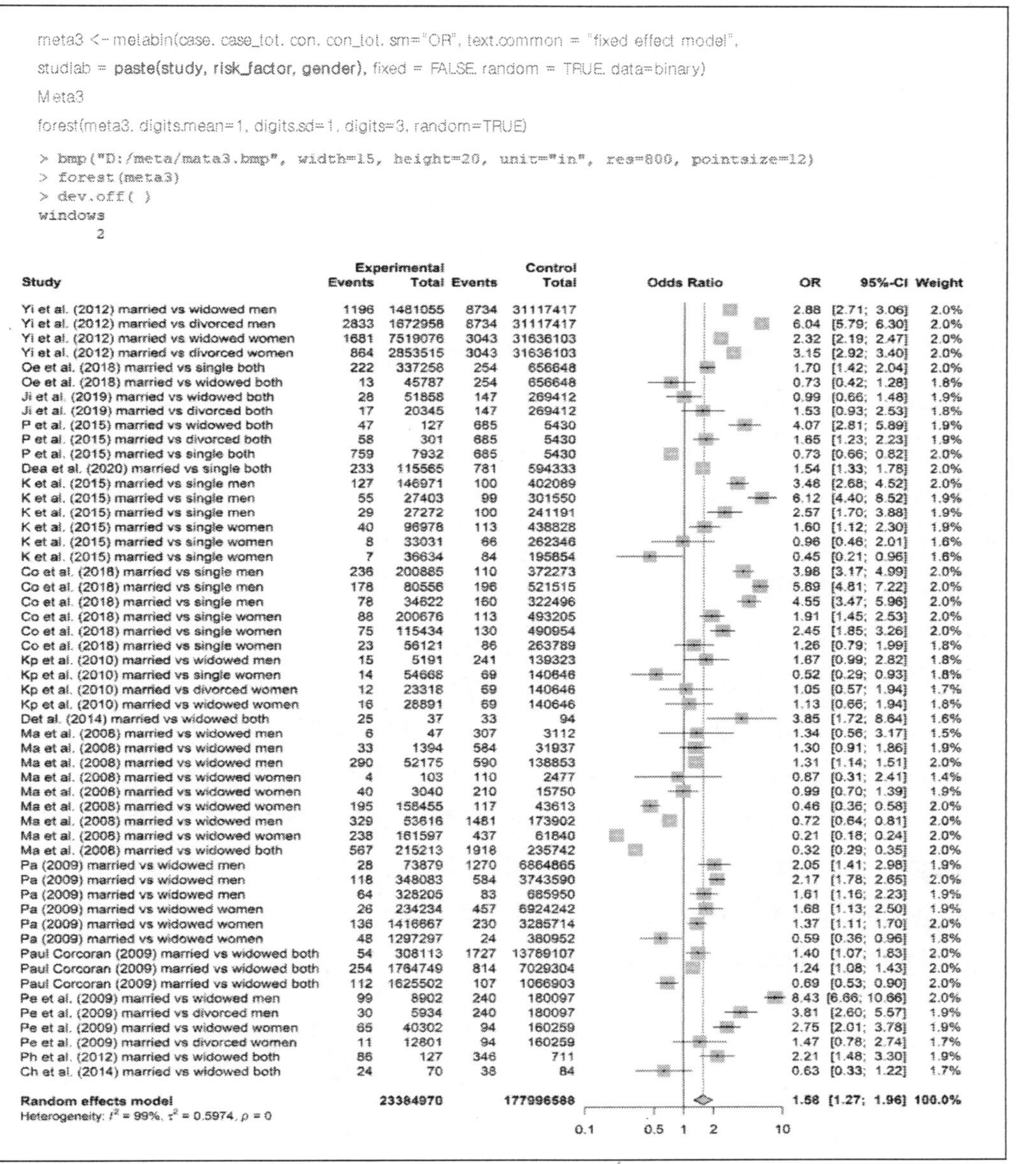

[그림 10-11] bmp를 이용한 숲그림(forest plot)을 그림 파일로 저장

이분형 자료 효과 추정 결과를 보고한 meta1에서 연구(study), 위험 요인(factor), 성(gender)에 연구 라벨(studlab)을 적용하여 meta3으로 명명하고, 숲그림을 bmp 함수를 이용하여 그림 파일로 저장하였다. 이때, meta3.bmp 파일을 저장할 위치(D:/meta)의 드라이브 및 폴더를 지정해야 한다.

숲그림(forest plot) meta3이 미리 지정한 위치에 그림 파일(meta3.bmp)로 저장이 완료되면, meta 결과창에 "windows 2"가 보고된다(그림 10-12).

3) 일반화 자료의 메타분석

(1) 일반화 자료의 통합 효과 추정

메타분석에서 합성하는 개별 연구의 효과 크기(effect size)가 사전에 계산된 일반화 자료(OR, RR, HR)를 사용하는 경우이다. 모든 개별 연구들이 개입 또는 위험 노출에 대한 실험군(case)과 대조군(control) 선정이 동일하지 않기 때문에 메타분석을 수행하기 전에 프로토콜에 설정한 고찰 질문에 기반하여 모든 1차 연구에 대하여 실험군(case)과 대조군(control)을 일치시키고, 효과 크기를 조정한다.

앞 9장에서 다룬 바와 같이 개별 연구의 효과 크기에 가중치를 적용하기 위해 분산(variance) 또는 표준오차(standard error) 정보가 필요한데, 이 정보가 보고되지 않았다면, 95% 신뢰구간(confidence intervals)의 통계 계산식(statistical formula)을 이용할 수 있다. 또한 일반화 자료(OR, RR)를 메타분석에 사용할 경우, 신뢰구간의 대칭 및 수치를 쉽게 비교하기 위해서 효과 크기에 자연로그(natural log, ln)를 취한다.

개별 연구의 연구설계에 따라 효과 크기 유형(OR, RR)을 다양하게 보고하는데, 일반적으로 코호트 설계는 상대 위험도(RR) 또는 오즈비(OR)를 이용하고, 환자-대조군은 오즈비(OR)를 이용한다. 일부 메타분석에서는 여러 유형의 일반화 자료들을 통계 방정식(equations)을 이용하여 동일한 유형의 통합 효과 크기로 산출하여 보고한다. 예를 들면, 코호트 연구와 환자-대조군 연구결과를 모두 오즈비(OR)로 합성할 수 있다. 그러나 환자-대조군 연구에서 얻은 오즈비(OR)를 상대 위험도(RR)로 합성하는 것은 근사 추정치로 권장하지는 않는다.

Box 10-6 일반화 자료 유형 간 전환 (transformation of effect size data)

- 코호트 연구(전향적 자료) 메타분석 : 상대 위험도(RR)와 오즈비(OR) 모두 이용 가능
- 환자-대조군(후향적 자료) 메타분석: 일반적으로 오즈비(OR) 이용
  - 코호트 연구와 환자-대조군 연구결과를 오즈비(OR)로 합성 가능
  - 환자-대조군 연구에서 얻은 결과를 상대 위험도(RR)로 합성하는 것을 권장하지 않음

$$RR = \frac{OR}{(1-r) + (r^{*}OR)} \; and \; HR = \frac{\ln(1 - RR*r}{\ln(1 - r)}$$

※ r (non-exposed prevalence): 참조 집단(대조군)에서의 사건 발생률(%)

(2) R을 이용한 일반화 자료 효과 크기 분석

① 메타 패키지 실행과 데이터 불러오기

1차 연구에서 보고한 일반화 자료를 합성하기 위하여 설정한 가상의 연구질문은 “장시간 노동이 정신 건강(우울증)의 위험을 증가시키는가?”이다. 노동자를 대상으로 주(weekly) 단위 노동 시간을 위험 요인으로, 건강 결과를 우울증으로 하였고, 우울증 평가에 타당도 있는 선별 도구를 이용한 논문들을 대상으로 하였다. 연구 대상자들은 각 연구에서 규정한 장시간 노동 집단을 위험군(case)에 배정하고, 정상 시간 노동 집단을 대조군(control)에 배정하여 주요 특성과 함께 엑셀(.csv) 파일에 저장하였다(표 10-4).

[표 10-4] 일반화 자료 메타분석 원자료(예시)

author	year	country	gender	age	risk	case_control	schedule_type	outcome	ES	low_CI	upp_CI	lnOR	ln_low	ln_upp	lnSE
Bert et al.	2021	non-asia	both	21+	Long working	31–40 vs. 41–50	day-evening	depression	1.64	0.751	3.612	0.495	−0.286	1.2843	0.4007
Bert et al.	2021	non-asia	both	21+	Long working	31–40 vs. 41–50	night	depression	1.73	0.70	4.332	0.548	−0.357	1.4660	0.4650
Che et al.	2018	asia	male	25-65	Long working	≤40 vs. > 4 0	day-evening	mental disorde	1.02	0.64	1.481	0.020	−0.446	0.3927	0.2140
Che et al.	2018	asia	female	25-65	Long working	≤40 vs. > 4 0	day-evening	mental disorde	1.08	0.771	1.532	0.077	−0.260	0.4266	0.1752
Kan et al.	2017	asia	male	16+	Long working	≤48 vs. > 48	day-evening	depression	1.004	0.534	1.888	0.004	−0.627	0.6355	0.3222
Kan et al.	2017	asia	female	16+	Long working	≤48 vs. > 48	day-evening	depression	1.286	1.051	1.572	0.252	0.050	0.4523	0.1027
Lei et al.	2016	asia	female	18+	Long working	≤40 vs. 41–53	day-evening	depression	1.519	1.38	1.674	0.418	0.322	0.5152	0.0493
Oyan et al.	2013	non-asia	both	21–63	Long working	≤48 vs. > 48	night	depression	1.46	0.82	2.59	0.378	−0.198	0.9517	0.2934
Oyan et al.	2013	non-asia	both	21–63	Long working	≤48 vs. > 48	night	depression	1.35	0.75	2.42	0.300	−0.288	0.8838	0.2988
Port et al.	2004	non-asia	female	17–64	Long working	< 41 vs. 41–50	night	depression	0.96	0.59	0.5	−0.041	−0.528	−0.6931	−0.0422
Suz et al.	2003	asia	male	20–54	Long working	≤ 40 vs. ≥ 55	day-evening	ological symp	0.91	0.74	1.11	−0.094	−0.301	0.1044	0.1034
Suz et al.	2003	asia	female	20–54	Long working	≤ 40 vs. ≥55	day-evening	ological symp	0.98	0.82	1.18	−0.020	−0.198	0.1655	0.0928
Gon et al.	2014	asia	male	20–65	Long working	≤ 40 vs. 41 – 48	night	depression	1.27	0.97	1.66	0.239	−0.030	0.5068	0.1371
Gon et al.	2014	asia	female	20–65	Long working	≤ 40 vs. 41 – 48	night	depression	1.4	1.02	1.93	0.336	0.020	0.6575	0.1627
Pa et al.	2016	asia	male	19+	Long working	< 59 vs. ≥ 59	day-evening	depression	1.09	1.01	1.19	0.086	0.010	0.1740	0.0418
Pa et al.	2016	asia	female	19+	Long working	< 59 vs. ≥ 59	day-evening	depression	1.16	1.02	1.33	0.148	0.020	0.2582	0.0677
Drie et al.	2011	non-asia	male	20+	Long working	≤ 40 vs. 41 – 54	night	depression	1.16	0.81	1.65	0.148	−0.211	0.5008	0.1815
Drie et al.	2011	non-asia	female	20+	Long working	≤ 40 vs. 41 – 54	night	depression	1.63	1.05	2.55	0.489	0.049	0.9361	0.2264

R 프로그램을 사용하여, 패키지{meta}와 {metafor} 실행하고, 엑셀(.csv) 파일의 분석 자료를 불러와 읽도록 한다.

- 1단계: R 프로그램에서 메타분석을 실행하기 위해 메타 패키지{meta}와 {metafor} 실행
- 2단계: 명령어(setwd)를 이용하여, 분석자료가 저장된 위치를 지정하는 파일 디렉토리 경로(d:/lecture/meta)를 설정하고, .csv로 저장한 엑셀 'meta_gen'파일을 'generic'로 명명하여, read로 불러서 읽도록 한다.

Box 10-7 **메타 패키지 실행 및 일반화 자료 효과 크기 분석**

 # 1. 메타분석 패키지 실행 #

```
library(meta)
library(metafor)
```

 # 2. 실행 디렉토리 위치 지정(데이터 저장 경로), 데이터 불러오기#

```
setwd("D:/meta")
data_name  =read.csv("meta_gen.csv")
data_name
```

 # 3. 일반화 자료 효과 크기 분석 #

```
data_name <- metagen(effect_size, SE(effect_size), sm="OR", study, text.common =
"fixed effect model", data = generic)
data_name
```

- **data_name** : 데이터 파일명 (meta_con에서 generic으로, 다시 meta4로 변경)
- **metagen** : 미리 계산된 효과 크기 데이터에 사용하는 명령어
- **effect_size** : 계산된 효과 크기 변수명
- **SE(effect_size)** : 효과 크기의 표준오차의 변수명
- **sm**: 요약추정치(summary measure) 출력 (sm=OR)
  ※ 이분형 자료의 효과 크기와 가중치(SE)를 적용하기 위해 메타분석 과정에 로그 전환하였고, 결과 보고를 위해 다시 오즈비로 출력함
- **text.common** = "common effect model"을 "fixed effect model"로 출력
- **data =** : 데이터셋 명을 "meta_gen"에서"generic"으로 변경
- **data_name** : 메타분석 수행 이후 데이터 이름을 meta4로 함

 # 일반화 자료 효과 크기 해석 #

- OR/RR/HR = 1 (95% CI에서 1 포함) : 두 집단 간에 사건 발생 위험 동일(효과 없음)
- OR/RR/HR > 1 (95% CI에서 **불포함**) : 실험군이 대조군(ref.)에 비해 사건 발생 가능성(odds)/위험/위험률이 더 높음
- OR/RR/HR < 1 (95% CI에서 **불포함**) : 실험군이 대조군(ref.)에 비해 사건 발생 가능성(odds)/위험/위험률이 더 낮음

[BOX 10-7]과 같이 meta_gen.csv 파일을 R 프로그램 meta 메키지 명령어 구문을 이용하여 generic으로 명명하여, 불러 읽어오면, [그림 10-12]와 정보들이 입출력 화면에 나타난다. 결과 창에는 10개의 연구에서 효과 크기 18개(K)가 보고되었다.

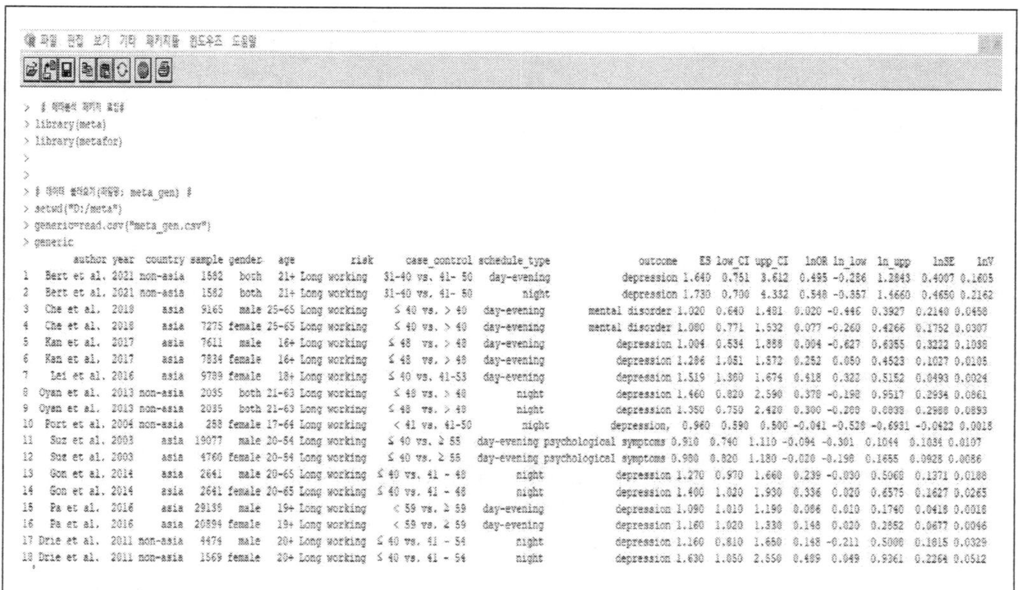

```
파일 편집 보기 기타 패키지들 윈도우즈 도움말
> # 메타분석 패키지 로딩#
> library(meta)
> library(metafor)
>
>
> # 데이터 불러오기(파일명: meta_gen) #
> setwd("D:/meta")
> generic=read.csv("meta_gen.csv")
> generic
        author year  country sample gender   age          risk     case_control schedule_type                outcome    ES low_CI upp_CI   lnOR ln_low  ln_upp    lnSE    lnV
1   Bert et al. 2021 non-asia   1582   both   21+ Long working  31-40 vs. 41- 50   day-evening             depression 1.640  0.751  3.612  0.495 -0.286  1.2843  0.4007 0.1605
2   Bert et al. 2021 non-asia   1582   both   21+ Long working  31-40 vs. 41- 50         night             depression 1.730  0.700  4.332  0.548 -0.357  1.4660  0.4650 0.2162
3    Che et al. 2018     asia   9165   male 25-65 Long working   ≤ 40 vs. > 40    day-evening        mental disorder 1.020  0.640  1.481  0.020 -0.446  0.3927  0.2140 0.0458
4    Che et al. 2018     asia   7275 female 25-65 Long working   ≤ 40 vs. > 40    day-evening        mental disorder 1.080  0.771  1.532  0.077 -0.260  0.4266  0.1752 0.0307
5    Kan et al. 2017     asia   7611   male   16+ Long working  ≤ 48  vs. > 48    day-evening             depression 1.004  0.534  1.888  0.004 -0.627  0.6355  0.3222 0.1038
6    Kan et al. 2017     asia   7834 female   16+ Long working  ≤ 48  vs. > 48    day-evening             depression 1.286  1.051  1.572  0.252  0.050  0.4523  0.1027 0.0105
7    Lei et al. 2016     asia   9789 female   18+ Long working  ≤ 40 vs. 41-53    day-evening             depression 1.519  1.380  1.674  0.418  0.322  0.5152  0.0493 0.0024
8   Oyan et al. 2013 non-asia   2035   both 21-63 Long working   ≤ 48 vs. > 48          night             depression 1.460  0.820  2.590  0.378 -0.198  0.9517  0.2934 0.0861
9   Oyan et al. 2013 non-asia   2035   both 21-63 Long working   ≤ 48 vs. > 48          night             depression 1.350  0.750  2.420  0.300 -0.288  0.8838  0.2988 0.0893
10  Port et al. 2004 non-asia    258 female 17-64 Long working   < 41 vs. 41-50         night            depression,  0.960  0.590  0.500 -0.041 -0.528 -0.6931 -0.0422 0.0018
11   Suz et al. 2003     asia  19077   male 20-54 Long working   ≤ 40 vs. ≥ 55  day-evening psychological symptoms 0.910  0.740  1.110 -0.094 -0.301  0.1044  0.1034 0.0107
12   Suz et al. 2003     asia   4760 female 20-54 Long working   ≤ 40 vs. ≥ 55  day-evening psychological symptoms 0.980  0.820  1.180 -0.020 -0.198  0.1655  0.0928 0.0086
13   Gon et al. 2014     asia   2641   male 20-65 Long working ≤ 40 vs. 41 - 48         night             depression 1.270  0.970  1.660  0.239 -0.030  0.5068  0.1371 0.0188
14   Gon et al. 2014     asia   2641 female 20-65 Long working ≤ 40 vs. 41 - 48         night             depression 1.400  1.020  1.930  0.336  0.020  0.6575  0.1627 0.0265
15    Pa et al. 2016     asia  29139   male   19+ Long working   < 59 vs. ≥ 59    day-evening             depression 1.090  1.010  1.190  0.086  0.010  0.1740  0.0418 0.0018
16    Pa et al. 2016     asia  20894 female   19+ Long working   < 59 vs. ≥ 59    day-evening             depression 1.160  1.020  1.330  0.148  0.020  0.2852  0.0677 0.0046
17  Drie et al. 2011 non-asia   4474   male   20+ Long working ≤ 40 vs. 41 - 54         night             depression 1.160  0.810  1.650  0.148 -0.211  0.5008  0.1815 0.0329
18  Drie et al. 2011 non-asia   1569 female   20+ Long working ≤ 40 vs. 41 - 54         night             depression 1.630  1.050  2.550  0.489  0.049  0.9361  0.2264 0.0512
```

[그림 10-12] 일반화 자료 메타분석 자료(가상 예시)

② 일반화 자료의 메타분석 및 결과 해석

일반화 자료를 이용한 메타분석은 meta 패키지의 'metagen' 명령어 구문을 사용한다. [표 10-4]와 [그림 10-13]의 가상 예시에서 개별 연구 대부분이 오즈비(odds ratio)로 보고했기 때문에 모든 연구의 효과 크기는 오즈비로 추정하였다.

메타분석 과정에서 이분형 효과 크기인 오즈비(odds ratio)와 그에 대한 분산(표준오차)은 가중치 적용 과정에서 로그-전환하였고, 최종 결과 보고를 위해 통합 효과 크기를 다시 오즈비로 보고(sm= "OR") 하였다.

각 연구에서 규정한 주 단위 장시간 노동 집단이 대조 집단에 비해 우울증 위험이 고정효과(OR 1.1401, 95% CI 1.0943-1.1877) 모형과 임의효과(OR 1.1709 , 95% CI 1.0643-1.2881) 모형에서 모두 높았다.

```
> meta4 =metagen(lnOR, sqrt(lnV), sm="OR", text.common = "fixed effect model",
data= generic)
> meta4
Number of studies: k = 18

                         OR           95%-CI     z  p-value
fixed effect model   1.1401 [1.0943; 1.1877] 6.27 < 0.0001
Random effects model 1.1709 [1.0643; 1.2881] 3.24   0.0012

Quantifying heterogeneity:
 tau^2 = 0.0205 [0.0045; 0.0493]; tau = 0.1433 [0.0667; 0.2221]
 I^2 = 75.2% [60.8%; 84.3%]; H = 2.01 [1.60; 2.53]

Test of heterogeneity:
     Q d.f.  p-value
 68.62   17 < 0.0001

Details on meta-analytical method:
- Inverse variance method
- Restricted maximum-likelihood estimator for tau^2
- Q-Profile method for confidence interval of tau^2 and tau
```

[그림 10-13] 일반화 자료의 메타분석 및 결과

③ 일반화 자료의 메타분석 숲그림(forest plot)

메타분석 결과에서 코크란 Q 값에서 p-값이 0.1보다 작고, 이질성(I^2)이 75% 이상으로 높게 나타나, 임의효과(random effect) 모형(fixed = FALSE, random = TRUE)을 선택하여 통합 효과 크기로 보고하였다. 또한 [그림 10-12]와 같이 정량적 결과에 맞는 숲그림 (forest plot)을 함께 제시한다. 숲 그림에서는 digital 명령어를 통해 평균과 표준편차의 소수점 이하 자리 수를 조정하였다.

다양한 국가에서 수행된 연구이기 때문에 임의효과 모형을 선택하여 결과를 분석한 결과, 장시간 노동자들은 그렇지 않은 노동자들에 비하여 우울증을 포함한 정신 건강 위험이 더 높았다(OR 1.17, 95% CI 1.0643-1.2881).

[그림 10-14]의 첫 번째 숲그림(forest plot)은 동일 연구의 효과 크기들을 구분하기 위해 study에 저자(author), 출판 연도(year) 이외에 성별(gender), 근무 형태(주간, 야간)를 선정하여, 연구 라벨(study label)을 적용하였다. 두번째 숲그림(forest plot)은 옵션을 적용하여 개별 연구의 가중치(사각형)과 통합 효과 크기(다이아몬드) 색상을 적용하였고, 우측면의 연구별 가중치를 제외하였다.

```
> meta4_1 =metagen(lnOR, sqrt(lnV), sm="OR", text.common = "fixed effect model", fixed = FALSE, random = TRUE, data= generic)
> meta4_1
Number of studies: k = 18

                        OR            95%-CI    z p-value
Random effects model 1.1709 [1.0643; 1.2881] 3.24  0.0012

Quantifying heterogeneity:
 tau^2 = 0.0205 [0.0045; 0.0493]; tau = 0.1433 [0.0667; 0.2221]
 I^2 = 75.2% [60.8%; 84.3%]; H = 2.01 [1.60; 2.53]

Test of heterogeneity:
     Q d.f.  p-value
 68.62   17 < 0.0001

Details on meta-analytical method:
- Inverse variance method
- Restricted maximum-likelihood estimator for tau^2
- Q-Profile method for confidence interval of tau^2 and tau
```

```
> forest(meta4_1, digits.mean=1, digits.sd=1, digits=3, random=TRUE)
```

Study	logOR	SE(logOR)	OR	95%-CI	Weight
1	0.4950	0.4006	1.640	[0.748; 3.597]	1.3%
2	0.5480	0.4650	1.730	[0.695; 4.303]	1.0%
3	0.0200	0.2140	1.020	[0.671; 1.552]	3.6%
4	0.0770	0.1752	1.080	[0.766; 1.523]	4.6%
5	0.0040	0.3222	1.004	[0.534; 1.888]	1.9%
6	0.2520	0.1025	1.287	[1.052; 1.573]	7.6%
7	0.4180	0.0490	1.519	[1.380; 1.672]	10.3%
8	0.3780	0.2934	1.459	[0.821; 2.594]	2.2%
9	0.3000	0.2988	1.350	[0.751; 2.425]	2.2%
10	-0.0410	0.0424	0.960	[0.883; 1.043]	10.6%
11	-0.0940	0.1034	0.910	[0.743; 1.115]	7.6%
12	-0.0200	0.0927	0.980	[0.817; 1.176]	8.1%
13	0.2390	0.1371	1.270	[0.971; 1.662]	6.0%
14	0.3360	0.1628	1.399	[1.017; 1.925]	5.0%
15	0.0860	0.0424	1.090	[1.003; 1.184]	10.6%
16	0.1480	0.0678	1.160	[1.015; 1.324]	9.4%
17	0.1480	0.1814	1.160	[0.813; 1.655]	4.4%
18	0.4890	0.2263	1.631	[1.047; 2.541]	3.3%
Random effects model			**1.171**	**[1.064; 1.288]**	**100.0%**

Odds Ratio

0.5 1 2

Heterogeneity: $I^2 = 75\%$, $\tau^2 = 0.0205$, $p < 0.01$

[그림 10-14] 일반화 자료의 메타분석 결과 및 숲그림(forest plot)

[그림 10-15-A]는 [그림 10-14]의 메타분석 결과를 숲그림으로 보고한 것이며, [그림 10-15-B]는 기본 숲 그림에 개별 연구의 효과 크기와 통합 효과 크기에 색상 옵션을 추가하였다.

```
> meta4_2 =metagen(lnOR, sqrt(lnV), sm="OR", studlab = paste(author, year, gender, schedule_type),
text.common = "fixed effect model", fixed = FALSE, random = TRUE, data= generic)
> meta4_2
```

A forest(meta4_2, digits.mean=1, digits.sd=1, digits=3, random=TRUE)

Study	logOR	SE(logOR)	Odds Ratio	OR	95%-CI	Weight
Bert et al. 2021 both day-evening	0.4950	0.4006		1.640	[0.748; 3.597]	1.3%
Bert et al. 2021 both night	0.5480	0.4650		1.730	[0.695; 4.303]	1.0%
Che et al. 2018 male day-evening	0.0200	0.2140		1.020	[0.671; 1.552]	3.6%
Che et al. 2018 female day-evening	0.0770	0.1752		1.080	[0.766; 1.523]	4.6%
Kan et al. 2017 male day-evening	0.0040	0.3222		1.004	[0.534; 1.888]	1.9%
Kan et al. 2017 female day-evening	0.2520	0.1025		1.287	[1.052; 1.573]	7.6%
Lei et al. 2016 female day-evening	0.4180	0.0490		1.519	[1.380; 1.672]	10.3%
Oyan et al. 2013 both night	0.3780	0.2934		1.459	[0.821; 2.594]	2.2%
Oyan et al. 2013 both night	0.3000	0.2988		1.350	[0.751; 2.425]	2.2%
Port et al. 2004 female night	-0.0410	0.0424		0.960	[0.883; 1.043]	10.6%
Suz et al. 2003 male day-evening	-0.0940	0.1034		0.910	[0.743; 1.115]	7.6%
Suz et al. 2003 female day-evening	-0.0200	0.0927		0.980	[0.817; 1.176]	8.1%
Gon et al. 2014 male night	0.2390	0.1371		1.270	[0.971; 1.662]	6.0%
Gon et al. 2014 female night	0.3360	0.1628		1.399	[1.017; 1.925]	5.0%
Pa et al. 2016 male day-evening	0.0860	0.0424		1.090	[1.003; 1.184]	10.6%
Pa et al. 2016 female day-evening	0.1480	0.0678		1.160	[1.015; 1.324]	9.4%
Drie et al. 2011 male night	0.1480	0.1814		1.160	[0.813; 1.655]	4.4%
Drie et al. 2011 female night	0.4890	0.2263		1.631	[1.047; 2.541]	3.3%
Random effects model				**1.171**	**[1.064; 1.288]**	**100.0%**
			0.5 1 2			

Heterogeneity: $I^2 = 75\%$, $\tau^2 = 0.0205$, $p < 0.01$

B forest(meta4_2, digits.mean=1, digits.sd=1, digits=3, col.square="blue", col.square.lines = ="sky blue", col.diamond = "pink", random=TRUE, rightcols=c("effect", "ci"))

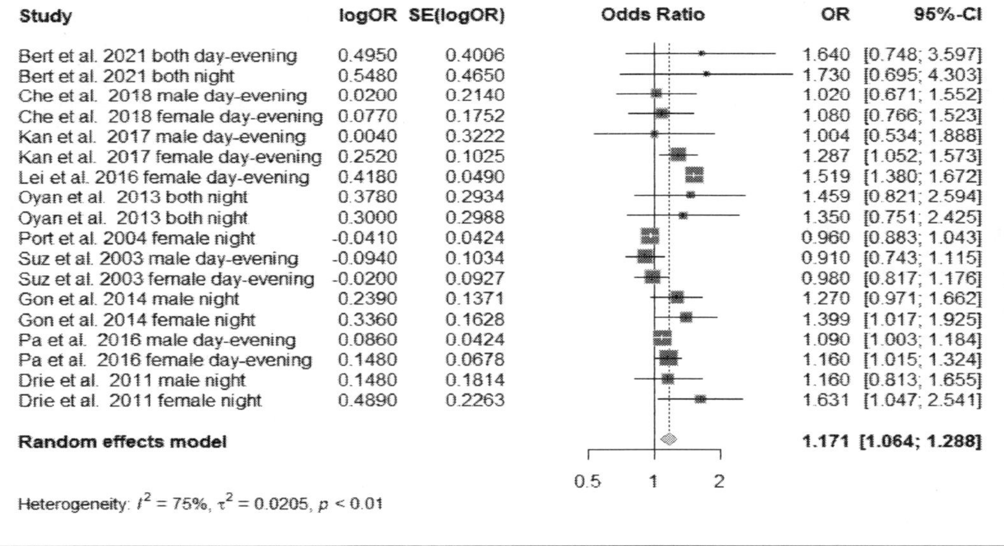

[그림 10-15] 일반화 자료의 메타분석 숲그림(forest plot) 옵션 결과

참고문헌

1. Andrade, C. (2020). Mean difference, standardized mean difference (SMD), and their use in meta-analysis: as simple as it gets. The Journal of Clinical Psychiatry, 81(5), e11349.
2. Bakbergenuly, I., Hoaglin, D.C., & Kulinskaya, E. (2020). Estimation in meta-analyses of mean difference and standardized mean difference. Statistics in Medicine, 39(2), 171-191.
3. Bhuyan, K. (2020). Introduction to: Meta-Analysis. LAP Lambert Academic Publishing.
4. Cohen, J. (1977). Statistical power analysis for the behavioural sciences (Rev. ed.). Academic Press.
5. Gallardo-Gómez, D., Richardson, R., & Dwan, K. (2024). Standardized mean differences in meta-analysis: A tutorial. Cochrane Evidence Synthesis and Methods, 2(3), e12047.
6. Harrer, M., Cuijpers, P., Furukawa, T.A., & Ebert, D.D. (2021). Doing meta-analysis with R: A hands-on guide. Chapmann & Hall/CRC Press.
7. Hopkins, W.G., & Rowlands, D.S. (2024). Standardization and other approaches to meta-analyze differences in means. Statistics in Medicine, 1-17.
8. Lin, L., & Aloe, A.M. (2022). Evaluation of various estimators for standardized mean difference in meta-analysis. Statistics in Medicine, 40(2), 403-426.
9. Lortie, C.J., & Filazzola, A. (2020). A contrast of meta and metafor packages for meta-analyses in R. Ecology and Evolution, 10(20), 10916.

11

제 11 장

R을 활용한 메타분석 II
이질성 측정, 출판 편향, 민감도 분석

제11장

R을 활용한 메타분석 II
이질성 측정, 출판 편향, 민감도 분석

1 효과 크기 이질성 측정 및 진단

1) 이질성의 개념

메타분석 내에서 실제 효과 크기의 규모와 연구 간 변동성을 이질성이라고 한다. 메타분석의 목적은 평균 효과 크기를 추정하고 변동성을 추정하는 것인데, 첫 번째 목적인 효과 크기를 해석하는 것은 두 번째 목적 분산에 대한 지식 없이는 불가능하기 때문에 이질성은 매우 중요하다(1).

메타분석에서 효과의 이질성(heterogeneity)은 효과가 동질적(homogeneous)일 경우에는 존재하지 않거나 더 간단한 해석상의 문제에 그친다. 연구 간에 효과 크기가 동질적일 경우에는 고정 효과 모형과 임의 효과 모형을 적용한 결과는 일치하며, 일반화의 문제는 발생하지 않는다. 그러나 연구결과 합성에서 이질성은 매우 빈번히 나타나는 문제이며, 분석자가 이질성에 대해서 통계 분석에서 다루는 방법과 결과 해석을 다루는 방법을 알아야 함을 의미한다(2).

앞 9장에서 임의효과 모형은 연구 간 이질성으로 인해 연구의 실제 효과 크기가 달라진다고 가정한다. 따라서 임의효과 모형에는 실제 효과의 분산을 정량화하는 연구 간 분산 추정치(τ^2)가 포함되며, 이를 통해 실제 효과 크기 분포의 평균으로 정의된 통합 효과를 계산한다. 임의효과 모형은 연구가 매우 이질적일지라도 항상 통합 효과 크기를 계산할 수 있도록 한다. 그러나 이 통합 효과를 의미 있게 해석할 수 있는지 여부는 알려주지 않기 때문에 메타분석에서 통합 효과만으로는 자료를 제대로 대표하기 어려운 경우가 있다. 이질성이 매우 높은 개별 연구들의 경우 실제 효과 크기(일부 처리의 효과 크기)가 양(+)에서 음(−)까지 다양한 범위를 가지고 있을 때, 메타분석의 통합 효과가 양(+)의 결과로 나타났다면, 일부 연구에서 처리가 음(−) 효과를 보였다는 사실은 간과하게 된다.

높은 이질성은 자료에서 서로 다른 실제 효과를 보이는 두 개 이상의 하위 집단이 있는 경우에도 발생할 수 있다. 이러한 정보는 연구자에게 효과가 더 낮거나 더 높은 특정 요인을 찾는 데 도움을 줄 수 있다. 그러나 통합 효과만 단독으로 살펴보면 이러한 세부 사항을 놓치기 쉽다. 극단적인 경우, 이질성이 매우 높으면 연구 간에 공통점이 전혀 없고 통합 효과를 해석하는 것이 의미가 없기 때문에 메타 분석가는 분석 대상 연구의 이질성을 항상 고려해야 한다. 우수한 메타분석은 전반적인 효과를 보고할 뿐만 아니라 이 추정치의 신뢰성도 명시해야 한다. 여기서 중요한 부분은 연구 간 이질성을 정량화하고 분석하는 것이다(2).

2) 이질성 평가 방법 및 해석

이질성을 평가하고 양을 정량화하는 지표는 절대적 통계 지표와 상대적 통계 지표 두 가지로 나눌 수 있다.

(1) 절대적 통계 지표(absolute statistics)

절대적 통계 지표는 메타분석 분포에서 이질성의 전반적인 양을 정량화하여 메타분석 연구 간에 비교하는 방법이다.

① **코크란 Q 검정 (Cochran's Q test)**: 개별 연구 간 효과 차이가 표집 오차 때문인지 아니면, 실제 연구 간 이질성 때문인지(sampling error VS. true differences) 크기 차이의 유의성을 통계적으로 검증하는 검정

- 연구 간 효과 크기 간 변동성의 통계적 유의성을 추정하는 귀무가설(HO)은 "연구 전체에서 효과 크기가 동일하고 연구 간 변동은 우연에 의한 것이다."로 설정하고, 분석 결과에서 통계적 유의성(p−value)이 작으면, 연구 간 이질성이 존재하는 것으로 판단함
- 구현하고 해석하기 쉽다는 장점이 있으나, 귀무가설 유의성 검정에 문제점이 있으며, 즉, 연구 수 K와 연구의 표본 크기가 증가할 때 Q가 증가하여, Q값과 유의성 여부는 메타분석의 규모와 통계적 검정력에 크게 좌우됨. 또한 Q검정은 단순히 데이터가 이질적인 것인지, 아니면 조절 변수가 존재할 가능성이 있는지 여부만 평가할 뿐 이질성의 크기(magnitude)나 심각성(severity)에는 중점을 두지 않음

② **표준편차(SD)**: 평균 효과 주변의 분산(dispersion around the mean)으로 효과 크기 분포 퍼짐 정도
- SD는 직관적인 통계치가 아니기 때문에 결과 해석 시 어려움을 초래할 수 있음
- SD에 대한 평균 추정치의 일반화 가능성에 이질성이 부정적인 영향을 미칠 수 있는 임계값은 0.05로 제안됨

③ **연구 효과 간 분산(τ^2 또는 σ^2)**: 연구 효과의 크기 분산으로 효과 크기들이 얼마나 흩어져 있는지 수치로 나타냄
- 효과 크기의 변동성(variability of true effect sizes)을 평가하며, 표준편차 해석의 어려움으로 인해 연구 효과 크기 분산의 보고가 선호될 수 있음
- 연구 효과 크기로 측정한 이질성이 일반화 가능성에 영향을 미칠 수 있는 임계값은 0.0025 수준이며, 효과 크기 분산이 큰 것으로 간주되는지 여부를 판단할 때 연구 목적과 맥락을 고려해야 함

④ **신뢰구간(Credibility Interval) 또는 예측구간(Prediction Interval)**: 효과 크기 분포의 특성과 미래 관찰값 범위를 보여주는 구간
- **신뢰구간(CI)** : 모집단 효과 크기의 변동성에 대한 정보를 제공하고, 메타분석 효과 크기가 조절 요인 및 기타 잠재적으로 관찰되지 않은 요인의 영향을 받는 정도를 추정하는 데 사용할 수 있음
- **예측구간(PI)** : CI와 유사하게 모집단 효과 크기의 변동성에 대한 정보를 제공함. CI는 평균과 임의 효과 크기 분산의 추정 오차가 이미 제거되었다고 가정하는 반면, PI는 이러한 오차를 추정에 포함한다는 차이가 있음

(2) 상대적 통계 지표 (relative statistics)

상대적 이질성 통계 지표는 실제 차이(우연이 아닌 차이)가 전체 차이 중에서 얼마나 차지하는지를 비율로 나타낸다.

- **I^2(I–squared)**: I^2는 치료 효과 추정치의 총변동량 중에서 이질성에 기인한 변동량의 비율을 나타내는 메타분석에서 이질성 보고에 일반적으로 사용
  - 효과 크기 차이 전체 변동 중에서 우연(chance)이 아닌 실제 차이(real differences)에 의해서 발생했는지 평가
  - I^2는 해석하기 쉽고, 조절 변수에 기반한 하위 분포 분산의 백분율을 설명하는 모형에서 사용할 수 있음
  - 분포에서 효과 크기 변화에 대한 범위는 나타낼 수 없으며, 이는 이질성을 평가할 때 주의해야 할 사항임

- 75% 규칙: 일반적으로 많은 연구자들이 75%를 이질성을 확인하는 통계로 사용하며, 의학에서는 25% 미만의 값은 일반적으로 이질성이 문제가 되지 않는 지표로 간주하고 있음(2, 3, 4)

이 지표의 기준은 특정 맥락에서 수행된 연구설계의 가설을 다루기 위해 개발되었으며, 실제로 메타분석 연구에서는 I^2의 크기를 판단하는 명확한 기준이 공개적으로 제시된 바 없다(1).

[표 11-1] 메타분석에서 이질성 측정 및 보고

이질성 권고	메타분석에서 이질성에 대한 구체적 제안
최소 3가지 이질성 지표 보고	메타분석 결과를 제시할 때, 이질성 정량화를 위해 최소 3가지 이상 지표 보고 • 절대적 이질성 지표 예측구간(Prediction Interval, PI) 또는 신뢰구간(Credibility Interval, PI) • 또 다른 절대적 이질성 지표로 효과의 분산인 σ^2 또는 τ^2 • 상대적 이질성 지표 I-squared • 이질성을 평가할 때 Q 검정의 유의성만 의존하는 것은 적합하지 않음
절대적 이질성 지표 보고	• 절대적 이질성을 설명할 때, 증거에 기반해야 하며 이해하기 쉬워야 함 • 관찰된 절대적 이질성 수준 판단 근거 및 기준(선행 연구)을 포함하여 설명 • 절대적 이질성이 '상당하다', '크다', '상당히 크다'로 간주하는 이유 및 조절 변수 존재 여부를 명확히 함 (예를 들어, "이 연구에서 효과 크기에 대한 이질성이 상당히 크게 존재하기 때문에 추가 연구가 필요하다고 판단된다." 또는 "관찰된 이질성은 매우 크므로, 추가적인 조절 요인이 존재할 가능성이 있음을 시사한다.")
상대적 이질성 지표 보고	• 상대적 이질성 지표(I^2)설명시, 근거 및 기준(선행 연구)을 포함하여 설명 • 이질성 해석은 증거에 기반하며, 쉽게 이해되어야 함 • 동일 데이터셋 내에서의 다른 분포와 비교했을 때 이질성 정도가 '크다', '상당하다', '중요하다'고 판단하는 이유를 명확히 제시할 것 (예시: 조절 효과 요인에 따라 이질성 차이가 크거나 작음을 설명함: 특정 중재 집단에서 이질성 I^2값이 각각 얼마인지 설명하고, 전체 분포와 비교하여 어느 집단이 더 이질적인지, 다른 연구 집단의 이질성 수치와 비교할 때, 차이가 크거나 작음을 보고함)
결과 및 논의 제시 사항	• 높은 이질성을 보인 메타 효과 크기와 이와 관련된 잠재적 조절 효과 변수의 영향을 보고함 • 낮은 이질성과 관련된 메타 효과 크기와 높은 신뢰성을 명시함(조절효과 변수가 효과 크기에 영향을 미칠 가능성이 낮음) (예시 : "독립 변수와 종속 변수 간 관계는 양(+)의 상관관계가 있으며, 상당한 크기의 이질성은 잠재적 조절 변수가 있다는 의미임. 따라서 향후 연구에서는 이 관계를 더 구체적으로 분석하여 잠재적 조절 효과 변수를 찾아야 함" 또는 "종속과 독립 변수 간 관계는 양(+)의 상관관계가 있으며, 이 관계는 강건할 가능성이 높음")

출처 : Kepes, et al., 2024 내용을 정리 요약함

Box 11-1 메타분석 이질성 측정 지표 I^2

- I^2는 표집 오차로 인해 발생하지 않은 효과 크기의 변동성 비율로 정의되며, 코크란 Q에 직접적으로 기반함
- I^2는 이질성이 없다는 귀무가설 하에서 Q가 자유도가 K−1인 χ^2 분포를 따른다고 가정함
- 이질성이 없을 때(K−1일 때) Q의 관측값이 기대 Q 값을 얼마나 초과하는지를 백분율로 나타냄

$$I^2 = \left(\frac{Q - df}{Q}\right) \times 100\%$$

- 메타분석에서 연구 간 이질성을 보고하기 위해 I^2 통계량을 사용하는 것이 가장 일반적이며, I^2는 R 프로그램의 {meta 패키지}에서 기본적으로 포함됨
- I^2 통계량이 일반적으로 사용되는 이유는, 해석하는 방법에 대한 '경험적 규칙(rule of thumb)'이 있기 때문으로 보임

  I^2 = 25%: 이질성 낮음(low heterogeneity)
  I^2 = 50%: 이질성 중간(moderate heterogeneity)
  I^2 = 75%: 이질성 상당함(substantial heterogeneity)

2 이질성의 분류: 하위집단 및 메타회귀 분석

1) 하위집단 분석과 층화 분석

(1) 하위집단 분석과 층화 분석

① 하위집단 분석

㉠ 하위집단(subgroup)이란?

효과 크기(effect sizes)를 변화시키거나, 변화시킬 수 있다고 예상되는 잠재적 조절변수(moderator)로 정의한다. 다양한 연구 특성과 방법론적 특성(조사 시기, 연구 설계 등) 및 참여자 수준(성, 연령, 인종)과 같은 명목형(이분형 포함) 척도의 변수를 사용한다. 하위집단에 대한 정의 및 분류는 메타분석을 시작하기 이전에 관찰된 효과 크기에 영향을 미칠 수 있는 변수를 사전에 정의하는데, 선행 연구 또는 임상적 근거에 기반하여 선정하는 것이 권장된다(5).

ⓛ 하위집단 분석(Subgroup analysis)의 개념

연구를 하위집단으로 분류하여 주 효과와 관계가 있는 제3의 변수, 즉 연구의 특성이나 범주에 따라 달라지는지 여부를 검정할 수 있다. 이를 통해 연구 합성에 포함된 증거 유형 간의 중요한 차이점을 확인하기 위해 하위집단 분석(subgroup analyses) 또는 조절효과 분석(moderators analyuses)을 통해 이질성을 검정할 수 있다(6).

메타분석에서 하위집단 분석(subgroup analysis)은 연구 간 이질성의 원인을 탐색하고, 특정 요인이 결과에 미치는 영향을 체계적으로 분석하는 방법이다. 범주형 또는 이분형 변수를 사용하여 연구 간 효과 크기 차이를 설명하기 때문에 분산분석(ANOVA) 통계 기법과 유사하다.

하위집단 메타분석에서는 각 연구를 분석의 단위(unit)로 가정하고, 유사한 특성의 연구를 하나의 하위집단으로 분류하여, 연구결과에 영향을 미치는 조절 변수 또는 공변량(covariate)을 식별하고 그 효과를 평가한다.

하위집단 분석은 집단이 나누어지기 때문에 연구 수 또는 효과 크기 수가 충분해야 한다. 하위집단 분석을 위해서는 전체 효과 크기 수(K)가 최소 10개 이상이 되어야 조절 변수의 영향을 파악할 수 있으며, 하위집단 내에 서로 다른 연구(N)와 효과크기의 수(K)가 최소 2개 이상이 되어야 한다(5, 7).

ⓒ 하위집단 분석 방법과 수행 단계

메타분석의 하위집단 분석은 크게 각 하위집단 내(within) 이질성 평가와 하위집단 간(between)의 효과 크기 비교로 구성된다. 또한 하위집단의 효과를 분석하는 방법은 산출 방식에 따라 다음과 같이 세 가지 방법과 메타분석 모형(고정 효과, 임의효과) 모형을 고려해야 한다.

- Z-test : 두 하위집단의 평균 효과 크기를 직접 비교하는 방법
- Q-test : 총 변동을 다양 분할하여 여러 하위집단의 평균을 비교하는 방법
- I^2-test: 하위집단 별로 총 변동 중 실제 이질성으로 인한 변동의 비율 파악

하위집단 메타분석은 다음과 같이 하위집단 정의, 이질성 평가, 하위집단의 효과 크기 추정, 효과 크기 비교, 결과 해석 순서에 따른다(8).

[표 11-2] 하위집단 메타분석 수행 단계

단계	수행 단계	수행 내용
1단계	하위집단 정의 및 분석 설정	• 연구질문 관련된 연구 특성, 조절 효과 요인 고려 • 하위집단 및 범주형 변수 정의
2단계	하위집단 내 이질성 평가	• 하위집단 내 이질성 평가 – 코크란 Q 검정 – I^2 통계량 • 메타분석 모형 선택 – 고정효과 모형 – 임의효과 모형
3단계	하위집단 내 효과크기 추정	• 메타 분석 모형 선택 및 효과 크기 산출(요약 통계량) • 통계적 유의성(신뢰 구간 및 p-값)
4단계	하위집단 간 효과 크기 비교	• Z-검정: 두 하위집단 비교, 효과 크기 차이 및 표준오차 이용 • Q-검정: 세 개 이상의 하위 그룹을 비교에 사용
5단계	결과 해석	하위집단 간 유의미한 차이: 분석에 사용된 조절 변수가 연구결과의 변동에 기여하는 중요한 요인이라고 할 수 있으나, 단지 그 요인에 의한 효과라고 결론 내려서는 안됨(다른 요인이 관련되어 있을 수 있음)

출처: Borenstein et al., 2009

② 층화 분석(stratification analyses)

㉠ 층화와 층화 분석의 개념

층화(stratification)는 연구결과에 영향을 줄 수 있는 연구 대상 인구 또는 주요 변수를 특성에 따라 여러 계층으로 구분한다는 의미이다.

층화 분석(stratification analyses)은 메타분석에서 이질성 문제를 해결하는 데, 합리적인 추정치 제공하는 방법이다. 보건 정책 분야에서도 사회적 계층(social stratification)을 층화한 연구들이 수행되고 있다(9).

㉡ 모형 선택 및 효과 추정 방법

층화 분석에서 분석의 단위(unit)는 1차 연구(study)가 아니라 계층(stratum)에 포함된 하위 연구(substudy)이다. 층화 분석은 계층 내(within strata)와 계층 간(across strata) 분석으로 구분하여 수행한다(10).

[표 11-3] 층화 메타분석 수행 단계

단계	수행 단계	수행 내용
계층 내(within strata) 분석	계층 내 이질성 검정	이질성 검정 지표 (x^2, Q-test, I^2)를 통한 평가
	메타분석 모형 선택	변이(variations) 및 이질성에 근거하여 선택 • 고정 효과 모형 • 임의 효과 모형
계층 간(across strata) 분석	효과 크기 비교	계층 간 효과 크기 유의미한 차이 발생 • 계층 간(across strata) 효과 크기 비교
	효과 크기 결합 • 메타분석 모형 선택	계층 간 유의미한 변이 없음 • 계층 간 효과 크기 결합 가능(고정효과 모형 적용) • 주요 요인과 층화 변수(stratified variable)간에 조 절 효과 및 상호 작용이 없음을 의미

층화 메타분석을 수행하는데 있어서 다음과 같은 방법론적 오류 및 결함 주의해야 한다(11).

- 데이터를 합성하는데 효과 모형 선택의 혼란: 개별 연구의 이질성을 고려하지 않고 서로 다른 계층의 데이터를 결합하여, 고정 효과 또는 임의효과 모형을 사용하여 분석
- 교란 요인(confounding factors)을 통제하지 못함으로써, 대상 인구에서 관심 요인에 대한 효과 밝히지 못하는 문제
- 계층 간 동질성(homogeneity) 검정 및 상호 작용의 정량적 추정(quantified estimation) 부족으로 설득력 없는 결론 도출

③ 하위집단 분석과 층화 분석의 차이

층화 분석은 다음 두 가지 측면에서 하위집단 분석과 차이가 있으며, [그림 11-1]을 통해 확인할 수 있다.

- 하위집단(subgroup)은 일반적으로 미리 설정(pre-set)된 개입을 의미하는 반면에 계층은 잠재적인 혼란 변수(confounding variables)로 간주한다.
- 메타분석에 포함된 개별 연구들은 하위집단 분석(subgroup analysis)에서 각각 하나의 단위로 한 집단에 배정되지만 층화 분석(stratification analyses)에서는 개별 연구들은 여러 부분으로 나뉘고, 동일한 특성을 가진 연구들은 동일 계층에 분류된다.

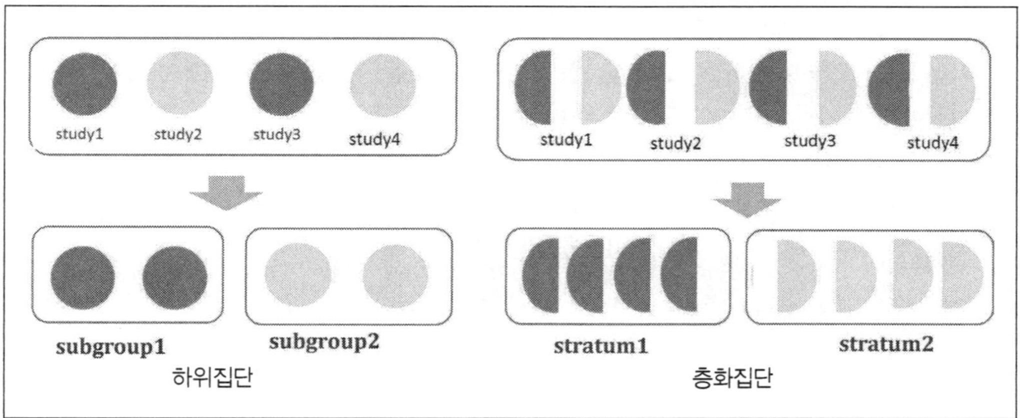

[그림 11-1] 하위집단 분석과 층화 분석의 차이

(2) R을 이용한 하위집단 분석과 층화 분석

연구의 수(N)와 효과 크기 수(K)가 많은 이분형 자료(binary data) 분석에 사용했던 meta_bin.csv을 이용하여, 하위집단 분석과 층화 분석을 수행한다. 먼저 R 메타 패키지를 실행하고, 데이터 셋(meta_bin.csv)을 불러 읽는다(그림 11-2).

```
> library(meta)
필요한 패키지를 로딩중입니다: metadat
Loading 'meta' package (version 7.0-0).
Type 'help(meta)' for a brief overview.
Readers of 'Meta-Analysis with R (Use R!)' should install
older version of 'meta' package: https://tinyurl.com/dt4y5drs
> library(metafor)
필요한 패키지를 로딩중입니다: Matrix
필요한 패키지를 로딩중입니다: numDeriv

Loading the 'metafor' package (version 4.6-0). For an
introduction to the package please type: help(metafor)

An updated version of the package (version 4.8-0) is available!
To update to this version type: install.packages("metafor")

> setwd("D:/meta")
> binary=read.csv("meta_bin.csv")
> binary
```

[그림 11-2] 하위집단 및 층화 분석을 위한 메타 실행과 자료 불러오기

① R을 이용한 하위집단 분석(subgroup analysis)

이분형 자료를 이용하여 메타분석을 수행하기 때문에 metabin 명령어 구문을 이용한다. 먼저 결과에 영향을 줄수 있는 잠재적 변수를 성(gender)으로 간주하고, 하위집단을 성으로 구분하는 “subgroup = gender” 명령어를 추가한다.

- **하위집단 분석 결과**: 개별 연구에서 보고된 성별 구분에 따라 남성(men), 여성(women), 남성+여성 모두(both)가 하위집단으로 보고되고, 그에 대한 효과 크기 개수(K), 효과 크기 추정치(OR)와 그에 대한 통계적 유의성(95% CL), 이질성(I^2, tau2)이 제시된다.

```
meta5_1= metabin(case, case_tot, con, con_tot, sm="OR", text.common = "fixed effect model",
studlab = paste(study, risk_factor, gender), fixed = FALSE, random = TRUE, data=binary,
subgroup= gender)
meta5_1

Number of studies: k = 53
Number of observations: o = 201381558 (o.e = 23384970, o.c = 177996588)
Number of events: e = 52966

                          OR           95%-CI      z  p-value
Random effects model 1.5776 [1.2720; 1.9566] 4.15 < 0.0001

Quantifying heterogeneity:
 tau^2 = 0.5974 [0.4039; 0.9130]; tau = 0.7729 [0.6356; 0.9555]
 I^2 = 99.2% [99.1%; 99.3%]; H = 11.15 [10.65; 11.67]

Test of heterogeneity:
       Q d.f. p-value
 6461.84   52       0

Results for subgroups (random effects model):
                 k     OR           95%-CI  tau^2    tau       Q   I^2
gender = men    18 2.7538 [2.0072; 3.7781] 0.4401 0.6634 1694.91 99.0%
gender = women  20 1.1332 [0.8200; 1.5659] 0.4885 0.6989 1221.57 98.4%
gender = both   15 1.2323 [0.8774; 1.7308] 0.4125 0.6422  707.17 98.0%

Test for subgroup differences (random effects model):
                   Q d.f. p-value
Between groups 17.96    2  0.0001

Details on meta-analytical method:
- Inverse variance method
- Restricted maximum-likelihood estimator for tau^2
- Q-Profile method for confidence interval of tau^2 and tau
```

[그림 11-3] R을 이용한 하위집단 분석 결과

- **하위집단 분석의 주의 사항**: [그림 11-4]와 같이 하위집단에 제시된 연구들이 다른 하위집단에서 중복적으로 보고되지 않도록 해야 한다. 즉, 동일 연구가 남성(men)

과 여성(women)의 하위집단에서 분석되는 것은 가능하지만, 성별 전체(both)에 있는 연구가 여성(women) 또는 남성(men) 집단에서도 분석되면 중복 계산(double counting) 문제로 인하여 결과가 왜곡될 수 있다.

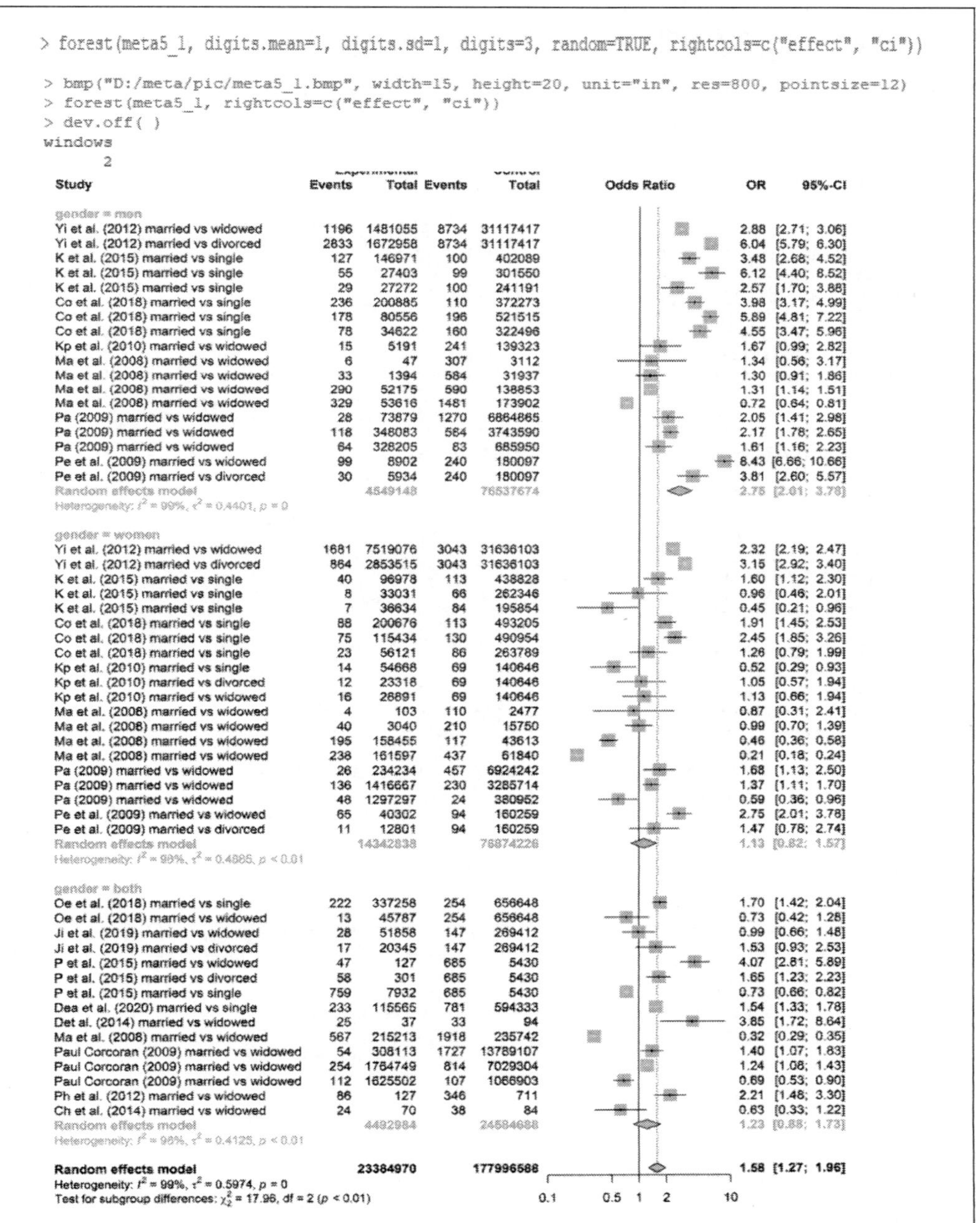

[그림 11-4] R을 이용한 하위집단 분석 숲 그림

② R을 이용한 층화 분석(stratification analysis)

R meta 패키지의 'subset' 명령어는 특정 변수를 통해 부분 집합으로 메타분석을 수행하는 기능이 있다. 제3의 변수를 조절 효과 변수(moderator)로 선택하여, 해당 변수의 문자 값으로 층화하여 메타 분석을 수행하는 방식이다.

예시: subset을 이용하여, 조절 효과 변수를 성(gender)으로 선택하고, 변수 문자값 "women"과 "men"으로 층화(stratification)하여 메타분석을 각각 수행한다(그림 11-5).

- subset = gender =="women"
- subset = gender == "men"

```
meta6_1= metabin(case, case_tot, con, con_tot, sm="OR", text.common = "fixed
effect model", studlab = paste(study, risk_factor), fixed = FALSE, random = TRUE,
data=binary, subset=gender=="women")
meta6_1
...
Number of studies: k = 20
Number of observations: o = 91217064 (o.e = 14342838, o.c = 76874226)
Number of events: e = 12249

                         OR           95%-CI    z p-value
Random effects model 1.1332 [0.8200; 1.5659] 0.76  0.4487

Quantifying heterogeneity:
 tau^2 = 0.4885 [0.2560; 1.0161]; tau = 0.6989 [0.5060; 1.0080]
 I^2 = 98.4% [98.1%; 98.7%]; H = 8.02 [7.30; 8.81]

Test of heterogeneity:
       Q d.f.  p-value
 1221.57   19 < 0.0001

Details on meta-analytical method:
- Inverse variance method
- Restricted maximum-likelihood estimator for tau^2
- Q-Profile method for confidence interval of tau^2 and tau
```

```
meta6_2= metabin(case, case_tot, con, con_tot, sm="OR", text.common = "fixed
effect model", studlab = paste(study, risk_factor), fixed = FALSE, random = TRUE,
data=binary, subset=gender=="men")
meta6_2

Number of studies: k = 18
Number of observations: o = 81086822 (o.e = 4549148, o.c = 76537674)
Number of events: e = 29597

                         OR           95%-CI    z  p-value
Random effects model 2.7538 [2.0072; 3.7781] 6.28 < 0.0001

Quantifying heterogeneity:
 tau^2 = 0.4401 [0.2351; 0.9999]; tau = 0.6634 [0.4848; 1.0000]
 I^2 = 99.0% [98.8%; 99.2%]; H = 9.99 [9.16; 10.88]

Test of heterogeneity:
       Q d.f. p-value
 1694.91   17       0

Details on meta-analytical method:
- Inverse variance method
- Restricted maximum-likelihood estimator for tau^2
- Q-Profile method for confidence interval of tau^2 and tau
```

[그림 11-5] R을 이용한 층화 메타 분석

③ R을 이용한 하위집단과 층화 분석

특정 변수로 층화를 하기 위해 부분 집합 명령어 subset을 사용한 상태에서 하위집단(sub-group) 분석을 추가로 수행할 수 있다. [그림 11-6]과 [그림 11-7]은 subset 명령어를 이용하여 성(gender)별로 층화하고, 성별 내에서 혼인 상태를 위험 요인(risk_factor)으로 하위집단(subgroup) 분석을 수행하여 효과 크기를 추정하였다. [그림 11-6]을 보면 층화변수인 성별(gender)에서 여성의 경우, 혼인 상태 유형별로 자살 생각 위험에는 통계적으로 유의한 차이가 없었다(OR=1.1, 95% CI: 0.743,1.888).

```
> meta6_3= metabin(case, case_tot, con, con_tot, sm="OR", text.common = "fixed effect model",
studlab = paste(study, gender), fixed = FALSE, random = TRUE, data=binary, subgroup= risk_factor,
subset=gender=="women")
> meta6_3
> forest(meta6_3, digits.mean=1, digits.sd=1, digits=3, random=TRUE)
Number of studies: k = 20
Number of observations: o = 91217064 (o.e = 14342838, o.c = 76874226)
Number of events: e = 12249

                          OR           95%-CI     z p-value
Random effects model 1.1332 [0.8200; 1.5659] 0.76  0.4487

Quantifying heterogeneity:
 tau^2 = 0.4885 [0.2560; 1.0161]; tau = 0.6989 [0.5060; 1.0080]
 I^2 = 98.4% [98.1%; 98.7%]; H = 8.02 [7.30; 8.81]

Test of heterogeneity:
       Q d.f.  p-value
 1221.57   19 < 0.0001

Results for subgroups (random effects model):
                                    k     OR           95%-CI  tau^2    tau      Q   I^2
risk_factor = married vs widowed   10 0.9792 [0.5885; 1.6293] 0.6279 0.7924 946.17 99.0%
risk_factor = married vs divorced   3 1.7958 [0.9075; 3.5538] 0.3032 0.5506  17.59 88.6%
risk_factor = married vs single     7 1.1848 [0.7435; 1.8882] 0.3290 0.5736  38.36 84.4%

Test for subgroup differences (random effects model):
                  Q d.f. p-value
Between groups 1.96    2  0.3761

Details on meta-analytical method:
- Inverse variance method
- Restricted maximum-likelihood estimator for tau^2
- Q-Profile method for confidence interval of tau^2 and tau
```

Study	Experimental Events	Experimental Total	Control Events	Control Total	OR	95%-CI	Weight
risk_factor = married vs widowed							
Yi et al. (2012) women	1681	7519076	3043	31636103	2.325	[2.190; 2.467]	5.6%
Kp et al. (2010) women	16	28891	69	140646	1.129	[0.655; 1.945]	4.8%
Ma et al. (2008) women	4	103	110	2477	0.869	[0.314; 2.406]	3.6%
Ma et al. (2008) women	40	3040	210	15750	0.987	[0.702; 1.387]	5.2%
Ma et al. (2008) women	195	158455	117	43613	0.458	[0.364; 0.576]	5.4%
Ma et al. (2008) women	238	161597	437	61840	0.207	[0.177; 0.243]	5.5%
Pa (2009) women	26	234234	457	6924242	1.682	[1.133; 2.497]	5.1%
Pa (2009) women	136	1416667	230	3285714	1.371	[1.109; 1.695]	5.4%
Pa (2009) women	48	1297297	24	380952	0.587	[0.360; 0.959]	4.9%
Pe et al. (2009) women	65	40302	94	160259	2.753	[2.006; 3.777]	5.3%
Random effects model		10859662		42651596	0.979	[0.588; 1.629]	51.0%
Heterogeneity: $I^2 = 99\%$, $\tau^2 = 0.6279$, $p < 0.01$							
risk_factor = married vs divorced							
Yi et al. (2012) women	864	2853515	3043	31636103	3.149	[2.919; 3.396]	5.6%
Kp et al. (2010) women	12	23318	69	140646	1.049	[0.568; 1.937]	4.6%
Pe et al. (2009) women	11	12801	94	160259	1.465	[0.785; 2.737]	4.6%
Random effects model		2889634		31937008	1.796	[0.908; 3.554]	14.8%
Heterogeneity: $I^2 = 89\%$, $\tau^2 = 0.3032$, $p < 0.01$							
risk_factor = married vs single							
K et al. (2015) women	40	96978	113	438828	1.602	[1.117; 2.298]	5.2%
K et al. (2015) women	8	33031	66	262346	0.963	[0.462; 2.005]	4.3%
K et al. (2015) women	7	36634	84	195854	0.445	[0.206; 0.963]	4.2%
Co et al. (2018) women	88	200676	113	493205	1.914	[1.449; 2.530]	5.4%
Co et al. (2018) women	75	115434	130	490954	2.455	[1.847; 3.262]	5.3%
Co et al. (2018) women	23	56121	86	263789	1.257	[0.793; 1.992]	5.0%
Kp et al. (2010) women	14	54668	69	140646	0.522	[0.294; 0.927]	4.7%
Random effects model		593542		2285622	1.185	[0.743; 1.888]	34.2%
Heterogeneity: $I^2 = 84\%$, $\tau^2 = 0.3290$, $p < 0.01$							
Random effects model		**14342838**		**76874226**	**1.133**	**[0.820; 1.566]**	**100.0%**
Heterogeneity: $I^2 = 98\%$, $\tau^2 = 0.4885$, $p < 0.01$							
Test for subgroup differences: $\chi^2_2 = 1.96$, df = 2 ($p = 0.38$)							

Odds Ratio: 0.2 0.5 1 2 5

[그림 11-6] R을 이용한 하위집단과 층화 메타분석 결과 예시(여성과 결혼 상태)

[그림 11-7]은 층화변수인 성별(gender) 중에서 남성만 대상으로 결혼 유형에 따른 자살 생각 위험을 제시하였다. 배우자가 있는 남성에 비해 배우자가 없는 남성의 자살 생각 위험이 2.7(OR)배 높았고, 이중 이혼 상태인 남성의 자살 생각 위험(OR=4.9)이 가장 높았다.

```
> forest(meta6_4, digits.mean=1, digits.sd=1, digits=3, random=TRUE)
> meta6_4 = metabin(case, case_tot, con, con_tot, sm="OR", text.common = "fixed effect
model", studlab = paste(study, gender), fixed = FALSE, random = TRUE, data=binary,
subgroup= risk_factor, subset=gender=="men")
> meta6_4

Number of studies: k = 18
Number of observations: o = 81086822 (o.e = 4549148, o.c = 76537674)
Number of events: e = 29597

                          OR           95%-CI    z  p-value
Random effects model 2.7538 [2.0072; 3.7781] 6.28 < 0.0001

Quantifying heterogeneity:
 tau^2 = 0.4401 [0.2351; 0.9999]; tau = 0.6634 [0.4848; 1.0000]
 I^2 = 99.0% [98.8%; 99.2%]; H = 9.99 [9.16; 10.88]

Test of heterogeneity:
       Q d.f. p-value
 1694.91   17       0

Results for subgroups (random effects model):
                                k     OR           95%-CI  tau^2    tau      Q   I^2
risk_factor = married vs widowed  10 1.8733 [1.2297; 2.8538] 0.4269 0.6534 600.37 98.5%
risk_factor = married vs divorced  2 4.9938 [3.1988; 7.7961] 0.0875 0.2958   5.59 82.1%
risk_factor = married vs single    6 4.3168 [3.3850; 5.5050] 0.0713 0.2670  22.05 77.3%

Test for subgroup differences (random effects model):
                    Q d.f. p-value
Between groups 13.32    2  0.0013

Details on meta-analytical method:
- Inverse variance method
- Restricted maximum-likelihood estimator for tau^2
- Q-Profile method for confidence interval of tau^2 and tau
```

Study	Experimental Events	Experimental Total	Control Events	Control Total	OR	95%-CI	Weight
risk_factor = married vs widowed							
Yi et al. (2012) men	1196	1481055	8734	31117417	2.879	[2.710; 3.058]	5.9%
Kp et al. (2010) men	15	5191	241	139323	1.672	[0.992; 2.820]	5.1%
Ma et al. (2008) men	6	47	307	3112	1.337	[0.563; 3.175]	4.1%
Ma et al. (2008) men	33	1394	584	31937	1.302	[0.913; 1.856]	5.5%
Ma et al. (2008) men	290	52175	590	138853	1.310	[1.138; 1.508]	5.8%
Ma et al. (2008) men	329	53616	1481	173902	0.719	[0.638; 0.810]	5.9%
Pa (2009) men	28	73879	1270	6864865	2.049	[1.409; 2.980]	5.5%
Pa (2009) men	118	348083	584	3743590	2.173	[1.783; 2.649]	5.8%
Pa (2009) men	64	328205	83	685950	1.612	[1.163; 2.233]	5.6%
Pe et al. (2009) men	99	8902	240	180097	8.428	[6.662; 10.661]	5.7%
Random effects model		2362547		43079046	1.873	[1.230; 2.854]	54.8%
Heterogeneity: $I^2 = 99\%$, $\tau^2 = 0.4269$, $p < 0.01$							
risk_factor = married vs divorced							
Yi et al. (2012) men	2833	1672958	8734	31117417	6.042	[5.791; 6.304]	5.9%
Pe et al. (2009) men	30	5934	240	180097	3.808	[2.603; 5.571]	5.4%
Random effects model		1678892		31297514	4.994	[3.199; 7.796]	11.4%
Heterogeneity: $I^2 = 82\%$, $\tau^2 = 0.0875$, $p = 0.02$							
risk_factor = married vs single							
K et al. (2015) men	127	146971	100	402089	3.477	[2.675; 4.518]	5.7%
K et al. (2015) men	55	27403	99	301550	6.124	[4.403; 8.517]	5.6%
K et al. (2015) men	29	27272	100	241191	2.566	[1.697; 3.881]	5.4%
Co et al. (2018) men	236	200885	110	372273	3.979	[3.173; 4.990]	5.7%
Co et al. (2018) men	178	80556	196	521515	5.890	[4.808; 7.216]	5.8%
Co et al. (2018) men	78	34622	160	322496	4.549	[3.469; 5.964]	5.7%
Random effects model		617709		2161114	4.317	[3.385; 5.505]	33.8%
Heterogeneity: $I^2 = 77\%$, $\tau^2 = 0.0713$, $p < 0.01$							
Random effects model		**4549148**		**76537674**	**2.754**	**[2.007; 3.778]**	**100.0%**

Heterogeneity: $I^2 = 99\%$, $\tau^2 = 0.4401$, $p = 0$

Test for subgroup differences: $\chi^2_2 = 13.32$, df = 2 ($p < 0.01$)

Odds Ratio: 0.1 0.5 1 2 10

[그림 11-7] R을 이용한 하위집단과 층화 메타분석 결과(예시: 남성과 결혼 상태)

2) 메타회귀 분석

(1) 메타회귀 분석

① 메타회귀 분석(Meta-Regressio)이란?

1차 연구에서 회귀 분석(regression) 또는 다중 회귀 분석(multiple regression)을 사용하여 하나 이상의 공변량(covariates)과 종속 변수 간의 관계를 평가하는 것과 유사하게 메타분석에서도 동일한 접근법을 적용한다. 다만, 메타분석에서 공변량은 연구 수준에서 평가되며 종속 변수는 연구의 효과 크기(effect size)가 된다. 회귀 모형(regression models)은 데이터에 가장 적합한 회귀선을 찾기 위해 일반적으로 최소 제곱법(ordinary least squares)을 사용하는 반면에 메타 회귀 모형에서는 가중 최소 제곱법(weighted least squares)이라는 방법을 사용하는데, 이는 표준오차가 작은 연구에 더 높은 가중치를 부여하는 방식이다(2).

② 하위집단 분석과 메타회귀 분석

하위집단 분석도 데이터의 이질성 패턴과 그 원인을 탐구할 수 있는 방법으로, 분석 단계에서 범주형 변수에 따라 하여 하위집단 분석을 수행한다. 메타회귀 분석은 범주형 예측 변수뿐만 아니라 연속형 변수를 포함하여 결과에 미치는 효과의 크기(magnitude)와 방향, 유의성을 함께 파악할 수 있다. 하위집단 분석은 집단별로 분석을 수행하고, 하위집단 간의 효과 차이를 비교할 수 있지만, 메타회귀 분석은 그러한 기능은 없다(9).

③ 메타회귀 분석 모형의 선택

메타회귀 분석에서는 연구 간 이질성을 어떻게 모델링할 것인지 대한 선택이 중요하다. 고정효과 모형은 모든 연구에서 효과 크기가 동일하다고 가정하고, 연구 내에서 발생하는 차이만 고려한다. 따라서 연구들이 매우 유사하다고 가정하거나, 이질성을 무시한다. 반면에 임의효과 모형은 연구마다 효과 크기가 달라질 가능성을 인정하고, 연구 간 효과 크기의 분포를 가정한다. 따라서 연구들 사이에 확실한 이질성이 존재하거나 나타난다고 판단한다.

연구설계와 특성, 연구 간 이질성 유무를 고려하여 적절한 모델을 선택하는 것이 매우 중요하다. 일반적으로 연구 간 이질성이 예상되거나 존재할 경우에는 임의효과 모형을 이용하여 메타회귀 분석을 수행하는 것이 바람직하다. 즉, 연구들이 서로 다른 조건, 다른 방법 또는 다른 연구자에 의해 수행된 경우에 적합하다(2).

(2) R을 이용한 메타회귀 분석

① 일반화 자료를 이용한 메타회귀 분석

메타(meta) 패키지에는 메타회귀 분석을 수행하는 metareg 함수가 있다. metareg 함수는 사전에 계산된 효과 크기인 일반화 자료 추정값과 연속형 예측 변수가 있으면 분석 가능하며, 비교적 간단하게 메타 회귀를 수행할 수 있다. 일반화 자료의 메타분석 주제였던 "장시간 노동과 우울증 위험"에 사용한 데이터 셋(meta_gen.csv)을 이용하여 다음의 순서로 메타회귀 분석을 수행한다(그림 11-8).

- 메타분석을 수행하기 위해 데이터 파일(meta_gen.csv)을 불러서 읽는다.
- 일반화 자료(generic data)에 메타분석 함수 metagen에 대한 효과 크기(lnOR)와 효과 표준오차(sqrt(lnV)) 변수를 지정하여, 메타분석을 수행하고 분석 결과를 meta_gen으로 저장한다.

```
> setwd("D:/meta")
> generic=read.csv("meta_gen.csv")
> generic
meta_gen =metagen(lnOR.sqrt(lnV). sm="OR". text.common = "fixed effect model". , studlab =
paste(author . year). data=generic)
 > gen_reg <- metareg(meta_gen. ~year + sample)
 > gen_reg

Mixed-Effects Model (k = 18; tau^2 estimator: REML)

tau^2 (estimated amount of residual heterogeneity):     0.0059 (SE = 0.0068)
tau (square root of estimated tau^2 value):             0.0769
I^2 (residual heterogeneity / unaccounted variability): 31.83%
H^2 (unaccounted variability / sampling variability):   1.47
R^2 (amount of heterogeneity accounted for):            71.18%

Test for Residual Heterogeneity:
QE(df = 15) = 19.1256, p-val = 0.2081

Test of Moderators (coefficients 2:3):
QM(df = 2) = 16.0812, p-val = 0.0003

Model Results:

         estimate       se     zval    pval     ci.lb     ci.ub
intrcpt  -50.6986  12.8371  -3.9494  <.0001  -75.8589  -25.5384  ***
year       0.0253   0.0064   3.9626  <.0001    0.0128    0.0378  ***
sample    -0.0000   0.0000  -2.1111  0.0348   -0.0000   -0.0000    *

---
Signif. codes:  0 '***' 0.001 '**' 0.01 '*' 0.05 '.' 0.1 ' ' 1
```

[그림 11-8] R meta를 이용한 일반화 자료 회귀분석 결과(예시)

- 저장된 meta_gen 파일에 metareg 함수를 이용하여, 연도(year)와 표본 크기(sample)를 연속형 예측 변수로 지정하고, 메타회귀 분석을 수행한다.
- 메타회귀 분석 결과 gen_reg 파일을 불러와서 분석 결과를 확인한다.
- 메타회귀 분석의 시각화 (버블 그림)

  [그림 11-9]는 {meta} 패키지의 bubble 함수를 사용하여 메타회귀 분석을 시각화한 것이다. bubble 함수는 각 연구의 회귀 기울기와 효과 크기를 보여주는 버블 플롯을 생성한다. 버블의 크기는 연구의 가중치를 나타내기 때문에 크기가 클수록 개별 연구의 가중치가 높음을 나타낸다. studlab을 설정하면, 연구 라벨로 버블에 표시할 수 있다.

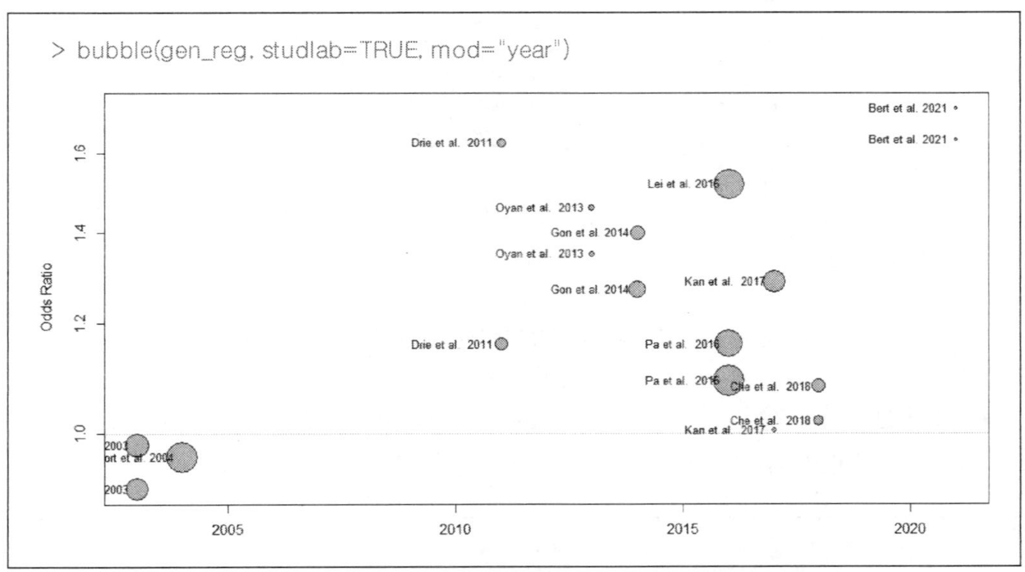

[그림 11-9] R meta를 이용한 일반화 자료 메타회귀 분석 버블 그림

② 이분형 자료를 이용한 메타회귀 분석

하위 집단 및 층화 분석과 동일하게 연구의 수(N)와 효과 크기 수(K)가 많은 이분형 자료(binary data)인 meta_bin.csv 파일을 이용하여 메타분석을 수행한다. 또한 연속형 예측 변수뿐만 아니라 명목형(이분형 변수 포함) 변수를 포함하여 메타회귀 분석을 수행하기 위해 metafor 패키지의 함수 rma를 사용한다.

- 먼저 [그림 11-10]과 같이 R 프로그램의 metafor 패키지를 실행하고, 데이터 셋(meta_bin.csv)을 불러서 읽는다.
  - 일반 메타분석을 수행했던 데이터에서 age_cat라는 변수를 추가하여 연령 집단

을 60세 미만과 60세 이상으로 구분하였고, 이 기준에 따라 분류되지 않거나 연령 정보가 없는 연구는 메타회귀 분석에서 제외하였다.

- 개별 국가명에 기반하여, 아시아(Asia)와 비-아시아(Non-Asia) 지역으로 구분하였다.
- 성별(gender)도 남성(men)과 여성(women)으로만 분류하고, 전체(여성+남성)를 포함한 both로 된 연구는 분석에서 제외하였다.

```
> setwd("D:/meta")
> meta_bin_reg =read.csv("meta_bin_reg.csv")
> meta_bin_reg
   ID             study      country   region           designs  sample ROB        risk           risk_factor   age age_cat gender case case_non case_tot  con con_non con_tot
1   6  K et al. (2015)    Hong Kong    Aisia  cross-sectional  549060 low no_spouse   married vs single 30-39    60 >     men  127   146844   146971  100  401989  402089
2   6  K et al. (2015)    Hong Kong    Aisia  cross-sectional  328953 low no_spouse   married vs single 40-49    60 >     men   55    27348    27403   99  301451  301550
3   6  K et al. (2015)    Hong Kong    Aisia  cross-sectional  268463 low no_spouse   married vs single 50-59    60 >     men   29    27243    27272  100  241091  241191
4   6  K et al. (2015)    Hong Kong    Aisia  cross-sectional  535806 low no_spouse   married vs single 30-39    60 >   women   40    96938    96978  113  438715  438828
5   6  K et al. (2015)    Hong Kong    Aisia  cross-sectional  295377 low no_spouse   married vs single 40-49    60 >   women    8    33023    33031   66  262280  262346
6   6  K et al. (2015)    Hong Kong    Aisia  cross-sectional  232488 low no_spouse   married vs single 50-59    60 >   women    7    36627    36634   84  195770  195854
7   7 Co et al. (2018) South Korea    Aisia  cross-sectional  573158 low no_spouse   married vs single 30-44    60 >     men  236   200649   200885  110  372163  372273
8   7 Co et al. (2018) South Korea    Aisia  cross-sectional  602071 low no_spouse   married vs single 45-59    60 >     men  178    80378    80556  196  521319  521515
9   7 Co et al. (2018) South Korea    Aisia  cross-sectional  357118 low no_spouse   married vs single   60+   60 ≤    men   78    34544    34622  160  322336  322496
10  7 Co et al. (2018) South Korea    Aisia  cross-sectional  693881 low no_spouse   married vs single 30-44    60 >   women   88   200588   200676  113  493092  493205
11  7 Co et al. (2018) South Korea    Aisia  cross-sectional  606388 low no_spouse   married vs single 45-59    60 >   women   75   115359   115434  130  490824  490954
12  7 Co et al. (2018) South Korea    Aisia  cross-sectional  319910 low no_spouse   married vs single   60+   60 ≤  women   23    56098    56121   86  263703  263789
13 10 Ma et al. (2008)        Italy Non-Asia cross-sectional    3159 low no_spouse married vs widowed 25-44    60 >     men    6       41       47  307    2805    3112
14 10 Ma et al. (2008)        Italy Non-Asia cross-sectional   33331 low no_spouse married vs widowed 45-60    60 >     men   33     1361     1394  584   31353   31937
15 10 Ma et al. (2008)        Italy Non-Asia cross-sectional  191028 low no_spouse married vs widowed   65+   60 ≤    men  290    51885    52175  590  138263  138853
16 10 Ma et al. (2008)        Italy Non-Asia cross-sectional    2580 low no_spouse married vs widowed 25-44    60 >   women    4       99      103  110    2367    2477
17 10 Ma et al. (2008)        Italy Non-Asia cross-sectional   18790 low no_spouse married vs widowed 45-64    60 >   women   40     3000     3040  210   15540   15750
18 10 Ma et al. (2008)        Italy Non-Asia cross-sectional  202068 low no_spouse married vs widowed   65+   60 ≤  women  195   158260   158455  117   43496   43613
19 11           Pa (2009)      Ireland Non-Asia  cross-sectional 6838744 low no_spouse married vs widowed 35-54    60 >     men   28    73851    73879 1270 6863595 6864865
20 11           Pa (2009)      Ireland Non-Asia  cross-sectional 1014155 low no_spouse married vs widowed   75+   60 ≤    men   64   328141   328205   83  685867  685950
21 11           Pa (2009)      Ireland Non-Asia  cross-sectional 7158476 low no_spouse married vs widowed 35-54    60 >   women   26   234208   234234  457 6923785 6924242
22 11           Pa (2009)      Ireland Non-Asia  cross-sectional 1678249 low no_spouse married vs widowed   75+   60 ≤  women   48  1297249  1297297   24  380928  380952
23 12 Pe et al. (2009)       Serbia Non-Asia  cross-sectional  188999 low no_spouse married vs widowed 19-60    60 >     men   99     8803     8902  240  179857  180097
24 12 Pe et al. (2009)       Serbia Non-Asia  cross-sectional  186031 low no_spouse married vs divorced 19-60    60 >     men   30     5904     5934  240  179857  180097
25 12 Pe et al. (2009)       Serbia Non-Asia  cross-sectional  208561 low no_spouse married vs widowed 19-60    60 >   women   65    40237    40302   94  160165  160259
26 12 Pe et al. (2009)       Serbia Non-Asia  cross-sectional  173060 low no_spouse married vs divorced 19-60    60 >   women   11    12790    12801   94  160165  160259
```

[그림 11-10] R meta를 이용한 메타회귀 분석 데이터(예시)

- [그림 11-11]과 같이 이분형 자료(binary)에 대해 metabin 명령어 구문으로 메타분석을 수행하고, 분석 결과를 meta_bin으로 명명한다.

```
> meta_bin <-metabin(case, case_tot, con, con_tot, sm="OR", text.common = "fixed effect model",
studlab = paste(gender, region, age_cat), fixed = FALSE, random = TRUE, data = meta_bin_reg)
> print(meta_bin)

Number of studies: k = 26
Number of observations: o = 23351904 (o.e = 3273351, o.c = 20078553)
Number of events: e = 7660

                         OR            95%-CI     z  p-value
Random effects model 1.9124 [1.4182; 2.5789] 4.25 < 0.0001

Quantifying heterogeneity:
 tau^2 = 0.5546 [0.3216; 1.0927]; tau = 0.7447 [0.5671; 1.0453]
 I^2 = 96.2% [95.3%; 97.0%]; H = 5.14 [4.61; 5.74]

Test of heterogeneity:
      Q d.f.  p-value
 661.13   25 < 0.0001

Details on meta-analytical method:
- Inverse variance method
- Restricted maximum-likelihood estimator for tau^2
- Q-Profile method for confidence interval of tau^2 and tau
```

[그림 11-11] 메타회귀 분석을 위한 효과 크기 계산 및 메타분석

- [그림 11-12]와 같이 메타분석 결과(meta_bin)를 일반화 자료(generic) 유형으로 전환하기 위하여 효과 크기와 표준오차(SE)를 산출한다.
  - 효과 크기를 일반화 자료로 전환하는 과정에서 0을 포함하고 있는 경우에 log 전환 시에 오류(NA)가 발생한 자료는 0을 다른 숫자(0.001)로 대체하여 전환한다.
- metafor의 rma 함수를 사용하여 메타분석 결과를 일반화 자료 형태로 설정하고, 회귀 모형에 공변량을 포함하여 메타회귀 분석을 수행한다.
  - 연속형 변수는 그대로 지정하고, 범주형 변수는 factor 명령어를 이용하여 범주형 변수로 지정한다.

이분형 자료의 메타회귀 분석 결과(그림 11-12), 표본수(sample)와 지역(아시아 vs. 비-아시아), 연령군(60세 이상 vs. 60세 미만)은 결과에 유의한 영향을 미치지 않았으나, 성별은 통계적으로 유의하게 영향을 미쳤다. 즉, 여성이 장시간 노동으로 인한 우울증 위험이 남성보다 유의하게 낮았다(beta −3.384, $p < 0.0002$).

```
> meta_bin_reg$logOR <-log(meta_bin$TE)
경고메시지(들):
log(meta_bin$TE)에서: NaN이 생성되었습니다
> meta_bin$TE[meta_bin$TE <= 0] <-0.001
> meta_bin_reg$logOR <-log(meta_bin$TE)
> meta_bin_reg$SE <-meta_bin$seTE

> meta_reg <-rma(yi = logOR, sei = SE, mods = ~ sample + factor(region) + factor(age_cat) +
factor(gender), data = meta_bin_reg)
> print(meta_reg)

Mixed-Effects Model (k = 26; tau^2 estimator: REML)

tau^2 (estimated amount of residual heterogeneity):     5.3737 (SE = 1.6756)
tau (square root of estimated tau^2 value):             2.3181
I^2 (residual heterogeneity / unaccounted variability): 99.50%
H^2 (unaccounted variability / sampling variability):   198.08
R^2 (amount of heterogeneity accounted for):            35.29%

Test for Residual Heterogeneity:
QE(df = 21) = 2533.7001, p-val < .0001

Test of Moderators (coefficients 2:5):
QM(df = 4) = 17.4462, p-val = 0.0016

Model Results:

                         estimate      se     zval    pval    ci.lb    ci.ub
intrcpt                    0.5325  0.8419   0.6325  0.5270  -1.1176   2.1826
sample                     0.0000  0.0000   1.0981  0.2722  -0.0000   0.0000
factor(region)Non-Asia    -1.2877  0.9556  -1.3475  0.1778  -3.1606   0.5853
factor(age_cat)60 ≤       -0.9823  1.1021  -0.8913  0.3728  -3.1423   1.1778
factor(gender)women       -3.3844  0.9141  -3.7025  0.0002  -5.1760  -1.5929  ***

---
Signif. codes:  0 '***' 0.001 '**' 0.01 '*' 0.05 '.' 0.1 ' ' 1
```

[그림 11-12] 이분형 자료의 메타회귀 분석 결과

3 출판 편향 검정 및 조정

1) 출판 편향과 검정 방법

(1) 메타분석에서 출판 편향이란(publication bias)?

출판 편향은 연구결과의 방향이나 통계적 유의성이 뚜렷하게 나타나는 연구들은 출판될 가능성이 높다는 의미이다. 특히 효과 크기가 크거나 대표본 연구와 같이 통계적으로 유의미한 결과를 얻은 연구일수록 메타분석을 포함한 체계적 문헌고찰에 포함될 가능성이 더 높아서 메타분석 결과가 진실에서 체계적으로 벗어나는 현상을 말한다(10). 이와 같은 출판 편향은 적합성 편향(conformity bias)과 반-적합성 편향(inverse conformity Bias)으로 구분할 수 있다.

- **적합성 편향**: 특정 주제에 대해 이미 확립된 통념이 있는 경우 그와 모순되는 결과는 출판되기 어렵다는 의미이며, 연구결과가 기존의 이론이나 기대와 일치할 때 출판 가능성이 높아지는 현상을 의미한다.
- **반-적합성 편향**: 기존의 지식과 상반되는 결과는 참신하다는 이유로 출판될 가능성이 높은 반면에 이미 확립된 결과를 재확인하는 논문은 새로운 정보가 없다는 이유로 출판 가능성이 낮아진다. 따라서 기존의 기대나 이론과 일치하지 않을 때 출판되는 경향이 있다(2).

출판 편향은 체계적 고찰과 메타분석에서 결과 타당성과 일반화에 영향을 주고, 의사결정 및 정책 수립에 있어 오해의 소지가 있는 권고안으로 이어질 수 있기 때문에 출판 편향을 감지하는 것은 중요한 문제이다. 이에 10개 이상의 연구를 대상으로 출판 편향을 검정한다는 최소 기준을 적용하고 있다(11). 이와 같은 출판 편향은 발표된 연구와 비출판 연구의 메타분석 효과 크기 차이를 조사하여 감지되지만, 특정 연구 집합 내에서 회색 문헌의 범위를 확인하는 데 도전 과제가 되고 있다(13).

(2) 메타분석의 출판 편향 검정 방법

메타분석에서 출판 편향의 잠재적 존재를 평가하는 방법에는 그래픽(graphic)과 도표(plot), 통계적 검정 방법이 있으며, 이들은 모두 ① 출판 편향의 증거가 있는지, ② 메타분석에서 요약 효과 크기가 부분적으로 출판 편향에 의한 것인지, ③ 출판 편향이 통합 효과 크기에 어떤 영향을 미치는지를 확인하는 것이 목적이다(12).

① 깔때기 도표(funnel Plot)

- 깔때기 도표는 분석에 포함된 모든 연구를 그래프로 나타내는 방법으로, 수평축에 연구의 효과 크기, 수직 축에 표준오차 또는 표본 크기와 같은 정밀도 측정값 있는 산점도(scatter point) 그림이다.
- 연구의 규모가 작은 경우 표준오차(SE)가 크며, 상대적으로 깔때기 도표의 바닥 부근에 넓은 간격으로 배치된다. 반대로 규모가 큰 연구들은 깔때기 도표의 상단 부근에 효과 크기들이 일관되고, 간격이 좁게 분포된다.
- 이러한 분포를 반영하여, 분석에 포함된 논문에 출판 편향이 없다면 도표는 좌우 대칭의 형태를, 출판 편향이 있다면 비대칭적인 형태를 보이게 된다.
- 깔때기 도표는 윤곽선을 통해 통계적 유의성 영역(confidence interval 또는 p-value)을 나타낼 수 있으며, 이상치가 있는 연구를 확인하고, 이를 통해 민감도 분석의 가능성을 안내하는데 유용하다.
- [그림 11-13] 내부의 점은 개별 연구를 나타내며, [A]는 대칭의 깔때기 그림으로 출판 편향이 없다고 해석하고, [B]는 비대칭이 명확하게 나타나 출판 편향이 있는 것으로 해석한다. 특히 점선의 원주는 연구가 존재할 것으로 예상되는 빈공간을 나타낸다.

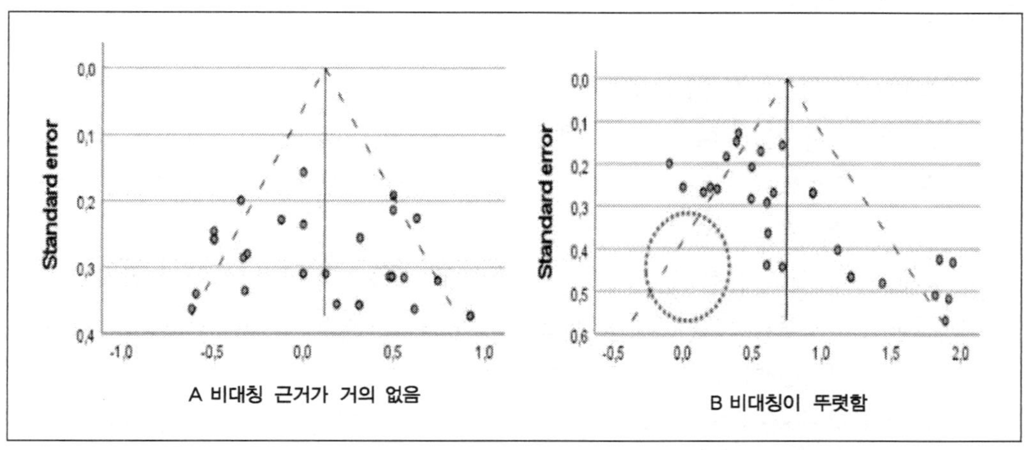

[그림 11-13] 깔때기 도표를 통한 출판 편향 평가

② 통계적 출판 편향 검정 : 통계적 검정 방법은 깔때기 그림 해석을 보완하기 위해 고안된 방법이다.

㉠ 에거 회귀 검정(Egger's Regression Test)

- 에거 회귀 검정은 표준화된 효과 크기(standardized effect sizes)를 그들의 정밀

도에 대해 회귀하는 방식으로, 출판 편향이 없는 경우 회귀에서 절편(regression intercept)이 0이 된다는 이론에 기반한다.

- 귀무가설(Ho)은 "출판 편향이 없다"이며, p값이 0.05 미만이면 깔때기 도표에 상당한 비대칭이 존재하며, 출판 편향이 존재한다고 판단한다.
- 깔때기 도표는 소규모 연구의 영향보다는 출판 편향을 나타내는 것으로 해석하는 반면, 에거 회귀 검정은 소규모 연구 효과를 평가하는 경향이 있다.
- 에거 회귀 검정결과로 출판 편향의 경미한, 중간, 상당한 수준이라는 기준을 제공하는데 어려움이 있음(12)

㉡ **베그 검정**(Begg's tes)

- 베그 검정은 개입 효과가 오즈비(odds ratios)와 같이 연속형 또는 이분형 결과에 사용되는 조정된 순위 상관 검정이다.
- 효과 크기와 해당 표본 분산 간의 상관관계를 조사하는 것으로 상관관계가 강하면 출판 편향이 있다는 의미이다.
- 베그 검정은 많이 사용하는 검정 방법이지만 검정력이 약해서 일부 통계학자는 사용을 권장하지 않기도 한다(11).

㉢ **하버드 검정**(Harbord's test)

- Harbord 등(2006)이 제안한 선형회귀 검정으로, 연구별 효과 크기를 종속 변수로, 그 표준오차 또는 점수(score)의 표준오차(SE)를 독립 변수로 하여, 효과 크기와 표준오차의 관계를 분석한다.
- 기존 선형 회귀 검정(Egger's regression test)을 개선하여, 유사한 검정력을 유지하면서 명목형 또는 이분형 자료에 대한 효과 크기와 분산을 기반으로 출판 편향을 검정하는 방법이다.
- 출판 편향이 존재하면, 소표본 연구 또는 효과 크기가 큰 연구들이 과대 평가되어 깔때기 모양이 비대칭이 될 수 있다(13).

(3) 출판 편향 위험 검정 기법 사용의 주의점

① 출판 편향 검정 방법의 선택

메타분석에서 출판 편향 위험을 검정하는데는 다양한 방법이 있으나 이중 에거(Egger) 회귀 검정은 이분형 자료(binary dat)와 비-이분형 자료(non-binary data)

의 메타분석에서 단독으로 또는 다른 통계 검정 방법과 함께 출판 편향에 많이 활용되고 있다. 특히, 깔때기 그림(funnel plot)과 함께 가장 많이 사용되는 통계 방법이다. 한편, 가장 지양해야 하는 방법으로 통계적인 출판 편향 검정 없이 깔때기 그림(funnel plot)만 시각적으로 검정하는 것은 우려되는 방법이다. 많은 출판 편향 검정 방법 간의 일치도가 상대적으로 낮기 때문에 메타 분석가는 단일 검정 방법에 의존하기 보다는 다양한 가정을 사용하여 여러 검정을 적용하는 것을 권장한다(15, 17).

[표 11-4] 출판 편향 통계적 검정 방법과 특징

구분	Egger 검정	Begg 검정	Harbord 검정
검정 방식	선형 회귀 기반 검정 (효과 크기와 표준오차 간 회귀 분석	순위 상관 관계(rank correlation) (연구 효과 크기와 표준오차 순위의 상관관계)	보정된 선형 회귀 검정으로 비-모수적인 방법(표준오차 또는 score의 표준오차)
사용 변수	- 연속형, 이분형 자료 - 연구 수가 많은 자료	- 연속형, 이분형 자료 - 적은 연구 수 가능	- 이분형 자료에 적합 - 소규모 연구 데이터
특징	효과크기와 표준오차의 선형 회귀, 출판 편향 민감함	비모수적, 순위 기반 검정, 직관적이고 간단	소표본 연구 강건; 이질성과 효과 크기 관계 검증
장 · 단점	출판 편향 정도를 수치로 제공, 검정력이 높음	간단하고 직관적, 비-모수적으로 가정에 대한 제약이 적음	소표본에 안정적, 이질성 고려 가능
	적은 연구수 검정력 저하, 이질성	연속형 효과 크기를 순위로 변환하여 민감도 낮음	검정력이 낮거나 가정 충족 어려울 수 있음
해석	절편이 0과 유의한 차이 및 유의성(p-값)으로 출판 편향 가능성	상관계수 및 p-값으로 출판 편향 여부 판단	절편 차이 유의성(p-값)으로 출판 편향 유무 판단

출처: Afonso, et al (2024). Lin & Chu (2018). Harbord et al., (2006).

② 출판 편향 검정을 위한 문헌의 수

메타분석에는 일반적으로 수의 연구가 제한되거나, 포함된 연구 중 다수는 표본 크기가 작은 경우가 많다. 일반적으로 잠재적인 출판 편향을 평가하기 위해 초과해야 한다는 연구 초과 임계 값은 10개인데, 순위 기반이나 회귀 기반 방법의 시뮬레이션을 통한 이전의 연구에서 10개 미만 또는 20개 미만의 연구를 포함할 경우, 통계적 검정력이 감소한다는 기존의 연구결과에 근거하여(11), 통계 검정의 지지자들은 이 방법이 중간 정도의 통계적 검정력을 달성하려면 최소 25개의 연구가 필요하다고 제안하기도 하고 다른 저자들은 중간 정도의 통계적 검정력을 달성하려면 최소 30개의 연구가 필요하다고 권장하고 있다(15, 16).

2) 출판 편향 조정 방법: trim and fill method

트림-앤-필(trim-and-fill) 즉, 절삭 및 채우기 기법(trim and fill method)은 출판 편향을 감지하고 조정하는 데 널리 사용되는 도구이다. 이 방법은 깔때기 그림의 비대칭성을 조사하는데 비-모수적인 방식으로 접근하며, 출판 편향 때문에 깔때기 도표에서 잠재적으로 누락된 연구를 추정하고 전체 효과 추정치를 조정하는 것을 목표로 한다. 다른 통계적 방법과 비교했을 때, 절삭 및 채우기 기법(trim and fill method)은 잠재적인 출판 편향을 탐지하고 조정하는 데 비교적 직관적이고 효율적이다. 이 방법의 기본 가정은 효과 크기가 극단적인 연구들이 숨겨져 있는데, 이와 같은 연구결과의 불균형을 감지하고 조정하여, 출판되지 않은 연구결과를 추정하고 반영하여, 통합 효과 추정이 편향되지 않는 메타분석 결과를 제시하여 연구결과의 신뢰성을 높이는 방법이다(14).

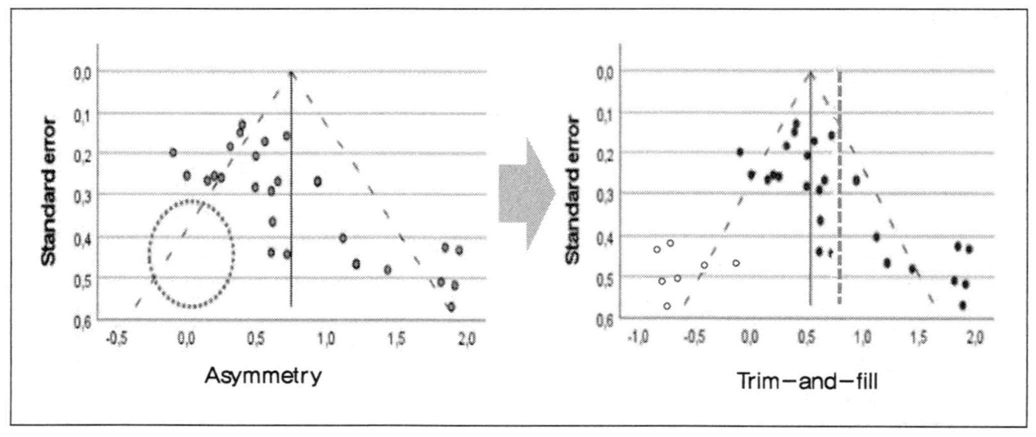

[그림 11-14] 깔때기 도표를 통한 출판 편향 평가

[그림 11-14]는 앞 절 [그림 11-13]의 출판 편향에 대한 깔때기 그림(funnel plot)을 보정하기 위해 절삭 및 채우기 기법(trim and fill method)을 적용한 것이다. 왼쪽의 비대칭(asymmetry) 깔때기 그림의 점선 원안에 연구가 없음을 알 수 있다. 오른쪽의 깔때기 그림(funnel plot)은 Trim and fill 이후 누락된 연구를 추가한 이후 통합된 효과 크기를 제시한 그림이다.

출판 편향 조정 방법: 절삭 및 채우기 기법(trim and fill method)은 복잡한 통계 과정을 거치는데 다음의 단계에 따른다(14).

(1) **초기 누락된 연구수 추정**: 출판 편향을 고려하지 않은 초기 메타분석에 기반하여 전

체 효과 크기를 추정하여, 누락된 연구의 수를 추정한다.

- 어떤 연구를 제거(trim)해야 할지 불확실하므로, 반복적인 알고리즘을 사용하여 깔때기 도표의 비대칭성을 유발하는 연구를 제거(trim)한다.

(2) **연구 제거 및 대칭성 개선:** 추정한 누락 연구의 수만큼 효과 크기가 편향된 방향과 반대인 연구를 제거한다.

- 깔때기 도표가 보다 대칭이 되며, 남은 연구들이 출판 편향의 영향을 덜 받게 된다.

(3) **보정된 전체 효과 추정:** 제거된 메타분석 결과를 사용해 새로운 전체 효과 추정치를 산출하는데, 이 과정은 누락된 연구 수가 두 번 연속 동일해질 때까지 반복한다.

(4) **누락 연구 채우기:** 편향이 보정된 추정치를 바탕으로, 깔때기 도표에 추정된 누락 연구를 채워 넣어(fill) 출판 편향을 조정한다.

3) R을 이용한 출판 편향 검정 및 결과 해석

(1) 깔때기 도표(funnel plot)

- 출판 편향 검정을 위해 이용하여 깔때기 도표(그림 11-15)를 출력했다.
- 깔때기 도표 A는 분석에 포함된 연구의 대칭을 파악하는 기본 도표이며, B는 기본 도표에 연구 라벨(저자와 출판 연도)을 옵션으로 추가하였다.
- [그림 11-15] 깔때기 도표 안의 산점도들은 명확하게 대칭을 이루고 있다고 확신을 할 수 없어 보인다. 따라서 깔때기 그림만으로 출판 편향에 대한 결론을 내리는 것은 한계가 있다.

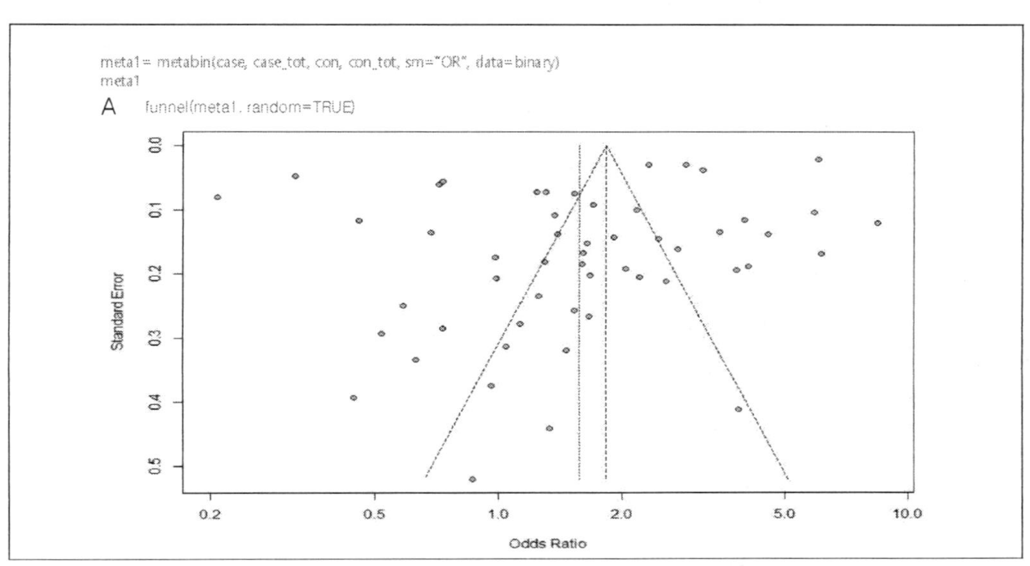

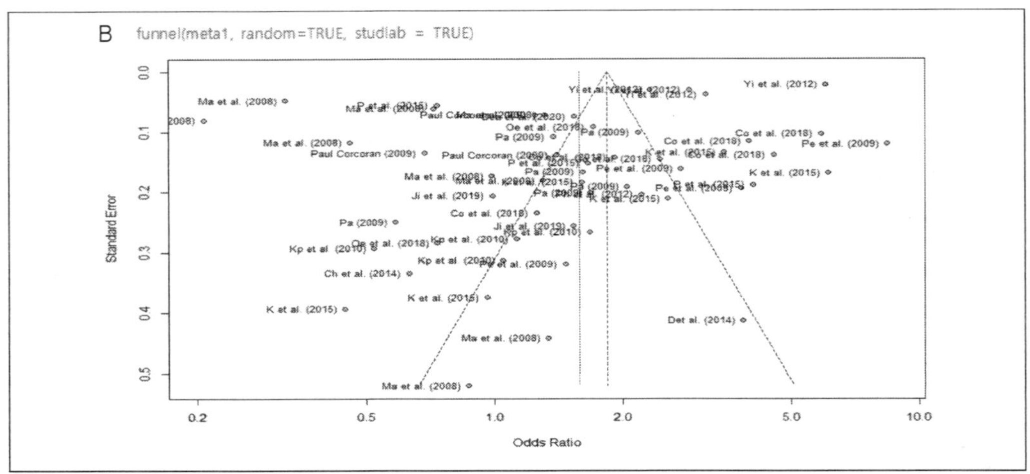

[그림 11-15] 출판 편향 검정을 위한 깔때기 도표(Funnel plot)

(2) R을 이용한 통계적 출판 편향 검정

[그림 11-16]은 앞장의 깔때기 도표의 출판 편향을 통계적으로 검정하기 위해 Egger 회귀 검정, Begg 검정, Harbord 검정을 수행한 결과이다.

- A: 에거 회귀 분석의 통계량과 유의성(Bias estimate: −5.6210, p−value = 0.0107) 결과, 출판 편향이 있는 것으로 나타남
- B: 베그 분석의 통계량과 유의성(β: −33.000, p−value = 0.6782)에서 유의미한 출판 편향이 관찰되지 않았다.
- C: 하버드 분석의 통계량과 유의성(β: −4.9479, p−value = 0.1793)결과, 유의미한 출판 편향이 관찰되지 않았다.

A
```
> metabias(meta1, method.bias = "Egger")
Linear regression test of funnel plot asymmetry

Test result: t = -2.69, df = 36, p-value = 0.0107
Bias estimate: -5.6210 (SE = 2.0878)

Details:
- multiplicative residual heterogeneity variance (tau^2 = 84.3566)
- predictor: standard error
- weight:    inverse variance
- reference: Egger et al. (1997), BMJ
```

B
```
> metabias(meta1, method.bias = "Begg")
Rank correlation test of funnel plot asymmetry

Test result: z = -0.41, p-value = 0.6782
Bias estimate: -33.0000 (SE = 79.5424)

Reference: Begg & Mazumdar (1993), Biometrics
```

```
C > metabias(meta1)
  Linear regression test of funnel plot asymmetry

  Test result: t = -1.37, df = 36, p-value = 0.1793
  Bias estimate: -4.9479 (SE = 3.6130)

  Details:
  - multiplicative residual heterogeneity variance (tau^2 = 207.02
  - predictor: standard error of score
  - weight:    inverse variance of score
  - reference: Harbord et al. (2006), Stat Med
```

[그림 11-16] 출판 편향 검정을 위한 통계적 검정과 결과

① R을 이용한 출판 편향 방법: trim and fill method

[그림 11-17]은 가상 사례(혼인 상태와 자살 생각과의 연관성)를 파악하는 메타분석 결과를 이용하여 수행한 출판 편향 검정에서 다소 비대칭한 결과를 보정하기 위해 절삭 및 채우기 기법(trim and fill method)의 메타 패키지 명령어 trimfill를 적용하고, 결과를 요약(summary)하였다. 출력된 화면에서는 연구결과의 불균형으로 인하여 누락된 연구들이 추가로 채워지는 과정이 보고되고 있다.

```
meta_bias <- trimfill(meta1, random=TRUE)
summary(meta_bias)
                                  OR            95%-CI %W(random)
Yi et al. (2012)              2.8786 [ 2.7097;  3.0580]       1.4
Yi et al. (2012)              6.0418 [ 5.7909;  6.3035]       1.4
Yi et al. (2012)              2.3246 [ 2.1901;  2.4672]       1.4
Yi et al. (2012)              3.1485 [ 2.9194;  3.3956]       1.4
Oe et al. (2018)              1.7022 [ 1.4216;  2.0381]       1.3
Oe et al. (2018)              0.7339 [ 0.4203;  1.2816]       1.3
Ji et al. (2019)              0.9896 [ 0.6605;  1.4825]       1.3
Ji et al. (2019)              1.5319 [ 0.9270;  2.5314]       1.3
P et al. (2015)               4.0696 [ 2.8138;  5.8859]       1.3
P et al. (2015)               1.6534 [ 1.2280;  2.2260]       1.3
P et al. (2015)               0.7330 [ 0.6569;  0.8179]       1.4
Dea et al. (2020)             1.5354 [ 1.3262;  1.7775]       1.4
K et al. (2015)               3.4767 [ 2.6750;  4.5185]       1.3
K et al. (2015)               6.1238 [ 4.4032;  8.5167]       1.3
K et al. (2015)               2.5664 [ 1.6971;  3.8809]       1.3
K et al. (2015)               1.6020 [ 1.1170;  2.2978]       1.3
K et al. (2015)               0.9627 [ 0.4622;  2.0054]       1.2
K et al. (2015)               0.4454 [ 0.2060;  0.9631]       1.2
Co et al. (2018)              3.9794 [ 3.1733;  4.9901]       1.3
Co et al. (2018)              5.8902 [ 4.8077;  7.2164]       1.3
Co et al. (2018)              4.5489 [ 3.4695;  5.9643]       1.3
Co et al. (2018)              1.9144 [ 1.4487;  2.5297]       1.3
Co et al. (2018)              2.4547 [ 1.8473;  3.2617]       1.3
Co et al. (2018)              1.2572 [ 0.7935;  1.9918]       1.3
Kp et al. (2010)              1.6724 [ 0.9920;  2.8196]       1.3
Kp et al. (2010)              0.5219 [ 0.2938;  0.9271]       1.3
Kp et al. (2010)              1.0490 [ 0.5682;  1.9368]       1.3
Kp et al. (2010)              1.1289 [ 0.6553;  1.9450]       1.3
Det al. (2014)                3.8510 [ 1.7163;  8.6410]       1.2
Ma et al. (2008)              1.3371 [ 0.5631;  3.1749]       1.2
Ma et al. (2008)              1.3017 [ 0.9129;  1.8563]       1.3
Ma et al. (2008)              1.3098 [ 1.1376;  1.5080]       1.4
Ma et al. (2008)              0.8694 [ 0.3142;  2.4055]       1.2
Ma et al. (2008)              0.9867 [ 0.7020;  1.3867]       1.3
Ma et al. (2008)              0.4581 [ 0.3641;  0.5762]       1.3
Ma et al. (2008)              0.7188 [ 0.6376;  0.8103]       1.4
Ma et al. (2008)              0.2072 [ 0.1769;  0.2428]       1.4
Ma et al. (2008)              0.3220 [ 0.2932;  0.3537]       1.4
Pa (2009)                     2.0490 [ 1.4089;  2.9799]       1.3
Pa (2009)                     2.1735 [ 1.7833;  2.6490]       1.3
Pa (2009)                     1.6117 [ 1.1632;  2.2330]       1.3
Pa (2009)                     1.6819 [ 1.1328;  2.4970]       1.3
Pa (2009)                     1.3715 [ 1.1094;  1.6954]       1.3
Pal (2009)                    0.5873 [ 0.3598;  0.9586]       1.3
```

중 략

```
Filled: Pa (2009)                    9.0957 [ 7.3579; 11.2438]          1.3
Filled: Ma et al. (2008)             9.3295 [ 3.9291; 22.1523]          1.2
Filled: Ma et al. (2008)             9.5238 [ 8.2719; 10.9650]          1.4
Filled: Ma et al. (2008)             9.5829 [ 6.7202; 13.6651]          1.3
Filled: Co et al. (2018)             9.9225 [ 6.2628; 15.7209]          1.3
Filled: Paul Corcoran (2009)        10.0362 [ 8.7174; 11.5544]          1.4
Filled: Kp et al. (2010)            11.0498 [ 6.4136; 19.0374]          1.3
Filled: Kp et al. (2010)            11.8916 [ 6.4408; 21.9553]          1.3
Filled: Ji et al. (2019)            12.6061 [ 8.4143; 18.8861]          1.3
Filled: Ma et al. (2008)            12.6429 [ 8.9955; 17.7694]          1.3
Filled: K et al. (2015)             12.9576 [ 6.2205; 26.9914]          1.2
Filled: Ma et al. (2008)            14.3479 [ 5.1857; 39.6981]          1.2
Filled: Oe et al. (2018)            16.9966 [ 9.7338; 29.6787]          1.3
Filled: P et al. (2015)             17.0189 [15.2521; 18.9904]          1.4
Filled: Ma et al. (2008)            17.3544 [15.3942; 19.5641]          1.4
Filled: Paul Corcoran (2009)        18.1577 [13.9312; 23.6665]          1.3
Filled: Ch et al. (2014)            19.7511 [10.2662; 37.9989]          1.3
Filled: Pa (2009)                   21.2407 [13.0126; 34.6717]          1.3
Filled: Kp et al. (2010)            23.9027 [13.4556; 42.4611]          1.3
Filled: Ma et al. (2008)            27.2328 [21.6493; 34.2562]          1.3
Filled: K et al. (2015)             28.0063 [12.9527; 60.5552]          1.2
Filled: Ma et al. (2008)            38.7363 [35.2654; 42.5487]          1.4
Filled: Ma et al. (2008)            60.1903 [51.3848; 70.5048]          1.4
```

[그림 11-17] 출판 편향 보정을 위한 trim and fill method

```
Number of studies: k = 76 (with 23 added studies)
Number of observations: o = 223015323 (o.e = 30473135, o.c = 192542188)
Number of events: e = 64618

                         OR           95%-CI     z  p-value
Random effects model 3.1484 [2.3572; 4.2052] 7.77 < 0.0001

Quantifying heterogeneity:
 tau^2 = 1.6072 [1.1832; 2.3000]; tau = 1.2677 [1.0878; 1.5166]
 I^2 = 99.5% [99.4%; 99.5%]; H = 13.84 [13.40; 14.30]

Test of heterogeneity:
        Q d.f. p-value
 14372.91   75       0

Details on meta-analytical method:
- Inverse variance method
- Restricted maximum-likelihood estimator for tau^2
- Q-Profile method for confidence interval of tau^2 and tau
- Trim-and-fill method to adjust for funnel plot asymmetry (L-estimator)
```

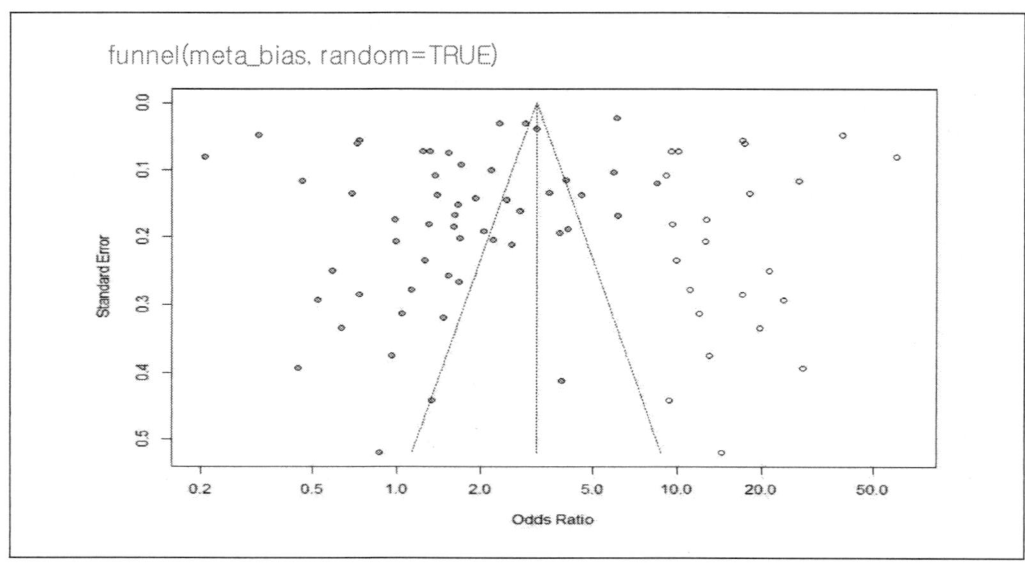

[그림 11-18] 출판 편향 보정을 위한 절삭 및 채우기(trim and fill method) 그림

[그림 11-17]의 과정을 통해 23개 문헌이 추가되어, [그림 11-18]과 같이 비워진 공간에 논문들이 채워지면서 대칭을 이루는 것을 확인할 수 있다. 이와 같이 출판 편향을 조정한 이후의 효과 크기(OR)는 3.1484로 보고되었다.

4 민감도 분석

1) 민감도 분석 이란?

통계적 관점에서 메타분석에 접근했을 때, 데이터에서 상당한 이질성을 '측정'하고, 모형의 견고성을 향상시키기 위해 이상치를 가진 연구를 제외하는 접근 방법은 사후 절차로 볼 수 있다.

체계적 문헌고찰에서 민감도 분석이 다루는 것은 기본 연구와 유사하다. 즉, 결과를 합성을 수행할 때 가정이나 결정에 따라 얼마나 강건한가에 중점을 둔다. 민감도 분석에 포함해야 할 문제들은 합성의 방법이나 유형에 따라 다르게 나타날 것이다.

- 민감도 분석은 한가지 유형은 서로 다른 자료 유형을 결정하여 메타분석 결과에 미치는 영향을 다루는 것이다. 민감도 분석의 일반적인 예시로는 연구 포함 여부를 정할 때, 사전에 정한 기준에 따라 분류된 연구에 따라 결과가 어떻게 달라질 수 있는지 확인하는 것이다(예: 잘 설계된 준-실험 대신 랜덤화된 실험만 포함했을 때 결과가 어떻게 달라지는지 확인).
- 다른 연구와 매우 상이한 효과를 가진 이상치 연구의 포함 또는 제외를 민감도 분석에 포함할 수 있다. 여기서 주요 질문은 일부 연구를 제외했을 때 결론이 크게 달라지는지 여부이다.
- 다른 유형의 민감도 분석은 통계 방법에 따른 결과 영향을 다룬다. 예를 들어, 위험비(RR) vs. 오즈비(OR) 또는 공변량으로 보정된 효과 크기 vs. 원자료의 효과 크기를 사용했을 때 결과가 달라지는지 확인할 수 있다.
- 고정 효과 또는 임의 효과 방법을 사용했을 때, 결과가 동일한지를 분석할 수 있다. 개별 연구 내 신뢰성 부족이나 범위 제한의 영향을 분석에서 조정했을 때 결과가 달라지는지를 검정할 수 있다.
- 결측 데이터를 처리한 방법도 민감도 분석에서 다룰 수 있다. 한 가지 상황은 연구 특성에 대한 결측 자료에 관한 내용으로, 매우 중요한 형태의 결측 데이터는 불완전한 보고 또는 선택적 통계 결과 보고로 인해 발생할 수 있다. 효과 크기가 선택적으

로 보고되는 경우(결과가 통계적으로 유의할 때만 보고되는 경우), 결측 데이터는 전체 연구의 출판 편향과 유사한 효과를 가지게 된다. 어떤 상황이든 간에 우리가 다른 방식으로 결측 데이터를 처리했다면 결과가 어떻게 달라졌을지 확인해야 한다.

- 결측 데이터는 효과 크기 추정치나 분산을 계산하는 데 필요한 정보가 보고되지 않는 경우도 있다. 이러한 맥락에서 민감도 분석은 다양한 가능한 대체 값에 따라 결론이 크게 달라지는지 조사하는 데 사용될 수 있다.

이와 같이 민감도 분석은 결과의 강건성을 결정하는 데 중요하다. 연구 포함 기준을 변경하거나 분석을 수행할 때 내린 가정들을 변경했을 때 결과가 어떻게 달라질지도 알 수 있다.

2) 누적 메타분석

(1) 누적 메타분석이란?

누적 메타분석은 처음에 한 연구로 시작해서 다음은 두 번째 연구로, 마지막에 모든 연구들이 포함될 때까지 이어지는 메타분석이다. 누적 메타분석은 일반 메타분석과 다른 분석 방법이라기 보다는 일련의 개별 분석을 시리즈로 보여주는 메커니즘이라고 할 수 있다. 연구들이 어떤 요소를 기준으로 정렬하면, 효과 크기 추정치가 어떻게 변하는지를 확인할 수 있다. 또한 연구들이 연대순으로 정렬되면 증거들이 어떻게 축적되어 왔고, 시간이 흐름에 따라 결과들이 어떻게 변화했는지를 시각화할 수 있다. [그림 11-19]의 숲

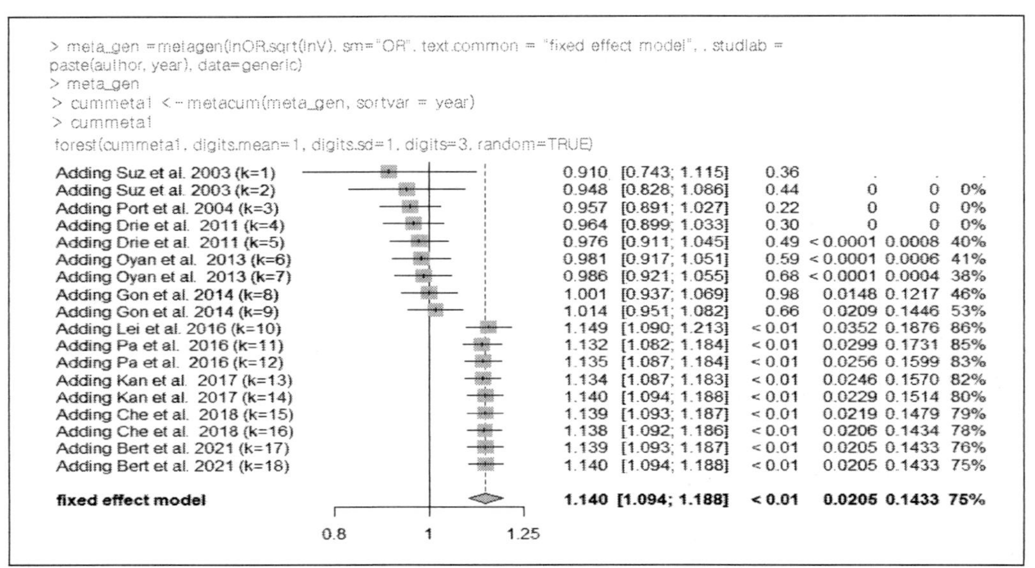

[그림 11-19] 누적 메타분석 숲그림 결과(연대순)

그림의 눈금이 변경된 것을 주목하면, 그림 아래로 내려가면서 효과 크기가 안정화되는 경향을 보인다. 또한 데이터 양이 증가하기 때문에 신뢰 구간은 좁아지는 경향을 보이고, 마지막 연구 행은 모든 연구 자료를 포함하고 있으므로, 이 통계치는 통합 효과 크기 통계치와 동일하다(9).

(2) 왜 누적 메타분석을 수행하는가?

① 데이터에서 패턴을 식별하기 위해

누적 분석은 일반적으로 시간 경과에 따른 증거의 패턴을 표시할 때 사용되지만, 다른 목적을 위해서도 동일한 기술을 사용할 수 있다. 데이터를 연대순으로 정렬하는 대신, 어떤 변수에 따라 정렬한 후 효과 크기의 패턴을 나타낼 수 있다(그림 11-20). 연구를 눈가림의 수준에 따라 높은 질에서 낮은 질로 정렬한 이후 누적 메타분석을 수행하게 되면, 처음 누적 효과는 거의 0에 가까웠다가, 다음 더 낮은 질 수준으로 이동하면서 증가하고, 그 다음 수준에서 더 증가할 것이다.

```
> meta_gen =metagen(lnOR,sqrt(lnV), sm="OR", text.common = "fixed effect model", ,
studlab = paste(author, year), data=generic)
> meta_gen
> cummeta2 <- metacum(meta_gen, sortvar = seTE)
> cummeta2
forest(cummeta2, digits.mean=1, digits.sd=1, digits=3, random=TRUE)
```

```
Cumulative meta-analysis (fixed effect model)

                                  OR            95%-CI  p-value   tau^2    tau    I^2
Adding Port et al. 2004 (k=1)   0.9598 [0.8832; 1.0431]  0.3339
Adding Pa et al.  2016 (k=2)    1.0228 [0.9644; 1.0847]  0.4533  0.0063 0.0791  77.7%
Adding Lei et al. 2016 (k=3)    1.1392 [1.0835; 1.1978] < 0.0001 0.0538 0.2320  96.1%
Adding Pa et al.  2016 (k=4)    1.1417 [1.0894; 1.1966] < 0.0001 0.0357 0.1890  94.2%
Adding Suz et al. 2003 (k=5)    1.1309 [1.0807; 1.1835] < 0.0001 0.0317 0.1782  92.7%
Adding Kan et al.  2017 (k=6)   1.1380 [1.0887; 1.1896] < 0.0001 0.0277 0.1664  91.1%
Adding Suz et al. 2003 (k=7)    1.1265 [1.0788; 1.1763] < 0.0001 0.0288 0.1698  90.1%
Adding Gon et al. 2014 (k=8)    1.1299 [1.0827; 1.1793] < 0.0001 0.0263 0.1621  88.6%
Adding Gon et al. 2014 (k=9)    1.1342 [1.0872; 1.1833] < 0.0001 0.0257 0.1604  87.3%
Adding Che et al.  2018 (k=10)  1.1334 [1.0867; 1.1820] < 0.0001 0.0237 0.1540  85.7%
Adding Drie et al.  2011 (k=11) 1.1337 [1.0874; 1.1821] < 0.0001 0.0221 0.1485  84.1%
Adding Che et al.  2018 (k=12)  1.1326 [1.0865; 1.1806] < 0.0001 0.0211 0.1451  82.6%
Adding Drie et al.  2011 (k=13) 1.1362 [1.0901; 1.1841] < 0.0001 0.0218 0.1478  81.8%
Adding Oyan et al.  2013 (k=14) 1.1376 [1.0916; 1.1855] < 0.0001 0.0216 0.1468  80.5%
Adding Oyan et al.  2013 (k=15) 1.1386 [1.0927; 1.1864] < 0.0001 0.0211 0.1452  79.1%
Adding Kan et al.  2017 (k=16)  1.1380 [1.0922; 1.1857] < 0.0001 0.0206 0.1434  77.6%
Adding Bert et al. 2021 (k=17)  1.1391 [1.0933; 1.1868] < 0.0001 0.0205 0.1433  76.4%
Adding Bert et al. 2021 (k=18)  1.1401 [1.0943; 1.1877] < 0.0001 0.0205 0.1433  75.2%

Pooled estimate                 1.1401 [1.0943; 1.1877] < 0.0001 0.0205 0.1433  75.2%

Details on meta-analytical method:
- Inverse variance method
- Restricted maximum-likelihood estimator for tau^2
```

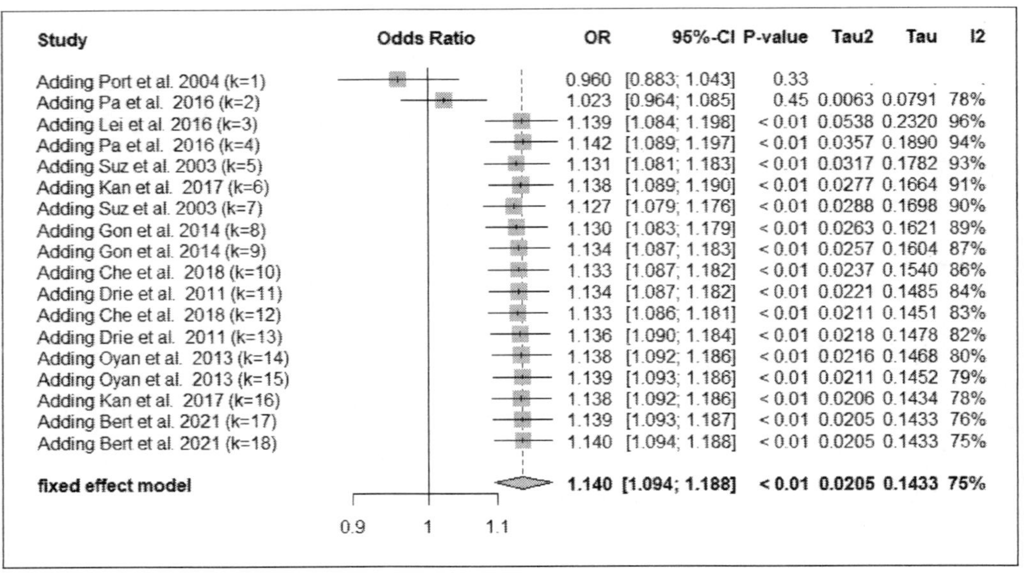

[그림 11-20] 누적 메타분석 숲그림 결과(효과 크기순)

② 출판 편향의 가능성 있는 영향을 보고하기 위해

대규모의 연구는 편향되지 않은 것으로 가정되지만, 소규모의 연구는 효과 크기를 과대평가할 수 있다는 가정하에 수행한다. 큰 표본 연구를 상위에 배치하고 더 작은 연구를 하위에 배치하여 누적 메타분석을 수행하면, 초기에 비편향 연구가 포함되었을 때 효과가 작고, 더 작은 연구가 추가되면서 효과가 증가하면, 효과 크기가 표본 크기와 관련이 있을 수 있다고 의심할 수 있다. 누적 메타분석의 이점은 효과의 변화 여부뿐만 아니라 변화의 크기도 확인할 수 있다.

③ 누적 메타분석은 보고의 목적일 뿐 분석은 아니다.

누적 메타분석은 보고(reporting)를 위한 메커니즘이지 분석 자체는 아니다. 연구를 연대순으로 정렬하면 시간에 따라 증거들이 어떻게 변화했는지 알수 있다. 눈가림의 효과에 따라 연구를 정렬하면 낮은 품질의 연구가 추가됨에 따라 효과 크기가 어떻게 변하는지 볼 수 있다. 또한 표본 크기에 따라 연구가 정렬하면 출판 편향의 잠재적 영향을 파악할 수 있다. 이러한 종류의 보고들은 설득력이 있으며 중요한 기능을 수행할 수 있다. 그러나 우리가 주요 요인과 효과 크기 간의 관계를 검증하는 것이 목표라면, 메타회귀 분석과 같은 방법이 더 정확할 것이다.

참고문헌

1. Kepes, S., Wang, W., & Cortina, J. M. (2024). Heterogeneity in meta-analytic effect sizes: An assessment of the current state of the literature. Organizational Research Methods, 27(3), 369–413.
2. Higgins, J.P.T., & Thompson, S. G. (2002). Quantifying heterogeneity in a meta-analysis. Statistics in Medicine, 21(11), 1539–1558.
3. Higgins, J. P. T., Thompson, S. G., Deeks, J. J., & Altman, D. G. (2003). Measuring inconsistency in meta-analyses. BMJ, 327(7414), 557–560.
4. Cortina, J.M. (2003). Apples and oranges (and pears, oh my!): The search for moderators in meta-analysis. Organizational Research Methods, 6(4), 415–439.
5. Card, N. A. (2015). Applied meta-analysis for social science research. Guilford Publications.
6. Cooper, H. (2015). Research synthesis and meta-analysis: A step-by-step approach (Vol. 2). Sage Publications.
7. Lin, S., Liu, X., Yao, B., & Huang, Z. (2018). Controlling for confounding factors and revealing their interactions in genetic association meta-analyses: A computing method and application for stratification analyses. Oncotarget, 9(15), 12125–12136.
8. Borenstein, M., Hedges, L. V., Rothstein, H. R., & tester, J. P. (2009). Introduction to meta-analysis. John Wiley & Sons.
9. Montano, D., Hoven, H., & Siegrist, J. (2014). A meta-analysis of health effects of randomized controlled worksite interventions: Does social stratification matter? Scandinavian Journal of Work, Environment & Health, 230–234.
10. Lin, S., Ma, Y., & Huang, Z. (2020). Advanced stratification analyses in molecular association meta-analysis: Methodology and application. BMC Medical Research Methodology, 20(147).
11. Afonso, J., Ramirez-Campillo, R., Clemente, F. M., Büttner, F. C., & Andrade, R. (2024). The perils of misinterpreting and misusing "publication bias" in meta-analyses: An education review on funnel plot-based methods. Sports Medicine, 54(2), 257–269.
12. Lin, L., & Chu, H. (2018). Quantifying publication bias in meta-analysis. Biometrics, 74(3), 785–794.
13. Harbord, R. M., Egger, M., & Sterne, J. A. (2006). A modified test for small-study effects in meta-analyses of controlled trials with binary endpoints. Statistics in Medicine, 25(20), 3443–3457.
14. Shi, L., & Lin, L. (2019). The trim-and-fill method for publication bias: Practical guidelines and recommendations based on a large database of meta-analyses. Medicine, 98(23), e15987.
15. Lin, L., Chu, H., Murad, M. H., Hong, C., Qu, Z., Cole, S. R., & Chen, Y. (2018).

Empirical comparison of publication bias tests in meta-analysis. Journal of General Internal Medicine, 33, 1260–1267.

16. Sterne, J. A., Gavaghan, D., & Egger, M. (2000). Publication and related bias in meta-analysis: Power of statistical tests and prevalence in the literature. Journal of Clinical Epidemiology, 53(11), 1119–1129.
17. Macaskill, P., Walter, S. D., & Irwig, L. (2001). A comparison of methods to detect publication bias in meta-analysis. Statistics in Medicine, 20(4), 641–654.

제 12 장

네트워크 메타분석

제12장

네트워크 메타분석

1 개요

네트워크 메타분석(network meta-analysis, NMA)은 직접비교 근거와 간접비교 근거를 하나의 모형으로 통합하는 일련의 분석 과정을 의미한다. 기존의 메타분석에서는 여러 중재(intervention) 간 효과를 비교하기 위해, 모든 중재 쌍 사이의 직접비교가 수행된 연구결과가 필요하다. 그러나 대부분의 중재 효과를 평가하는 연구에서는 중재가 수행되지 않은 대조군과 비교한 결과를 제시한다. 이로 인해 중재 간의 직접비교 근거가 부족하여, 표준 메타분석만으로는 중재 간 상대 효과에 대한 근거가 부족하다는 결론을 도출하게 된다.

그러나 실제 상황에서는 적용가능한 중재가 두 가지 이상인 경우가 대부분이며, 때로는 수많은 대안이 존재한다. 이러한 다양한 중재 간의 상대적 이익과 위해를 비교하고, 어떤 중재가 가장 유리한지, 큰 이점을 가지고 있는지 판단하고자 할 때 네트워크 메타분석을 이용할 수 있다.

[표 12-1] 핵심 개념 및 용어

용어	정의	학술적 중요성
직접비교 (direct comparison)	동일 연구 내에서 두 중재를 직접적으로 비교한 결과	내적 타당도가 높음
간접비교 (indirect comparison)	공통 대조군을 통해 간접적으로 두 중재의 효과를 추정	외적 타당도 고려 필요
네트워크 메타분석 (network meta-analysis)	직접비교 및 간접비교를 통합하여 여러 중재를 동시에 비교하는 분석 방법	의사결정의 정보량 극대화

네트워크 메타분석은 기존 메타분석과 달리, 직접비교 근거와 간접비교 근거를 하나의 모형로 통합함으로써 서로 직접 비교되지 않은 중재 간의 효과도 비교할 수 있게 해준다. 즉, 여러 중재의 효과를 동시에 비교하고 순위화할 수 있는 장점이 있다. 이러한 특성 때문에 네트워크 메타분석은 혼합 치료 비교 메타분석(mixed-treatment comparison meta-analysis)이라고도 불린다.

2 중요 개념

1) 중재 네트워크

중재 네트워크란 '직접비교'를 수행한 개별 연구들을 연결하여 세 가지 이상의 중재가 하나의 네트워크 구조로 연결된 상태를 의미한다. 이 구조를 시각적으로 표현한 것이 네트워크 다이어그램(network diagram)이며, 중재는 노드(node)로, 두 중재 간의 직접비교는 선(edge)으로 표현된다. 예를 들어, 중재 A, B, C가 있고, 중재 A와 B, B와 C 사이에는 직접비교 결과가 존재하지만, A와 C 사이에는 직접비교가 없는 경우, [그림 12-1]과 같은 네트워크 다이어그램으로 나타낼 수 있다. 여기서 세 개의 노드 A, B, C는 중재의 종류를 나타내고, 실선은 직접비교 결과이다. 이를 통합하면 기존에 평가되지 않은 A와 C의 '간접비교' 결과의 도출이 가능함을 점선으로 나타내고 있다.

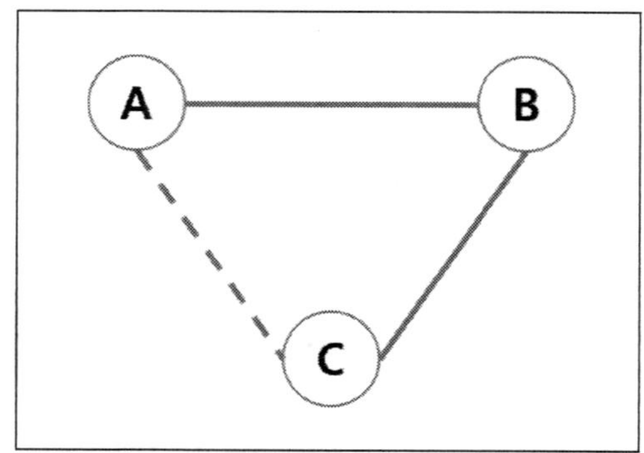

[그림 12-1] 네트워크 다이어그램

(1) 직접비교

직접비교란 하나의 연구에서 두 중재가 직접적으로 비교된 경우를 말한다. 예를 들어, 중재 A와 중재 B를 비교하는 무작위 시험(randomized trial)이 있다면, 다음의 그림으로 표현할 수 있다. 여기서, θ는 두 중재의 비교 효과 크기로, 표준화 평균 차이(standardized mean difference, SMD) 또는 오즈비(Odds Ratio, OR)로 표현할 수 있다.

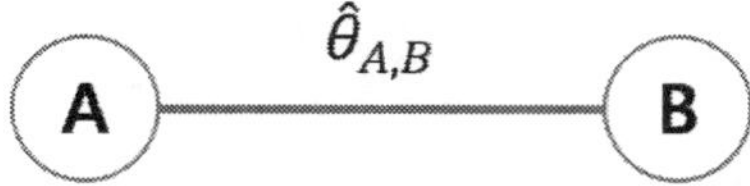

여기에 중재 B와 C를 비교한 또 다른 무작위 시험이 존재하는 상황을 추가하면 다음과 같이 나타낼 수 있다.

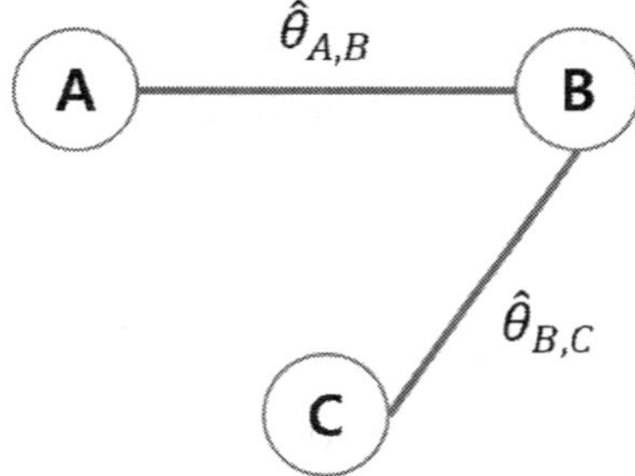

이렇게 하면 'B 대 A', 'B 대 C'의 두 가지 효과 크기가 포함된 중재 네트워크가 생성된다. 이 두 효과 크기는 모두 직접 관찰된 결과이고, 이러한 정보를 직접근거(direct evidence)라 부른다.

(2) 간접비교

간접비교는 두 중재 간 직접비교 연구가 없을 때, 공통 비교군을 경유하여 간접적으로 효과를 추정하는 방식이다. 두 중재 간의 간접비교는 중재 네트워크에서 몇 단계를 거치더라도 두 중재가 경로를 통해 연결되어 있어야 가능하다. 앞선 예시와 같이 중재 A와 B, B와 C에 대한 직접비교 결과가 있는 경우, 중재 B가 두 중재 사이의 다리 역할을 하여 A와 C의 상대 효과를 간접적으로 계산할 수 있다. 결과적으로 중재 네트워크상에서 도출되는 'A 대 C'의 효과는 간접근거(indirect evidence)가 된다. A와 C의 간접효과는 다음과 같이 계산된다.

- **간접효과 :** $\hat{\theta}^{indirect}_{A,C} = \hat{\theta}^{direct}_{A,B} + \hat{\theta}^{direct}_{B,C} = \hat{\theta}^{direct}_{B,C} - \hat{\theta}^{direct}_{B,A}$
- **간접효과의 분산 :** $Var\left(\hat{\theta}^{indirect}_{A,C}\right) = Var\left(\hat{\theta}^{direct}_{B,C}\right) + Var\left(\hat{\theta}^{direct}_{B,A}\right)$

이처럼 간접비교의 분산은 직접비교의 분산 합이며, 이는 곧 정밀도가 낮아짐을 의미한다. 따라서 간접근거로부터 추정된 효과 크기는 직접비교에 비해 신뢰구간이 항상 넓을 수밖에 없다.

상기 추정치를 통해 간접비교에 대한 95% 신뢰구간도 다음과 같이 구할 수 있다.

- 간접효과의 신뢰구간 : $\left[\hat{\theta}_{A,C}^{indirect} \pm 1.96 \times \sqrt{Var\left(\hat{\theta}_{A,C}^{indirect}\right)}\right]$

2) 가정

네트워크 메타분석이 타당하게 수행되기 위해서는 두 가지 핵심 가정, 즉 전이성(transitivity)과 일관성(consistency)이 충족되어야 한다.

(1) 전이성

전이성 가정은 각 비교 연구에서 중재 효과에 영향을 미칠 수 있는 효과수정 요인(effect modifier)의 분포가 비교 간에 유의미한 차이가 없음을 의미한다. 즉, 네트워크 내 모든 연구는 중재법 이외의 조건에서는 유사하며, 오직 중재법만이 다르게 적용되고 있다는 전제이다. 구체적으로는 연구 대상자의 특성, 결과 측정 방법, 연구설계 등 중재 효과에 영향을 줄 수 있는 요인들이 비교 간에 체계적으로 차이가 없어야 한다. 이는 모든 중재법이 하나의 모집단에서 여러 군으로 무작위 배정될 수 있을 정도로 연구 조건과 대상자 특성이 유사하다는 가정을 내포한다. 이러한 전이성 가정이 충족되면, 직접비교 연구가 없더라도 간접비교를 통해 얻은 추정치가 해당 중재법 간의 상대 효과를 타당하게 전달(transfer)할 수 있다. 따라서 전이성은 네트워크 메타분석 결과의 타당성과 실행 가능성을 보장하는 핵심 요인이라 할 수 있다.

전이성 가정은 네트워크 메타분석의 내적 타당도를 지탱하는 요소이며, 이를 간과하면 동일 네트워크 내 직접비교 결과와 일치하지 않는 모순이 나타나게 된다. 따라서 네트워크 메타분석을 계획하거나 해석할 때는 전이성 가정의 성립 여부를 면밀히 검토해야 한다. 예를 들어, [그림 12-1]과 같은 네트워크에서 중재 A와 B를 비교한 연구와 중재 B와 C를 비교한 연구가 존재하는 경우를 고려해보자. 두 연구의 대상자 연령대, 건강상태, 중재 B 실시 방법 등 주요 조건이 서로 유사하다면, 비록 A와 C를 직접 비교한 연구는 없더라도 공통 중재 B를 매개로 A 대 C의 효과를 추론할 수 있다. 즉, 전이성 가정이 성립한다면, B를 통한 간접비교 결과는 실제로 A와 C를 직접 비교한 가상의 연구결과와 일관된 추정치를 제공할 것으로 기대할 수 있다.

반면 어떤 효과수정 요인의 분포가 두 비교 경로에서 서로 다를 경우 전이성 가정이 성립하지 않는다. 예를 들어, 성별과 연령이 중재 효과에 영향을 주는 인자라고 가정하자. 만약 남성이고 연령분포가 유사한 집단을 대상으로 수행된 A와 B 비교 연구와 B와 C 비교연구를 이용해 A와 C를 간접비교 한다면, 전이성 가정에 위배되지 않는다[그림 12-2의 ①]. 또한, 성별 분포가 유사한 노인 대상의 두 연구로 간접비교를 수행하는 경우에도 문제가 없다[그림 12-2의 ②]. 그러나 남성만을 대상으로 한 A와 B 비교연구와 노인을 대상으로 한 B와 C 비교연구를 연결하여 A와 C 간의 효과를 간접적으로 추정하는 것은 타당하지 않다[그림 12-2의 ③]. 이 경우, 두 연구 간 성별이나 연령분포 차이로 인해 전이성 가정이 위반되었으며, 이에 따라 해당 간접 비교 결과는 유효성이 떨어진다. 현실에서는 이처럼 극단적인 사례보다는, 한 연구의 남녀 비율이 5:5, 다른 연구는 3:7이거나, 연령대 분포에 소폭 차이가 있는 경우가 더 흔하다. 이처럼 효과수정 요인들이 각 비교 경로의 연구들에 균등하게 분포하지 않을 때, 전이성 가정은 위반될 수 있다.

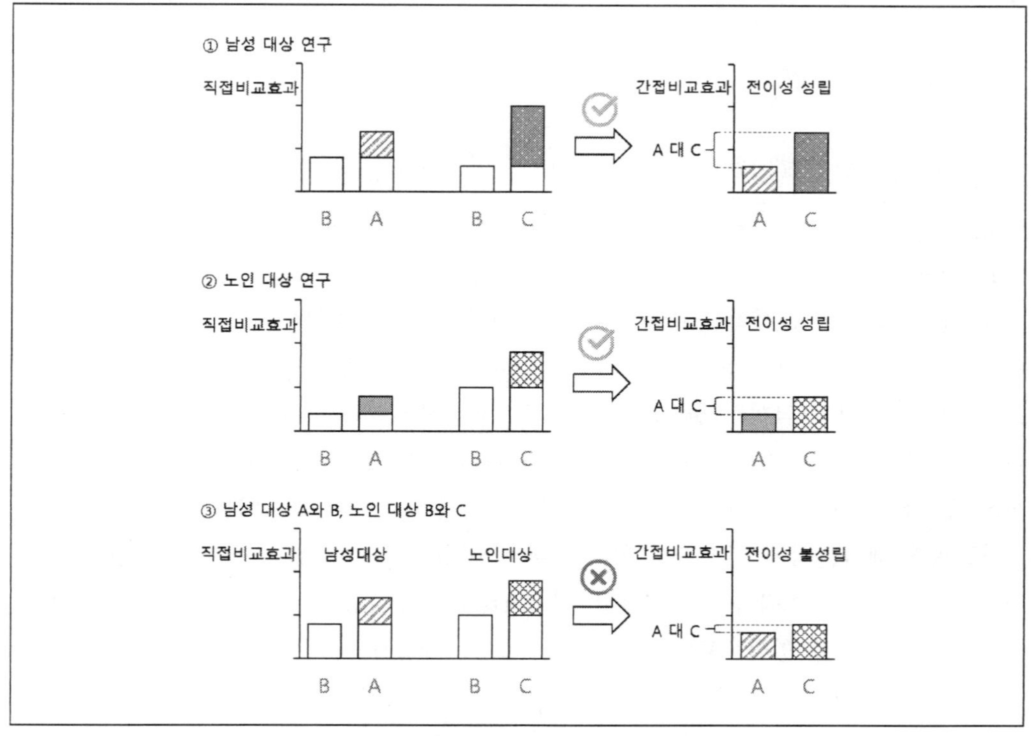

[그림 12-2] 전이성 가정의 개념 예시

전이성 가정은 통계적으로 직접 검증하기가 어렵다. 따라서 사전적인 검토가 중요하다. 전이성 가정이 성립하는지 일차적으로 평가하는 방법은 각 연구의 대상자 특성과 방법론적 특성을 자세히 비교하는 것이다. 구체적으로, 모든 연구의 대상자 특성이 유사한지 확인하고, 연구설계, 중재 시행 방법, 결과 측정 방법 등이 일관되는지 평가하며, 특히 중요한 공변량이 각 비교에서 유사하게 분포하는지 살펴본다. 모든 연구에서 중재군과 대조군의 비교 조건이 동일하고 대상자 특성이 비슷하다면 전이성 가정이 충족된 것으로 볼 수 있다. 추가로 메타회귀(meta-regression)를 통해 연구 간 중요한 공변량이 효과 크기에 미치는 영향을 평가할 수 있다. 만약 어떤 공변량의 영향이 통계적으로 유의하지 않게 나타난다면, 해당 공변량 측면에서 전이성 가정이 충족될 가능성이 높다고 판단할 수 있다.

(2) 일관성

일관성 가정은 직접비교 결과와 간접비교 결과가 모순 없이 일치한다는 것을 의미한다. 예를 들어 앞의 세 중재 A, B, C 사례에서, 일관성 가정이 성립하면 'A 대 C의 간접효과'는 이 네트워크에 (가상의) 직접연구가 있다고 가정했을 때 얻어질 'A 대 C의 직접효과'와 동일해야 한다. 이를 수식으로 표시하면 다음과 같다.

- $\theta_{A,C}^{indirect} = \theta_{A,C}^{direct}$

따라서, 간접비교 효과 $\hat{\theta}_{A,C}^{indirect} = \hat{\theta}_{B,C}^{direct} - \hat{\theta}_{B,A}^{direct}$은 일관성 가정을 통해 $\hat{\theta}_{A,C}^{direct} = \hat{\theta}_{B,C}^{direct} - \hat{\theta}_{B,A}^{direct}$이 되는 것이다. 이 식을 일관성 방정식(coherence equation)이라 부른다.

일관성은 전이성 가정이 충족될 때에만 기대할 수 있는 결과이며, 직접근거를 사용해 관찰되지 않은 간접근거를 올바르게 추론할 수 있는지를 나타낸다고 볼 수 있다. 이는 표준 메타분석의 이질성(heterogeneity)과는 구분되는 개념이다. 이질성은 한 비교 내 여러 연구들의 효과 추정치가 일치하는지에 관한 것이고, 네트워크 메타분석에서 일관성은 동일한 중재 쌍에 대한 직접근거와 간접근거가 일치하는지에 대한 개념이다.

네트워크 메타분석에서 일관성 여부는 루프 비일관성 검정(loop inconsistency test)이나 설계-처리 상호작용 검정(design-by-treatment interaction test) 등을 통해 통계적으로 검증할 수 있다. 또한 노드 분할(node-splitting) 분석이나 net heat plot 등의 시각적 도구를 활용하여 어떤 비교가 비일관성의 원인인지 탐색할 수도 있다(1, 2).

PRISMA-NMA(Preferred Reporting Items for Systematic reviews and Meta-Analyses incorporating Network Meta-Analyses)는 일관성 평가를 위한 통계적 방법과 비일관성 탐색 결과, 통계적 검정의 유의확률과 네트워크의 여러 부분에서 계산된 비일관성 추정값 등을 명시할 것을 요구하고 있다(3).

3) 효과 계산 모형

네트워크 메타분석에서 효과 크기를 추정하는 통계 모형은 전통적인 메타분석에서와 마찬가지로 고정효과모형(fixed-effect model) 또는 임의효과모형(random-effect model) 중 하나를 적용한다. 어느 모형을 선택하느냐에 따라 효과 크기 추정치가 달라지고, 효과 추정의 정밀도(precision)도 영향을 받는다.

- **고정효과모형** : 포함된 모든 연구가 하나의 동일한 참(true) 효과를 공유한다고 가정함. 즉, 연구 간 이질성은 없으며, 관찰된 차이는 오직 표본 오차 때문으로 간주함. 연구들이 비교적 동질적이고, 연구 수가 적을 때 유용한 모형임. 그러나 실제로 연구 간 차이가 존재할 경우, 실제 변이를 간과하고 불확실성을 과소 추정할 위험이 있음
- **임의효과모형** : 각 연구들이 서로 다른 분포의 효과 값을 가질 수 있다고 가정하여, 연구 간 분산(between-study variance)을 추가적으로 포함시켜 평균 효과를 추정함. 각 연구의 가중치는 해당 연구의 표본 오차와 연구 간 분석을 모두 반영하여 계산되기 때문에, 큰 표본을 가진 연구에만 지나치게 의존하지 않음. 연구 간 분산을 고려하므로 고정효과모형보다 신뢰구간이 넓어, 보다 보수적인 추정치을 제공함. 다양한 조건에서 수행된 연구들을 통합하는 데 적합함. 일반적으로 고정효과보다 현실적이며, 결과의 일반화 가능성도 높음

4) 효과 추정 방법

네트워크에 포함된 중재의 수(S)가 많아질수록 비교해야 하는 경우의 수(C) 역시 크게 증가하며 복잡한 연결 구조를 갖게 된다(그림 12-3). 따라서 사용 가능한 모든 네트워크 데이터를 효율적이고 일관성 있게 종합할 수 있는 통계 기법이 필요하다. 네트워크 메타

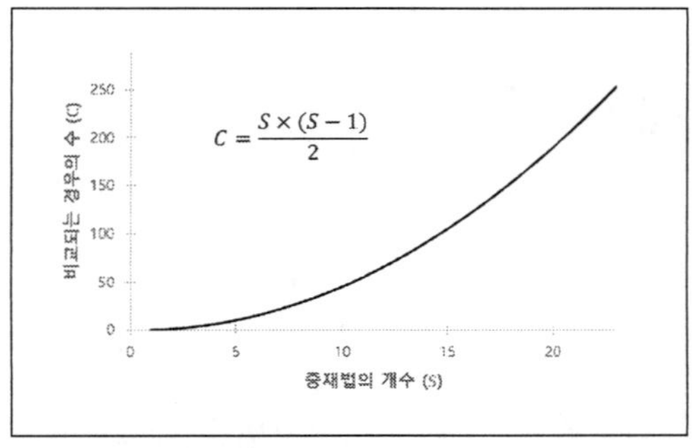

[그림 12-3] 중재법의 개수와 비교 쌍의 수

분석 결과를 추정하는 통계적 접근 방법으로는 빈도주의(frequentist) 접근과 베이지안(Bayesian) 접근 두 가지가 있다.

- **빈도주의 접근** : 어떤 사건(E)이 반복되는 상황에서 발생하는 빈도를 기반으로 확률을 정의하는 고전적 통계 방법임. 현재의 메타분석에서 흔히 사용하는 유의성 검정, 신뢰구간, p값 등은 모두 이러한 빈도주의 해석에 기반함
- **베이지안 접근** : 사전에 가지고 있던 정보(prior)와 실제 데이터를 통해 얻은 정보(likelihood)를 결합하여 사후(posterior) 확률분포를 추정하는 방법임. 연구자가 가진 사전 지식이나 전문가 견해를 확률분포 형태로 반영할 수 있는 특징이 있음. 베이지안 접근에서는 빈도주의적 신뢰구간(confidence interval, CI) 대신 신뢰할 수 있는 구간(credible interval, CrI)을 제시하며, 이는 사후분포의 일정 확률을 차지하는 구간으로서 불확실성을 나타냄. 베이지안 모형의 장점은 모수의 분포 형태를 유연하게 지정할 수 있어 복잡한 모형화도 가능하다는 점이며, 단점은 MCMC(Markov Chain Monte Carlo) 시뮬레이션 등을 이용해야 해서 계산 부담이 크고 사전분포에 따라 추정 및 검정 결과가 달라질 수 있다는 것임

빈도주의와 베이지안 접근 중 어느 하나가 절대적으로 우월한 것은 아니다. 데이터가 충분히 많을 경우, 베이지안 분석 결과는 빈도주의 결과와 거의 유사해지는 경향이 있다(Bernstein–von Mises 정리). 즉, 표본 크기가 충분히 크면 두 접근 방식은 동일한 추론에 수렴하게 된다. 빈도주의 접근은 전통적이고 해석이 용이해서 많은 분야에서 선호되지만, 베이지안 접근은 복잡한 상황에서의 유연성과 메타회귀 등의 확장에 유리한 측면이 있다. 실제로 유용한 전략은 기본 분석으로 빈도주의 또는 베이지안 중 한 개의 접근법을 선택한 다음, 민감도 분석으로 다른 접근법을 적용하는 것이다. 두 방법으로 분석한 결과가 동일한 결론에 도달한다면, 분석 결과에 대한 신뢰도가 높다고 할 수 있다.

3 분석결과 제시

1) 네트워크 구조

(1) 네트워크 다이어그램

네트워크 구조를 가장 직관적으로 보여주는 방법은 네트워크 다이어그램을 제시하는 것이다. 네트워크 다이어그램은 중재 네트워크의 구조를 그림으로 표현한 것으로, 각 노

드는 개별적인 중재를, 선은 중재 쌍 간의 직접비교가 있었음을 나타낸다. 기본 형태의 네트워크 다이어그램에서는 노드와 선만으로 구조를 표시하지만, 여기에 각 노드 또는 선의 속성 정보를 추가로 표현할 수도 있다. 예를 들어 노드의 크기를 해당 중재에 배정된 총 참여자 수에 비례하도록 그리거나, 선의 두께를 직접비교 연구의 개수에 비례하도록 나타낼 수 있다. 이렇게 하면 노드 크기가 크거나 선이 굵을수록 해당 중재나 비교에 대한 근거의 양이 많음을 한눈에 파악할 수 있다.

또한 선의 두께를 각 비교의 공변량 평균값에 비례하도록 표현할 수도 있다. 이를 통해 네트워크의 전이성 가정 충족 여부를 직관적으로 점검할 수 있다. [그림 12-4의 ①]은 선의 두께가 해당 비교에 포함된 연구대상자의 평균 연령에 비례하도록 표현한 예시이다. 선이 두꺼울수록 비교에 포함된 대상자들의 평균 연령이 높다는 것을 의미한다. 이 그림에서 중재 A와 B를 직접 비교한 연구와 중재 A와 D를 직접비교한 연구 간에 대상자의 평균 연령 차이가 크고, 이는 선의 두께 차이로 드러난다. 이러한 시각화는 특정 비교 경로에서 연구대상자의 특성이 다른지를 쉽게 파악하게 해주므로, 전이성 가정이 의심되는 지점을 찾아내는 데 도움이 된다.

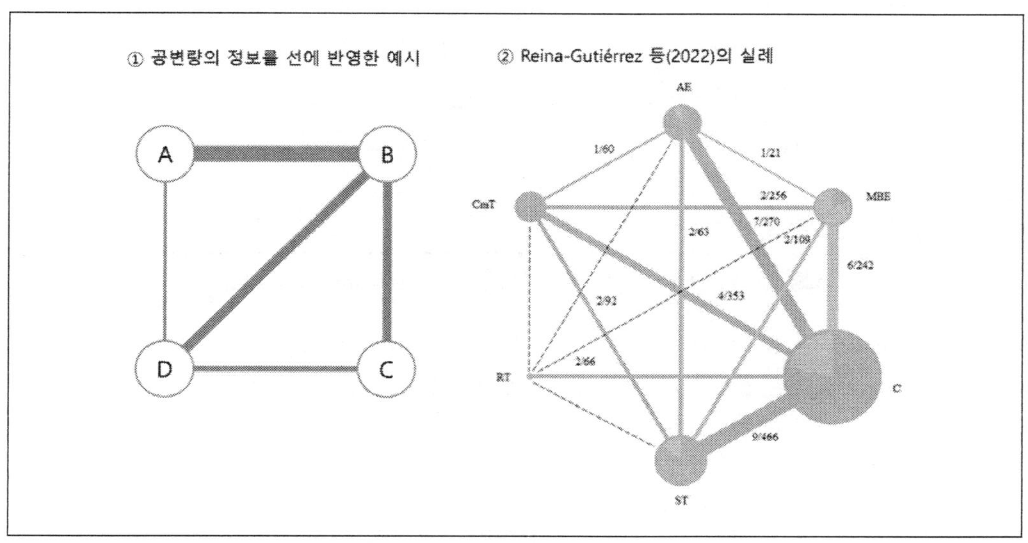

[그림 12-4] 네트워크 다이어그램 변형 예시

이 외에도 선의 색상을 이용해서 근거수준을 나타낼 수 있다. 맹검 부족, 임의할당 부족 등 체계적 문헌고찰에서 수행된 근거수준에 따라 색상을 달리 표현하면, 어떤 비교의 직접근거가 상대적으로 신뢰도가 낮은지 시각적으로 구별할 수 있다. [그림 12-4의 ②]는 Reina-Gutiérrez 등(2022)의 네트워크 다이어그램으로, 다발성 경화증 환자의 건강 관련 삶의 질(health-related quality of life, HRQoL)에 대한 다양한 운동 중재들을 비교한 네트워크 메타분석 결과이다(4). 노드의 크기는 각 중재에 포함된 임상시험 수에 비례하고, 선의 굵기는 해당 두 중재를 직접 비교한 연구 수에 비례한다. 각 선 위의 숫자는 두 중재 간 직접비교가 수행된 연구 수/참여자 수를 나타낸다. 점선으로 표시된 연결은 간접비교만 가능한 관계임을 의미한다. 또한 선의 색상은 각 비교에 고려된 공변량 개수에 따라 구분하였는데, 공변량이 4개(성별, 연령, 질병 중증도, 유병 기간)인 비교들은 녹색, 공변량이 2~3개인 비교들은 노란색으로 표시하였다. 이와 같이 네트워크 다이어그램을 활용하면, 한눈에 네트워크의 구조와 근거 분포를 파악함과 동시에 전반적인 근거의 양과 특성도 파악할 수 있다.

(2) 네트워크 구조 표

중재의 수가 많거나, 여러 가지의 연구설계를 포함하는 네트워크 메타분석을 시행하는 경우, 다이어그램만으로 구조를 전달하기 어려울 수 있다. 이럴 때는 네트워크 구조 표를 제시할 수 있다. 네트워크 구조 표는 각 연구의 중재 구성을 표 형태로 나타낸 것으로, 열은 중재군을 나타내고 하나의 행은 연구설계별 특성을 나타낸다. 여기에 참여자 수, 근거수준 등을 추가 열이나 색상 등으로 표기할 수 있다. [표 12-2]의 예시에서, 첫 번째 행은 대조군, 중재1군, 중재2군으로 세 집단의 비교로 설계된 연구가 13개 포함되어 있다는 정보를 나타낸다.

[표 12-2] 네트워크 구조 표 예시

연구 수	대조군	중재1군	중재2군	중재3군	...	중재S군
13	○	○	○			
5	○	○				
15	○				○	○
8	○			○		
...						
1				○		○
2					○	○

(3) 네트워크 기여도 행렬

네트워크상의 근거를 표현하는 또 다른 방법으로, 각 직접비교가 네트워크 메타분석의 통합 효과 추정에 얼마나 기여하는지를 나타내는 기여도 행렬(contribution matrix)이 있다. 기여도 행렬에서는 열에 직접비교 결과가 존재하는 중재 쌍을 나열하고, 행에는 네트워크에서 모든 가능한 중재 비교쌍을 나열한다. 각 셀의 값은 해당 직접비교 결과가 그 간접비교 효과 추정에 기여하는 백분율 가중치를 의미한다.

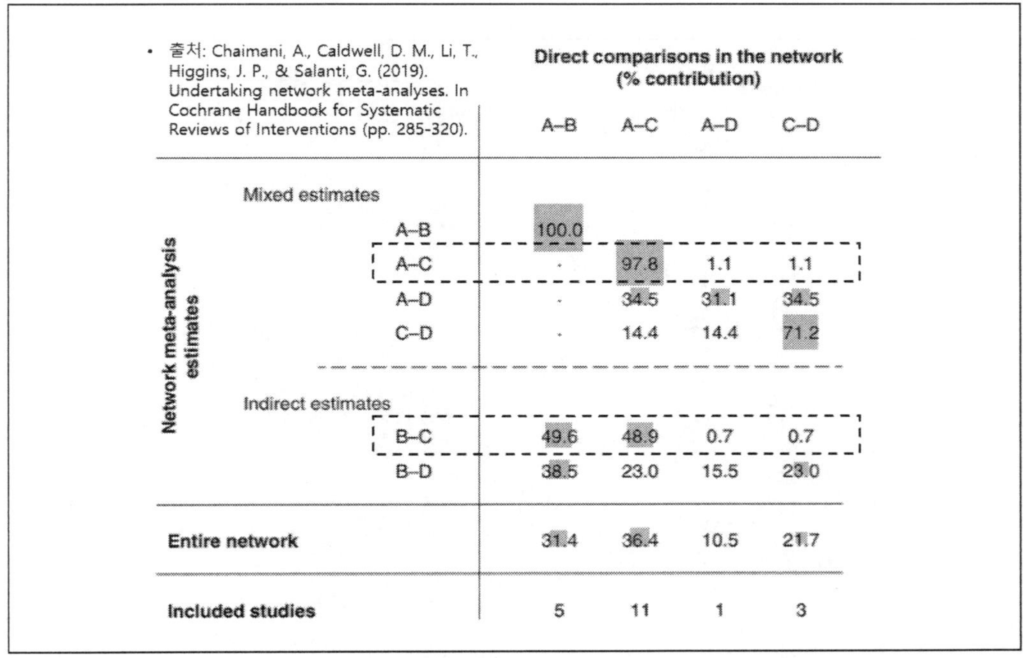

• 출처: Chaimani, A., Caldwell, D. M., Li, T., Higgins, J. P., & Salanti, G. (2019). Undertaking network meta-analyses. In Cochrane Handbook for Systematic Reviews of Interventions (pp. 285-320).

Network meta-analysis estimates	Direct comparisons in the network (% contribution) A–B	A–C	A–D	C–D
Mixed estimates				
A–B	100.0			
A–C	·	97.8	1.1	1.1
A–D	·	34.5	31.1	34.5
C–D	·	14.4	14.4	71.2
Indirect estimates				
B–C	49.6	48.9	0.7	0.7
B–D	38.5	23.0	15.5	23.0
Entire network	31.4	36.4	10.5	21.7
Included studies	5	11	1	3

[그림 12-5] 네트워크 기여도 행렬 예시

Chaimani 등(2019)의 기여도 행렬인 [그림 12-5]를 보면, 어떤 비교의 추정치에 어떤 직접근거들이 얼마만큼 정보를 제공했는지를 정량적으로 이해할 수 있다(5). B와 C 비교의 간접효과는 주로 A-B와 A-C의 직접근거에 의해 추정되었으며, 각 직접비교의 기여도는 49.6%, 48.9%로 나타났다. A와 C 비교의 경우 직접비교 결과도 존재하므로, 네트워크 메타분석에서는 직접근거와 간접근거를 조합한 혼합추정치(mixed estimate)로 산출되었음도 알 수 있다.

2) 효과 추정치

(1) 숲그림

네트워크 메타분석의 가장 핵심적인 결과는 모든 가능한 중재 쌍 간의 효과 추정치이다. 각 중재 간 상대적 효과 크기와 신뢰구간을 한눈에 보여주는 데는 숲그림(forest plot)이 유용하다. 일반적인 메타분석에서처럼, 네트워크 메타분석에서도 하나의 숲그림에 모든 비교의 효과 추정치를 요약하여 제시할 수 있다. [그림 12-6의 ①]은 Liang 등(2024)에서 13가지 중재를 비교한 결과로(6), 어떤 비교에서 효과의 방향과 통계적 유의성이 어떻게 나타나는지를 직관적으로 파악할 수 있다.

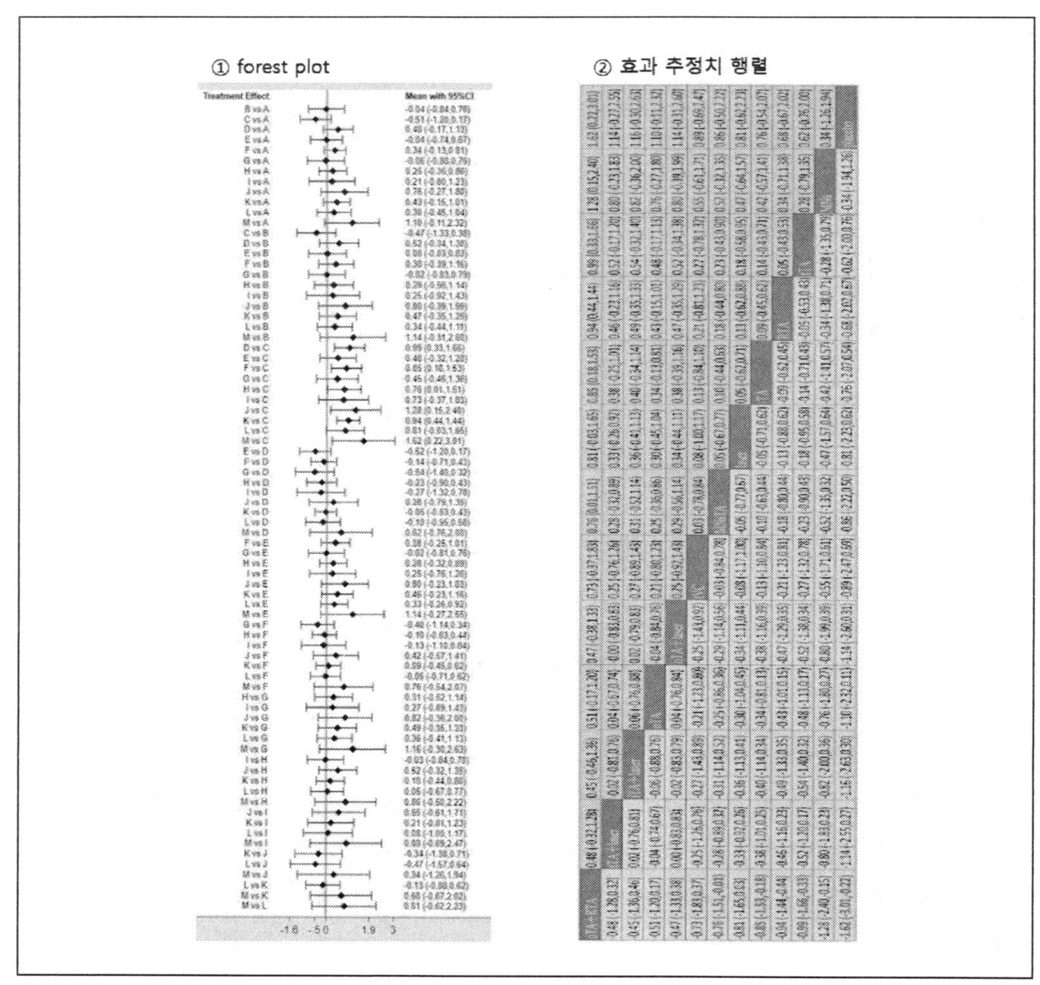

[그림 12-6] 중재 수가 많은 경우 효과 추정치 제시 사례

(2) 효과 추정치 행렬

하지만 중재의 수가 많아 비교 쌍의 수가 많아지는 경우, 하나의 숲그림에 모든 결과를 담기가 어려울 수 있다. 이런 경우에는 모든 비교의 효과 추정치를 행렬 표 형태로 제시하는 것이 유용하다. 이는 중재들을 행과 열로 배열한 다음, 셀에 두 교차 중재의 효과 추정치를 채워 넣는 형식의 결과 제시 방법이다. [그림 12-4의 ②]는 Liang 등(2024)에서 13가지 중재를 비교한 효과 추정치 행렬로, 기미치료를 위한 13가지 중재(A~M)의 비교 쌍 78가지에 대한 결과를 나타낸 것이다. 행렬의 대각선 위는 기존 메타분석 통해 도출된 직접비교의 효과 추정치를, 대각선 아래는 네트워크 메타분석으로 얻어진 통합 추정치를 나타낼 수 있다. 효과 추정치 행렬은 색상이나 기호를 통해 유의한 차이가 있는지를 표시할 수도 있다. 이러한 표를 보면 어떤 비교에서 어느 중재가 우월한지 등을 일목요연하게 확인할 수 있다. 다만 효과 차이에 따른 중재 순위나 근거의 신뢰성 등의 정보는 표만으로 파악하기 어려울 수 있다.

3) 중재 효과의 순위

네트워크 메타분석의 목적 중 하나는 여러 중재들 중에서 가장 효과가 큰 중재가 무엇인지를 밝히는데 있다. 이를 위해 각 중재를 상대적 순위로 표현할 수 있는데, 네트워크 메타분석에서는 각 중재가 특정 순위에 위치할 확률을 계산하여 제시한다. 이러한 확률을 순위확률(ranking probability)이라고 하며, 모든 중재에 대해 1순위, 2순위,…, S순위가 될 확률이 산출된다. 순위확률은 통계적 접근방법에 따라 다른 통계량을 쓰는데, 빈도주의 접근에서는 P-점수(p-score)가, 베이지안 접근에서는 SUCRA(surface under the cumulative ranking curve) 값이 순위확률로 제시된다. [표 12-3]은 4가지 중재들의 순위확률과 평균 순위를 나타낸 예시이다. 각 중재가 1순위일 확률, 2순위일 확률 등을 합계 100%로 표시하며, 평균 순위는 가중평균 개념으로 낮을수록 순위가 높음을 의미한다. 일반적으로 평균 순위 값이 낮은 중재일수록 효과적임을 의미한다.

[표 12-3] 순위확률과 평균순위 표

중재	순위확률				평균순위
	1위	2위	3위	4위	
A	94%	6%	0%	0%	1
B	2%	44%	44%	10%	3
C	5%	39%	21%	35%	3
D	0%	8%	35%	57%	4

중재의 효과에 대한 순위확률은 순위도표(rankogram)로 시각화할 수 있다(그림 12-7). 가로축은 가능한 순위를, 세로축은 그 순위가 될 확률을 나타낸다. 각 중재마다 하나의 선으로 표기되고, 특정 순위를 차지할 확률분포를 볼 수 있다. 순위확률 선이 왼쪽 상단에 몰려 있을수록 1등 또는 상위권일 확률이 높음을 의미한다.

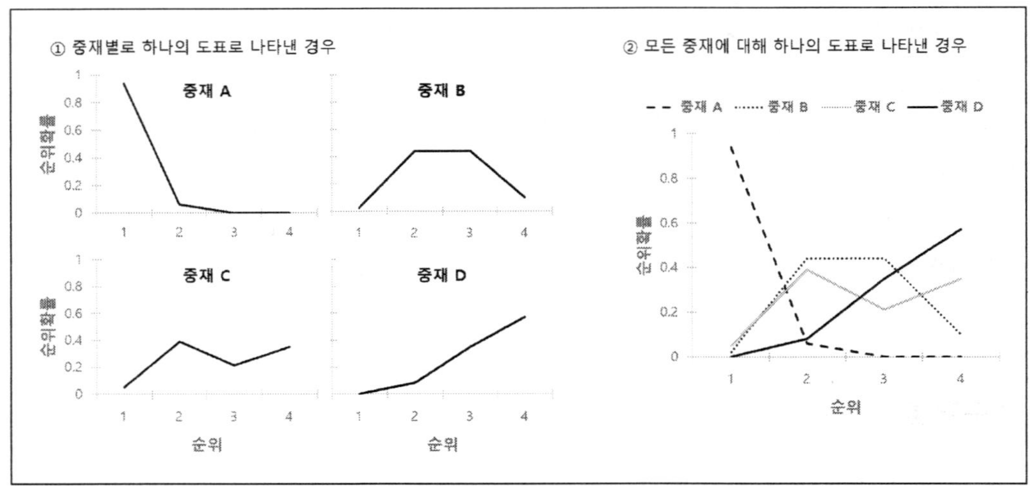

[그림 12-7] 순위도표(rankogram) 예시

4) 가정 검토 및 진단

네트워크 메타분석을 수행할 때는 앞서 설명한 가정들이 얼마나 충족되었는지 검토하고, 그 결과를 함께 보고하는 것이 필수적이다.

(1) 전이성

전이성은 통계적 검정이 어렵기 때문에, 질적 평가에 의존한다. 포함된 각 연구에서 대상자의 특성이 유사한지 확인하고, 연구설계, 중재 방법, 효과 측정 방법 등이 일관되는지 평가한다. 특히 중요 공변량의 분포가 비교 간 크게 차이 나지 않는지 확인해야 한다. 모든 연구에서 중재군과 대조군의 비교가 동일한 방식으로 이루어졌고, 대상자의 특성이 비슷하면 전이성 가정이 충족된 것으로 볼 수 있다. 추가로 메타회귀 등을 실시하여 연구 간의 중요한 공변량이 효과 크기에 미치는 영향이 없는 것으로 나타난다면, 전이성 가정을 만족할 가능성이 크다.

(2) 일관성

네트워크의 일관성은 다양한 방법으로 진단할 수 있다. 루프 비일관성 검정은 각 폐쇄루프 내에서 직접비교와 간접비교의 차이를 검정하여 비일관성이 존재하는지 확인하는 방법이다. 설계-처리 상호작용 검정은 네트워크 전체를 대상으로 일관성 가정의 위배 여부를 하나의 모형에서 검정해 전반적인 비일관성을 탐지한다. 이밖에 노드-분할 분석을 통해 특정 비교에 대해 직접근거와 간접근거를 분리하여 비교함으로써 일관성 여부를 확인할 수 있다. 이러한 검정을 통해 얻은 p값이 유의하거나, 루프별로 추정된 비일관성 계수(inconsistency factor)의 신뢰구간이 0을 포함하지 않으면 일관성 가정에 문제가 있다고 판단한다.

4 R을 이용한 분석 방법

1) 연구질문

여러 금연 중재의 효과를 통합적으로 비교하기 위해 만들어진 데이터셋(smoking)을 이용하여 R을 이용한 네트워크 분석 방법을 소개하고자 한다. 연구질문은 "금연 성공에 가장 효과적인 중재는 자가도움(self-help), 개인상담(individual counselling), 집단상담(group counselling), 비개입(no intervention) 중 무엇인가?"이다. 이를 위해 총 24개의 임상시험 결과가 수집되었으며, 효과 측정 지표는 6개월에서 12개월 사이의 금연 여부를 기준으로 한 오즈비이다(7).

2) 빈도주의 방법

빈도주의 분석에서는 R의 {netmeta} 패키지를 사용하였다. 이 패키지로 고정효과 및 임의효과 네트워크 메타분석을 수행할 수 있다. 기본적으로 먼저 패키지를 설치하고 불러온다.

Box 12-1 {netmeta} 패키지 설치 및 실행

```
> install.packages("netmeta")
> library(netmeta)
```

(1) 데이터 준비

smoking 데이터셋은 {multinma} 패키지에 내장된 자료로, 각 연구별로 집단(arm) 단위의 요약 통계가 들어있다. 이를 {netmeta} 패키지에서 활용하려면, 연구별 두 중재 간 상대 효과가 포함된 contrast-based 집계 데이터(aggregate data) 형식으로 변환해야 한다. 이때 pairwise 함수를 이용하여 두 중재 간 로그 오즈비(log OR)와 그에 대한 표준오차를 생성할 수 있다.

Box 12-2 **smoking 데이터셋을 contrast-based aggregate data 형식으로 변환**

```
# 내장된 smoking 데이터셋을 읽고, 중재법 약어 변수 trts 생성
> data("smoking", package = "multinma")
> short_names <- c("Group counselling" = "GRP", "Individual counselling" = "IND",
"Self-help" = "SLF", "No intervention" = "Non")
> smoking$trts <- short_names[smoking$trtc]

# contrast  based aggregate data 형식으로 변환
> smk_pw <- pairwise(treat = trts,
                     event = r,
                     n = n,
                     studlab = studyn,
                     data = smoking,
                     sm = "OR")
```

데이터셋 smk_pw의 studylab열은 비교 결과의 출처에 대한 구분자로, 네트워크 메타분석을 위해 필수적인 항목이다. TE열은 모든 비교의 효과 크기, seTE열은 효과 크기의 표준오차이다. treat1열과 treat2열은 비교되고 있는 중재를 나타내고, event1열과 event2열은 각각 treat1의 중재 대상자 n1 중 금연 성공자의 수, treat2의 중재 대상자 n2 중 금연 성공자의 수를 나타낸다.

	studlab	treat1	treat2	TE	seTE	event1	n1	event2	n2	incr1	incr2
1	1	Non	GRP	-0.128527575	0.4759803	9	140	10	138	0.0	0.0
2	1	Non	IND	-1.051293027	0.4132432	9	140	23	140	0.0	0.0
3	1	IND	GRP	0.922765452	0.3997972	23	140	10	138	0.0	0.0
4	2	SLF	GRP	-0.225333286	0.3839393	11	78	29	170	0.0	0.0
5	2	SLF	IND	-0.001244555	0.4504070	11	78	12	85	0.0	0.0
6	2	IND	GRP	-0.224088731	0.3722995	12	85	29	170	0.0	0.0
7	3	Non	IND	-2.202289286	0.1430439	75	731	363	714	0.0	0.0
8	4	Non	IND	-0.870353637	0.7910933	2	106	9	205	0.0	0.0
9	5	Non	IND	-0.415648522	0.1557329	58	549	237	1561	0.0	0.0
10	6	Non	IND	-2.779683746	1.4698402	0	33	9	48	0.5	0.5

[그림 12-8] 데이터셋 smk_pw

(2) 네트워크 메타분석 모형 적합

netmeta 함수를 이용하여 네트워크 메타분석 모형 적합을 평가한다. 모형 적합의 결과는 m.netmeta 에 저장한다.

Box 12-3 네트워크 메타분석 모형 적합

```
> m.netmeta <- netmeta(TE = smk_pw$TE,
                 seTE = smk_pw$seTE,
                 treat1 = smk_pw$treat1,
                 treat2 = smk_pw$treat2,
                 studlab  = smk_pw$studlab,
                 data = smk_pw, # contrast-based data
                 sm = "OR",
                 common = TRUE,
                 random = FALSE,
                 reference.group = "Non",
                 details.chkmultiarm = TRUE,
                 sep.trts = "vs")
```

다음은 netmeta 함수의 인수이다.

- TE : 중재 효과의 추정치(log odds ratio, mean difference, log hazard ratio 등)
- seTE : 효과 추정치의 표준오차
- treat1 : 중재 1
- treat2 : 중재 2
- studlab : 효과 추정치의 출처
- data : 비교 결과가 들어있는 데이터셋
- sm : 효과 크기의 유형. 위험차이 "RD", 위험비율 "RR", 오즈비 "OR", 위험비 "HR", 평균 차이 "MD", 표준화 평균 차이 "SMD"
- common : 고정효과모형을 이용한 분석 시행 여부. TRUE 또는 FALSE
- random : 임의효과모형을 이용한 분석 시행 여부. TRUE 또는 FALSE
- reference.group : 참조가 되는 중재법 표기. 모든 중재에 대한 기준이 되는 중재로 어떤 방법을 사용해야 하는지 지정
- details.chkmultiarm : 효과 크기가 일관되지 않은 다중 암 비교의 추정치를 인쇄할지 여부. TRUE 또는 FALSE
- sep.trts : 비교쌍에 대한 레이블

모형적합 결과는 다음과 같다.

Box 12-4 **네트워크 메타분석 모형 적합 결과(1)**

```
> summary(m.netmeta)
Original data (with adjusted standard errors for multi-arm studies):

   treat1 treat2      TE   seTE seTE.adj narms multiarm
1     GRP    Non  0.1285 0.4760   0.6875     3        *
1     IND    Non  1.0513 0.4132   0.4776     3        *
1     GRP    IND -0.9228 0.3998   0.4551     3        *
2     GRP    SLF  0.2253 0.3839   0.4390     3        *
2     IND    SLF  0.0012 0.4504   0.6707     3        *
2     GRP    IND  0.2241 0.3723   0.4204     3        *
3     IND    Non  2.2023 0.1430   0.1430     2
4     IND    Non  0.8704 0.7911   0.7911     2
5     IND    Non  0.4156 0.1557   0.1557     2
6     IND    Non  2.7797 1.4698   1.4698     2
7     IND    Non  2.7054 0.6252   0.6252     2
8     IND    Non  2.4252 1.0423   1.0423     2
9     IND    Non  0.4436 0.5220   0.5220     2
10    Non    SLF  0.0160 0.1699   0.1699     2
```

(중략)

```
Number of treatment arms (by study):
   narms
1      3
2      3
3      2
4      2
5      2
6      2
7      2
8      2
9      2
10     2
```

(중략)

```
Results (common effects model):

   treat1 treat2     OR            95%-CI      Q leverage
1     GRP    Non 2.0479 [1.4170; 2.9598]   0.73        .
1     IND    Non 1.9202 [1.7107; 2.1554]   0.70        .
1     GRP    IND 1.0665 [0.7423; 1.5323]   4.71        .
2     GRP    SLF 1.6771 [1.1335; 2.4814]   0.44        .
2     IND    SLF 1.5725 [1.2102; 2.0433]   0.45        .
2     GRP    IND 1.0665 [0.7423; 1.5323]   0.14        .
3     IND    Non 1.9202 [1.7107; 2.1554] 117.39     0.17
4     IND    Non 1.9202 [1.7107; 2.1554]   0.08     0.01
5     IND    Non 1.9202 [1.7107; 2.1554]   2.31     0.14
6     IND    Non 1.9202 [1.7107; 2.1554]   2.09     0.00
7     IND    Non 1.9202 [1.7107; 2.1554]  10.78     0.01
8     IND    Non 1.9202 [1.7107; 2.1554]   2.89     0.00
```

(중략)

처음에는 각 비교에 대한 효과 크기와 표준오차가 출력된다. 여기서 multi-arm의 경우 별표(*)가 표시되며 표준오차가 수정되었음을 알 수 있다. 이어서 연구별 포함된 중재 수에 대한 개요가 출력된다. 다음은 고정효과 네트워크 메타분석 모형에서 각 비교에 대한 적합 결과를 보여준다. 이 중 Q 값은 어떤 비교가 네트워크의 비일관성(inconsistency)에 기여하고 있는지를 알려준다. 상대적으로 Q 값이 크면 일관성을 저해하는 비교임을 뜻한다.

Box 12-5 네트워크 메타분석 모형 적합 결과(2)

```
Number of studies: k = 24
Number of pairwise comparisons: m = 28
Number of treatments: n = 4
Number of designs: d = 8

Common effects model

Treatment estimate (sm = 'OR', comparison: other treatments vs 'Non'):
        OR           95%-CI      z  p-value
GRP 2.0479 [1.4170; 2.9598]  3.81   0.0001
IND 1.9202 [1.7107; 2.1554] 11.07 < 0.0001
Non      .                .     .        .
SLF 1.2211 [0.9539; 1.5631]  1.59   0.1128

Quantifying heterogeneity / inconsistency:
tau^2 = 0.5989; tau = 0.7739; I^2 = 88.6% [84.4%; 91.7%]

Tests of heterogeneity (within designs) and inconsistency (between designs):
                     Q d.f.  p-value
Total           202.62   23 < 0.0001
Within designs  187.40   16 < 0.0001
Between designs  15.22    7   0.0333

Details of network meta-analysis methods:
- Frequentist graph-theoretical approach
- DerSimonian-Laird estimator for tau^2
- Calculation of I^2 based on Q
```

[BOX 12-5]는 네트워크 메타분석에서 가장 중요한 결과이다. 분석에 포함된 총 연구 수 k는 24개, 비교쌍 수 m은 28개, 치료법 수 n은 4개임을 확인할 수 있다. 또한, reference.group = "Non"으로 설정하였기 때문에 모든 중재는 비개입군과 비교되었다. 모든 중재 효과는 오즈비로 표현되며, OR>1은 해당 중재가 비개입군보다 금연에 더 효과적임을 의미한다. 예시 결과에서 중재 GRP의 OR은 2.0479로 가장 큰 효과를 보였으며, 반대로 중재 SLF의 OR은 통계적으로 유의하지 않은 수준으로 나타났다.

heterogeneity / inconsistency에는 τ^2와 I^2값이 출력된다. 예시에서 사용된 연구들

의 이질성이 높으므로(I^2=88.6%), 고정효과모형의 적합이 적당하지 않을 수 있음을 알 수 있다.

Tests of heterogeneity은 네트워크의 전체 이질성을 분석한 결과로 두 가지 구성 요소가 있다. 설계 내 이질성(heterogeneity)과 설계 간 비일관성이다. 여기서 설계란 비교하는 중재가 동일한 연구를 의미한다. 즉, A-B를 비교한 연구들이 하나의 설계이고, A-B-C를 비교한 연구들이 하나의 설계가 된다. 설계 내 변동은 참값의 변동이므로 이질성을, 설계 간 변동은 네트워크의 비일관성을 반영하게 된다. 예시에서 설계 내 이질성이 존재하고(p값<0.0001), 설계 간 비일관성도 소규모 존재함을 알 수 있다(p값 = 0.0333).

(3) 네트워크 다이어그램

네트워크 다이어그램은 네트워크 메타분석 모형 적합 결과와 netgraph 함수를 이용해서 작성할 수 있다.

Box 12-6 **네트워크 다이어그램 출력**

```
> netgraph(m.netmeta)
```

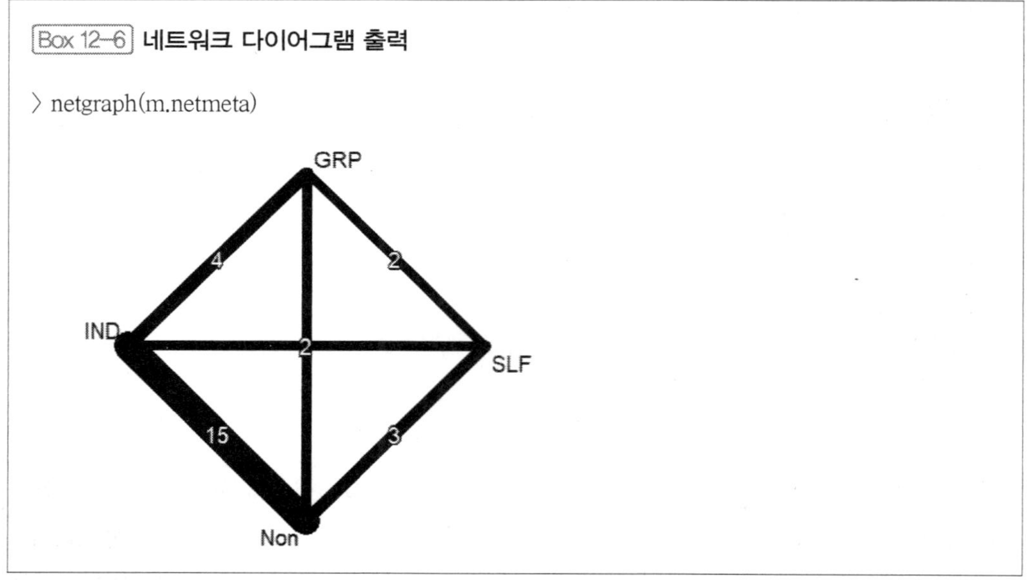

네트워크 다이어그램을 통해 분석에 포함된 연구에서 각 중재의 종류와 비교 구조를 직관적으로 확인할 수 있다. 다이어그램에서 선의 두께는 해당 비교가 네트워크 내에서 수행된 연구의 빈도를 나타낸다. 예시 네트워크에서는 IND와 Non을 비교한 연구의 빈도가 가장 높아 해당 연결선이 가장 두껍게 표현되어 있음을 확인할 수 있다.

(4) 효과 추정치 표

netleague 함수는 네트워크 메타분석에서 모든 쌍별 비교를 보여주는 정사각형 행렬을 생성한다. 일반적으로 효과 추정치와 신뢰구간이 모두 표시된다.

Box 12-7 효과 추정치 표를 엑셀파일(effect_table.xlsx)로 저장

```
> netleague(m.netmeta, bracket = "(", digits=2, writexl = TRUE,
          path = "effect_table.xlsx", overwrite = TRUE)
```

GRP	0.96 (0.63; 1.47)	1.55 (0.64; 3.78)	1.77 (1.00; 3.14)
1.07 (0.74; 1.53)	IND	1.95 (1.73; 2.19)	0.92 (0.50; 1.70)
2.05 (1.42; 2.96)	1.92 (1.71; 2.16)	Non	0.87 (0.66; 1.16)
1.68 (1.13; 2.48)	1.57 (1.21; 2.04)	0.82 (0.64; 1.05)	SLF

[그림 12-9] effect_table.xlsx로 저장된 효과 추정치 표

(5) 중재 순위

netrank 함수는 빈도주의 방법을 적용하여 중재들의 순위를 출력한다. 중재의 순위를 결정하기 위해 P-점수를 사용한다. P-점수는 한 중재가 다른 중재보다 효과가 좋을 확률을 구한 뒤, 모든 중재에 대한 평균값이 된다. 참고로, P-점수는 베이지안 방법의 SUCRA 점수와 동일하다.

Box 12-8 중재 순위 결정을 위한 P-점수 산출

```
> netrank(m.netmeta, small.values = "undesirable") # 오즈비가 클수록 유리
     P-score
GRP   0.8771
IND   0.7878
SLF   0.3163
Non   0.0188
```

small.values에는 효과 값의 방향성을 지정해줘야 한다. 효과 값이 작을수록 유익한 경우 "desirable", 유해한 경우 "undesirable"로 지정한다. 예시는 P-점수가 가장 높은 GRP 중재가 금연에 가장 효과적인 방법이고, 그 다음 IND, SLF 순으로 효과적인 방법임을 나타낸다.

중재의 순위는 숲그림을 통해서도 확인할 수 있다. netmeta 패키지의 forest 함수를

이용하면 다음과 같은 그림을 그릴 수 있다. 네트워크 메타분석의 숲그림을 그릴때는 반드시 참고가 되는 중재(reference.group)를 지정해야 한다.

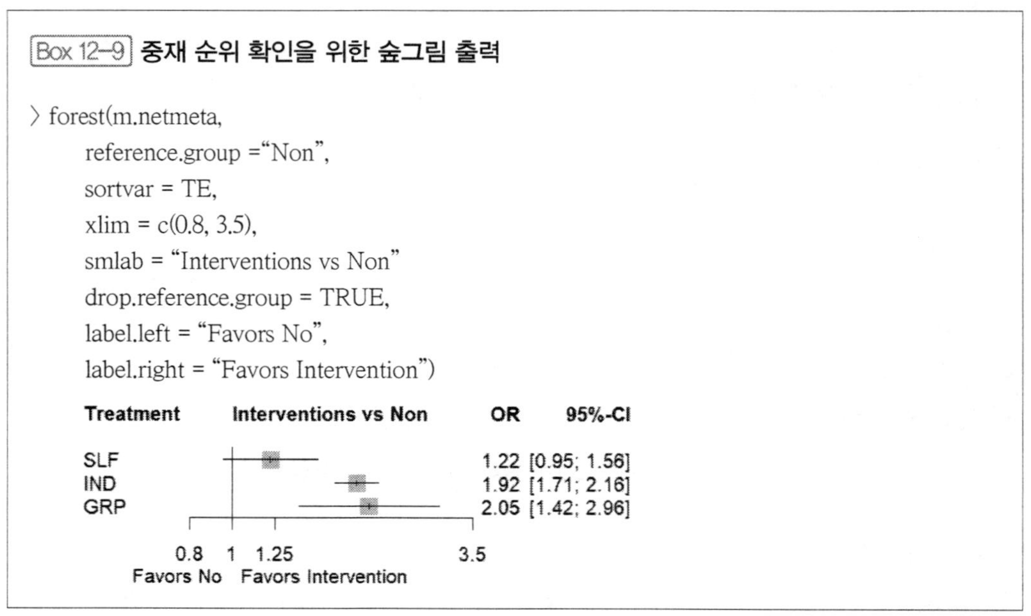

Box 12-9 **중재 순위 확인을 위한 숲그림 출력**

```
> forest(m.netmeta,
    reference.group ="Non",
    sortvar = TE,
    xlim = c(0.8, 3.5),
    smlab = "Interventions vs Non"
    drop.reference.group = TRUE,
    label.left = "Favors No",
    label.right = "Favors Intervention")
```


숲그림을 보면 GRP와 IND의 신뢰구간이 1을 넘어 대조군 대비 금연 효과에 우수하나, 효과의 신뢰구간이 겹치는 것으로 보인다. 각 중재의 효과 크기는 사각형의 크기로 표현되며, 사각형이 클수록 해당 비교에 포함된 연구의 수가 많거나 정밀도가 높음을 의미한다. 수평선은 95% 신뢰구간을 나타낸다.

(6) 일관성 검정

① Cochran's Q

decomp.design 함수는 전체 네트워크의 동질성, 설계 내 동질성, 설계 간 동질성/일관성을 평가하기 위해 Cochran's Q를 설계 기반으로 분해한다. 또한 단일 설계의 효과를 분리한 후 일관성 가정을 평가할 수도 있다.

Box 12-10 **일관성 검정을 위한 Cochran의 Q 통계량 산출**

```
> decomp.design(m.netmeta)
Q statistics to assess homogeneity / consistency

                     Q df  p-value
Total           202.62 23 < 0.0001
Within designs  187.40 16 < 0.0001
Between designs  15.22  7   0.0333

Design-specific decomposition of within-designs Q statistic

     Design      Q df  p-value
 Non vs IND 182.72 13 < 0.0001
 GRP vs IND   1.74  1   0.1868
 Non vs SLF   2.94  2   0.2299

Between-designs Q statistic after detaching of single designs
(influential designs have p-value markedly different from 0.0333)

   Detached design     Q df p-value
 Non vs GRP vs IND  7.46  5  0.1883
        Non vs GRP 11.65  6  0.0702
        IND vs SLF 13.02  6  0.0427
        GRP vs SLF 13.51  6  0.0357
        GRP vs IND 13.90  6  0.0307
        Non vs SLF 14.28  6  0.0267
        Non vs IND 15.09  6  0.0196
 GRP vs IND vs SLF 14.05  5  0.0153

Q statistic to assess consistency under the assumption of
a full design-by-treatment interaction random effects model

                   Q df p-value tau.within tau2.within
Between designs 4.66  7  0.7009     0.8131      0.6611
```

코크란의 Q 통계량은 202.62이고 p값 〈 0.0001이므로 네트워크상에 유의한 이질성이 존재한다고 해석할 수 있다. 이는 모든 연구의 효과 크기가 일관되지 않으며, 연구 간 변이가 존재함을 시사한다. within-designs Q 통계량은 187.40이고 통계적으로 유의하며, 이는 동일 비교를 수행한 연구들 사이에서도 효과 크기의 차이가 존재함을 의미한다. 따라서 네트워크상의 전체 이질성은 주로 설계 내 변이에서 기인한다고 볼 수 있다. between-designs Q 통계량은 통계적으로 유의하지만, 값이 15.22로 크지 않아, 서로 다른 비교 설계 간 약간의 비일관성이 존재한다고 해석할 수 있다. 이는 특정 비교에서 직접근거와 간접근거가 완전히 일치하지 않을 가능성이 있음을 의미한다.

설계 내 이질성을 세부적으로 살펴보면, Non vs IND 비교 설계가 가장 큰 이질성을 나타내고, 전체 이질성의 대부분을 차지함을 알 수 있다. 반면, GRP vs IND 설계의 p값과 Non vs SLF의 p값은 유의하지 않아 각각 동질성 유지하고 있음을 알 수 있다. 즉, 네트워크 내 이질성은 Non vs IND 비교에서 발생하며, 다른 비교군들은 비교적 일관된 결과를 보인다고 해석할 수 있다.

특정 설계를 네트워크에서 제외한 경우의 Q 통계량을 살펴보면, Non vs GRP vs IND가 제외되면 p값이 0.1883으로 유의하지 않으며, Non vs GRP가 제외되어도 p값이 0.0702으로 유의하지 않다. 이는 Non vs GRP vs IND 및 Non vs GRP 설계가 네트워크 비일관성의 주요 원인임을 시사한다.

마지막으로 "Q statistic to assess consistency under the assumption of a full design-by-treatment interaction random effects model" 결과를 보면, Q 통계량은 4.66으로 상당히 감소하였고, p값은 0.7009로 통계적으로 유의하지 않다. 이는 임의효과모형을 고려하면 이질성이 사라짐을 의미한다. 즉, 임의효과모형에서는 네트워크 메타분석의 일관성 가정이 충족됨을 의미한다.

② Net Heat Plot

net heat plot은 네트워크 메타분석에서 설계 간 비일관성을 평가하는데 유용한 그래프로, netheat 함수를 이용하면 출력할 수 있다.

Box 12-11 **Net Heat Plot 출력**

```
> netheat(m.netmeta, random = FALSE)
```

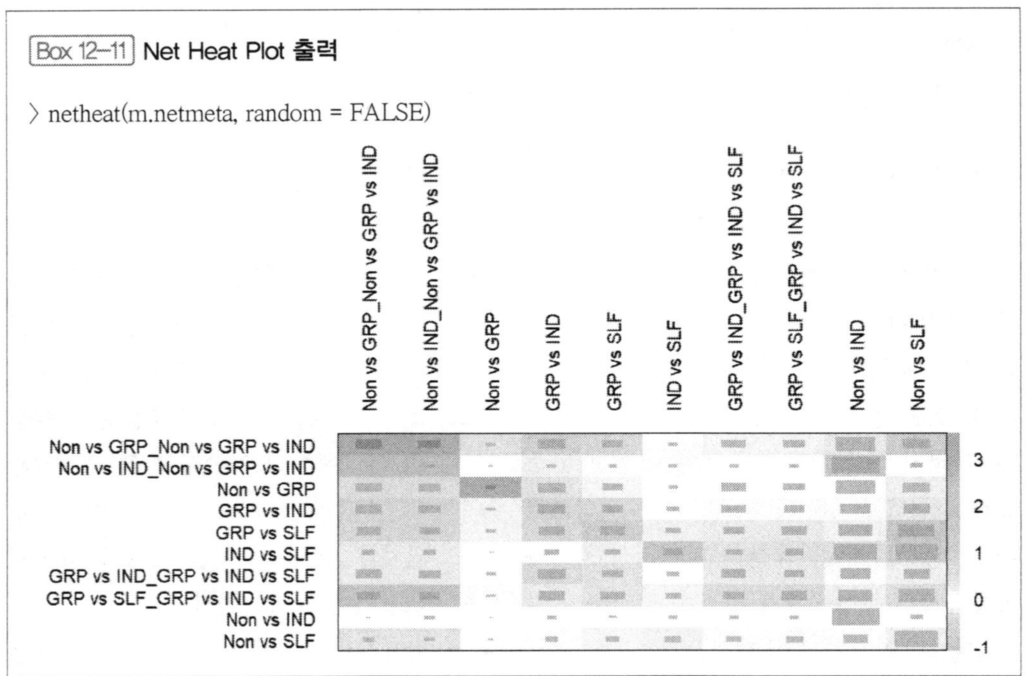

위는 고정효과모형을 적합한 결과에 대한 net heat plot이다. 그래프의 행과 열은 개별 중재가 아닌 설계를 나타내며, 셀 색상은 설계 간 비일관성의 정도를 의미한다. 셀 색상이 진한 빨간색인 경우, 비일관성이 심한 것을 의미하고, 파란색인 경우, 일관

성을 만족하고 있다는 것을 의미한다. 또한 비일관성이 큰 설계가 행렬의 왼쪽 위에 위치하기 때문에, 왼쪽 상단으로 갈수록 네트워크 내 비일관성이 집중되어 있음을 직관적으로 알 수 있다. 예시에는 3개의 중재를 포함하는 multi-arm 설계가 존재하는데, net heat plot에서도 multi-arm 설계가 행과 열에 모두 나타난다. net heat plot을 해석할 때는 회색 상자의 크기도 고려해야 한다. 회색 상자의 크기는 특정 중재 비교가 다른 비교의 효과를 추정하는 데 얼마나 중요한지를 나타낸다. 일반적으로 각 행에서 가장 큰 상자를 확인하는 방향으로 검토하며, 대각선상의 상자가 크다는 것은 해당 비교에서 직접근거가 주로 활용되었음을 의미한다. 예시에서 왼쪽 상단의 Non vs GRP 및 Non vs IND 설계가 네트워크 내 비일관성의 주요 원인임을 알 수 있다. 또한 Non vs IND 와 Non vs SLF 설계의 대각선에 특히 큰 상자가 있어, 해당 비교에 직접 비교 결과가 많은 영향을 주었다고 해석할 수 있다.

③ Net 분할

네트워크의 일관성을 확인하는 또 다른 방법은 net 분할이다. 네트워크 추정치를 직접 및 간접근거의 기여로 분할하여 네트워크의 개별 비교 추정치의 비일관성을 제어할 수 있게 한다. net 분할은 netsplit 함수를 이용하여 구현할 수 있다.

출력 결과에서 가장 중요한 정보는 RoR값과 그 유의성에 있다. RoR의 p값이 0.05보다 작아 유의한 경우 해당 비교에 일관성 가정이 위반되었음을 알 수 있다. 예시의 결과를 보면, 대부분의 비교에서 직접근거와 간접근거 간의 비일관성은 통계적으로 유의하지 않음을 확인할 수 있다. GRP vs IND, GRP vs Non, GRP vs SLF, IND vs Non, SLF vs Non 비교에서는 직접근거와 간접근거의 오즈비가 비슷하며, 비일관성 검정의 p값도 모두 유의하지 않았다. 그러나, IND vs SLF 비교에서는 직접 추정치가 0.9241, 간접 추정치가 1.7742로, 두 추정치의 차이가 비교적 크게 나타나 잠재적 비일관성이 존재할 가능성이 있다고 해석할 수 있다. 따라서 예시의 네트워크 메타분석은 전반적으로 일관성 가정을 충족하지만, 일부 비교 시에는 해석의 주의가 필요함을 알 수 있다.

Box 12-12 **Net 분할 출력**

```
> netsplit<-netsplit(m.netmeta)
> print(netsplit)
Separate indirect from direct evidence (SIDE) using back-calculation method

Common effects model:

 comparison  k prop    nma direct indir.    RoR     z p-value
 GRP vs IND  4 0.73 1.0665 0.9594 1.4236 0.6739 -0.95  0.3444
 GRP vs Non  2 0.17 2.0479 1.5529 2.1687 0.7161 -0.67  0.5028
 GRP vs SLF  2 0.47 1.6771 1.7699 1.5991 1.1068  0.25  0.8000
 IND vs Non 15 0.96 1.9202 1.9465 1.3534 1.4383  1.17  0.2418
 IND vs SLF  2 0.19 1.5725 0.9241 1.7742 0.5208 -1.90  0.0580
 SLF vs Non  3 0.78 1.2211 1.1444 1.5372 0.7445 -0.97  0.3320

Legend:
 comparison - Treatment comparison
 k          - Number of studies providing direct evidence
 prop       - Direct evidence proportion
 nma        - Estimated treatment effect (OR) in network meta-analysis
 direct     - Estimated treatment effect (OR) derived from direct evidence
 indir.     - Estimated treatment effect (OR) derived from indirect evidenc
 RoR        - Ratio of Ratios (direct versus indirect)
 z          - z-value of test for disagreement (direct versus indirect)
 p-value    - p-value of test for disagreement (direct versus indirect)
```

(7) 출판 비뚤림 위험평가

네트워크 메타분석에서 출판 비뚤림을 평가하기 위해 표준 메타분석에서 사용하는 단계를 동일하게 적용할 수 없다. Salanti(2014)가 제안한 comparison-adjusted funnel plot을 이용해서 제한적으로나마 출판 비뚤림이 네트워크 모형에 어떤 영향을 미쳤는지를 평가할 수 있다(8).

netmeta 패키지의 funnel 함수로 출력할 수 있다. order는 출판 비뚤림의 요인으로 판단되는 중재의 순서이다. 네트워크에 있는 모든 중재법의 이름을 가설에 따라 정렬하여 기입한다. pch는 비교에 사용될 기호를, col은 비교에 사용될 색상을 지정한다. method.bias ="Egger"는 Egger's test for funnel plot asymmetry가 수행되고, 도표에 유의확률이 표시된다. 도표의 x축은 비교별 효과 크기, y축은 표준오차를 나타내며, 점들은 각 비교쌍을 의미한다. 연구 규모가 큰 경우(표준오차 작음)는 상단에, 규모가 작은 경우(표준오차 큼)는 하단에 위치하며, 도표가 좌우 대칭을 이루지 않으면 출판 비뚤림 가능성이 있다고 해석한다.

Box 12-13 Funnel plot 출력

```
> funnel(m.netmeta,
    order = c("Non","SLF","IND","GRP"),
    method.bias ="Egger",
    pch = c(1:4, 7, 8),
    col = c("blue","red","green","black","orange","skyblue"))
```

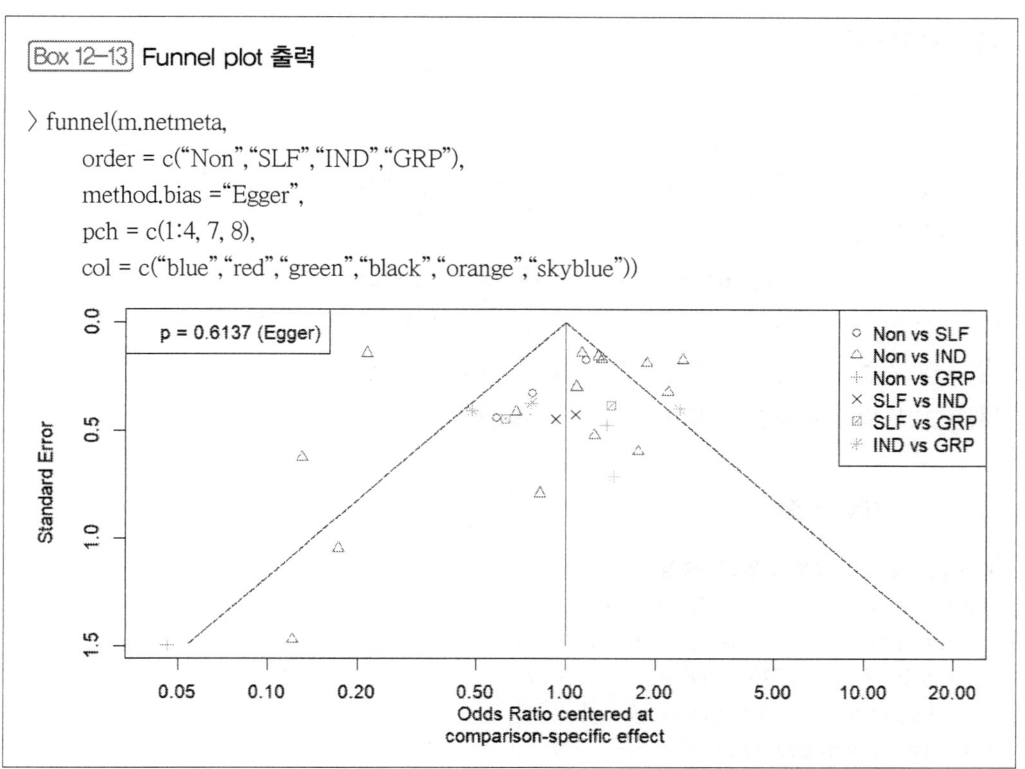

전반적으로 funnel plot에서 점들의 분포는 대칭적으로 나타났으며, Egger 검정의 p 값은 0.6137로 유의하지 않았다. 이는 네트워크 메타분석 결과가 출판 비뚤림의 영향을 크게 받지 않았음을 의미한다.

3) 베이지안 분석방법

여기서는 {multinma} 패키지를 사용하여 네트워크 메타분석을 수행하는 방법을 설명한다. {multinma}는 이 패키지는 Stan을 이용하여 베이지안 추정을 수행한다. Stan은 확률적 프로그래밍 언어로, 효율적인 MCMC 알고리즘을 사용하여 복잡한 베이지안 모형의 사후분포를 추정하는 도구이다(9).

Box 12-14 {multinma} 패키지 설치 및 실행

```
> install.packages("multinma")
> library(multinma)
```

(1) 데이터 준비

앞서 소개한 smoking 데이터는 금연 중재에 관한 24개 임상시험 결과가 포함된 arm-level 집계 데이터 형식의 데이터이다. 이 데이터는 studyn(연구 구분자), trtn(중재법 구분자), trtc(중재법 명칭), r(사건 발생 수), n(대상자 수), rob(비뚤림 위험) 변수로 구성되어 있다.

set_agd_arm 함수는 arm-level 집계 데이터를 기반으로 네트워크를 구성한다. 여기서, study는 연구 구분자, trt은 중재법, r은 사건 발생 수, n는 대상자 수, trt_ref은 네트워크의 기준이 되는 중재법을 지정하는 인수이다. set_agd_arm 함수를 통해 생성된 객체는 네트워크 메타분석 모형 적합에 사용된다.

Box 12-15 **데이터 준비**

```
# smoking 데이터셋을 읽고, 중재법 약어 변수 trts 생성
> data("smoking", package = "multinma")
> short_names <- c("Group counselling" = "GRP", "Individual counselling" = "IND",
"Self-help" = "SLF", "No intervention" = "Non")
> smoking$trts <- short_names[smoking$trtc]
# arm based aggregate data로 네트워크 구성
smk_net <- set_agd_arm(smoking,
                study = studyn,
                trt = trts,
                r = r,
                n = n,
                trt_ref = "Non")
> smk_net
A network with 24 AgD studies (arm-based).

------------------------------------------------------- AgD studies (arm-based) ----
 Study Treatment arms
 1     3: Non | GRP | IND
 2     3: GRP | IND | SLF
 3     2: Non | IND
 4     2: Non | IND
 5     2: Non | IND
 6     2: Non | IND
 7     2: Non | IND
 8     2: Non | IND
 9     2: Non | IND
 10    2: Non | SLF
 ... plus 14 more studies

 Outcome type: count
------------------------------------------------------------------------------------
Total number of treatments: 4
Total number of studies: 24
Reference treatment is: Non
Network is connected
```

smk_net로 출력된 결과를 통해, 총 24개의 연구별 특성과 네트워크 설정 내역을 파악할 수 있다. 예를 들어, 연구 1은 Non | GRP | IND 3개의 중재법을 비교한 설계이고, 연구 3은 Non | IND 2개의 중재법을 비교한 설계임을 알 수 있다. outcome type: count는 결과 변수가 사건 발생 횟수로 설정되어 있고, reference treatment is: non은 중재법별 효과가 non 대비로 추정됨을 의미한다. network is connected는 네 가지 중재법들이 직접적이든 간접적이든 하나의 연결된 네트워크를 형성하고 있음을 나타낸다.

(2) 네트워크 메타분석 모형 적용

nma 함수를 사용하여 고정효과모형 또는 임의효과모형을 적용할 수 있다. nma 함수의 주요 인수는 다음과 같다.

- network : 네트워크 데이터 객체
- trt_effects : 효과모형 지정. 고정효과모형 “fixed”, 임의효과모형 “random”
- consistency : 네트워크 일관성 유형 지정. “consistency”, “ume(unrelated mean effects)”, “nodesplit”
- likelihood : 결과변수의 분포 지정. 이진형인 경우 “bernoulli2”, 이산형인 경우 “binomial2”, 연속형인 경우 “normal” 등
- link : 결과변수의 연결 함수(link function) 지정. 이진형이나 이산형인 경우 “logit” 또는 “probit”, 연속형인 경우 “identity” 또는 “log” 등
- prior_intercept : 절편의 사전분포 설정
- prior_trt : 효과에 대한 사전분포 설정
- prior_het : 임의효과모형을 적용하는 경우, 이질성 표준편차 τ의 사전분포 설정

Box 12-16 고정효과모형 적합

```
> smk_fit_FE <- nma(network = smk_net,
                    trt_effects = "fixed",
                    consistency = "consistency",
                    likelihood = "binomial2",
                    link = "logit",
                    prior_intercept = normal(scale = 100),
                    prior_trt = normal(scale = 10))
> smk_fit_FE
```

```
A fixed effects NMA with a binomial2 likelihood (logit link).
Inference for Stan model: binomial_2par.
4 chains, each with iter=2000; warmup=1000; thin=1;
post-warmup draws per chain=1000, total post-warmup draws=4000.

          mean se_mean   sd    2.5%     25%     50%     75%   97.5% n_eff Rhat
d[GRP]    0.84    0.00 0.18    0.50    0.72    0.85    0.96    1.19  2252    1
d[IND]    0.77    0.00 0.06    0.65    0.73    0.77    0.80    0.88  1847    1
d[SLF]    0.23    0.00 0.12   -0.01    0.15    0.23    0.31    0.47  2616    1
lp__   -247.37    0.08 3.74 -255.66 -249.63 -247.09 -244.68 -241.03  1954    1
```

고정효과모형 적합에서 효과 측정치가 금연 성공 횟수와 대상자 수이므로 likelihood="binomial2"와 link = "logit"로 설정하였고, 따라서 중재의 효과는 로그 오즈비(log odds ratio) 형태로 추정된다. prior_intercept와 prior_trt는 넓은 정규분포를 지정하여, 사전 지식이 거의 없는 비정보성 사전분포(weakly informative prior)로 설정하였다. 네트워크의 일관성 가정을 적용하기 위해 "consistency"로 지정하였다.

적합 결과를 보면, Stan을 통해 베이지안 MCMC 추정을 하고, 이때 4개의 체인(chain)을 병렬로 돌려 총 2000번의 반복 중 앞 절반 1000번은 워밍업(warmup) 과정이고, 후반 1,000개로 사후분포를 추정하였음을 알 수 있다. d[GRP], d[IND], d[SLF]의 mean열은 기준 중재법인 "Non"에 대한 로그 오즈비 추정치이다. 예를 들어, 비개입 대비 집단상담의 금연 성공 오즈비는 2.32(=exp(0.84))로, 집단상담이 비개입 보다 약 2.3배의 금연 성공 오즈를 갖는다고 해석할 수 있다. sd열은 사후분포의 표준편차, 2.5%, 50%, 97.5%열은 사후분포의 분위수(quantile)를 나타내며, n_eff열은 유효 표본크기로, 이 값이 충분히 크면(일반적으로 1,000 이상) MCMC 추정이 안정적이었다고 평가한다. rhat은 결합 진단 지표로, 1.05 미만이면 여러 체인간 결과가 수렴하였다고 판단한다.

Box 12-17 **임의효과모형 적합**

```
> smk_fit_RE <- nma(network = smk_net,
                trt_effects = "random",
                consistency = "consistency",
                likelihood = "binomial2",
                link = "logit",
                prior_intercept = normal(scale = 100),
                prior_trt = normal(scale = 10),
                prior_het = normal(scale = 5))
> smk_fit_RE

A random effects NMA with a binomial2 likelihood (logit link).
Inference for Stan model: binomial_2par.
4 chains, each with iter=2000; warmup=1000; thin=1;
post-warmup draws per chain=1000, total post-warmup draws=4000.

           mean se_mean   sd    2.5%     25%     50%     75%   97.5% n_eff Rhat
d[GRP]     1.09    0.01 0.45    0.23    0.80    1.08    1.37    2.01  1714    1
d[IND]     0.83    0.01 0.25    0.36    0.67    0.83    0.99    1.35  1176    1
d[SLF]     0.49    0.01 0.40   -0.30    0.23    0.48    0.75    1.28  1993    1
lp__    -156.40    0.20 6.41 -169.69 -160.55 -156.06 -152.06 -144.45  1003    1
tau        0.84    0.01 0.19    0.55    0.71    0.81    0.94    1.28  1145    1
```

임의효과모형의 적합을 위해서는 고정효과모형 설정에서 trt_effects를 “random”으로 변경하고, prior_het을 추가해 주어야 한다. 예시에서는 prior_het을 표준편차 5인 정규분포로 설정하여 이질성 정도에 대한 비정보성 사전분포를 가정하였다.

적합 결과를 보면, d[GRP], d[IND], d[SLF]의 mean열은 고정효과모형의 결과와 마찬가지로 기준 중재법인 “Non”에 대한 로그 오즈비 추정치를 의미한다. GRP의 추정치는 1.09로 고정효과모형의 0.84보다 약간 상승했고, 연구 간 이질성이 반영되어 불확실성(sd 0.45)이 커졌음을 알 수 있다. 이는 연구 간 효과에 차이가 있음을 의미하고, τ추정치가 0.84(95% CrI: 0.55~1.28)이므로 중등도 정도의 이질성이 있다고 평가할 수 있다. 즉, 네트워크 메타분석 모형이 고정효과보다는 임의효과를 가정하는 것이 더 적합한 상황임을 알 수 있다. n_eff와 Rhat을 보면 충분히 큰 유효 표본 크기와 MCMC 수렴이 양호함을 알 수 있다.

베이지안 분석방법에서 모형적합도는 DIC(deviance information criterion)로 평가할 수 있고, DIC 함수를 이용하면 산출할 수 있다. 일반적으로 DIC 값이 낮을수록 더 좋은 모형이라 할 수 있다. 예시의 경우, 고정효과모형의 DIC는 294이고, 임의효과모형의 DIC는 99로, smoking 데이터에는 임의효과모형이 더 적절함을 알 수 있다.

Box 12-18 모형적합도 DIC 계산

```
> dic(smk_fit_RE)

Residual deviance: 54.6 (on 50 data points)
               pD: 44.4
              DIC: 99
> dic(smk_fit_RE)

Residual deviance: 267.1 (on 50 data points)
               pD: 26.9
              DIC: 294
```

(3) 네트워크 다이어그램

네트워크 다이어그램은 자료로부터 구축된 네트워크를 plot 함수로 나타내는 방법으로 작성할 수 있다.

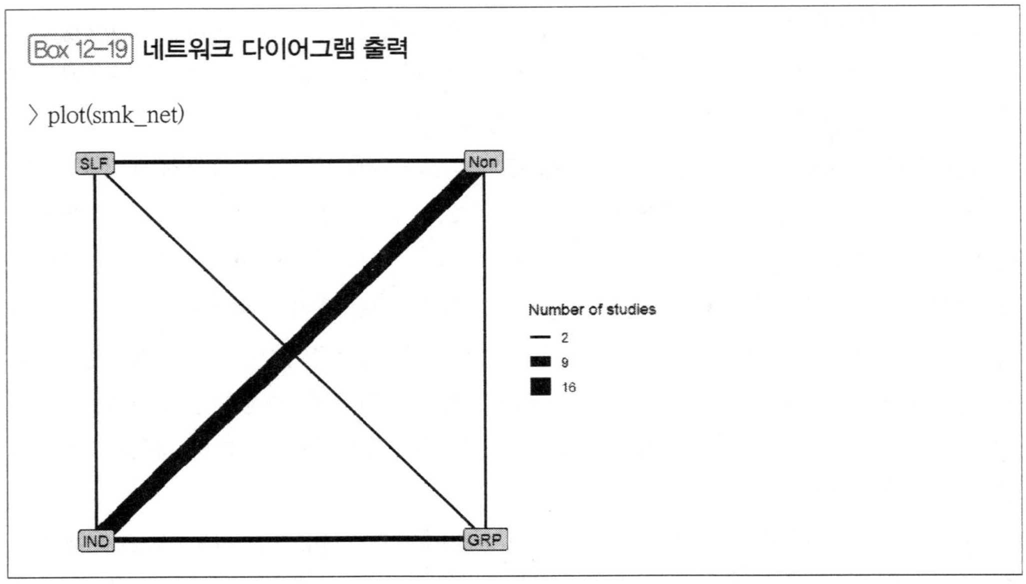

Box 12-19 **네트워크 다이어그램 출력**

```
> plot(smk_net)
```


(4) 효과 추정치

relative_effects 함수에서 all_contrasts = TRUE를 지정하면 네트워크 내의 모든 가능한 중재 쌍에 대한 효과 추정치를 얻을 수 있다. 사례에서는 효과 추정치가 로그 오즈비로 산출되어, as.array와 exp 함수를 이용하여 오즈비로 변환하는 단계를 선행하였다.

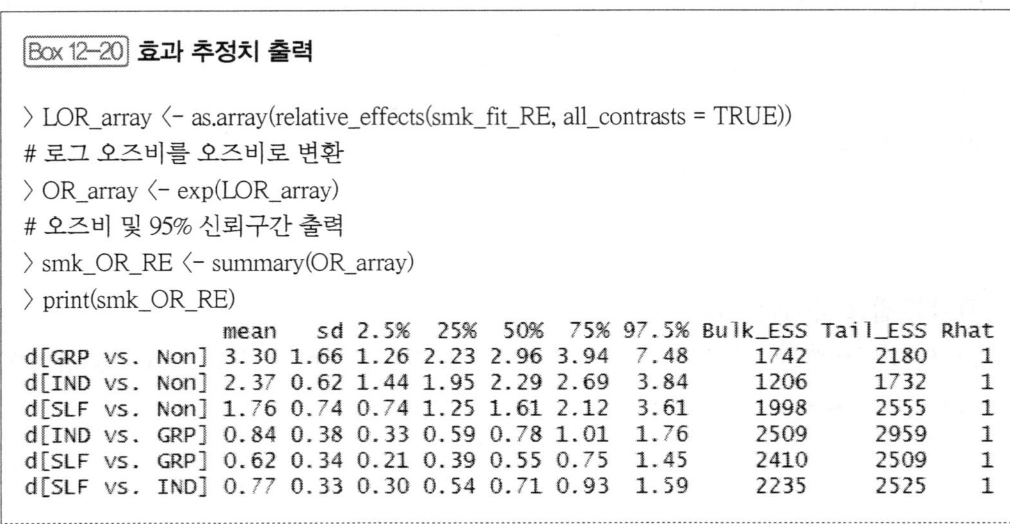

Box 12-20 **효과 추정치 출력**

```
> LOR_array <- as.array(relative_effects(smk_fit_RE, all_contrasts = TRUE))
# 로그 오즈비를 오즈비로 변환
> OR_array <- exp(LOR_array)
# 오즈비 및 95% 신뢰구간 출력
> smk_OR_RE <- summary(OR_array)
> print(smk_OR_RE)
                 mean   sd 2.5%  25%  50%  75% 97.5% Bulk_ESS Tail_ESS Rhat
d[GRP vs. Non] 3.30 1.66 1.26 2.23 2.96 3.94  7.48     1742     2180    1
d[IND vs. Non] 2.37 0.62 1.44 1.95 2.29 2.69  3.84     1206     1732    1
d[SLF vs. Non] 1.76 0.74 0.74 1.25 1.61 2.12  3.61     1998     2555    1
d[IND vs. GRP] 0.84 0.38 0.33 0.59 0.78 1.01  1.76     2509     2959    1
d[SLF vs. GRP] 0.62 0.34 0.21 0.39 0.55 0.75  1.45     2410     2509    1
d[SLF vs. IND] 0.77 0.33 0.30 0.54 0.71 0.93  1.59     2235     2525    1
```

```
> plot(smk_OR_RE, ref_line = 1)
```

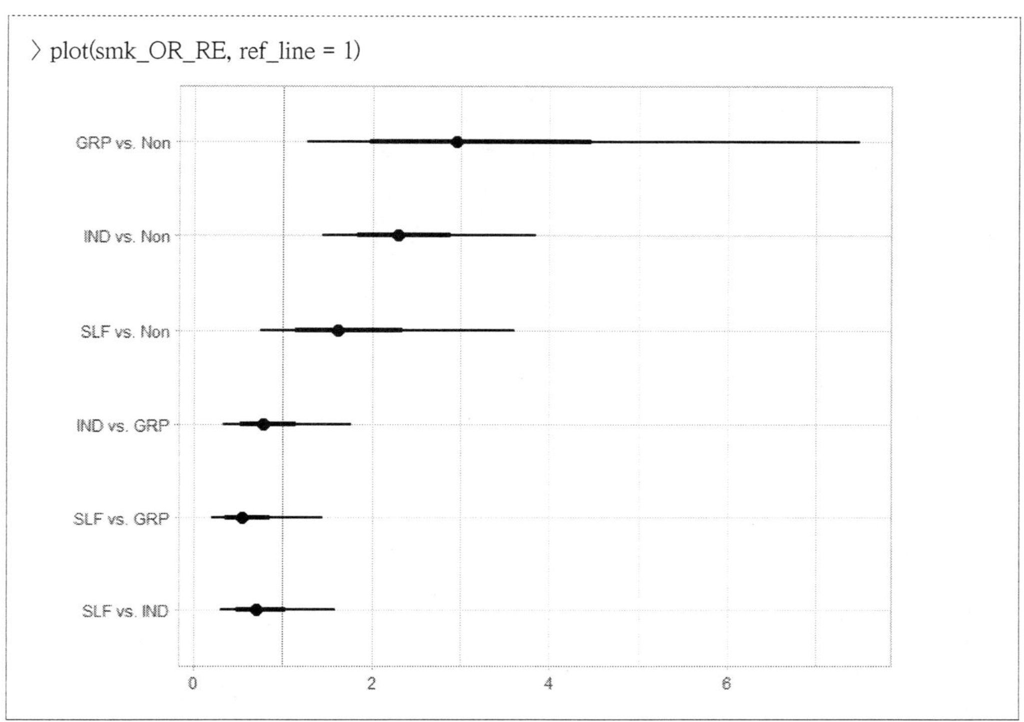

효과 추정 결과를 보면, d[GRP vs. Non]의 오즈비는 3.3(95% CI: 1.26~7.48)으로, GRP군이 Non군에 비해 금연 성공의 오즈가 약 3.3배 높게 나타났다. 반면, d[IND vs. GRP]의 오즈비는 0.84(95% CrI: 0.33~1.76)로, 신뢰구간이 1을 포함하므로 두 중재법 간의 효과 차이는 통계적으로 유의하지 않다고 할 수 있다. 이러한 결과는 plot 함수를 이용하여 시각적으로 확인할 수 있는 도표로 나타낼 수 있다.

(5) 중재 순위

네트워크 메타분석에서 가장 중요한 질문은 어떤 중재가 가장 좋은 성과를 내는가이다. posterior_ranks 함수는 각 중재법이 차지하는 순위에 대한 사후분포 요약 통계를 산출한다. lower_better = FALSE 옵션은 효과 크기가 클수록 유익한 결과임을 의미한다. 반대의 경우면 lower_better = TRUE로 지정한다. posterior_rank_probs 함수는 중재별로 1순위, 2순위, 3순위로 선택될 확률을 산출한다. plot 함수를 이용해서 순위도 표도 출력할 수 있다.

Box 12-21 **중재 순위 계산 및 순위도표 출력**

```
> posterior_ranks(smk_fit_RE, lower_better = FALSE)
           mean   sd 2.5% 25% 50% 75% 97.5% Bulk_ESS Tail_ESS Rhat
rank[Non] 3.89 0.32    3   4   4   4     4     2510       NA    1
rank[GRP] 1.37 0.63    1   1   1   2     3     2808     2717    1
rank[IND] 1.94 0.63    1   2   2   2     3     2449       NA    1
rank[SLF] 2.80 0.69    1   3   3   3     4     2620       NA    1
> rank_probs <- posterior_rank_probs(smk_fit_RE, lower_better = FALSE)
> plot(rank_probs)
```

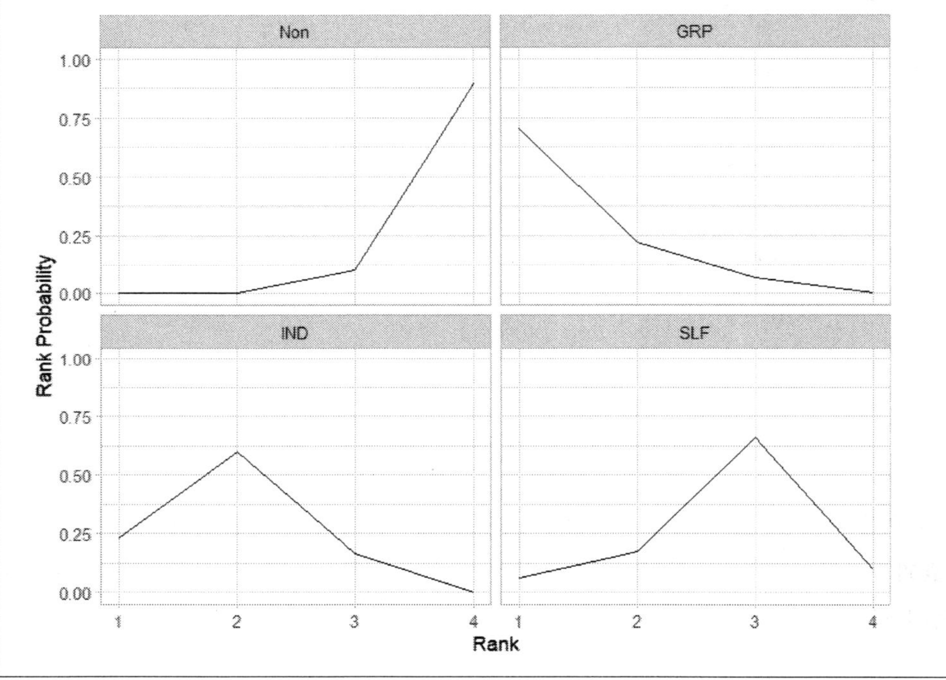

예시의 평균 순위를 보면, GRP가 1.37로, 네 가지 중재법 중 가장 효과적이고, INDrk 2위, SLF가 3위, Non이 가장 낮은 순위임을 알 수 있다.

빈도주의 접근법의 P-점수에 상응하는 것은 SUCRA 점수이며, 번째 중재의 SUCRA 점수는 다음의 식으로 계산된다.

$$SUCRA_j = \frac{\sum_{b=1}^{a-1} cum_{jb}}{a-1}$$

여기서, a개는 비교가 되는 중재의 개수이고, b는 $b=1,2,\ldots,a-1$째 순위를 나타내며, cum_{jb}은 중재가 해당 b번째 순위일 누적 확률을 뜻한다. SUCRA 점수는 posterior_rank_probs 함수의 sucra = TRUE 옵션을 이용하여 산출할 수 있으며, barplot 함수를 이용해 시각화할 수 있다.

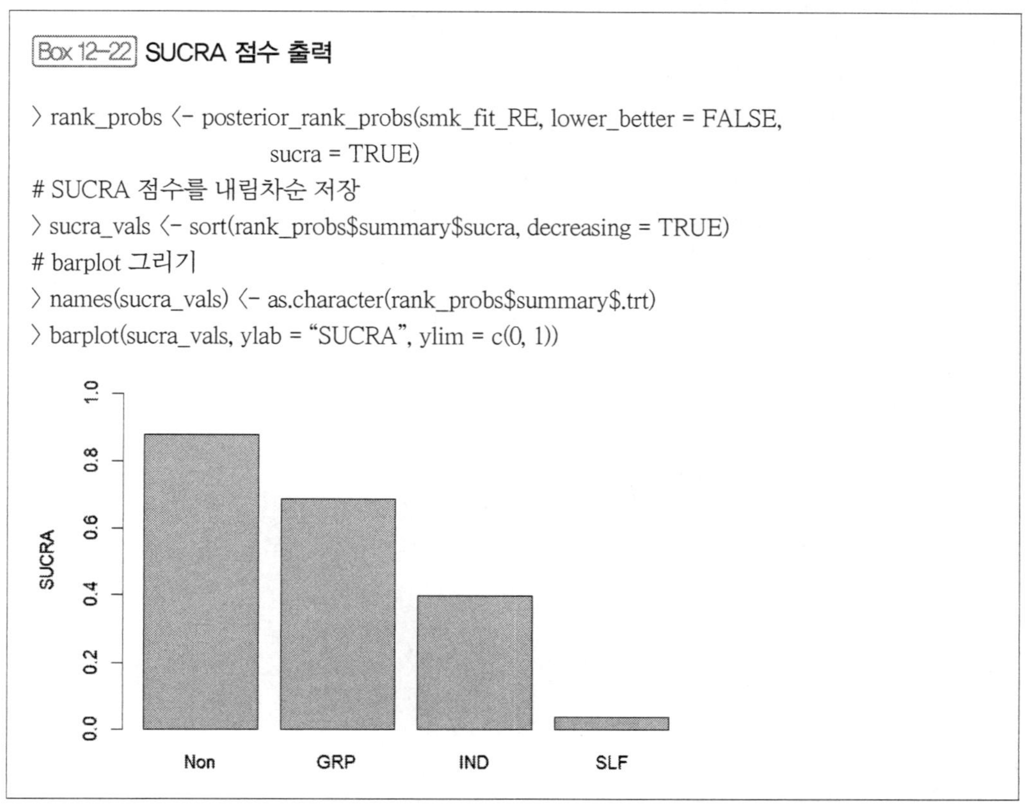

Box 12-22 **SUCRA 점수 출력**

```
> rank_probs <- posterior_rank_probs(smk_fit_RE, lower_better = FALSE,
                        sucra = TRUE)
# SUCRA 점수를 내림차순 저장
> sucra_vals <- sort(rank_probs$summary$sucra, decreasing = TRUE)
# barplot 그리기
> names(sucra_vals) <- as.character(rank_probs$summary$.trt)
> barplot(sucra_vals, ylab = "SUCRA", ylim = c(0, 1))
```


(6) 일관성 검정

베이지안 접근법을 이용하는 경우에도, 네트워크상의 일관성을 평가하기 위해 노드 분할(nodesplit) 방법을 사용할 수 있다. 이는 빈도주의 분석 방법의 net 분할과 유사한 개념이다. {multinma} 패키지에서는 nma 함수에 consistency = "nodesplit"옵션을 지정하여 수행한다.

Box 12-23 **일관성 검정을 위한 노드 분할 분석**

```
#비교쌍 조회
> ns <- get_nodesplits(smk_net)
# Node-splitting 모형 적합
> nodesplit_fit <- nma(network = smk_net,
            trt_effects = "random",
            consistency = "nodesplit",
            likelihood = "binomial2",
            link = "logit",
            prior_intercept = normal(scale = 100),
            prior_trt = normal(scale = 10),
            prior_het = normal(scale = 5)
            )
> summary(nodesplit_fit)
Node-splitting models fitted for 6 comparisons.

------------------------------------------------------ Node-split GRP vs. Non ---

       mean   sd  2.5%   25%   50%  75% 97.5% Bulk_ESS Tail_ESS Rhat
d_dir  1.05 0.74 -0.30  0.54  1.03 1.52  2.60     4217     2828    1
d_ind  1.14 0.53  0.07  0.79  1.14 1.48  2.19     2082     2092    1
omega -0.08 0.88 -1.75 -0.68 -0.11 0.49  1.74     2891     2937    1
tau    0.86 0.20  0.56  0.73  0.83 0.97  1.30     1185     1663    1

Residual deviance: 54.3 (on 50 data points)
               pD: 44.3
              DIC: 98.6

Bayesian p-value: 0.89

------------------------------------------------------ Node-split IND vs. Non ---

      mean   sd  2.5%   25%  50%  75% 97.5% Bulk_ESS Tail_ESS Rhat
d_dir 0.87 0.25  0.41  0.71 0.86 1.03  1.41     2314     2780    1
d_ind 0.59 0.68 -0.70  0.13 0.57 1.04  1.99     2381     2581    1
omega 0.29 0.70 -1.13 -0.17 0.29 0.75  1.62     2436     2735    1
tau   0.86 0.19  0.55  0.72 0.84 0.97  1.30     1436     2399    1

Residual deviance: 54.1 (on 50 data points)
               pD: 44.2
              DIC: 98.3

Bayesian p-value: 0.66
```

```
---------------------------------------------------- Node-split SLF vs. Non ----

       mean   sd  2.5%   25%   50%  75% 97.5% Bulk_ESS Tail_ESS Rhat
d_dir  0.34 0.54 -0.71 -0.01  0.34 0.70  1.42     2882     2643    1
d_ind  0.70 0.62 -0.51  0.30  0.68 1.09  1.94     1604     1915    1
omega -0.36 0.79 -1.91 -0.89 -0.37 0.15  1.20     1704     2105    1
tau    0.87 0.21  0.55  0.73  0.84 0.98  1.35     1150     1360    1

Residual deviance: 54 (on 50 data points)
               pD: 44.4
              DIC: 98.5

Bayesian p-value: 0.63

---------------------------------------------------- Node-split IND vs. GRP ----

       mean   sd  2.5%   25%   50%   75% 97.5% Bulk_ESS Tail_ESS Rhat
d_dir -0.11 0.50 -1.14 -0.44 -0.11  0.20  0.86     3623     2982    1
d_ind -0.55 0.62 -1.82 -0.94 -0.55 -0.14  0.61     1495     1827    1
omega  0.44 0.69 -0.91 -0.01  0.44  0.89  1.84     1614     2199    1
tau    0.86 0.19  0.57  0.73  0.84  0.97  1.31     1279     1891    1

Residual deviance: 54.1 (on 50 data points)
               pD: 44.5
              DIC: 98.6

Bayesian p-value: 0.52
```

```
---------------------------------------------------- Node-split SLF vs. GRP ----

       mean   sd  2.5%   25%   50%   75% 97.5% Bulk_ESS Tail_ESS Rhat
d_dir -0.61 0.66 -1.92 -1.04 -0.60 -0.16  0.70     4578     3014    1
d_ind -0.63 0.69 -2.00 -1.07 -0.62 -0.18  0.69     2216     2244    1
omega  0.03 0.89 -1.73 -0.54  0.00  0.60  1.84     2258     2333    1
tau    0.86 0.20  0.57  0.73  0.84  0.97  1.34     1100     1816    1

Residual deviance: 54.5 (on 50 data points)
               pD: 44.6
              DIC: 99.1

Bayesian p-value: 0.99

---------------------------------------------------- Node-split SLF vs. IND ----

       mean   sd  2.5%   25%   50%   75% 97.5% Bulk_ESS Tail_ESS Rhat
d_dir  0.06 0.66 -1.25 -0.37  0.06  0.48  1.36     3215     2752    1
d_ind -0.63 0.55 -1.78 -0.98 -0.62 -0.27  0.44     1705     2123    1
omega  0.69 0.83 -0.95  0.14  0.70  1.23  2.33     2039     2154    1
tau    0.86 0.20  0.55  0.72  0.83  0.96  1.34      844     1489    1

Residual deviance: 53.7 (on 50 data points)
               pD: 44.1
              DIC: 97.8

Bayesian p-value: 0.4
```

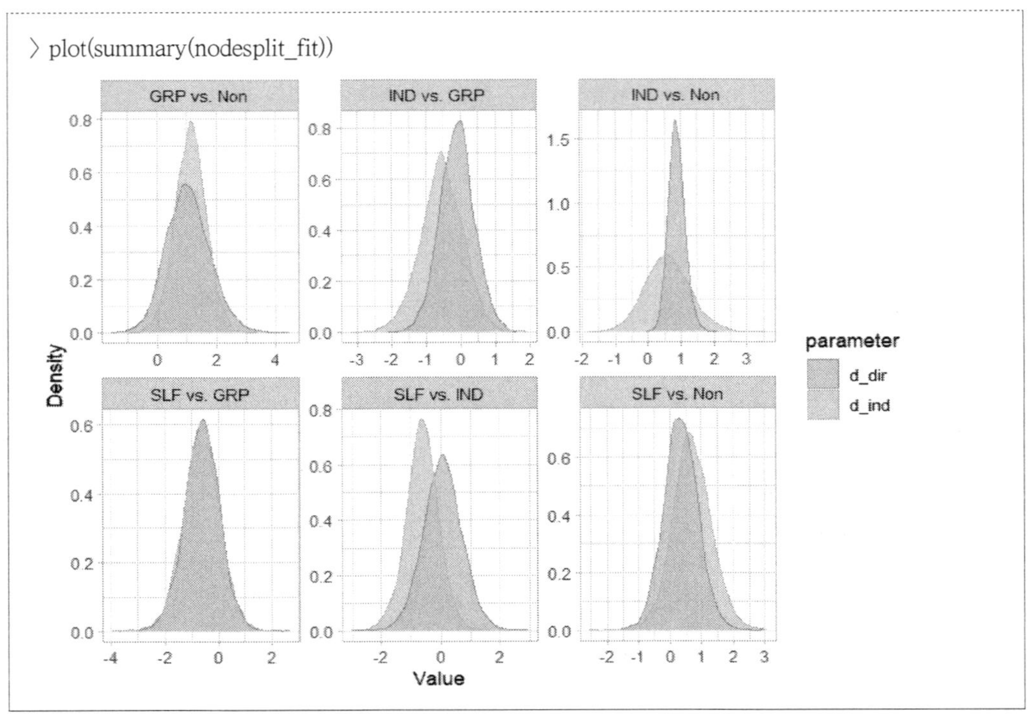

노드 분할 결과에서 d_dir는 직접비교에서의 효과 값, d_ind는 간접비교에서의 효과 값, omega는 직접비교와 간접비교 간의 차이 값으로, 일관성의 차이를 나타내는 지표이다. Bayesian p-value는 omega의 통계적 유의성을 평가하는 값이다. 만약 직접근거를 이용한 추정치와 간접근거를 이용한 추정치가 다르고, p-value가 0.05 미만일 경우 해당 설계에서는 일관성 가정이 위반되었다고 볼 수 있다.

GRP와 Non 비교 결과를 보면, omega는 −0.08(95% CrI: −1.75~1.74)로 신뢰구간이 0을 포함하므로 직접근거와 간접근거 간에 차이가 없다고 해석할 수 있다. 또한, Bayesian p-value가 0.89로 나타나 일관성 가정이 만족함을 알 수 있다. 다른 비교 쌍들에서도 직접근거와 간접근거 간의 효과 차이가 통계적으로 유의하지 않았으며, Bayesian p-value가 모두 0.05보다 크므로 네트워크 내에서 일관성 문제가 없다고 판단할 수 있다.

(7) 네트워크 메타회귀

베이지안 접근법의 가장 큰 장점은 네트워크 메타회귀(network meta-regression, NMR)가 가능하다는 점이다. 기본 메타회귀처럼 특정 연구 특성이 네트워크에서 발견되는 효과 크기에 영향을 미치는지 확인할 수 있다. 또한 비일관성을 설명할 수 있는 변수를 확인하는 데 유용한 도구이다.

다음은 연구의 비뚤림 위험이 네트워크 메타분석의 효과에 영향을 끼치는지 평가하는 과정이다. 즉, 비뚤림 위험이 높은 연구는 일반적으로 더 좋은 비교 효과를 보고할 수 있으므로, 비뚤림 위험을 네트워크 메타회귀 모형의 설명변수로 포함하여 그 영향력을 평가하려 한다. 이를 위해 nma 함수의 regression 인자에 rob 변수를 설명변수로 지정하여 네트워크 메타회귀를 수행할 수 있다. rob 변수는 비뚤림 위험이 높은 경우 1, 그렇지 않으면 0으로 코딩되어 있다.

Box 12-24 네트워크 메타회귀

```
> smk_fit_RE_NMR <- nma(network = smk_net,
          trt_effects = "random",
          regression = ~ rob, # rob(비뚤림 위험)
          consistency = "consistency",
          likelihood = "binomial2",
          link = "logit",
          prior_intercept = normal(scale = 100),
          prior_trt = normal(scale = 10),
          prior_het = normal(scale = 5)
          prior_reg = normal(scale = 10) # 회귀계수에 대한 사전분포 설정
          )
> smk_fit_RE_NMR
A random effects NMA with a binomial2 likelihood (logit link).
Regression model: ~rob.
Centred covariates at the following overall mean values:
 rob
0.44
Inference for Stan model: binomial_2par.
4 chains, each with iter=2000; warmup=1000; thin=1;
post-warmup draws per chain=1000, total post-warmup draws=4000.

             mean se_mean   sd    2.5%     25%     50%     75%   97.5% n_eff Rhat
beta[rob]    0.58    0.01 0.28    0.03    0.40    0.59    0.77    1.14   598 1.01
d[GRP]       0.40    0.01 0.37   -0.34    0.16    0.41    0.65    1.12  1893 1.00
d[Non]      -0.73    0.01 0.21   -1.17   -0.86   -0.73   -0.59   -0.34  1222 1.00
d[SLF]      -0.34    0.01 0.38   -1.07   -0.58   -0.33   -0.09    0.42  1536 1.00
lp__      -157.57    0.23 6.68 -171.51 -161.98 -157.37 -152.88 -145.31   861 1.01
tau          0.71    0.01 0.18    0.42    0.58    0.69    0.81    1.14   905 1.00

Samples were drawn using NUTS(diag_e) at Tue Aug  5 13:35:54 2025.
For each parameter, n_eff is a crude measure of effective sample size,
and Rhat is the potential scale reduction factor on split chains (at
convergence, Rhat=1).
```

NMR 결과, beta[rob]가 0.58이고, 95% CrI가 0.03부터 1.14이므로, 비뚤림 위험이 네트워크 메타분석 결과에 영향을 주고 있다는 결론을 내릴 수 있다. 즉, 비뚤림 위험이 높은 연구에서 중재법의 효과가 더 유의하게 평가될 수 있다는 것이다.

참고문헌

1. Dias, S., Welton, N. J., Caldwell, D. M., & Ades, A. E. (2010). Checking consistency in mixed treatment comparison meta-analysis. Statistics in medicine, 29(7-8), 932–944.
2. Krahn, U., Binder, H., & König, J. (2013). A graphical tool for locating inconsistency in network meta-analyses. BMC medical research methodology, 13, 35.
3. Hutton, B., Salanti, G., Caldwell, D. M., Chaimani, A., Schmid, C. H., Cameron, C., Ioannidis, J. P., Straus, S., Thorlund, K., Jansen, J. P., Mulrow, C., Catalá-López, F., Gøtzsche, P. C., Dickersin, K., Boutron, I., Altman, D. G., & Moher, D. (2015). The PRISMA extension statement for reporting of systematic reviews incorporating network meta-analyses of health care interventions: checklist and explanations. Annals of internal medicine, 162(11), 777–784.
4. Reina-Gutierrez, S., Cavero-Redondo, I., Martinez-Vizcaino, V., Nunez de Arenas-Arroyo, S., Lopez-Munoz, P., Alvarez-Bueno, C., Guzman-Pavon, M. J., & Torres-Costoso, A. (2022). The type of exercise most beneficial for quality of life in people with multiple sclerosis: A network meta-analysis. Ann Phys Rehabil Med, 65(3), 101578.
5. Chaimani, A., Caldwell, D. M., Li, T., Higgins, J. P., & Salanti, G. (2019). Undertaking network meta-analyses. Cochrane handbook for systematic reviews of interventions, 285-320.
6. Liang, R., Luo, H., Pan, W., Yang, S., Peng, X., Kuang, B., Huang, H., & Liu, C. (2024). Comparative efficacy and safety of tranexamic acid for melasma by different administration methods: A systematic review and network meta-analysis. Journal of cosmetic dermatology, 23(4), 1150–1164.
7. Hasselblad, V. (1998). Meta-analysis of multitreatment studies. Med Decis Making, 18(1), 37-43.
8. Salanti, G., Del Giovane, C., Chaimani, A., Caldwell, D. M., & Higgins, J. P. (2014). Evaluating the quality of evidence from a network meta-analysis. PloS one, 9(7), e99682.
9. Phillippo, D. M. (2025). multinma: Bayesian Network Meta-Analysis of Individual and Aggregate Data. R package version 0.8.1, doi: 10.5281/zenodo.3904454.

제13장

의학분야에서의 체계적 문헌고찰 및 메타분석

제13장 의학분야에서의 체계적 문헌고찰 및 메타분석

1 근거기반의학

1) 개념

근거기반의학(evidence-based medicine, EBM)은 현재까지 존재하는 최상의 과학적 근거와 임상 경험을 양심적이고 신중하게 사용하여 적절한 임상의사결정을 내리는 것을 의미한다(1). EBM의 핵심은 잘 설계되고 수행된 임상연구 결과를 체계적으로 검토하고 평가하여, 이를 최적화된 의사결정 과정에 반영하는 것이다. 이를 통해 선별된 의학 정보를 환자에게 맞춤 적용하여, 그 치료가 환자에게 유익하다는 근거가 있을 때 이를 시행하는 것을 기본 개념으로 한다. 따라서 체계적 문헌고찰은 EBM의 매우 중요한 연구 방법이다. Rogenburg(1995)는 EBM의 과정을 네 단계로 설명했다.

- 첫째, 환자의 문제에서 명확한 임상 질문을 도출하고
- 둘째, 해당 질문에 적합한 임상연구 문헌을 검색하며,
- 셋째, 문헌의 타당성과 유용성을 비판적으로 평가하고,
- 마지막으로, 실제 임상에서 이러한 정보를 적용하는 것이다(2).

의학분야에서 체계적 문헌고찰을 수행할 때 주요한 근거자료로 활용되는 임상연구의 특성이 적절하게 다루어져야 한다. 이를 위해 먼저 임상연구의 특성을 살펴보고자 한다.

2) 임상연구 특성

(1) 임상연구란?

임상연구는 사람을 직접 대상으로 하여, 질병의 원인 파악, 조기 진단 방법 개발, 효과

적인 치료법 개발, 그리고 질병의 자연경과 이해를 목적으로 하는 연구이다(3). 일반적으로 임상연구는 크게 ① 새로 개발된 진단법의 타당성과 신뢰성, 유효성을 평가하는 영역, ② 새로운 치료법의 안전성과 효과성을 평가하는 영역, ③ 질병의 자연 경과를 연구하는 영역으로 나눌 수 있다.

또한 임상연구는 연구 방식에 따라 중재연구와 관찰연구로 분류된다. 중재연구에서는 연구자가 직접 연구 대상자에게 치료나 중재를 시행하고 그 결과를 측정한다. 반면 관찰연구에서는 연구자가 직접 개입하지 않고 관찰된 결과만을 측정한다.

임상연구의 연구설계 방식으로는 관찰적 연구방법과 실험적 연구방법이 있다. 관찰적 연구에서는 환자 사례 보고, 환자군 연구, 단면 연구, 환자-대조군 연구, 코호트 연구 등이 있으며, 실험적 연구에는 무작위 배정 임상시험이 포함된다. 연구설계 방식의 선택에 따라 결과의 신뢰성과 설득력이 달라지며, 비뚤림을 줄일 가능성도 커진다. 분류의 순서에 따라 비뚤림을 줄일 가능성이 커져서 연구결과에 의한 설득력의 크기가 커진다. 이 장에서는 보건 · 사회정책 분야에서 시행하기 어려운 임상시험의 주요 특성에 대해 더 깊이 알아보고자 한다.

(2) 임상시험

임상시험에서도 연구설계나 수행의 질에 따라 결론의 신뢰성과 설득력이 달라질 수 있으며, 이를 통해 더 객관적인 사실에 가까워질 수 있다(4). 연구가 진행되는 과정에서 설계와 수행이 제대로 이루어지지 않으면, 치료가 실제보다 효과가 있는 것처럼 보일 수 있다. 그러나 비뚤림을 좀 더 체계적으로 줄인 잘 설계된 연구, 즉 질적으로 뛰어난 연구에서는 이러한 결과가 달라질 수 있다. 따라서 연구에서 얻어진 근거의 수준을 파악하는 것은 매우 중요한 문제이다.

① 비교군 설정

시간이 지남에 따라 질병 상태가 자연적으로 변하는 경우, 이 변화가 치료약의 효과인지 단순히 시간 경과에 따른 변화인지를 구별하기 어려울 수 있다. 이럴 때 무치료군 또는 위약치료군을 비교군으로 설정하여 연구를 진행해야 한다. 이렇게 하면 치료에 따른 순수한 효과를 확인할 수 있다. 또한 이미 치료효과가 입증된 표준치료제가 있는 경우에는, 새로 개발한 치료제와 기존 표준치료제를 비교하여 상대적인 효과를 분석하게 된다.

② 무작위 배정

무작위 배정은 연구자가 치료법이나 비교군에 환자를 배정할 때, 연구자의 주관이

개입되지 않도록 무작위로 배정하는 방법이다. 이 방법을 사용하는 이유는

- 첫 번째는 윤리적 타당성이다. 신약의 예상치 못한 부작용에 따른 피해나 예상하지 못한 효과로 인한 혜택이 누구에게 돌아갈지 연구자가 주관적으로 정하는 것보다, 확률에 따라 공정하게 배정하는 것이 더 정의롭기 때문이다.
- 두 번째 비교성 확보이다. 연구 대상 질환이 있는 환자 중 선정 기준에 맞는 환자를 선택하더라도, 질병 예후에 영향을 미칠 수 있지만 측정하기 어려운 특성들이 있다. 이러한 특성들이 치료군과 비교군에 고르게 분포될 수 있도록 무작위 배정을 통해 비교 가능성을 최대화한다.
- 세 번째 통계적 타당성이다. 피험자를 무작위로 두 군에 배정한 후 수집된 자료는 통계 분석의 전제조건인 무작위성을 충족시키므로, 연구결과를 분석할 때 문제가 없다.

③ 눈가림

평가 항목이 통증, 인지 기능 개선, 삶의 질 개선처럼 주관적인 요소가 강할 때, 또는 연구 대상자나 치료 효과를 평가하는 사람이 치료 내용을 알게 되면 결과에 영향을 미쳐 정보 비뚤림이 발생할 수 있다. 이럴 때 눈가림법을 적용하여 이러한 비뚤림을 줄여야 한다. 눈가림법에는 다음과 같은 방식이 있다.

- 피험자만 치료 내용을 모르게 하는 연구를 진행하는 단일 눈가림법
- 피험자뿐만 아니라 피험자와 접촉하는 의료인력도 치료내용을 모르게 하여 연구를 수행하는 양측 눈가림법
- 자료분석 및 결과 해석을 담당하는 연구자까지도 치료 내용을 모르게 하여 연구를 진행하는 삼측 눈가림법 등

이러한 눈가림법을 통해 연구 과정에서 주관적인 영향이 최소화되어 보다 신뢰할 수 있는 결과를 얻을 수 있다.

2 의학분야에서 체계적 문헌고찰 수행

임상적 문제를 해결하는 데 있어 체계적인 접근 방식을 적용하는 것이 중요하다. 이런 맥락에서 의학분야에서 체계적 문헌고찰과 메타분석은 최적화된 표준으로 간주된다. 최근에는 임상의료뿐만 아니라 사회과학이나 정책 개발 및 평가에서도 체계적 문헌고찰이 주요 연구 방법으로 강조되고 있다. 따라서 의학분야에서 수행되는 체계적 문헌고찰과

메타분석의 방법은 이 책에서 다루고 있는 보건 · 사회정책 분야에서 사용하는 방법과 크게 다르지 않다. 다만 평가가 이루어지는 맥락의 차이로 인해 고려해야 할 사항들이 다를 수 있다. 예를 들어, 의학분야에서 주로 이루어진 임상연구의 특성은 체계적 문헌고찰에서 중요한 요소로 고려되어야 한다.

1) 주제선정과 핵심질문

체계적 문헌고찰에서 핵심질문을 만드는 것(주제 선정)은 첫 단계이자 가장 중요한 단계로, 주제 선정의 난이도(환자의 생명에 직접적 영향을 미치는 등의)와 중요성 때문에 신중한 접근이 필요하다. 체계적 문헌고찰 연구의 가치는 선정된 주제에 따라 크게 달라지므로, 주제를 선정할 때는 해당 분야의 임상적 중요성이나 연구 경향을 면밀히 검토해야 한다.

사회과학 분야에서는 연구질문이 매우 다양하고 문헌 간 이질성이 큰 경우가 많다. 이에 따라 변수와 하위 변수의 영향력을 체계적으로 요약하고 정리하기 위해 체계적 문헌고찰이 많이 수행된다. 반면, 의학분야에서는 ① 주로 치료 효과의 방향이나 크기를 확인하는 목적이 많으며, ② 연구질문이 더 구체적이고 명확한 편이다. ③ 특정 임상 문제가 의학적으로 의미가 있을 뿐 아니라, 체계적 문헌고찰에서 답할 수 있는 핵심질문으로 바꾸는 것이 중요한 기술이다(5). 주로 치료 효과의 방향이나 크기를 확인하는 목적이 많으며, 연구질문이 더 구체적이고 명확한 편이다. 특정 임상 문제가 의학적으로 의미가 있을 뿐 아니라, 체계적 문헌고찰에서 답할 수 있는 핵심질문으로 바꾸는 것이 중요한 기술이다(5).

임상 질문을 만든 후에는 필요한 정보의 형태를 파악하기 위해 질문의 범주를 확인한다. 질문 범주를 확인하면 문헌 검색 전략을 구체화하는 데 도움이 되고, 연구자가 모르는 부분을 명확히 파악할 수 있으며, 검토해야 할 연구설계도 결정할 수 있다(6).

의학분야에서 임상 질문의 범주는 크게 ① 진단, ② 예후(심화 참고), ③ 치료, ④ 위험으로 나눌 수 있으며, 각 범주에 따라 적합한 연구설계가 달라진다. 연구설계를 명확히 하기 위해 핵심질문인 PICO에 더해 연구설계 정보를 추가한 PICO-SD(study design)를 사용하여 질문을 구체화할 수 있다.

의학분야에서 흔히 수행되는 체계적 문헌고찰은 약물이나 치료법의 효과성(effectiveness)을 평가하는 연구나 무작위 배정 비교 임상시험에 한정되는 경우가 많다. 그러나 약물 유해반응 연구에는 이러한 접근이 적합하지 않을 수 있다. 이는 다음과 같은 이유 때문이다.

① 유해반응이 드물게 발생하고,

② 대규모 임상시험이 불가능한 경우가 많으며,
③ 특정 약물과 유해반응 간 인과관계 정의가 어렵고,
④ 1차 연구의 결과 정보가 부족하며,
⑤ 연구결과간 일관성이 낮은 특성이 있다(7).

따라서 약물 유해반응과 같이 부작용이나 이상반응에 대한 체계적 문헌고찰을 수행할 때는 특별히 고려할 이슈들이 있다.

Tip PRISMA Harm Checklist – 부작용의 체계적 문헌고찰을 위해 확장된 가이드라인

- PRISMA Harms Checklist에는 체계적 문헌고찰에서 부작용이나 유해성을 평가할 때 보고해야 할 최소한의 항목을 제시하는 지침이다. PRISMA Harms Checklist는 기존 PRISMA 지침에 네 가지 필수 보고 요소를 추가한 것이다. 추가된 네 가지 요소는 다음과 같다.
- **제목**: 검토에서 '해로움(harm)' 또는 유해성 관련 용어를 구체적으로 언급하여, 이 고찰은 유해성에 관심을 두고 있다는 것을 명확하게 표시한다.
- **결과 합성**: 부작용 발생이 없었던 경우(zero event)를 어떻게 처리할지 명시하는 방법을 제시한다.
- **연구 특성**: 각 부작용을 정의하고 이를 확인하는 방법(예: 환자 보고, 적극적 검색(active search)) 등 및 분석기간을 설명한다.
- **결과 종합**: 특정 부작용과의 인과관계 가능성을 평가하는 내용을 포함한다.
- PRISMA Harms Checklist는 부작용 근거의 신뢰성을 높이기 위해 기존 PRISMA 항목에 추가 지침을 제시한다. 이러한 환장 지침은 부작용이 일차 결과이든 이차 결과이든 관계없이 체계적 문헌고찰에서 유해성 보고의 질을 개선하기 위한 것이다.

출처: Zorzela L, Loke YK, Ioannidis JP, Golder S, Santaguida P, Altman DG, Moher D, Vohra S; PRISMA harms group. PRISMA harms checklist: improving harms reporting in systematic reviews. BMJ. 2016;352:i157.

2) 비뚤림 위험평가

비뚤림이 있는 연구는 잘못된 결과를 초래할 수 있어, 결과를 실제보다 과대 또는 과소평가할 위험이 있다. 따라서 연구 방법론을 엄격하게 적용하여 비뚤림 발생 위험을 최소화하는 것이 중요하다(8). 체계적 문헌고찰 과정에서는 문헌을 선택한 후, 비뚤림 위험평가를 통해 각 문헌의 결론을 어느 정도 신뢰할 수 있는지를 평가한다. 또한 문헌 간에 결과가 상충하는 경우 이를 해석하고 판단하여 추가 연구의 필요성을 결정할 수 있다. 이 과정에서 의학분야에서 이루어지는 일차 연구의 설계가 보건 · 사회정책 분야와 다를 수 있다는 점을 고려해야 한다.

(1) 비뚤림 위험평가 도구 선정

의학분야에서는 무작위 실험 설계(randomized experimental design)를 이용한 개입 효과성 연구가 흔하지만, 사회복지 등 사회과학 분야에서는 유사 실험 설계(quasi-experimental design)가 주로 사용된다. 따라서 두 분야에서 발생할 수 있는 비뚤림의 위험이 다르며, 각 연구설계에 맞는 적절한 비뚤림 위험평가 도구를 선택하는 것이 중요하다. 즉, 의학분야의 임상시험에서는 특정한 비뚤림 위험이 클 수 있으므로 이에 대한 이해가 필요하다. 하지만 의학의 기준으로 사회과학 연구에서 비뚤림 위험을 평가하는 것은 그 정당성을 확보하기 어려울 수 있다. 따라서 분야의 특성과 연구설계 방식에 맞는 비뚤림 평가가 요구된다.

(2) 이해상충에 대한 고려

체계적 문헌고찰을 수행할 때는 근거를 독립적으로 평가해야 하며, 재정적 및 비재정적 이해상충을 피하기 위한 주의가 필요하다. 이해상충(conflict of interests)이란, 일차적인 전문 판단이나 행동이 부차적인 이익에 의해 부당하게 영향을 받을 위험을 의미한다. 이러한 이해상충은 임상시험에서 비뚤림을 일으켜 결과를 왜곡시킬 수 있다. 예를 들어, 임상시험에서 강한 이해상충을 가진 연구자가 배정 순서를 숨기지 않으면, 실험 중재에 유리하게 하도록 배정 과정을 변경할 가능성이 있다. 또한, 중재에 기대한 반응을 보이지 않은 환자를 분석에서 제외함으로써 자료 결측으로 인한 비뚤림을 초래할 수도 있다. 유리한 결과를 선택적으로 보고하는 것도 이해상충과 밀접하게 관련될 수 있다(9).

코크란 비뚤림 위험평가 도구에서도 연구자의 중요한 이해상충이 기타 비뚤림[1)]의 요소로 간주된다. 의학분야에서 출판되는 연구는 특히 연구비 지원처(funding source)와 같은 재정적 이해상충을 중요한 요인으로 고려한다. 체계적 문헌고찰에서도 연구의 비뚤림을 파악하기 위해 연구비의 출처와 잠재적 이해상충 원인을 명시해야 한다. 만약 연구비 지원처가 불분명하거나 저자들이 이해상충을 보고하지 않았다면, Open Payments 데이터베이스나 ClinicalTrials.gov에서 정보를 확인하거나 저자의 이전 출판물에서 관련 내용을 검토할 수 있다(9).

실제로 Lundh 등(2017)은 제약 회사와 같은 민간 기업의 후원을 받은 연구들이 다른 기관으로부터 후원을 받은 연구에 비해 유리한 결과와 결론을 도출할 가능성이 높다는 결

1) 연구자가 중요한 이해상충을 가지고 있을 때, 임상 적용 가능성을 희생하면서도 긍정적인 임상시험 결과를 얻기 위해 의사결정을 하는 경우가 생길 수 있다. 임상시험 설계 선택도 이런 경우 더 미묘해질 수 있다. 예를 들어, 더 나은 대체 의약품이 존재하지만 열등한 의약품과 비교하거나, 부작용이 우려되는 임상시험에서 고용량이 초점이지만, 저용량을 사용해서 유해 효과가 적게 나타나도록 하는 경우가 있다.

과를 제시하였다(10). 이는 기존 비뚤림 위험평가만으로는 설명하기 어려운 업계 편향(industry bias)이 존재할 수 있음을 시사한다. 또한 부정적인 연구결과의 경우 연구비 지원 기관에 의해 의도적으로 누락될 가능성이 있으며, 이처럼 의도적인 누락은 교정이 더욱 어렵다는 점에서 심각한 문제로 간주된다. 한편, 의학분야와는 달리 사회복지 분야에서는 이해상충으로 인한 비뚤림 위험이 상대적으로 크지 않을 수 있다. 조미경 등(2016)의 연구에 따르면, 국내 사회복지 관련 메타분석 연구 42편 중 이해상충을 보고한 문헌은 1편(2.4%)에 불과했다(11). AMSTAR평가에서는 포함된 연구의 연구비 출처 명시 여부를 요구하고 있지만, 해당 연구들에서는 이해상충을 보고한 사례가 거의 없었다. 이는 국내 학술지의 경우 연구비 출처를 기술하도록 권장하고는 있으나, 외국 학술지와 달리 이를 반드시 명시하도록 요구하는 공식적인 지침이 부족하기 때문으로 해석할 수 있다.

3) 메타분석

보건 · 사회과학 분야에서는 연구 특성상 비정량적 합성이 자주 시행되는 반면, 의학분야는 정량적 합성인 메타분석이 활발하게 적용되는 대표적인 학문 분야이다. 이는 보건 · 사회과학 연구 간의 이질성뿐만 아니라, 보건 · 사회과학 분야에서 다루는 체계적 문헌고찰의 핵심질문이 메타분석에 적합하지 않은 경우가 많기 때문이다. 메타분석은 원래 사회과학에서 사용하기 위해 고안되었지만(12), 의학분야에서 빠르게 채택되어 더욱 발전되었다.

의학분야에서는 메타분석에 대한 방법론적 논의가 활발하게 이루어지고 있어, 이러한 발전된 방법론에 대해 학계간 교류와 협력이 필요하다. 그러나 의학분야에서 개발된 메타분석 방법을 사회과학 연구에 그대로 적용하는 것은 간단하지 않을 수 있다. 예를 들어 ① 의학 임상시험과는 달리 사회과학 연구들은 다양한 모집단에서 표본을 추출하는 경우가 많아, 메타분석에서 변량 효과 모형을 사용하는 것이 적합할 수 있다. 또한 ② 사회과학 분야는 관찰적 연구가 많아, 메타분석 시 비뚤림이나 교란 변수가 더 심각한 문제로 작용할 수 있다. 따라서 이를 적절히 통제할 수 있는 접근법이 필요하다. 사회과학과 교육학 분야에서 자주 사용하는 방법론적 쟁점에 ① 회귀분석의 회귀계수를 합성하는 문제, ② 내재적 자료 구조를 가진 연구결과를 합성하는 문제, ③ 메타분석에서의 독립성 가정 위반(한 연구에서 여러 효과 크기를 보고했을 때), ④ 구조방정식 모형을 활용한 연구결과들을 종합하여 이론 모형을 형성하려는 접근 등(13)이 있다. 이와 같은 차이로 인해 사회과학에서 메타분석을 적용할 때 의학분야와 다른 방법론적 접근이 필요할 수 있다.

심화 진단 및 예후검사에 대한 체계적 문헌고찰 및 메타분석

진단검사

- 진단검사는 치료적 의료기술과 달리 환자의 최종 건강 결과와의 직접적인 연관성을 연구로 증명하기 어렵다. 따라서 진단검사나 진단법 평가 연구에서는 검사법의 정확도가 주요 결과로 제시된다. 이 경우, 연구의 비뚤림 위험평가에는 진단법 평가에 적합한 도구(예: QUADAS-2)가 사용된다.
- 중재법에 대한 체계적 문헌고찰에서는 이분형 자료는 상대위험도(relative risk, RR)와 오즈비(odds ratio, OR)를, 연속형 자료의 경우는 평균의 차이(mean difference) 같은 단일 효과 크기(effect size)를 산출한다. 반면, 진단검사 메타분석(diagnostic test accuracy)에서는 민감도(sensitivity)와 특이도(specificity) 또는 양성예측도(positive predictive value)와 음성예측도(negative predictive value)처럼 두 가지 효과 크기를 동시에 종합한다.
- 진단검사 메타분석에서는 이러한 두 개 이상의 결과값을 반영하기 위해 다변량 분석과 다층 개념이 필요하다. 진단검사 메타분석에서 요약 추정치를 계산하려면 적합한 모형을 선택해야 하며, 민감도와 특이도를 동시에 고려하는 Moses-Littenberg SROC 모형, Bivariate 모형, 그리고 Hierarchical SROC(HSROC)이 주로 사용된다.
- Bivariate 모형과 HSROC 모형은 Moses-Littenberg 모형의 한계를 극복하기 위해 계층적 모형(hierarchical model)을 기반으로 개발되었다. 두 모형 모두 연구 내 변동을 이항분포(binominal distribution)로 가정한다. 그러나 차이점은 Bivariate 모형이 연구 간 변동을 이변량 정규분포(bivariate normal distribution)로 가정하는 반면, HSROC 모형은 이항분포의 확률에 대해 로지스틱 회귀모형(logistic regression model)을 사용하여 계층적 분포(hierarchical distribution)를 적용한다는 점이다.

예후검사

- 예후검사의 임상적 유용성은 환자의 향후 건강을 정확하게 예측하고, 환자를 다양한 예후 그룹으로 나누는 능력에 달려 있다.
- 예후검사의 체계적 문헌고찰 수행 방법은 아직 명확히 확립되지 않았다. 여기서 논의된 사항은 예후검사의 체계적 문헌고찰을 계획하고 수행할 때 고려해야 할 중요한 요소들이다. 특히, 예후 연구에 대한 문헌검색은 중재법 연구에서 주로 사용하는 무작위 배정 임상시험 연구보다 누락될 가능성이 높아 수행이 어렵다.
- 예후검사는 질병 진행의 같은 시점에 모인 환자들의 대표 표본에서 평가되어야 한다. 이상적으로는 모든 환자가 동일한 치료를 받았거나 무작위 배정 임상시험에 포함된 상태여야 한다. 하지만 예후 연구의 일차연구에서 방법론적 질을 평가하기 위한 표준적인 방법(QUIPS)이 아직 정립되지 않았으며, 이러한 연구들은 종종 방법론적 타당성이 부족한 것으로 알려져 있다.
- 출판된 데이터에 기반한 메타분석은 연구 방법과 결과 보고의 불충분함, 연구와 환자 특성 간의 변이가 큰 경우 실행이 어려울 수 있다. 예후검사의 체계적 문헌고찰과 메타분석의 핵심 통계 자료는 예측군의 일반적 특성, 위험 수준, 결과 발생률이다. 예후검사와 환자 결과간의 연관성에 대한 문헌고찰은 많은 발전이 필요한 중재 예후검사에 대한 중요성을 확인하는데 기여하나, 그 이상의 임상적 영향을 주기는 어렵다.

참고자료: NECA 연구방법 시리즈 - 진단검사 체계적 문헌고찰, 2014

4) 결과의 해석

의학분야에서 환자와 의사의 공통 과제는 치료 효과가 임상적으로 의미 있는지를 판단하는 것이다. 따라서 메타분석의 결과 해석에서도 단순히 통계적 유의성을 넘어서 그 차이가 실제로 임상적 개선을 의미하는지 확인할 필요가 있다. 이때, 환자에게 의미 있는 최소한의 치료 변화, 즉 최소 임상적으로 중요한 차이(minimal clinically important difference, MCID)[2)]가 중요한 기준이 된다(14). 이 개념은 환자의 인식과 임상적 판단을 바탕으로 관련 효과 크기를 정의하여 임상적 중요성과 통계적 유의성을 명확히 구분하게 된다. MCID가 있는 도구를 사용하여 측정한 연속형 결과의 경우 합성 추정치로 MCID 단위를 유용하게 보고할 수 있다. 이 과정에서 기존에는 확립된 MCID가 없는 도구를 사용한 연구가 메타분석에서 제외되었지만, Johnston BC 등(2012)은 MCID가 확립되지 않은 도구에 확립된 도구들로부터 도출된 MCID 대비 표준편차의 비율을 적용하여 MCID를 추정하여 관련 연구를 모두 합성하는 방법을 제안하기도 하였다(15).

5) 근거수준 등급

의학분야에서는 체계적 문헌고찰이나 메타분석을 통해 수집된 근거를 실제 임상현장에 적용하는 것이 중요하다. 이를 위해 체계적 문헌고찰 과정에서 권고등급 체계를 사용하여 결과를 해석하고 근거수준을 결정한다. 근거란 최선의 연구 방법을 통해 검증된 사실을 의미하며, 근거수준은 현재까지의 연구결과를 바탕으로 해당 중재 효과에 대한 확신 정도를 나타낸다. 근거수준은 ① 문헌의 질, ② 근거의 양, ③ 근거 간 일관성, ④ 근거의 직접성 등을 고려하여 평가한다.

의학분야에서 다양한 중재와 상황에서 근거의 수준과 권고의 강도를 객관적으로 평가하기 위해 여러 평가 도구가 개발되어 있다. 예를 들어 GRADE와 같은 도구를 사용하면 각 연구결과에 대해 근거수준 '높음', '중등도', '낮음', '불충분'으로 등급화할 수 있다. 최종 결론은 이러한 근거수준과 함께 효과 크기, 환자의 가치와 선호도, 비용 등을 종합하여 내리게 된다.

---

2) 임상의가 평가척도에 대한 MCID를 알지 못하는 경우, 연구결과의 임상적 중요성을 판단하거나 이를 환자와 논의하기 어렵다. MCID를 결정하는 두 가지 접근법은 다음과 같다. 첫째, 앵커 기반(anchor-based) 접근법은 환자 본인의 전반적 변화 평가, 임상의의 판단, 혹은 기능적 기준 등 외부 기준과 HRQOL 척도 점수의 변화를 비교하여 MCID를 설정하는 방식이다. 둘째, 분포 기반(distribution-based) 접근법은 표본의 통계적 특성(예, 표준편차(SD), 표준오차(SE) 등)을 활용하여 관찰된 변화가 무작위 변동을 넘어서는지를 평가함으로써 MCID를 추정한다. 이러한 방법론들은 환자나 임상의가 직접 직접 MCID를 산정하기 어려운 경우에도, 임상적으로 유의미한 변화를 판단할 수 있는 근거를 제공한다.

(1) GRADE

GRADE(gradinig of recommendations assessment, development and evaluation)은 근거의 질과 권고의 방향·강도를 등급화하여(16) 해당 중재의 효과에 대한 확신 정도를 평가하는 것을 의미한다. GRADE는 영국의 NICE, 캐나다의 CDA[3], 미국의 AHRQ, WHO 등 해외 기관들뿐 아니라 국내에서는 한국보건의료연구원에서도 사용하고 있다. 더 자세한 사항은 한국보건의료연구원과 대한의학회에서 발간한 〈임상진료지침 실무를 위한 핸드북(version 2.0)〉 중 GRADE 방법론(17)을 참고하면 된다.

(2) SIGN

영국 스코틀랜드의 임상진료지침 개발기구인 SIGN(Scottish interclooegiate guidelines network)은 근거의 강도를 반영한 권고등급 체계를 사용하여 권고의 신뢰도를 평가할 수 있도록 한다(18). SIGN의 체계는 권고의 신뢰도를 파악하는데 유용하지만, 근거의 효과 크기나 안전성을 평가하지 않고 근거의 강도만 고려하는 한계가 있다.

[표 13-1] SIGN 근거수준

등급	설명
A	• 메타분석 및 체계적 문헌고찰 또는 1++의 무작위 임상시험 연구가 최소 하나 이상이고, 표적 모집단에 직접 적용가능한 경우
	• 무작위 임상시험으로 수행된 체계적 문헌고찰 또는 1+의 연구로 구성된 근거이고 결과가 전반적으로 일관성을 보이는 경우
B	• 2++의 연구로 구성된 근거이고, 직접 표적 모집단에 적용할 수 있으며, 결과가 전반적으로 일관성을 보이는 경우
	• 1++나 1+의 평점을 받은 연구로부터 추정된 근거인 경우
C	• 2+의 연구로 구성된 근거이고, 직접 표적 모집단에 적용할 수 있으며, 결과가 전반적으로 일관성을 보이는 경우
	• 2++의 평점을 받은 연구로부터 추정된 근거인 경우
D	• 3 또는 4에 해당되거나
	• 2+의 평점을 받은 연구로부터 추정된 근거인 경우

3) 캐나다의 HTA 기관 CADTH (Canadian Agency for Drugs and Technologies in Health)가 2024년 5월 1일부로 Canada's Drug Agency (CDA)로 공식적으로 기관명을 변경함

(3) USPSTF

USPSTF(U.S. preventive services task force)는 미국 보건복지부(U.S. department of health and human services)의 지원을 받아 설립된 조직으로 캐나다의 CTF-PHE(Canadian task force on preventive health care)에서 개발한 방법론을 기반으로 운영된다. 이 기구는 일반적인 선별검사, 상담, 면역 및 화학 예방 요법을 포함한 다양한 예방 서비스 효과를 평가하기 위해 체계적 문헌고찰을 수행한다. USPSTF의 권고등급은 순편익의 크기와 확실성을 고려하여 A, B, C, D, 불충분(insufficient)으로 등급화할 수 있다(19).

[표 13-2] USPSTF의 권고등급

Certainty of Net Benefit	Magnitude of Net Benefit			
	Substantial	Moderate	Small	Zero/Negative
High	A	B	C	D
Moderate	B	B	C	D
Low	Insufficient			

3 의학분야에서 연구사례

의학분야에서 체계적 문헌고찰은 주로 최선의 치료전략 선택, 국가건강검진 도입, 건강보험의 적용 등과 같은 정책적 의사결정을 지원하기 위한 목적으로 활용되는 경우가 많다. 이러한 의사결정에 근거를 제공하기 위해 수행되는 체계적 문헌고찰과 메타분석은 특정 의료기술과 이를 대체할 수 있는 비교기술 간 효과 차이에 중점을 두고 진행된다. 즉, 보건사회 분야의 체계적 문헌고찰이 인구집단의 특성이나 영향 요인을 탐색하는 연구까지 포함하는 반면, 의학분야의 체계적 문헌고찰은 사망률, 수술성공률, 혈압감소 등과 같은 주요 결과지표가 비교기술에 비해 통계적으로 유의하게 개선되는지를 확인하는 데 초점을 맞춘다. 본 장에서는 의학분야의 체계적 문헌고찰과 메타분석의 특성을 살펴보고, 보건사회 분야와의 차이점을 설명하기 위해 대표적 사례로 치료중재(intervention)와 진단검사(index test)를 중심으로 논의하고자 한다.

1) 치료중재

치료중재의 메타분석은 〈코크란 핸드북(Cochrane Handbook for Systematic Reviews of Interventions)(20)〉이 국제 표준으로 이용되고 있다. 또한, 국내에서는 한국보건의료연구원에서 발간한 〈NECA 연구방법 시리즈 - NECA 체계적 문헌고찰 매뉴얼(9)〉 등에 자세하게 나와 있다.

의학분야에서 치료중재에 대한 체계적 문헌고찰 및 메타분석의 특징을 '뇌졸중 환자에서 하지재활로봇을 이용한 보행치료(21)'를 사례로 설명하고자 한다.

(1) 핵심질문 및 PICO 설정

뇌졸중 환자에서 하지재활로봇을 이용한 보행치료(이하, 하지재활로봇)의 핵심질문 및 PICOTS-SD는 [표 13-3]과 [표 13-4]와 같다. 의학분야나 의사결정을 위한 체계적 문헌고찰 및 메타분석의 주요 목적은 ① 해당 중재가 기존 또는 비교기술에 비해 안전하고, 효과적인지와 ② 그 결과가 임상적으로 유의미한지를 확인하는 것이 목적이다. 따라서, 의학분야에서 체계적 문헌고찰과 메타분석을 할 수 있는 시점은 의료기술의 도입시점보다 임상현장에서 의료기술에 대한 연구들이 충분히 이뤄지고 근거를 합성할 수 있는 시점으로 비치료군이나 위약과의 비교보다는 기존 의료기술과의 비교-효과를 확인하는 것이 더 중요하다. 핵심질문에도 이 부분을 명확하게 기술해야 한다.

치료중재를 중심에 놓고 대상자에 따라 결과지표(안전성, 효과성 지표)가 달라질 개연성이 있는지에 따라 적용 대상자를 적응증별로 구체화하고, 또한, 치료중재가 달성하고자 하는 목적이 반영된 결과지표를 선정하는 것이 매우 중요하다. 결과지표 선정시 선행연구들을 통해 중재의 효과를 측정하기에 적절한 결과지표를 미리 파악하고, 임상전문가의 참여나 자문을 함께 수행해야 한다.

하지재활로봇에 대한 체계적 문헌고찰은 '한국보건의료연구원'의 의료기술재평가 과제로 수행되어 재활의학과, 정형외과, 신경과 등 임상전문가와 근거기반 전문가 등으로 구성된 소위원회를 구성하여 과제를 수행하였다. 소위원회에서는 구체적 대상자, 중재 · 비교기술, 결과지표뿐만 아니라 문헌의 선택 · 배제 과정, 결과의 합성방법, 하위그룹, 민감도 분석방법까지 모든 과정을 논의하여 확정하였다. 일반적 연구과정에서 평가연구와 같이 매 단계 논의과정을 거치지 않더라도 임상전문가의 참여나 자문과정은 필요하다. 임상전문가의 참여는 어떤 결과지표가 효과를 판단하기 위해 중요한 결과지표인지를 확정하기 위해 GRADE의 중요도를 사용하기도 하며, 이 과정은 핵심적인 결과지표 선정단계를 자료추출 후 분석방향을 결정할 때 논의되기도 한다. 즉, 자문은 핵심질문에 대한 답을 얻기 위해 연구가 적절한 방향으로 진행되고 있는지를 점검하는 과정이라 할 수 있다.

[표 13-3] 치료중재의 핵심질문

뇌졸중 환자에서	하지재활로봇을 이용한 보행치료는	고식적 재활치료에 비해	안전하고 효과적인가?
대상	치료중재	비교중재	결과지표

[표 13-4] 치료중재의 PICOTS-SD 세부 내용

구분	세부내용			
patients(대상 환자)	뇌졸중 환자			
intervention(중재법)	하지재활로봇을 이용한 보행치료 분류: 1) 전체 하지재활로봇, 2) 단독 중재군(하지재활로봇), 3) 병용 중재군(하지재활로봇+고식적 보행치료)			
comparators(비교치료법)	고식적 보행치료			
outcomes(결과변수)	임상적 안전성	피부반응, 낙상, 관절관련 부작용 등		
	임상적 효과성	결과지표	도구(척도)	중요도
		균형기능	BBS, RMI	핵심적인
			TUG, mEFAP	중요한
		기능수행능력	FAC, BI, FIM	핵심적인
		근력	FMA, MI	핵심적인
		보행기능	속도_거리	중요한
			속도_걸음	
			거리	
		뇌졸중 중증도	NHISS	
		삶의질	전체	핵심적인
			SF-36 신체	
time(추적기간)	제한하지 않음			
setting(임상세팅)	제한하지 않음			
study design(연구유형)	비교문헌(RCT, NRCT)			

BBS: Berg Balance Scale, RMI: Rivermead Mobility Index, TUG: Timed Up & Go, mEFAP: modified Emory Functional Ambulation Profile, FAC: Functional Ambulation Category, BI: Barthel Index, FIM: Functional Independence Measure, FMA: Fugl Meyer-Lower/Extremity Motor function, MI: Motricity Index, NIHSS: National Institutes of Health Stroke Scale, SF-36: Short Form 36

출처: 한국보건의료연구원. 2021. 뇌졸중환자에서의 하지재활로봇

(2) 연구 선택·배제 기준 및 분석을 위한 자료추출

분석에 포함될 연구의 선택 · 배제 기준을 잘 정하고 적절한 연구를 선택하여 자료를

추출해야 좋은 재료를 통한 신뢰성 있는 메타분석 결과를 도출할 수 있다. 선택한 연구의 비뚤림 위험평가, 연구설계, 대상자, 대상자수, 중재유형, 결과지표, 결과측정방법, 결과지표의 형태 등을 구체화하여 자료추출을 하고 이를 반영하여 메타분석을 수행해야 한다. 척도가 다른 결과지표의 분석방법, 여러 개의 동일 결과지표가 있는 경우 합성기준, 특정 기준에 대한 정보가 없을 경우의 처리방식 등에 대해서도 사전정의가 필요하다. 또한, 이질성에 대한 판단기준, 하위그룹 및 민감도 분석계획, 출판비뚤림 확인 등 다양한 분석방향에 대한 논의가 계획시 수반되어야 한다.

예를 들어 하지재활로봇에 대한 체계적 문헌고찰에서는 기능수행능력 척도인 ① 기능적 보행 지수(functional ambulation category, FAC), ② 바델 지수(barthel index), ③ 일상생활 동작 평가(functional independence measure, FIM)를 표준화 평균차이(standardized mean difference, SMD)로 합성하기로 하였다. 메타분석을 계획하고 있다면 각 척도의 정의, 구성, 방향성, 측정단위(점수)와 측정단위(점수구간)의 의미 등을 [표 13-5]와 같이 사전에 파악하고 이를 어떻게 분석에 반영하고, 처리할지를 정해야 한다.

[표 13-5] 보행치료 관련 결과지표 척도개요 – 예. 기능수행능력

지표 분류	도구명	단위(범위)	개요
기능 수행 능력	기능적 보행 지수 (functional ambulation category, FAC)	점수 (0~5점)	• 매사추세츠 종합병원(Massachusetts General Hospital)에서 개발된 보행능력 검사도구 • 대상자의 걷는 형태를 관찰하거나 간단한 질문을 하여 평가, 보행 시 필요로 하는 인적 도움의 정도에 따라 점수를 매김 • 0 – 5점의 6단계 척도로 구성되며, 점수가 높을수록 독립적인 보행 능력이 좋은 것으로 정의 – 보행이 불가능한 경우=0점 – 1인의 지속적인 지지가 필요한 경우=1점 – 1인의 간헐적인 도움이 필요한 경우=2점 – 신체적 접촉 없이 지시 또는 관찰이 필요한 경우=3점 – 독립적으로 평지는 걸을 수 있으나, 계단이나 불안정한 평지를 걸을 때에 도움이 필요한 경우=4점 독립적으로 보행이 가능한 경우=5점
	바델 지수 (barthel index)	점수 (0~100점)	• 일상생활 활동의 수행능력을 평가하는 도구로, 국내에는 제5판 수정 바델 지수(MBI)를 번안한 한글판 수정 바델 지수(Korean Modified Barthel Index)가 있음 • 개인위생, 목욕하기, 식사하기, 용변처리, 계단 오르기, 옷 입기, 대변조절, 소변조절, 보행/의자차, 의자/침대 이동의 10가지 일상생활 활동을 평가 • 도움의 정도에 따라 각 1 – 5단계로 나누어 각 점수를 측정한다. 총점은 100점으로, 0 – 24점은 전적 의존(total), 25 – 49점은 심도, 50 – 74점은 중등도, 75 – 89점은 경도, 90 – 99점은 최소 의존(minimal)으로 구분

지표 분류	도구명	단위(범위)	개요
	일상생활 동작 평가 (functional independence measure, FIM)	점수 (18~126점)	• 운동성과 관련 항목 13개와 인지와 관련된 5개 항목을 포함해서 총 18항목으로 구성 – 자조활동(먹기, 꾸미기, 목욕하기, 상의입기, 하의입기, 화장실사용) – 괄약근조절하기(소변, 대변가리기) – 움직이기/이동하기(침상/의자/차, 화장실, 욕조/샤워) – 보행(걷기/의자, 계단) – 의사소통(이해/지각력, 표현하기) – 사회적응(사회생활하기, 문제해결능력, 기억력) • 환자의 기능정도에 따라 항목 당 최저 1점에서 최고 7점 적용 – 1점 : 전적인 도움 필요 – 2점 : 많은 도움 필요 – 3점 : 중정도 도움 필요 – 4점 : 약간의 도움 필요 – 5점 : 감독 필요 – 6점 : 약간 독립적(도구 필요) – 7점 : 완전 독립적(적절한 시간에 안전하게)

출처: 이동진 등(2009). 뇌졸중 환자의 균형, 기능적 보행, 시지각, 일상생활 평가도구의 상관성 문헌 수정
한국보건의료연구원. 2021. 뇌졸중환자에서의 하지재활로봇

하지재활로봇의 메타분석에서 기본 분석은 중재직후 보고값을 기준으로 합성하고, 민감도 분석으로 최종 보고값을 합성하였다. 하위군 분석방향 및 자료 처리 기준 및 민감도 분석의 기준은 아래와 같다. 특히, 대상자 특성 등을 정의할 때 기준값의 우선순위도 사전에 논의하여 정해야 한다. 하지재활로봇 사례에서는 대상자 분류시 첫 번째 기준은 문헌에서 대상자 선택기준에 대한 정의였고, 만약 해당 정보가 보고되지 않은 문헌에서는 두 번째 기준인 대상자 기저특성의 평균 유병기간, 평균 FAC 보고값으로 기준으로 분류하였고, 끝으로 이 모든 값이 없을 경우, 정보가 없는 그룹으로 분류하기로 하였다. 또한, 메타분석의 결과가 일관성이 있는지 등을 확인하기 위하여 민감도 분석을 다양하게 수행하였다.

[표 13-6] 보행치료 하위군 분석

<table>
<tr><td>정의
기준</td><td colspan="3">하위군에 대한 기준은 소위원회 논의를 통해 결정하였으며, 대상자 특성은 문헌에서 대상자 선택 기준 정의로 우선 분류하고, 선택기준에 뇌졸중 발생시점 및 보행수준에 대한 정보가 없을 경우 대상자 기저특성의 평균 유병기간, 평균 FAC 보고값을 기준으로 분류하였다. 또한, 로봇유형도 선택문헌의 중재절차 및 로봇에 대한 설명을 보고 소위원회에서 분류를 정하였다.</td></tr>
<tr><th colspan="2">분류기준</th><th>세분류</th><th>하위군 분석그룹</th></tr>
<tr><td rowspan="4">대상자</td><td rowspan="2">뇌졸중 발생 시점</td><td>6개월 이하</td><td rowspan="4">대상자의 뇌졸중 발생시점과 기저특성 보행수준을 조합하여 총 4개군으로 분류
• 뇌졸중 발생 6개월 이하, 심한 보행장애
• 뇌졸중 발생 6개월 이하, 의존/독립보행
• 뇌졸중 발생 6개월 초과, 심한 보행장애
• 뇌졸중 발생 6개월 초과, 의존/독립보행</td></tr>
<tr><td>6개월 초과</td></tr>
<tr><td rowspan="2">기저 특성 보행 수준</td><td>심한 보행장애: 문헌에 심한 보행장애로 기술되거나 FAC 2점 이하</td></tr>
<tr><td>의존/독립보행: 문헌에 독립보행 가능 또는 도움하에 보행가능으로 기술되거나 FAC 3점 이상</td></tr>
<tr><td rowspan="2">중재</td><td>방식</td><td>단독, 병용에 구분</td><td>단독 중재, 고식적 재활치료와의 병용을 분류</td></tr>
<tr><td>로봇 유형</td><td>로봇유형은 소위원회 검토를 바탕으로 분류</td><td>트레드밀형, 발판형, 지상형, 고정형, 외장형으로 구분하여 분석</td></tr>
</table>

[표 13-7] 보행치료 민감도 분석

- **민감도 분석 1** : 문헌에서 보고한 최종 보고값을 기준으로 합성
- **민감도 분석 2** : 중앙값과 사분범위(interquartile range, IQR)로 보고된 경우는 Wan 등(2014)의 연구에서 제시된 전환공식을 사용하여 민감도 분석을 수행
- **민감도 분석 3** : 비뚤림 위험이 없는 연구만 합성

(3) 메타분석과 결과확인을 위한 추가분석

메타분석의 과정은 아래 그림과 같다.

① 추출한 자료를 바탕으로 고정효과모형, 변량효과모형 등 분석방법을 결정한다.

② 메타분석의 결과를 보고 전체 효과추정치, 통계적 유의성 등을 확인한다.

③ 이질성(heterogeneity)과 출판편향 등을 확인한다. 이질성은 숲그림과 Cochrane Q statistic($p<0.10$ 일 경우를 통계적 유의성 판단기준으로 간주)과 I^2 statistic을 사용하여 문헌간 통계적 이질성을 판단하고,

④ 이질성이 있는 경우 이질성의 원인을 확인하기 위해 하위그룹분석, 메타회귀분석, 민감도 분석 등을 수행할 수 있다.

⑤ 출판 비뚤림은 민감도 분석, funnel plot, Egger's test 등을 통해 확인할 수 있다.

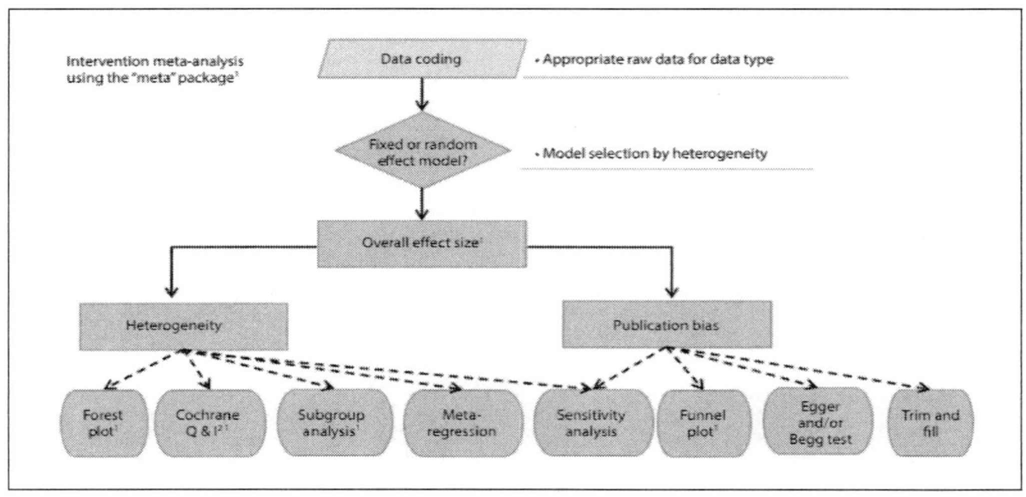

[그림 13-1] 체계적 문헌고찰 분석 과정

출처: Sung and Kim(2019). Intervention meta-analysis: application and practice using R software

하지재활로봇의 보행치료의 핵심결과지표 중 하나인 기능수행능력(FAC, BI, FIM)의 메타분석 결과를 사례로 ① 기본 분석(중재직후 결과값), 이질성 확인을 위한 ② 민감도 분석, ③ 하위그룹분석, 민감도 분석, ④ 메타회귀분석 등 다양한 결과를 소개하고자 한다. 하지재활로봇의 기능수행능력 결과지표의 ① 기본 분석인 중재직후(기본 분석) 결과값을 합성한 결과, 하지재활로봇을 이용한 보행치료가 고식적 재활치료에 비해 통계적으로 유의하게 기능수행능력 점수가 높았으나 이질성이 높은 우려가 있었다(SMD 0.25점, 95% CI 0.01~0.48, I^2=72.7%). 하지재활로봇 단독중재는 고식적 재활치료와 비교해 두 군간 차이가 없었고(SMD 0.11점, 95% CI −0.14~0.36, I^2=6.1%), 하지재활로봇 및 고식적 재활치료 병용 중재군은 고식적 재활치료군에 비해 통계적으로 유의하게 기능 수행능력(FAC, BI, FIM)의 개선효과가 있었다(SMD 0.32점, 95% CI 0.001~0.63, I^2=79.4%). 단, 이질성이 높아 해석에 주의가 필요하다.

[보고서 결과기술 부분 발췌]

기본 분석 결과, 기능 수행 능력(FAC, BI, FIM)은 하지재활로봇을 이용한 보행치료가 고식적 재활치료에 비해 통계적으로 유의하게 점수가 높았다(SMD 0.25, 95% CI 0.01~0.48, I^2=72.7%). 중재의 병용유무에 따른 하위그룹 분석 결과에서는 하지재활로봇 단독중재는 고식적 재활치료와 비교해 두 군간 차이가 없었고(SMD 0.11, 95% CI -0.14~0.36, I^2=6.1%), 하지재활로봇 및 고식적 재활치료 병용 중재군은 고식적 재활치료군에 비해 통계적으로 유의하게 기능 수행 능력(FAC, BI, FIM)의 개선효과가 있었다(SMD 0.32, 95% CI 0.001~0.63, I^2=79.4%). 단, 이질성이 높아 해석에 주의가 필요하다.

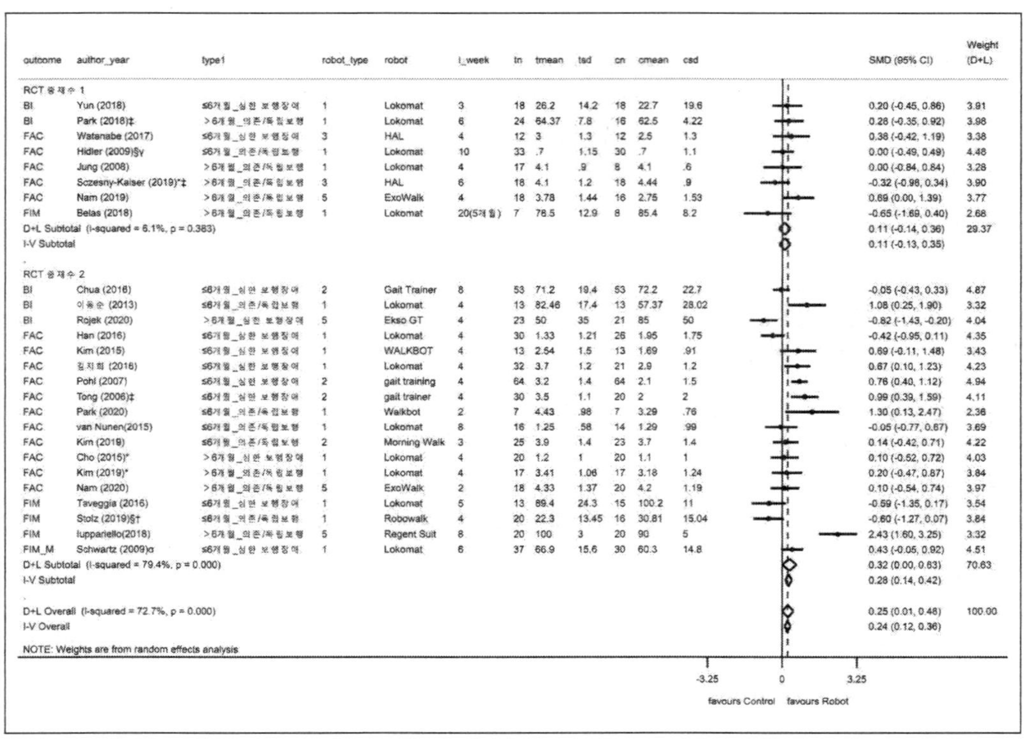

[그림 13-2] 뇌졸중 RCT의 중재직후 기능수행능력(FAC, BI, FIM) forest plot

‡ combine 2 group, § 변화량, γ SE→SD, * cross over design 연구, † 95% CI→SD, α FIM_moter

출처: 한국보건의료연구원. 2021. 뇌졸중환자에서의 하지재활로봇

기본 분석의 결과에서 전체와 병용중재군에서는 하지재활로봇군이 고식적 치료에 비해 통계적으로 유의하게 기능수행능력 점수가 향상되었으나, 이질성 위험이 높았고, 단독중재군은 고시적 치료와 통계적으로 유의미한 차이가 없어 결과의 일관성도 없었다. 이를 확인하기 위해 3가지 민감도 분석과 하위그룹 분석, 메타회귀분석 등을 수행하였다.

② 민감도 분석결과에서도 하지재활로봇 전체군, 병용중재군의 높은 이질성은 해결되지 않았고, 결과의 방향성과 통계적 유의성은 최종 보고값 기준 합성결과, 비뚤림위험이 없는 연구만 합성한 결과는 기본 분석과 동일하였고, 중앙값, 범위, 사분위수를 보고한 문헌을 합성할 결과에서는 모든 중재분류군과 고식적 보행치료군간의 기능수행능력의 통계적으로 유의미한 차이는 없었다. ③ 또한, 대상자 특성별, 로봇유형별 하위그룹 분석결과에서도 하지재활로봇군과 고식적 보행치료군간 통계적으로 유의미한 차이가 없었고, 이질성은 I^2가 0~94.8%로 매우 다양하고, 명확하게 이질성의 원인을 규명하지 못했다. ④ 기능수행능력에 대한 메타회귀분석에서도 뇌졸중 발생시점, 기저특성 보행수준, 로봇유형, 중재 병용여부, 대상자수, 중재기간, 출판연도, 연구디자인, 민간연구비, 비뚤

림 위험평가에서 '높음'이 없는 연구 등의 요인으로 분석하였으나 특별히 결과에 영향을 미치는 특성을 파악하기 어려웠다. 다만, 연구의 중재의 종류, 용법, 중재기간 등 중재방식이 표준화되지 않아 발생한 이질성으로 추정하였다.

[표 13-8] 뇌졸중 RCT 하지재활로봇의 기능수행능력 결과지표의 기본 및 민감도 분석결과

분류		중재 환자	비교 환자	연구수	결과(95% CI)	I^2(%)	유의성
기본 분석 중재직후 보고값	전체 하지재활로봇	598	539	26	SMD 0.25 (0.01~0.48)	72.7	FR
	단독 중재군	147	126	8	SMD 0.11 (−0.13~0.35)	6.1	NS
	병용 중재군	451	413	18	SMD 0.32 (0.001~0.63)	79.4	FR
민감도 분석 1 최종 보고값	전체 하지재활로봇	706	624	30	SMD 0.27 (0.06~0.48)	70.3	FR
	단독 중재군	145	121	8	SMD 0.06 (−0.23~0.35)	25.4	NS
	병용 중재군	561	503	22	SMD 0.33 (0.08~0.60)	75.1	FR
민감도 분석 2 중앙값, 범위, IQR 보고 문헌 포함	전체 하지재활로봇	642	583	29	SMD 0.21 (−0.01~0.43)	70.6	NS
	단독 중재군	162	141	9	SMD 0.10 (−0.13~0.33)	0.0	NS
	병용 중재군	480	442	20	SMD 0.27 (−0.03~0.56)	78.0	NS
민감도 분석 3 비뚤림 위험이 없는 연구만 합성	전체 하지재활로봇	303	264	13	SMD 0.43 (0.08~0.78)	74.5	FR
	단독 중재군	92	72	4	SMD 0.11 (−0.20~0.43)	0.0	NS
	병용 중재군	211	192	9	SMD 0.58 (0.09~1.08)	81.7	FR

FR: Favours Robot, NS: Not Significant, NA: Not Applicable
출처: 한국보건의료연구원. 2021. 뇌졸중환자에서의 하지재활로봇

[표 13-9] 뇌졸중 RCT 하지재활로봇 중재군 중재직후 시점 하위군 메타분석 결과 요약

결과지표		하위군		연구수	결과(95% CI)	I^2(%)	유의성
전체	FAC, BFAC, BI, FIM	전체		26	SMD 0.25 (0.01~0.48)	72.7	FR
		대상자	onset≤6개월, 심한 보행장애	10	SMD 0.31 (−0.004~0.63)	69.5	NS
			onset≤6개월, 의존/독립 보행	6	SMD 0.21 (−0.27~0.68)	64.0	NS
			onset>6개월, 심한 보행장애	2	SMD−0.36 (−1.26~0.54)	76.3	NS
			onset>6개월, 의존/독립 보행	8	SMD 0.35 (−0.23~0.92)	79.5	NS
		로봇 유형	트레드밀	16	SMD 0.14 (−0.10~0.39)	51.3	NS
			발판형	4	SMD 0.45 (−0.04~0.94)	77.8	NS
			지상형	2	SMD−0.01 (−0.70~0.68)	43.2	NS
			외장형	4	SMD 0.58 (−0.67~1.83)	92.4	NS

결과지표		하위군		연구수	결과(95% CI)	I^2(%)	유의성
단독중재	FAC, BI, FIM	전체		8	SMD 0.11 (−0.13~0.35)	6.1	NS
		대상자	onset≤6개월, 심한 보행장애	2	SMD 0.28 (−0.23~0.78)	0.0	NS
			onset≤6개월, 의존/독립 보행	1	SMD 0.00 (−0.49~0.49)	NA	
			onset>6개월, 의존/독립 보행	5	SMD 0.06 (−0.37~0.50)	40.5	NS
		로봇 유형	트레드밀	5	SMD 0.05 (−0.25~0.35)	0.0	NS
			지상형	2	SMD−0.01 (−0.70~0.68)	43.2	NS
			외장형	1	SMD 0.70 (0.000~1.39)	NA	
병용중재	BI, FIM FAC, BI, FIM	전체		18	SMD 0.32 (0.001~0.63)	79.4	FR
		대상자	onset≤6개월, 심한 보행장애	8	SMD 0.32 (−0.06~0.70)	76.2	NS
			onset≤6개월, 의존/독립 보행	5	SMD 0.29 (−0.34~0.91)	70.6	NS
			onset〉6개월, 심한 보행장애	2	SMD−0.37 (−1.26~0.54)	76.3	NS
			onset〉6개월, 의존/독립 보행	3	SMD 0.89 (−0.48~2.25)	91.0	NS
		로봇 유형	트레드밀	11	SMD 0.20 (−0.14~0.54)	64.1	NS
			발판형	4	SMD 0.45 (−0.04~0.94)	77.8	NS
			외장형	3	SMD 0.55 (−1.19~2.29)	94.8	NS

FR: Favours Robot, NS: Not Significant, NA: Not Applicable

BBS: Berg Balance Scale, RMI: Rivermead Mobility Index, TUG: Timed Up & Go, mEFAP: modified Emory Functional Ambulation Profile, FAC: Functional Ambulation Category, BI: Barthel Index, FIM: Functional Independence Measure, FMA: Fugl Meyer-Lower/Extremity Motor function, MI: Motricity Index, NIHSS: National Institutes of Health Stroke Scale, SF-36: Short Form 36

출처: 한국보건의료연구원. 2021. 뇌졸중환자에서의 하지재활로봇

[표 13-10] 뇌졸중 RCT 하지재활로봇 기능수행능력 결과지표에 대한 메타회귀분석 결과

결과 지표		변수	Coef.	SE	t	P>|t|	95% CI	
기능수행능력	FAC, BI, FIM	뇌졸중 발생시점	−0.38	0.35	−1.10	0.28	−1.10	0.34
		기저특성 보행수준	0.23	0.27	0.86	0.40	−0.33	0.79
		로봇유형	0.25	0.11	2.24	0.04	0.02	0.48
		중재 병용여부	0.15	0.28	0.53	0.60	−0.44	0.74
		대상자수	−0.01	0.01	−0.70	0.49	−0.03	0.02
		중재기간	−0.03	0.04	−0.77	0.45	−0.12	0.06
		출판연도	−0.05	0.03	−1.58	0.13	−0.13	0.02
		연구설계	−0.19	0.34	−0.56	0.58	−0.89	0.51
		비뚤림_민간연구비	0.24	0.53	0.45	0.66	−0.87	1.35
		비뚤림_높음 없음	0.51	0.27	1.86	0.08	−0.06	1.07
		_cons	110.74	70.26	1.58	0.13	−35.38	256.86

출처: 한국보건의료연구원. 2021. 뇌졸중환자에서의 하지재활로봇

(4) 출판 비뚤림 위험 등 확인을 위한 분석

통계적으로 유의한 결과만이 출판되었는지에 대한 출판 비뚤림 위험을 확인하기 위해 등고선 보정 깔때기 그림(contour-enhanced funnel plot)을 그리고 대칭성 등을 확인하였다. contour-enhanced funnel plot 상으로는 비대칭적인 분포에 대한 명확한 근거를 확인하지 못해 출판 비뚤림 위험은 '낮음'으로 평가하였다. 또한, 메타분석에서 소규모 연구만으로 결론을 내릴 경우 효과를 과대 추정할 위험이 있어 소규모 연구영향을 확인해야 한다. 소규모 연구영향은 작은 표본의 연구에서 통계적으로 유의한 결과가 더 자주 발생하는 현상을 의미한다. Egger's test는 깔때기 그림의 비대칭성을 확인해 효과

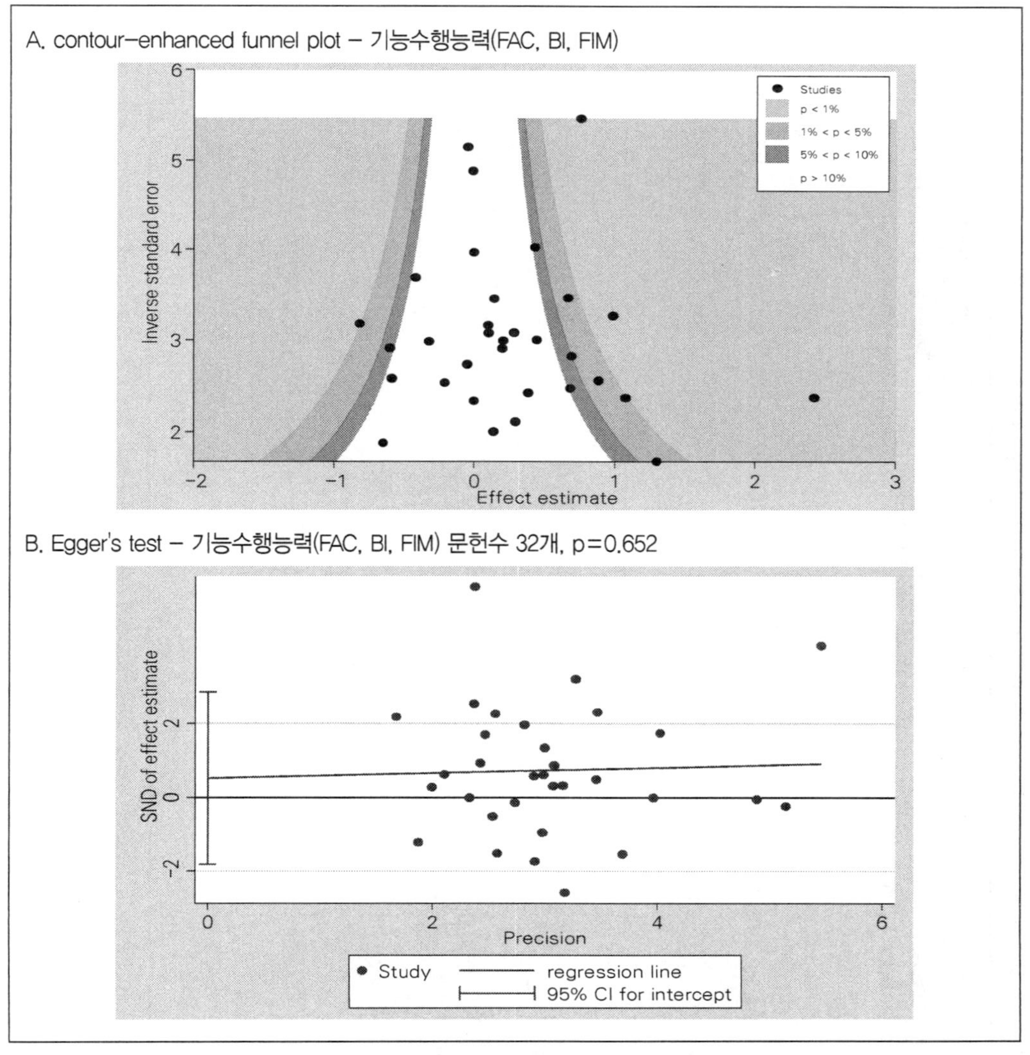

[그림 13-3] 뇌졸중 RCT 하지재활로봇 출판비뚤림 확인 분석결과

출처: 한국보건의료연구원. 2021. 뇌졸중환자에서의 하지재활로봇

[표 13-11] 뇌졸중 하지재활로봇 전체 중재군 vs. 고식적 재활치료 결과의 근거 수준

Certainty assessment							No. of patients		Effect		Certainty	Importance
No. of studies	Study design	Risk of bias	Inconsistency	Indirectness	Imprecision	Other	Robot & Conventional PT	Conventional PT	RR (95% CI)	Absolute (95% CI)		
점수 기준 균형기능 (BBS, RMI)												
29	randomised trials	serious a	serious b	not serious	not serious	none	608	541	–	SMD 0.37 SD higher (0.11 higher to 0.63 higher)	⊕⊕○○ LOW	CRITICAL
기능 수행 능력 (FAC, BI, FIM)												
26	randomised trials	serious a	serious b	not serious	not serious	none	598	539	–	SMD 0.25 SD higher (0.01 higher to 0.48 higher)	⊕⊕○○ LOW	CRITICAL
근력 (FMA, MI)												
19	randomised trials	serious a	serious b	not serious	not serious	none	414	367	–	SMD 0.10 SD higher (0.11 lower to 0.30 higher)	⊕⊕○○ LOW	CRITICAL
삶의 질 전체												
6	randomised trials	serious a	not serious	not serious	serious c	none	111	107	–	SMD 0.07 SD higher (0.20 lower to 0.34 higher)	⊕⊕○○ LOW	CRITICAL
거리 기준 보행속도												
32	randomised trials	serious a	serious b	not serious	not serious	none	664	589	–	MD 0.03 m/sec lower (0.11 lower to 0.05 higher)	⊕⊕○○ LOW	IMPORTANT
보행거리												
17	randomised trials	serious a	not serious	not serious	not serious	none	366	354	–	MD 1.83 m lower (7.36 lower to 11.01 higher)	⊕⊕⊕○ MODERATE	IMPORTANT
시간 기준 균형기능 (TUG, mEFAP)												
15	randomised trials	serious a	serious b	not serious	not serious	none	234	199	–	SMD 0.19 SD lower (0.49 lower to 0.12 higher)	⊕⊕○○ LOW	IMPORTANT

CI: confidence interval; MD: mean difference; SMD: standardised mean difference

a. risk of bias에서 high가 있는 문헌 포함됨

b. 이질성이 높고 결과의 방향성이 혼재되어 있음

c. 검정력이 떨어지는 표본 수(연속형 변수 400명 이상), 신뢰구간 넓음

크기에 대한 과대평가 여부를 수치로 확인할 수 있는 방법이다. 하지재활로봇에서는 합성가능한 문헌이 10편이 넘는 결과지표에 대해 소규모 연구 영향력을 확인하기 위해 Egger's test를 수행하였다. 소규모 연구 영향력을 확인한 결과, 통계적으로 유의하게 영향을 미치는 지표는 없었다.

(5) 결과의 해석 및 결론도출

체계적 문헌고찰 결과는 중요결과 지표를 중심으로 GRADE를 활용해 요약하여 제시하고, 다음과 같이 임상적 해석과 결론을 도출하였다. 체계적 문헌고찰 결과, 뇌졸중에서 하지재활로봇을 이용한 보행치료 중재군 전체와 고식적 재활치료의 안전성은 대부분의 연구에서 이상반응이 없다고 기술하거나 심각한 부작용 등이 보고되지 않아 '안전한 기술'로 평가하였다. 하지재활로봇을 이용한 보행치료 중재의 유효성 지표 중 점수 기준 균형기능(BBS, RMI)과 기능수행능력(FAC, BI, FIM)지표에서 하지재활로봇을 이용한 보행치료가 고식적 재활치료에 비해 통계적으로 유의하게 개선효과가 있었으나 이질성이 높아 해석에 주의가 필요하다. 이 외 시간 기준 균형 기능(TUG, mEFAP), 근력(FMA, MI), 보행속도, 보행거리, 뇌졸중 중증도(NIHSS), 삶의 질 등은 하지재활로봇 중재군과 고식적 재활치료군간 차이가 없었다. 따라서, 소위원회에서는 본 평가결과 뇌졸중 환자에서 하지재활로봇을 이용한 보행치료는 '안전한 기술'이며, 유효성은 '고식적 재활치료와 유사한 기술'로 유사한 기술로 평가하였다(근거의 신뢰수준, low).

2) 진단검사

진단검사의 메타분석은 국내에서는 한국보건의료연구원에서 발간한 〈NECA 연구방법 시리즈 – 진단검사 체계적 문헌고찰〉 등에 자세하게 나와 있다. 의학분야에서 진단검사에 대한 체계적 문헌고찰 및 메타분석의 특징을 'F-18 플로르베타벤 뇌 양전자단층촬영(23)'을 사례로 설명하고자 한다.

(1) 핵심질문 및 PICRO 설정

치료중재의 'I'는 intervention을 의미하는 반면, 진단검사의 'I'는 index test를 의미한다. 핵심질문을 설정할 때도 해당 검사가 무엇을 확인하고, 목적이 진단을 위한 것인지, 예측을 위한 것인지, 선별/배제 등을 위한 것인지 등을 명확하게 기술하는 것이 필요하다. F-18 플로르베타벤 뇌 양전자단층촬영검사에서는 인지장애(의심)환자라는 검사의 적응증이 너무 광범위하여 질환의 분류를 알츠하이머 치매와 다른 인지장애 등을 구분하고, 이를 진단하기 위해 수행한 검사인지, 추후 발생할 장애를 예측하기 위해 수행한 검사인지를 구분하고자 하였고, 이를 핵심질문으로 구성하였다.

진단검사와 치료중재 메타분석의 가장 큰 차이점은 진단검사는 참고표준을 기준으로 결과값을 분석한다는 것이다. 치료중재에서는 안전성이나 효과성 등의 결과지표를 비교할 때 치료중재와 비교중재의 결과값을 직접 비교하지만, 진단검사에서는 진단정확도 분석시 중재검사, 비교검사 모두 참고표준 대비 진단정확도를 각각 산출해 비교한다. 따라서, 핵심질문을 구성할 때도 비교검사를 중요하게 기술하지 않는 경우가 많다. 하지만, PICROTS-SD를 구성할 때는 비교가능한 검사를 정의해야 한다.

[표 13-12] 진단검사의 핵심질문

인지장애(의심) 환자에서 알츠하이머 질병 및 기타 원인의 인지장애 진단 및 예측목적의
대상 / 검사의 목적
F-18 플로르베타벤 뇌 양전자단층촬영 검사가 임상적으로 안전하고 효과적인가?
중재 / 결과지표

[표 13-13] F-18 플루트메타몰 뇌 양전자방출 단층촬영의 PICROTS-SD

구분	세부내용	
patients(대상환자)	인지장애(의심) 환자 분류: 1) 알쯔하이머 치매, 2) 기타 치매, 3) 인지장애	
index test(중재검사)	F-18 플로르베타벤 뇌 양전자단층촬영	
comparators(비교검사)	• 자기공명영상(Magnetic Resonance Imaging, MRI); 구조적 MRI 한정 • 다른 방사성의약품을 사용한 뇌 양전자방출 단층촬영	
reference standard (참고표준기준)	임상진단	
outcomes (결과변수)	임상적 안전성	• 방사선의약품에 대한 부작용 • 검사 관련 합병증
	임상적 효과성	• 진단 정확성 • 의료결과에의 영향 – 치료변화 – 예측정확도 – 비용-효과 및 비용절감 결과
time(추적관찰기간)	제한하지 않음	
setting(임상세팅)	제한하지 않음	
study designs(연구유형)	제한하지 않음	
연도 제한	제한하지 않음	

출처: 한국보건의료연구원. 2021. F-18 플로르베타벤 뇌 양전자단층촬영

(2) 연구 선택 · 배제 기준 및 분석을 위한 자료추출

진단검사의 연구의 선택, 자료추출 등은 치료중재와 거의 유사하고, 대상자 특성이나 하위그룹분석 등이 다양하게 이뤄지지 않아 치료중재보다는 간략한 편이다. 다만, 문헌에서 보고한 참고표준 대비 진양성(true positive, TP), 위양성(false positive, FP), 위음성(false negative, FN), 진음성(true negative, TN) 등 결과값이 모두 보고되거나 계산을 할 수 있어야 진단정확도 등을 산출할 수 있어, 메타분석 수행이 목적이라면 이들 값이 있는지를 확인하고 문헌의 선택 · 배제시 기준으로 고려할 수 있다.

진단검사도 치료중재와 마찬가지로 어떻게 대상을 분류하고, 목적에 따른 결과지표를 분석할 것인지에 대한 계획시 임상전문가, 방법론 전문과의 자문이 필요하다. F-18 플로르베타벤 뇌 양전자단층촬영의 분석기준은 F-18 플로르베타벤 뇌 양전자단층촬영을 통해 확인할 수 있는 뇌의 아밀로이드 침착 수준이 질환의 중증도에 따라 달라질 수 있어 알츠하이머 치매와 알츠하이머외 치매, 기타 인지장애로 구분하였다. 또한, 검사 당시 질환을 진단하는 목적으로 진단정확도를 보고한 결과와 추적관찰 후 질환의 발생을 예측한 결과를 구분하여 분석을 수행하기로 정하였다.

(3) 메타분석

진단검사의 진단정확도 메타분석결과는 아래와 같이 민감도, 특이도의 coupled forest plots과 SROC(summary receiver operating characteristic) 곡선으로 도출한다. 알츠

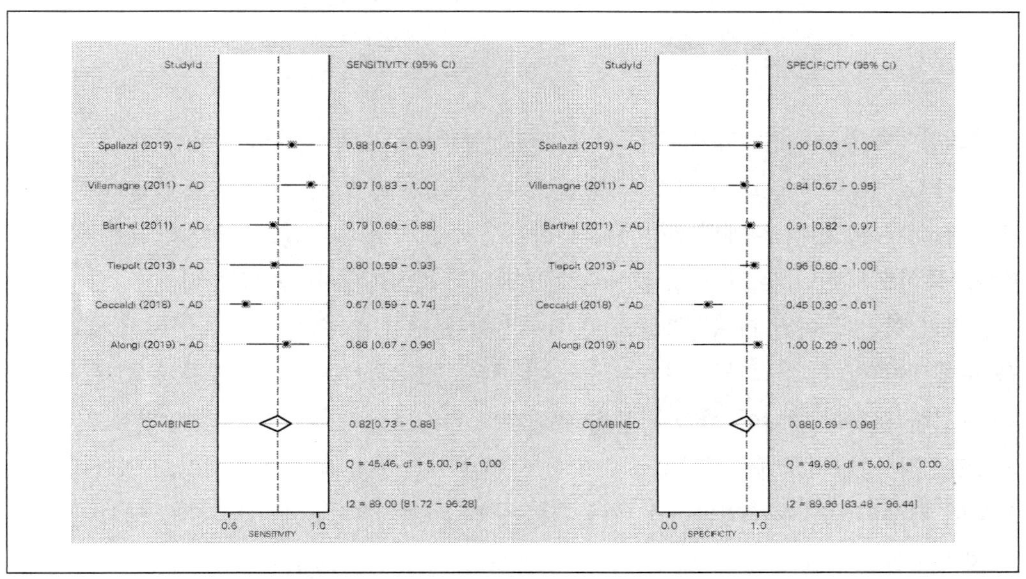

[그림 13-4] F-18 플로르베타벤 뇌 PET 검사 AD 진단 Coupled forest plots

출처: 한국보건의료연구원. 2021. F-18 플로르베타벤 뇌 양전자단층촬영

하이머병 치매 진단에서 F-18 플로르베타벤 뇌 PET 검사의 임상진단 참고표준 대비 통합민감도는 0.82(95% 신뢰구간95% 신뢰구간(confidence interval, CI): 0.73~0.88, 통합특이도 0.89(95% CI: 0.69~0.96), 통합 AUC는 0.89(95% CI: 0.85~0.91)였다.

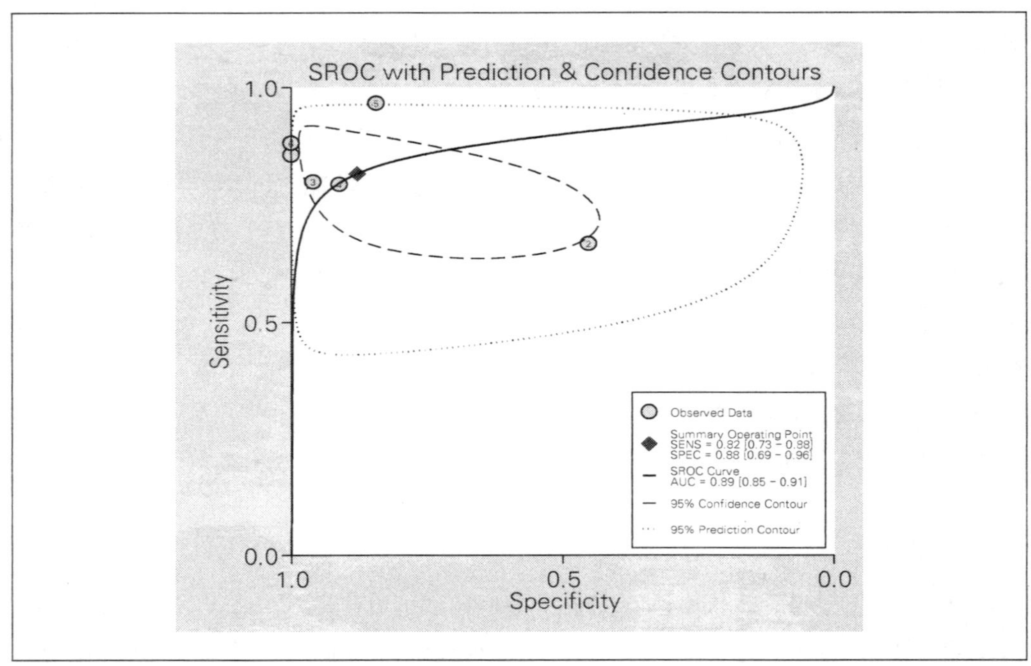

[그림 13-5] F-18 플로르베타벤 뇌 PET 검사 AD 진단 SROC

출처: 한국보건의료연구원. 2021. F-18 플로르베타벤 뇌 양전자단층촬영

알츠하이머병 치매가 아닌 기타 치매, 혈관성 치매, 전두측두엽 치매 등의 민감도는 0.15~1.00, 특이도는 0.71~1.00, AUC는 0.31~0.90이었다. 각 문헌에서 보고한 결과 범위가 너무 넓을 경우 메타분석에서 통합추정치는 산출하지 않고 경향 확인을 위해 민감도, 특이도의 coupled forest plots과 SROC 그림만을 제시하기도 한다.

질병의 확진이 아닌 예측정확도도 통합추정치를 구할 수 있는지를 확인하고 메타분석을 수행해야 한다. 추적관찰 기간은 예측에 매우 중요한 기준으로 동일한 시점의 예측값을 보고한 문헌이 많아야 합성을 통한 통합추정치 산출이 가능하다. F-18 플로르베타벤 뇌 PET 검사의 치매 예측정확도를 보고한 문헌은 1년, 2년, 3년, 4년 각각의 결과만이 보고되어 합성이 불가능하였다. 단, 경향확인을 위해 통합추정치는 산출하지 않고, plot만을 제시하였다. 1년 치매 예측 정확도의 민감도는 0.86, 특이도는 0.78, AUC는 0.81이었고, 2년 치매 예측 민감도는 0.90, 특이도는 0.76, AUC는 0.82이었고, 3년 치매 예측의 민감도 0.50, 특이도 0.85, AUC 0.68이었고, 4년 치매 예측 민감도 0.81, 특이도 0.84, AUC 0.82였다.

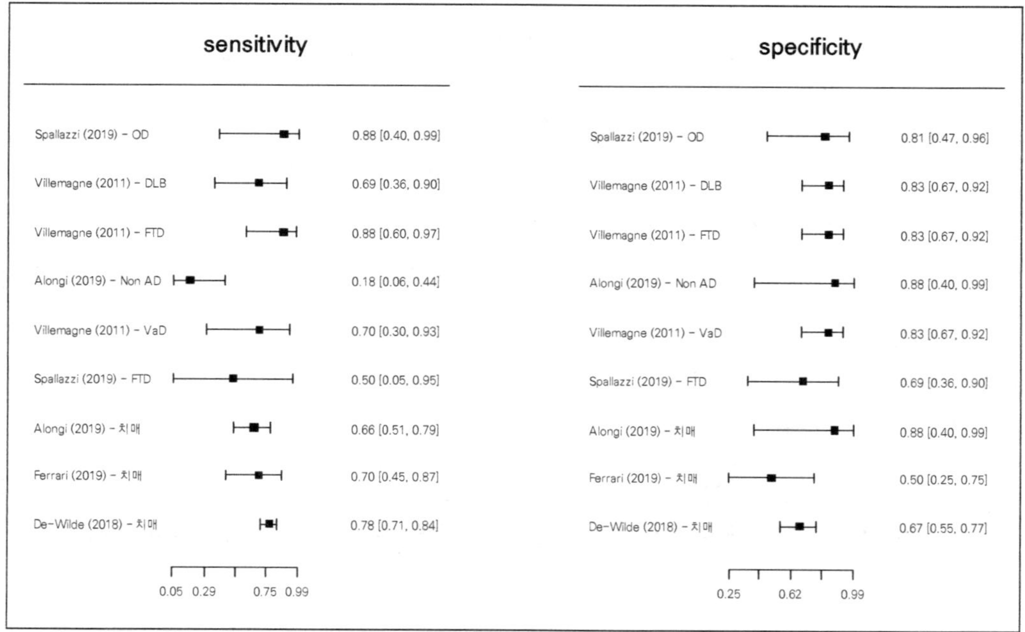

[그림 13-6] F-18 플로르베타벤 뇌 PET 검사 AD외 치매 진단 Coupled forest plots

출처: 한국보건의료연구원. 2021. F-18 플로르베타벤 뇌 양전자단층촬영

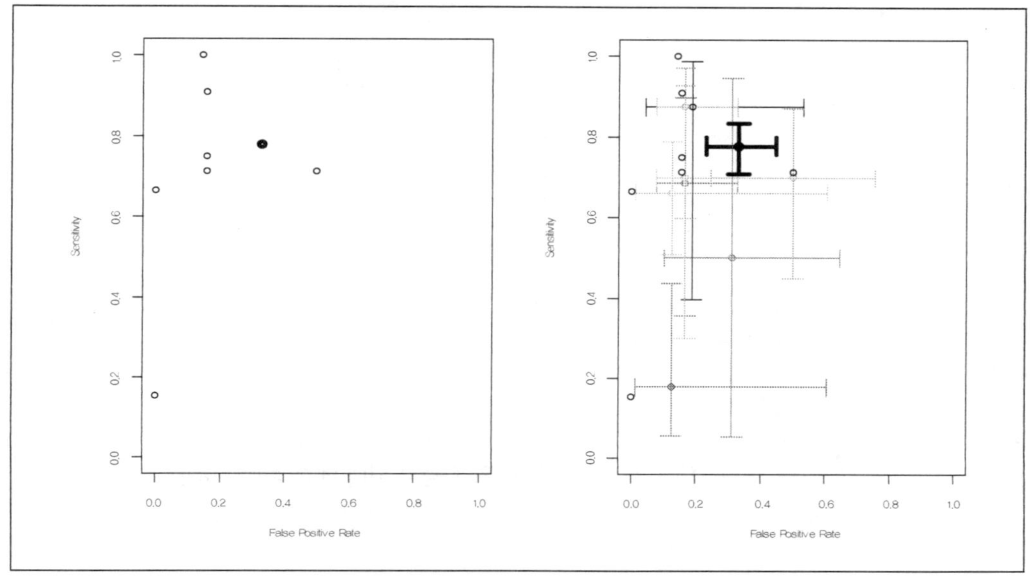

[그림 13-7] F-18 플로르베타벤 뇌 PET 검사 AD외 치매 진단 SROC

출처: 한국보건의료연구원. 2021. F-18 플로르베타벤 뇌 양전자단층촬영

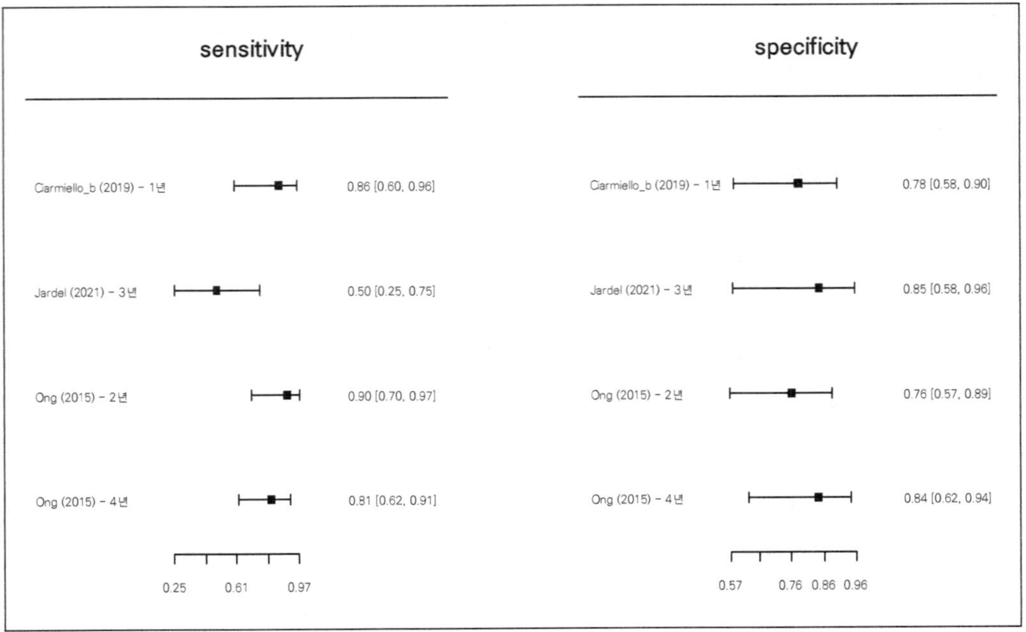

[그림 13-8] F-18 플로르베타벤 뇌 PET 검사 치매 예측 진단 coupled forest plots

출처: 한국보건의료연구원. 2021. F-18 플로르베타벤 뇌 양전자단층촬영

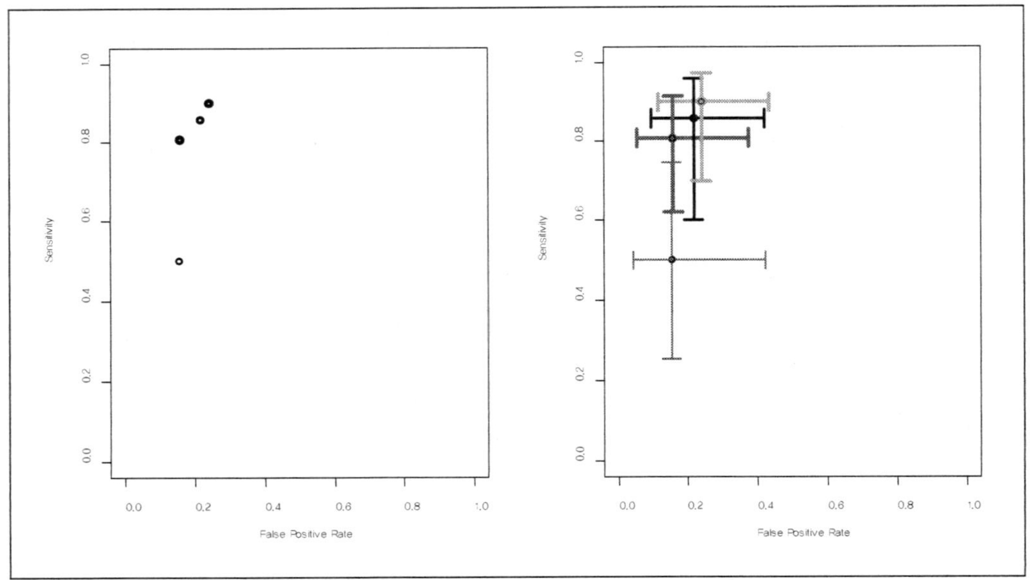

[그림 13-9] F-18 플로르베타벤 뇌 PET 검사 치매 예측 진단 SROC

출처: 한국보건의료연구원. 2021. F-18 플로르베타벤 뇌 양전자단층촬영

F-18 플로르베타벤 뇌 PET 검사는 영상검사로 판독기준이 정성검사의 형태로 cut-off가 별도로 있는 검사가 아니라 본 사례에서 제시하지는 못했지만, 검사의 수치로 정상, 비정상, 중증도 등을 구분하는 검사의 경우 중요 판정기준치(cut-off)에 따라 민감도 분석 등을 수행하여 결과의 일관성 등을 확인해야 한다.

(4) 결과의 해석 및 결론도출

F-18 플로르베타벤 뇌 PET 검사는 인지장애 및 치매 진단에서 보조검사로 주로 활용되며, 비교적 안전한 검사로 평가하였다. 알츠하이머병 치매 진단시 문헌간 이질성이 일부 존재했지만, 통합민감도 0.82, 통합특이도 0.89, 통합 AUC 0.89로 높은 진단정확도를 보이고, 치료계획 및 추적관찰 등을 고려할 때 효과적인 검사로 평가하였다. 알츠하이머병 외 다른 종류의 치매 및 인지장애 질환에서는 일부 연구들에서 높은 진단정확도를 보고하였으나, 결과가 일관되지 않아 개별 질환별로 결론을 내리기에는 임상근거가 부족하였다고 평가하였다.

Tip 의학분야의 체계적 문헌고찰시 주요 고려사항

- 치료중재와 진단검사 모두 관심 중재 · 검사의 사용목적이 무엇인지, 그 목적이 이뤄졌는지에 관심을 가지고 핵심질문, PIC(R)OTS-SD를 작성한다.
- 치료중재는 비교중재에 비해 안전하고 효과적인지를 확인하는 것에 중점을 두고 메타분석을 시행하고, 진단검사는 참고표준 대비 결과에 중점을 두고 핵심질문 등을 구성한다.
- 대상, 중요한 결과지표의 결정, 임상적 유의미성 등 해석 등을 위해서는 임상전문가의 참여, 자문이 필수과정이다.
- 치료중재의 메타분석에서는 분석의 기준(기본 분석, 민감도 분석, 하위그룹 등), 동일 개념의 다른 척도의 결과값의 처리기준, 합성기준, 하위군 정의기준 등이 사전에 충분한 논의하에 계획되어야 한다.
- 문헌의 양이 충분할 경우 메타분석 결과의 이질성 및 일관성을 확인하기 위해 forest plot 확인 및 민감도, 하위그룹분석, 메타회귀분석, 출판 비뚤림 등 다양한 분석을 수행해야 한다. 이러한 다양한 분석이 메타분석 결과의 신뢰성을 높인다.
- 의학분야에서 메타분석의 결과를 해석할 때 통계적 유의성 외에도 중재(검사)가 실제 임상에서 어느 정도로 유의미한 결과를 가져오는지를 반드시 확인해야 한다. 단순히 통계적으로 유의한 결과가 나왔다고 하더라도, 실제 임상에서 얼마나 큰 변화를 일으키는지, 환자에게 실질적으로 도움이 되는지를 판단하는 것이 중요하다.

심화 용어 정의

- **근거수준**(evidence level): 의학, 보건학, 과학 연구 등에서 특정 연구결과나 근거의 신뢰도를 평가하는 기준으로 보통 연구의 질, 연구설계, 비뚤림 위험 등을 고려하여 근거의 신뢰수준을 분류함
- **최소 임상적 중요 차이**(minimal clinically important difference, MCID): 특정 치료나 중재의 효과가 환자에게 의미있는 변화로 볼 수 있는 최소한의 차이를 의미함. 즉, 통계적으로 유의미한 차이가 있더라도, 실제로 환자가 체감할 수 있거나 임상적으로 중요한 변화가 있는지를 평가하는 개념
- **메타회귀분석**(meta-regression analysis, MRA): 메타분석에서 이질성을 설명하기 위해 회귀분석을 적용하는 기법으로 연구마다 효과 크기가 다른 이유를 설명하기 위해 연구의 특성(연구설계, 참가자 특성, 중재 방법 등)을 독립변수로 회귀분석하는 방법임
- **표준화 평균차이**(standardized mean difference, SMD): 메타분석에서 연구마다 측정 방법이나 단위가 다를 때 동일한 척도로 변환하여 효과 크기(effect size)를 비교할 수 있도록 표준화한 지표임
- Cochrane Q **통계량**(statistic)**와** I^2 **통계량**: 메타분석에서 연구간 이질성(heterogeneity)을 평가하는 두 가지 주요 지표로 Cochrane Q 통계량은 연구간 효과 크기 차이 검정하는 통계이고, I^2 통계량은 연구간 차이가 전체 변동에서 차지하는 비율(%)을 의미함. Q 통계량의 해석은 p-value 기준으로 < 0.05이면 이질성이 있다고 판단함. I^2 통계량의 해석은 0~25%이면 이질성 위험이 '낮음', 25~50%이면 이질성 위험이 '중간', 50~75%이면 이질성 위험이 '높음', 75~100%이면 이질성 위험이 '매우 높음'으로 판단함
- **진양성, 위양성, 위음성, 진음성**
  - 진양성(true positive, TP): 실제 질병이 있는 사람을 검사에서 양성(positive)으로 올바르게 판별한 경우
  - 위양성(false positive, FP): 실제 질병이 없는 사람을 검사에서 잘못 양성(positive)으로 판별한 경우
  - 위음성(false negative, FN): 실제 질병이 있는 사람을 검사에서 잘못 음성(negative)으로 판별한 경우
  - 진음성(true negative, TN): 실제 질병이 없는 사람을 검사에서 음성(negative)으로 올바르게 판별한 경우
- **민감도, 특이도, 진단정확도**
  - 민감도(sensitivity): 실제 질병이 있는 사람 중에서 검사가 양성으로 판별한 비율
    계산식: 진양성/(진양성+위음성)
  - 특이도(specificity): 실제 질병이 없는 사람 중에서 검사가 음성으로 판별한 비율
    계산식: 진음성/(진음성+위양성)
  - 진단정확도(accuracy): 전체 검사에서 정확하게 진단된 비율로 민감도와 특이도를 종합적으로 고려하는 지표, 계산식: (진양성+진음성)/(진음성+진음성+위양성+위음성)
- **coupled forest plot과 SROC(summary receiver operating characteristic) 곡선**: 진단검사 메타분석에서 coupled forest plot은 민감도와 특이도 결과를 연구단위 및 통합한 숲그림이며, 분석한 결과 그림이며, SROC 곡선은 요약추정치(진단정확도)를 종합한 곡선

참고문헌

1. Sackett D. L. (2000). Evidence-based medicine: how to practice and teach EBM. London, Churchill-Livingstone. 1-20.
2. Rosenberg W., Donald A. (1995). Evidence based medicine: an approach to clinical problem-solving. BMJ, 310, 1122-1126.
3. 박병주. (2005). 임상연구의 설계와 방법. Korean J Clin Oncol, 1(2), 12-21.
4. 박병주 등. (2018). 근거기반 보건의료. 박영사.
5. Richardson W. S., Wilson M. C., Nishikawa J., Hayward R. S. (1995). The well-built clinical question: a key to evidence-based decisions. ACP J Club, 123, A12-13.
6. Kang H. (2016). How to understand and conduct evidence-based medicine. Korean J Anesthesiol, 69(5), 435-445.
7. 권경은, 정선영, 박병주. (2013). 약물유해반응에 대한 체계적 문헌고찰을 위한 전략. 약물역학위해관리학회지, 6, 1-9.
8. Lee S., Kang H. (2015). Statistical and methodological considerations for reporting RCTs in medical literature. Korean J Anesthesiol, 68, 106-115.
9. NECA 연구방법 시리즈 – 의료기술평가방법론: 체계적 문헌고찰. (2020). 한국보건의료연구원.
10. Lundh A., Lexchin J., Mintzes B., Schroll J. B., Bero L. (2017). Industry sponsorship and research outcome. Cochrane Database of Systematic Reviews, 2, MR000033
11. 조미경, 김희영. (2016). 국내 사회복지 관련 메타분석 연구의 질 평가. Journal of the Korea Academia-Industrial Cooperation Society, 17(10), 158-167.
12. Grass G.V. (1976). Primary, Secondary, and Meta-Analysis of Research. Educational Researcher, 5(10), 3-8.
13. 장덕호, 신인수. (2011). 교육학 연구방법으로서 메타분석(Meta-analysis)의 발전과정 고찰. 교육과정평가연구, 14(3), 309-332.
14. Crosby R. D., Kolotkin R. L., Williams G. R. (2003). Defining clinically meaningful change in health-related quality of life. J Clin Epidemiol 56, 395-407.
15. Johnston B. C., Thorlund K., da Costa B. R., Furukawa T. A., Guyatt G. H. (2012). New methods can extend the use of minimal important difference units in meta-analyses of continuous outcome measures. J Clin Epidemiol, 65, 817-826.
16. https://www.gradeworkinggroup.org/
17. 임상진료지침 실무를 위한 핸드북 version 2.0- GRADE 방법론 (2022). 한국보건의료연구원, 대한의학회.
18. https://www.sign.ac.uk/
19. https://www.uspreventiveservicestaskforce.org/uspstf/about-uspstf/methods-and-processes/grade-definitions
20. https://training.cochrane.org/handbook
21. 뇌졸중 환자에서 하지재활로봇을 이용한 보행치료. (2021). 한국보건의료연구원. https://

www.neca.re.kr/lay1/program/S1T11C216/tech_report/view.do?seq=90
22. Shim S. R., Kim S.J. (2019). Intervention meta-analysis: application and practice using R software. Epidemiol Health, 41, e2019008
23. F-18 플로르베타벤 뇌 양전자단층촬영. (2022). 한국보건의료연구원. https://www.neca.re.kr/lay1/program/S1T11C216/tech_report/view.do?seq=166

제14장

체계적 문헌고찰과 메타분석에서 인공지능 기술 활용

제14장

체계적 문헌고찰과 메타분석에서 인공지능 기술 활용

체계적 문헌고찰과 메타분석은 특정 질문에 대해 축적된 근거를 체계적으로 정리하고, 통계적 기법을 활용하여 결론을 도출하는 과학적 연구방법론이다. 그러나 전통적인 접근 방식은 방대한 양의 문헌을 수작업으로 검토해야 하므로 시간과 인력이 과도하게 소요되며, 이 과정에서 인간의 주관적 판단이나 실수가 개입될 가능성이 존재한다. 특히, 팬데믹과 같은 긴급 상황이나, 폭발적으로 증가하는 연구결과를 신속하게 반영해야 하는 환경에서는 보다 빠르고 정확한 문헌고찰이 필수적이다. 이러한 한계를 해결하기 위해 인공지능 기술이 다양한 방식으로 도입되고 있고, 빠르게 진화하는 인공지능 기술로 인해 체계적 문헌고찰 및 메타분석의 수행방식에도 변화의 흐름이 나타나고 있다(1, 2).

[표 14-1] 체계적 문헌고찰 단계별 인공지능 적용 방법

단계	기존 방법	인공지능 적용 방법	주요 이점
문헌 검색	키워드 기반 수동 검색 및 필터링	의미 기반 검색 및 자동 필터링	검색 시간 단축, 관련 논문 누락오류 최소화
논문 스크리닝	제목 및 초록 수동 검토	인공지능이 포함여부를 예측 및 추천	주관적 판단 최소화, 효율성 향상
데이터 추출	수동 데이터 추출	NLP를 활용한 자동 데이터 추출	데이터 정확성 향상, 시간 절약
메타분석	통계 소프트웨어를 활용한 수동 분석	데이터 형태 자동 분석, 이질성 분석 및 패턴 식별	복잡한 데이터 분석 가능, 조절 변수 식별 용이
질 평가	연구자가 도구를 활용하여 수동 평가	인공지능 기능 자동 질 평가	평가 일관성 향상, 연구자 간 불일치 감소

1 문헌 검색 단계

문헌 검색은 체계적 문헌고찰의 출발점으로, 방대한 논문 데이터베이스에서 주요질문과 관련된 문헌을 검색하는 것이다. 이는 수많은 데이터를 다루는 작업으로, 시간과 자원이 많이 요구된다.

- **기존 방법** : 연구자가 키워드를 설정하고, 수동으로 논문을 검색하고, 검색된 내용을 하나하나 검토하여 관련 문헌 선별함. 키워드의 한계로 인해 문헌의 일부가 누락될 가능성 있음
- **인공지능 활용** : 의미 기반 검색(semantic search), 자연어처리, 대형언어모델 기반 질문 응답 시스템을 활용하여 연구자의 질문에 따라 적절한 문헌을 탐색하고 우선순위를 제시함

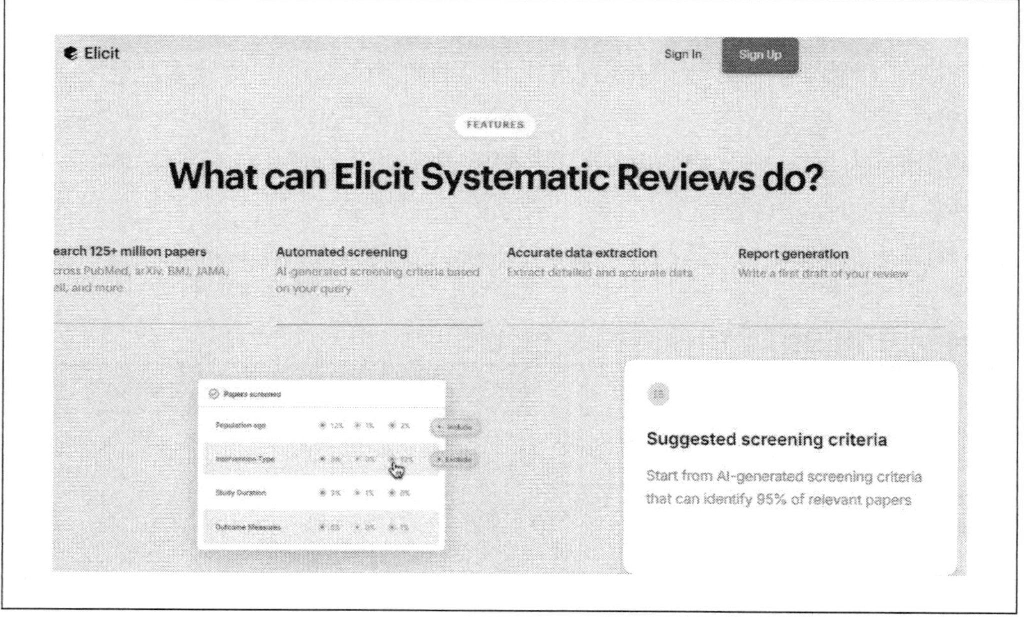

[그림 14-1] Elicit의 주화면

- **사용 사례** : Elicit는 연구자가 자연어 형태의 질문을 입력하면, 관련 문헌의 제목과 요약, 주요 문장 등을 제시함
- **효과** : 수작업에 비해 검색 속도가 현저히 향상되며, 키워드의 한계를 극복하고 더 다양한 관련 문헌을 탐색할 수 있음. 연구질문의 의도를 문맥적으로 이해하여 검색의 정밀도와 포괄성을 동시에 높일 수 있음

Box 14-1 search

- 단어와 구문의 의미를 해석하는 검색 엔진 기술이다. 시맨틱 검색의 결과는 검색어와 일치하는 내용뿐만 아니라, 의미와 일치하는 내용까지 반환한다.

2 제목 및 초록 스크리닝

문헌 검색 이후, 제목과 초록을 검토하여 해당 문헌의 포함 여부를 결정한다.

- **기존 방법** : 모든 문헌의 제목과 초록을 두 명의 연구자가 수작업으로 평가함
- **인공지능 활용** : 제목과 초록을 분석해 포함 가능성을 예측하고, 연구자의 판단을 보조함
  - **사용 사례** : Rayyan은 인공지능을 활용하여 포함/제외 여부를 자동으로 분류하고, 사용자가 최종 결정을 내릴 수 있도록 지원함
  - **효과** : 논문 검토 시간을 현격히 단축함

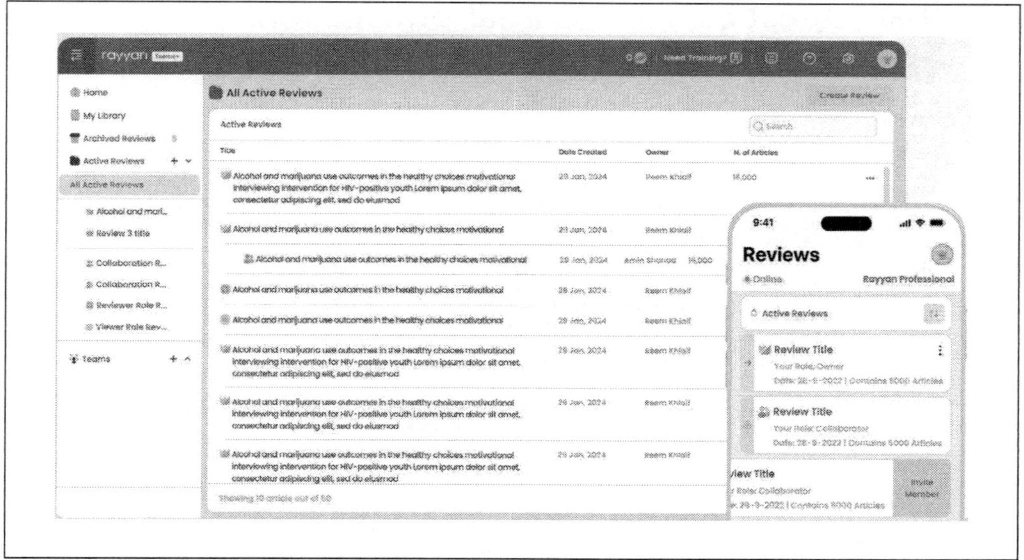

[그림 14-2] Rayyan의 초록 스크리닝 기능

3 데이터 추출

포함된 연구로부터 메타분석에 필요한 데이터를 추출하는 과정으로, 연구설계, 개입 내용, 결과 지표 등의 핵심 정보를 정확히 수집해야 하며, 이는 시간과 노력이 많이 들고 오류 가능성도 높은 작업이다.

- **기존 방법** : 연구자가 문헌의 원문에서 연구설계, 샘플 수, 개입 내용, 효과 크기 등의 데이터를 직접 읽어, 사전에 정의된 입력 양식에 수작업으로 입력함
- **인공지능 활용** : 자연어처리 기술을 통해 문헌에서 주요 데이터를 자동으로 식별하고 추출하며, 이를 표준화된 형식으로 정리하여 메타분석에 바로 활용할 수 있도록 준비함

Kiritchenko *et al. BMC Medical Informatics and Decision Making* 2010, **10**:56
http://www.biomedcentral.com/1472-6947/10/56

BMC
Medical Informatics & Decision Making

TECHNICAL ADVANCE Open Access

ExaCT: automatic extraction of clinical trial characteristics from journal publications

Svetlana Kiritchenko[1*], Berry de Bruijn[1], Simona Carini[2], Joel Martin[1], Ida Sim[2]

Abstract

Background: Clinical trials are one of the most important sources of evidence for guiding evidence-based practice and the design of new trials. However, most of this information is available only in free text - e.g., in journal publications - which is labour intensive to process for systematic reviews, meta-analyses, and other evidence synthesis studies. This paper presents an automatic information extraction system, called ExaCT, that assists users with locating and extracting key trial characteristics (e.g., eligibility criteria, sample size, drug dosage, primary outcomes) from full-text journal articles reporting on randomized controlled trials (RCTs).

Methods: ExaCT consists of two parts: an information extraction (IE) engine that searches the article for text fragments that best describe the trial characteristics, and a web browser-based user interface that allows human reviewers to assess and modify the suggested selections. The IE engine uses a statistical text classifier to locate those sentences that have the highest probability of describing a trial characteristic. Then, the IE engine's second stage applies simple rules to these sentences to extract text fragments containing the target answer. The same approach is used for all 21 trial characteristics selected for this study.

[그림 14-3] ExaCT의 소개 논문

- **사용 사례** : ExaCT는 임상시험 데이터에서 샘플 수, 효과 크기, 통계적 유의성 등 주요 지표를 자동 추출함. DistillerSR은 구조화된 데이터 추출 양식을 제공하며, 사용자가 추출 기준을 설정하면 인공지능이 해당 기준에 따라 자동으로 정보를 추출함
- **효과** : 추출 데이터의 표준화, 오류 감소 및 데이터 준비 시간 단축하고, 일관성 있는 기준 적용을 통해 재현성이 향상됨

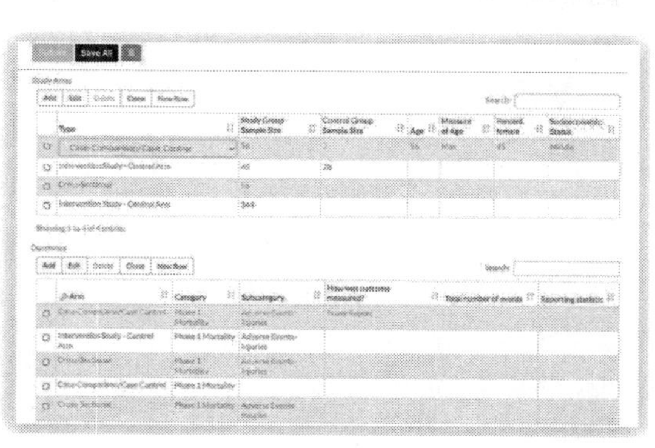

[그림 14-4] DistillerSR의 데이터 추출 기능

4 메타분석 수행

데이터를 통합하고 통계적 기법을 사용하여 전체적인 효과 크기를 산출하는 과정으로, 체계적 문헌고찰의 결론을 도출하는 핵심 단계이다.

- **기존 방법** : 연구자가 R, Stata 등 통계 소프트웨어를 사용하여 효과 크기를 계산하고, 이질성 분석, 민감도 분석 등을 수작업으로 수행함. 이 과정은 전문적인 통계 지식과 반복적인 계산 작업이 요구되며, 분석자 간 해석 차이로 인한 결과의 불일치 가능성도 존재함
- **인공지능 활용** : 대규모 데이터 통합과 전처리를 자동화하여 연구 간 효과 크기, 신뢰 구간, 이질성 등을 빠르게 계산함. 특히 네트워크 메타분석과 같은 복잡한 분석을 지원하며, 데이터 시각화를 통해 해석을 용이하게 함
  - **사용 사례** : NetMetaXL는 엑셀에서 네트워크 메타분석을 자동화하며, 베이지안 기반 모델을 사용하여 효과 크기 및 비교 결과를 시각적으로 제시함
  - **효과** : 복잡한 통계 분석을 손쉽게 수행할 수 있으며, 분석 결과의 정확성과 신뢰성이 향상됨. 분석 속도가 빨라지고 조절변수 탐색이나 하위집단 분석 등 추가적인 분석도 보다 유연하게 수행할 수 있음

[그림 14-5] NetMetaXL 홈페이지

5 질 평가

문헌의 포함 여부를 결정한 후, 각 연구의 비뚤림 위험을 평가하는 과정으로, 연구의 신뢰성과 타당성 확보를 위한 핵심 단계이다.

- **기존 방법**: 2명의 연구자가 Cochrane RoB와 같은 정형화된 평가 도구를 활용해 무작위 배정, 할당, 맹검, 선택적 보고 여부 등 기준 항목별로 수동 평가함
- **인공지능 활용**: 평가대상의 문헌이 정형화된 기준에 맞는지 자동으로 평가하고, 평가결과를 시각화하여 제공함. 자연어처리 기반 모델이 문헌의 관련 문장을 탐색하고, 질 평가 항목에 대한 판단 근거를 제시함
  - **사용 사례** : RobotReviewer는 문헌의 질을 항목별로 평가하고, 요약하여 시각화 결과로 도출함
  - **효과** : 평가 기준의 자동 적용을 통해 대규모 문헌을 빠르게 처리할 수 있으며, 결과의 일관성을 높일 수 있음

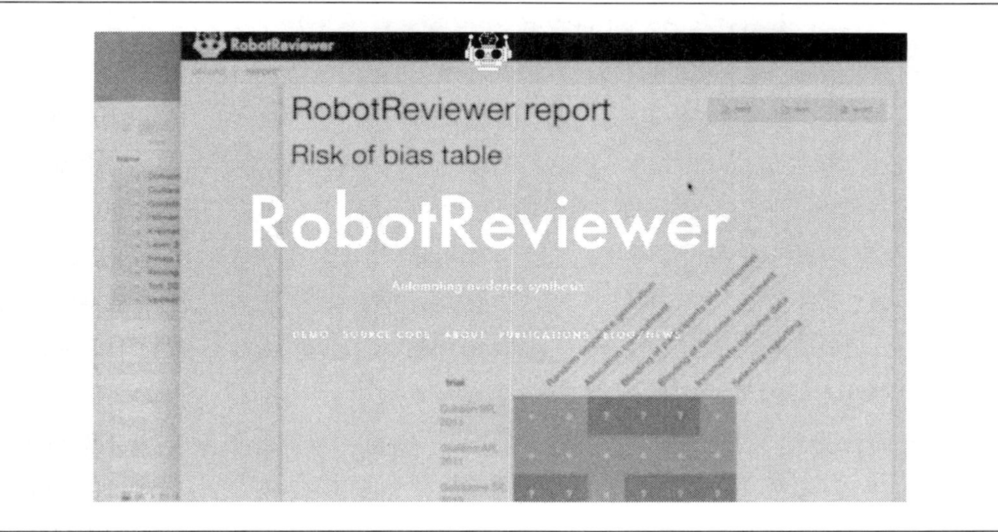

[그림 14-6] RobotReviewer의 Risk of Bias 기능

6 실제 활용 사례

현재까지 보고된 사례는 대부분 문헌 검색 및 스크리닝 단계에 집중되어 있으며, 메타분석 단계나 결과 해석에까지 인공지능 도구가 활용된 사례는 드문 실정이다.

Bernard 등(2025)은 Elicit의 활용성을 평가하기 위해, 이전에 수행된 체계적 문헌고찰인 Tannou 등(2023)과 동일한 연구질문을 바탕으로 Elicit를 활용해 세 차례 문헌 검색을 수행하였다(3, 4). 그 결과 각각 246편, 169편, 172편의 문헌이 검색되었으며, 최종 선택된 6편 중 3편은 기존 연구와 일치하였고, 나머지 3편은 Elicit가 새롭게 찾아낸 문헌이었다. 그러나 Tannou 등(2023)의 연구에서는 총 23편의 문헌이 최종 포함되었으며, Elicit 검색 결과에서는 이 중 17편이 누락되었다. 이러한 결과는 현재 시점에서 Elicit이 수동 검토의 오류를 일부 보완하고 초기 탐색 범위를 확장하는 데는 유용하나, 기존의 수작업 검토를 완전히 대체하기에는 아직 한계가 있음을 시사한다.

Chua 등(2023)은 안과 영상 진단기술에 대한 체계적 문헌고찰 및 메타분석 프로토콜(PROSPERO CRD42021274441)에서 DistillerSR을 몇 가지 단계에서 활용할 계획임을 명시하였다(5). 문헌 스크리닝 단계에서는 제목 및 초록, 전체 본문에 대해 사전 정의된 포함/제외 기준에 따라 문헌을 분류하고, 판단 불일치 발생 시 검토자 간 조율 과정을 자동화할 예정이다. 데이터 추출 단계에서는 연구설계, 대상 질환, 비교 기준, 성과지표를 포함한 핵심 정보를 DistillerSR 내 표준화된 양식으로 수집한다. 질 평가 단계에서는

QUADAS-2 도구를 기반으로 DistillerSR 내 템플릿을 활용하여 두 명의 독립 검토자가 비뚤림 위험을 평가할 계획이 명시되어 있다.

Meulenbroeks 등(2022)은 Rayyan을 문헌 스크리닝 도구로 활용하였다(6). 제목과 초록을 기반으로 문헌을 수동으로 선별할 때 연구자가 설정한 포함 및 제외 기준에 부합하는 용어들을 자동으로 스캔하고 강조해주는 기능을 활용하였다. 전체 문헌의 10%는 세 명의 검토자가 함께 확인하여 포함 및 제외 기준의 적용 일관성을 평가하였고, 나머지 90%는 한 명의 검토자가 단독으로 검토하였다. 이때 Rayyan은 단독 검토자가 보다 효율적이고 일관된 방식으로 문헌을 선별할 수 있도록 지원함으로써, 검토자의 역할 일부를 보완하거나 대체하는 기능을 수행하였다.

PRISMA 2020은 자연어 처리와 머신러닝 기반 기술 등 자동화 도구의 활용을 반영하여, 이에 대한 구체적인 보고 지침을 포함하고 있다(7). 예를 들어, '문헌 선택 과정(study selection process)'에서는 자동화 도구의 사용 여부와 구체적인 사용 방식을 기술해야 한다. 또한, '데이터 추출 과정(data collection process)'에서는 자동화 도구를 사용했다면 해당 도구의 이름과 사용 방법을 명시해야 한다. 질 평가(risk of bias assessment)에서도 자동화 도구의 사용 여부와 관련 정보를 보고해야 한다. 특히, 인간 검토자와 자동화 도구의 역할 분담을 구체적으로 기술해야 한다. 예를 들어, 문헌 선택 과정에서 100개를 제외한 경우, 그 중 70개는 자동화 도구에 의해, 30개는 인간 검토자에 의해 제외되었음을 명확히 밝혀야 한다. 자동화 도구를 사용하는 연구자들은 해당 도구의 활용 목적과 적용 단계를 명확히 기술해야 하며, 이는 연구의 투명성과 재현 가능성을 높이고, 체계적 문헌고찰의 활용 가치를 증진시키는 데 기여한다.

7 인공지능 기술 활용의 장점과 단점

인공지능 도구는 체계적 문헌고찰과 메타분석에서 여러 가지 장점을 제공한다. 무엇보다도 시간 효율성이 크게 향상되어 문헌 검색과 선택, 데이터 추출과 분석 과정을 훨씬 더 신속하게 수행할 수 있다. 또한 데이터의 형식과 추출 기준을 자동화함으로써 연구 간 데이터를 표준화할 수 있고, 이를 통해 결과의 일관성을 높일 수 있다. 연구자의 주관적 판단으로 인해 발생할 수 있는 비뚤림도 줄어들어, 최종 결과의 객관성을 확보하는 데 도움을 준다. 아울러 인공지능은 대규모 문헌을 효과적으로 처리할 수 있어, 방대한 연구 자료를 보다 체계적으로 관리하고 분석할 수 있는 장점이 있다.

그러나 현시점에서 인공지능 도구에는 여러 한계도 존재한다. 대부분의 도구는 영어 논문에만 최적화되어 있어 비영어권 연구를 다루기 어렵고, 이로 인해 언어 장벽이 발생할 수 있다. 또한 많은 도구들이 제한된 환경에서만 검증되어, 다양한 연구 상황에 그대로 적용하기에는 일반화 가능성이 낮다. 인공지능을 효과적으로 활용하려면 컴퓨터 과학이나 알고리즘에 대한 기본적인 이해가 필요하다는 점도 사용자 접근성을 낮추는 요인이다. 특히, 비뚤림 위험평가처럼 종합적인 판단과 경험이 필수적인 단계에서는 인공지능의 판단만으로는 신뢰성을 충분히 확보하기 어렵다.

8 인간 연구자의 역할

인공지능을 활용해 체계적 문헌고찰과 메타분석을 수행할 때에도, 인간 연구자는 여전히 핵심적인 역할을 담당한다. 인공지능이 반복적이고 시간 소모적인 작업을 대신할 수 있지만, 연구의 맥락을 이해하고 비판적으로 사고하며 최종적인 판단을 내리는 일은 인간이 수행해야 하는 영역이다.

무엇보다도 연구질문을 설정하고 프로토콜을 설계하는 과정은 인간이 주도해야 한다. 연구의 방향성과 목적을 정하는 단계에서는 임상적, 학문적 맥락을 이해하는 능력과 경험이 필요하기 때문이다. 또한, 인공지능이 자동으로 생성한 결과물을 검토하고 검증하는 것도 중요한 역할이다. 예를 들어, 인공지능이 수행한 문헌 스크리닝 결과나 데이터 추출 결과가 실제 연구 기준에 부합하는지, 포함 · 제외 기준이 제대로 적용되었는지를 확인하는 과정은 반드시 인간의 판단이 필요하다.

연구의 품질을 평가하고, 문헌 간 이질성을 해석하며, 최종적으로 결과의 의미를 도출하는 과정 역시 인간 연구자가 맡아야 하는 핵심 영역이다. 특히 비뚤림 위험 평가나 연구 윤리에 대한 판단은 경험과 전문성을 바탕으로 한 종합적인 사고가 필요하므로, 인공지능만으로는 신뢰할 수 있는 결과를 얻기 어렵다.

최종 결과를 맥락적으로 해석해 의미를 도출하고, 이를 토대로 결론과 권장 사항을 작성하는 일도 인간 연구자의 몫이다. 더불어 인공지능 도구를 효과적으로 활용하기 위해서는 도구의 설정과 조정, 학습 데이터 제공, 알고리즘의 매개변수 설정과 같은 부분도 인간이 직접 관리해야 한다. 이를 통해 인공지능의 강점을 최대한 살리면서도, 한계를 명확히 이해하고 적절히 보완할 수 있다.

결국, 인공지능은 체계적 문헌고찰과 메타분석에서 반복적이고 구조화된 작업을 담당하여 연구 효율성을 높이고, 인간 연구자는 연구의 맥락과 의미를 해석하며 신뢰성과 품질을 보장하는 데 집중한다. 이와 같은 역할 분담을 통해 인간과 인공지능은 하이브리드 연구체계를 구축할 수 있을 것이다.

참고문헌

1. Schmidt, L., Cree, I., Campbell, F., & WCT EVI MAP group (2025). Digital Tools to Support the Systematic Review Process: An Introduction. Journal of evaluation in clinical practice, 31(3), e70100.
2. Khalil, H., Ameen, D., & Zarnegar, A. (2022). Tools to support the automation of systematic reviews: a scoping review. Journal of clinical epidemiology, 144, 22-42.
3. Bernard, N., Sagawa, Y., Jr, Bier, N., Lihoreau, T., Pazart, L., & Tannou, T. (2025). Using artificial intelligence for systematic review: the example of elicit. BMC medical research methodology, 25(1), 75.
4. Tannou, T., Lihoreau, T., Couture, M., Giroux, S., Wang, R. H., Spalla, G., Zarshenas, S., Gagnon-Roy, M., Aboujaoudé, A., Yaddaden, A., Morin, L., & Bier, N. (2023). Is research on 'smart living environments' based on unobtrusive technologies for older adults going in circles? Evidence from an umbrella review. Ageing research reviews, 84, 101830.
5. Chua, S. Y. L., Lee, S. C., & Wong, T. Y. (2023). Protocol for a systematic review and meta-analysis of the diagnostic accuracy of artificial intelligence for grading of ophthalmology imaging modalities. BMJ Open, 13(3), e068978.
6. Meulenbroeks, I., Raban, M. Z., Seaman, K., & Westbrook, J. (2022). Therapy-based allied health delivery in residential aged care, trends, factors, and outcomes: a systematic review. BMC geriatrics, 22(1), 712.
7. Page, M. J., McKenzie, J. E., Bossuyt, P. M., Boutron, I., Hoffmann, T. C., Mulrow, C. D., Shamseer, L., Tetzlaff, J. M., Akl, E. A., Brennan, S. E., Chou, R., Glanville, J., Grimshaw, J. M., Hróbjartsson, A., Lalu, M. M., Li, T., Loder, E. W., Mayo-Wilson, E., McDonald, S., McGuinness, L. A., … Moher, D. (2021). The PRISMA 2020 statement: an updated guideline for reporting systematic reviews. BMJ (Clinical research ed.), 372, n71.

15

제 **15** 장

체계적 문헌고찰과 메타분석을 넘어서: 출판 비뚤림을 대하는 연구자의 자세

제15장 체계적 문헌고찰과 메타분석을 넘어서 : 출판 비뚤림을 대하는 연구자의 자세

"측정할 수 없으면 관리할 수 없다고 생각하는 것은 잘못된 생각입니다. 이는 값비싼 신화입니다. … 경영에 필요한 가장 중요한 수치는 알려지지 않았거나 알 수 없는 것입니다. 하지만 성공적인 경영은 그럼에도 불구하고 이를 고려해야 합니다."

- 에드워드 데밍(W. Edwards Deming, 1900-1993), 미국 경영 이론가, 경제학자, 산업공학자, 통계학자 -

1 체계적 문헌고찰, 메타분석의 급증과 유용성

1) 현황

연구 주제를 탐색하고, 연구하고자 하는 주제에 대한 기존의 연구를 체계적으로 분석해 보는 것은 모든 연구작업의 시작이라고 할 수 있다. '온고지신(溫故知新, 옛것을 통해 새로운 것을 본다)'은 모든 앎의 기본을 가장 잘 대변하고 있는 것이 체계적 문헌고찰과 메타분석(SR/META 분석)이라 할 것이다. 그런 점에서 연구의 역사가 시작된 시점부터 이 두 가지 작업은 있어 왔다. 그럼에도 불구하고 SR/META 분석은 특히 보건의료부분에서 많은 연구가 이루어져 왔고 최근에도 계속 증가세이다. 이러한 현상에는 여러 가지 이유가 있겠지만,

첫째, 무엇보다 분석을 할 만한 양질의 연구 수가 충분히 확보되어 있기 때문이다.

전 세계적으로 쏟아져 나오고 있는 양질의 연구결과는 SR/META 분석 증가의 가장 중요한 토대가 되고 있다. 이에 더하여 특정 주제에 대해 적절한 대규모 연구 대상, 정교

한 디자인, 분석 도구를 확보한 연구가 이미 진행되었다면, 이 주제에 대한 연구를 또 다시 진행하는 것은 연구자나 연구기관에는 불필요한 인력, 예산, 장비 등을 사용하는 일이고 더 나아가 비윤리적인 행위가 될 수 있다. 이에 연구자가 어떤 연구를 시작하기 전에 관련 주제에 대한 기존 연구를 체계적으로 분석할 필요가 있다.

둘째, 1990년대부터 본격화된 근거기반의학(evidence-based medicine)도 SR/META분석 증가에 상호 영향을 미쳤다.

특정한 한 연구 또는 소수의 연구에서 원인적 인과성이 입증되거나 치료 효과를 보였다는 것을 근거로 삼던 과거의 전통에서, 최근 근거기반의학(evicence-based medicine)이 연구결과가 근거로 인정받기 위한 조건을 규정했는데, 간략하게 말하면, 기본적인 연구윤리는 물론, 가능한 무작위 대조시험(randomized controlled trial, RCT)과 같은 연구설계가 필요하다는 것이다.

이러한 경향은 SR/META 분석에도 영향을 미쳐, 기존 연구의 선택, 평가에서도 엄격한 기준을 적용함으로써 SR/META 분석의 신뢰도를 높였다. 특별히 이렇게 엄격한 기준에 부합하는 연구결과들의 체계적인 분석 결과는 단편적인 연구결과가 가지는 오류를 밝힘으로써 그 유용성이 커지고 있다.

셋째, 보다 정교한 SR/META 분석기법들이 개발되고 있기 때문이다.

SR/META 분석에 엄격한 원칙들이 만들어져 그 분석의 신뢰도를 높이고 있다면, 다른 한 방향으로 더 정교한 SR/META 분석기법들이 개발되고 있다. 이러한 발전은 인공지능을 이용하는 방향으로도 나아가고 있다(이 책 14장을 참고할 것).

2 체계적 문헌과 메타 연구의 아킬레스 건, 출판 비뚤림 (publication bias)

최근 여러 주제에 대한 연구결과가 축적되고, 인공지능을 동원한 다양한 SR/META 분석기법이 개발되고 있다 하더라도, 우리가 잘 아는 바와 같이 SR/META 분석에는 치명적인 약점이 있다. '출판 비뚤림(publication bias)'이 그것이다.

가설을 검증할 만한 충분한 질과 양의 연구결과를 확보하지 못한 채 이루어지는 SR/META 분석은 올바른 결론을 제시할 수 없다. 이른바 "쓰레기가 들어가면 쓰레기가 나온다(garbage in, garbage out)"라는 정보통신분야의 원칙이 SR/META 분석에도 적용된다.

출판 비뚤림은 연구의 대상, 주제, 이론, 분석방법, 결과, 출판 등이 해당 주제와 대상을 충분히 대표하지 못해서 생기는 편향이다. 구체적으로 다음과 같다.

- 출간된 학술논문의 약 90%가 약 10%의 고소득 국가에서 이루어지는 것으로 알려져 있다(1). 이는 저소득 국가에서 중요한 연구 주제는 무시되거나, 고소득 국가에 부합하는 결과가 과잉 대표될 가능성이 크다. 논문을 작성하는 언어도 이것에 영향을 미칠 수 있다.
- 계량적 연구에서 더욱 빈번하게 이루어지는 것은 두드러지게 다수와 차이를 보이는 극단치(outlier)를 비정상적인 것으로 보거나 분석을 망치지 않게 하려고 배제하는 것이다. 극단치의 규모가 크지 않으면 심사자들은 그것을 크게 문제 삼지 않는 경우가 많다.
- 통계적으로 유의미한 결과를 가진 논문은 결과가 없는(null result) 논문보다 출판될 가능성이 3배 더 높다는 연구결과도 있다(2). 이는 신약개발과 같이 연구결과의 발표가 큰 이익과 직결될 때 일어날 가능성이 크다.
- 출판 수의 불균형이나 부족뿐만 아니라, 인용 과정에서 특정 성격의 연구가 더 많이, 또는 더 적게 선택적으로 인용됨에 따라 비뚤림을 야기할 수 있다.

출판 비뚤림이 무엇인지를 직관적으로 보여주는 것이 [그림 15-1]이다. 이 그림은 출판 비뚤림을 설명하는 데 자주 인용되는 그림이다. 공중 전투를 마치고 복귀한 비행기를 살펴보니 그림처럼 적군 비행기로부터 총알을 많이 맞은 부위가 비행기 몸체, 양 날개 끝, 뒷날개 부분임을 확인하였다. 그래서 그 부위를 보강하려는 조치가 취해졌다고 하자. 이 경우 무엇이 문제일까?

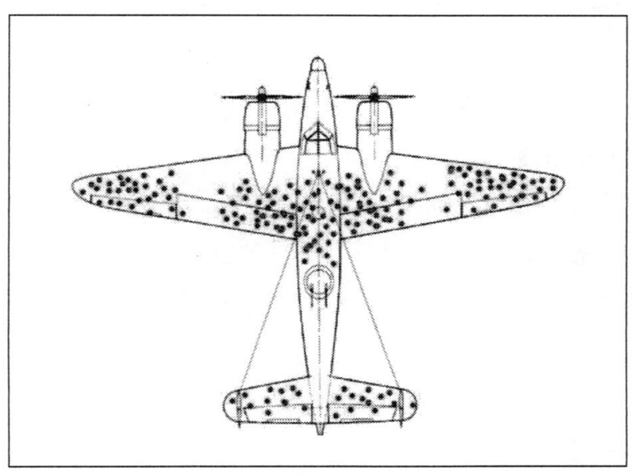

[그림 15-1] 출판 비뚤림의 예(1)

이 예는 선택편의라고도 불리는 생존 비뚤림(survivorship bias)의 한 예를 보여준다. 왜냐하면, 이들 자료는 귀환에 성공한 비행기를 대상으로 한 것으로 정작 적군 총에 엔진 부분을 맞아 추락해 돌아오지 못한 비행기는 분석 대상에서 빠졌기 때문이다(3).

3 출판 비뚤림을 극복하기 위한 노력들

출판 비뚤림을 줄이기 위해서는 분석을 시작하기 분석 전, 분석 중, 분석 후에 각각 해야 할 일들이 있다.

1) 분석 전에 할 일

(1) 포괄적인 문헌고찰

본격적인 SR/META 분석 전에 해야 하는 일은 포괄적인 문헌 검색과 분석을 통해 해당 논문을 모두 찾아내어 분석에 포함하는 일이다. 이 과정에서 분석에 포함하거나 제외할 기준을 명확히 하는 것이 필요하고, 혼자 자료를 수집, 정리하기보다는 2명 이상의 사람이 자료를 수집하고 서로 비교하며 진행하는 것이 좋다.

연구 주제에 부합하는 논문 속에 포함된 관련 문헌들이 내가 수집한 연구 목록에 포함되어 있는지 확인하고, 빠져있을 경우, 왜 검색에서 빠지게 되었는지를 살펴, 검색 방식을 보완해야 한다.

필요시 회색논문(예: 보고서)과 미발표 연구도 포함할 것인지 검토하고 원칙을 수립하여 포함하거나 제외해야 한다. 필요하다면, 논문의 저자에게 연락하여 추가적인 정보를 수집할 수 있다.

(2) 연구 프로토콜의 사용

본격적인 SR/META 분석을 시행하기 전 해당 프로토콜이 공개되어 있는지 확인할 필요가 있다. 이 프로토콜에는 하려는 연구주제와 관련한 연구설계와 방법이 요약되어 있는 경우가 많아 불필요하게 중복 연구를 수행하는 것을 막아주고, 또한 출판 비뚤림을 줄이는 데 도움을 준다.

(3) 연구 논문의 질 평가

연구 논문의 질을 평가하는 것은 SR/META 분석의 일부이기도 하다. 적절한 도구(예:

코크란 비뚤림 위험 도구)를 사용하여 연구의 질을 평가하여 질이 떨어지는 논문을 제외하는 등의 작업을 통해 연구 질이 낮은 논문이 불필요하게 결과에 큰 영향을 미치는 출판 비뚤림을 줄일 수 있다.

2) 분석 중 해야 할 일[1)]

(1) 출판 비뚤림 검사

출판 비뚤림이 있는지 확인하기 위해 가장 빈번히 사용되는 것은 깔때기 그림(funnel plots)과 통계검정 중 에거 회귀 검정방식(Eggers regression test)이다.

① 깔때기 그림(funnel plots)

깔때기 그림은 효과 크기와 그 정밀도(예: 표준오차)를 시각적으로 표시한다. 효과가 없는 소규모 연구의 사분면이 누락되는 것과 같은 비대칭성은 출판 비뚤림이 있다는 것을 의미한다. 이 방법은 직관적이기는 하지만, 주관적이며 이질성이나 우연성에 의해 교란될 수 있다.

② 통계검정

- **에거 회귀검정**(Eggers regression test): 표준화된 효과 크기를 정밀도에 대해 회귀 분석을 시행한다. 유의미한 절편(0에서 벗어남)은 비뚤림을 나타낸다. 이 방법은 다른 방법론에 비해 높은 민감도(0.93)와 변별력을 보여준다(4).
- **베그 순위 검정**(Beggs Rank Test): 효과 크기와 그 분산 간의 상관관계를 평가한다.
- **마카스킬 검정**(Macaskills Test): 에거(Egger)나 베그(Begg) 방법보다 검정력이 약하며 민감도(0.43)와 판별력이 낮다.

(2) 출판 비뚤림의 보정

출판 비뚤림을 검사하는 것을 넘어 그 비뚤림을 보장하려는 시도도 이루어지고 있는데, 그 대표적인 방법이 트리밍-앤-필(Trim-and-Fill) 방법과 선택 모델(Selection Models)의 사용이다.

① 트리밍-앤-필(Trim-and-Fill) 방법

이 두 단계 접근법은 먼저 비대칭 연구를 트리밍하여 조정된 효과 크기를 추정한 다

1) 이에 대한 자세한 내용은 7장을 참고할 것

음, "결측"연구를 대입하여 대칭적인 깔때기 그림을 만드는 방식이다.

② 선택 모델(Selection Models)

이 방식은 출판 확률(예: "유의미한" 결과 선호)에 따라 연구에 가중치를 부여하는 것이다.

(3) 하위 그룹 분석

그 밖에도, 분석을 일단 진행하고, 추가적으로 하위 그룹 분석을 수행하여 이질성의 잠재적 원인을 탐색하는 과정에서 어떤 특정 연구 특성에 대한 연구가 부족한지 확인할 수 있고, 연구결과가 여러 하위 그룹에서 일관성이 있는지를 파악할 수 있다.

3) 분석 후 해야 할 일

앞선 방법들을 동원하여 최대한 출판 비뚤림을 줄일 수 있게 노력한 후에도 연구의 고찰부분에 연구자가 출판 비뚤림을 줄이기 위해 어떤 노력을 했는지를 구체적으로 밝히고, 그러한 노력에도 불구하고 여전히 해결하지 못한 문제가 무엇이며, 결과 해석이나 이용 시 주의해야 할 점은 무엇인지 상세하게 기술할 필요가 있다. 가능하다면 전문가들에게 이러한 노력이 충분했는지 확인하는 작업이 필요하다.

이에 더하여, 출판 비뚤림을 더 줄이기 위해 향후 어떤 대상, 주제, 분석방법 등을 이용한 연구가 필요한지도 밝힐 필요가 있다.

4 여전히 남는 문제, '언던 사이언스(undone science)'

최대한 포괄적인 자료를 체계적으로 수집하고, 출판 비뚤림을 검사하고 이를 보정하려 노력하는 일은 SR/META 분석에서 매우 중요하고 가치있는 일이다. 그럼에도 여전히 남는 문제가 있는데, 바로 '언던 사이언스(undone science)'이다.

'언던 사이언스(undone science)'란 연구비가 없고, 불완전하며 일반적으로 연구가 이루어지지 않고 무시되지만 사회 운동이나 시민사회 조직에서는 더 연구될 가치가 있다고 여겨지는 연구영역을 말한다(5). 이 개념은 미국 과학기술학자이자 과학운동가인 데이비드 헤스(David Hess)와 그의 동료들이 "정부, 산업, 사회 운동의 제도적 매트릭스 속에서 특정 지식에 대한 체계적 비생산(the systematic non production)이 이루어진다."라고 주장하며 '체계적으로' (또는 의도적으로) 생산되지 않은 지식을 설명하기 위해 만들어졌다(6).

기본적으로 '하지 않는 연구'는 주류 담론과 다른 목소리를 낼 가능성이 크고 따라서 지배집단과 불화할 가능성이 큰 연구이다. 그 시대 공간에서 지배적인 주장을 만들어 내는 집단은 주로 큰 정치, 경제, 문화적 영향력을 가진 집단이다. 이들은 자신들에게 유리한 근거와 담론을 생산하는 연구를 적극적으로 지원한다. 그 지원의 방식은 해당 연구에 대한 연구비 지원, 높은 평가, 연구자에 대한 다양한 형태의 보상 등이다. 여기에서 더 나아가 이렇게 생산된 정보와 지식은 공적인 교육 · 훈련 체계를 통해 재생산되고 다양한 정책의 근거 자료로 활용된다. 정치, 경제, 문화적으로 큰 영향력을 가진 집단이란 구체적으로 정부, 주류 학계, 종교계, 문화계 집단과 기업이다. 그 범위는 국내뿐만 아니라 국제적으로 확대될 수 있다(7).

이러한 언던 사이언스로 인한 출판 비뚤림을 [그림 15-2]처럼 '가로등 밑에서 반지 찾기'로 희화화하기도 한다. 즉, 가로등 불빛이 비치는 곳에서만 잃어버린 반지를 찾는 행위는 일견 그럴듯해 보이지만, 반지를 찾을 가능성은 매우 낮다.

[그림 15-2] 가로등 밑에서 반지 찾기

그렇다면 '언던 사이언스(undone science)' 문제를 어떻게 넘어설 수 있을까? 2000년 전후 미국의 여성 운동가들은 중년 남성을 '보편적 인간'으로 상정한 현대 의학과 과학연구에서 여성 질환인 유방암이 오랫동안 경시되어왔다고 비판하면서 다양한 운동을 전개하였다(6). 결론적으로, 언던 사이언스의 문제를 극복하기 위해서는 이 문제의 중요성을 이해하고 있는 연구자들의 헌신과 이들의 연구를 지원하는 체계를 만들어 내는 것이 필요하다.[2)]

5 소결: 출판 비뚤림을 대하는 연구자의 자세

출판 비뚤림 문제를 극복하기 위해 연구자가 해야 할 일을 요약하면 다음과 같다(표 15-1).

[표 15-1] 출판 비뚤림 문제를 대하는 연구자의 자세 및 과제

분석 전	1	출판 비뚤림 확인하고, 비뚤림이 있을 경우, 제외된 연구가 없는지 면밀히 확인할 것
	2	그럼에도 불구하고 출판 비뚤림이 과도할 때 연구를 중단할 것
분석 중	3	출판 비뚤림이 있으나 보정 가능한 경우, 이를 보정할 것
분석 후	4	보정한 후에도 보정 방법과 내용을 구체적으로 논문에 기술하고, 이것이 충분했는지, 해석 시 주의할 점이 무엇인지에 대한 자세히 기술할 것
	5	출판 비뚤림 해소를 위해 어떤 연구가 얼마만큼 필요한지 제시할 것
	6	중요한 연구 주제임에도 불구하고 여러 가지 이유로 연구가 진행되지 못하거나 연구가 부족한 연구 주제/방법론의 연구를 시행할 것

첫째, 책임 있는 연구자는 우선, 기존의 연구를 체계적으로 분석하여 기존 연구가 보여주는 사실을 정확히 확인하는 작업을 진행하여야 한다. 이는 분석작업을 전문적으로 수행하는 것이 SR/META 분석이다.

둘째, SR/META 분석 연구자는 이를 수행할 충분한 양과 질의 연구가 확보되었다는 확신이 있을 때 분석을 수행해야 한다.

셋째, 출판 비뚤림으로 인한 문제를 줄이기 위해 개발된 다양한 방법들을 최대한 활용

---

2) 이에 대한 추가적인 설명은, "신영전. (2019). 보건·복지·사회정책분야 '하지 않는 연구' 또는 '언던사이언스(Undone Science)'를 넘어서. 보건사회연구, 39(4), 5-10."을 참조할 것

하고, 최종 결과의 해석에서도 출판 비뚤림으로 인해 야기될 수 있는 문제들에 대해 적극적으로 검토하고 이를 분명하게 고려하여 해석하는 것이다. 그렇지 않으면, SR/META 연구가 출판 비뚤림을 야기하는 또 다른 원인이 될 수 있다.

이를 위해 연구자들은 SR/META를 능숙하게 수행할 수 있는 능력을 배양할 필요가 있다. 최근 SR/META 분석영역에도 인공지능의 이용이 빠르게 진행되고 있다. 때로는 인간이 추가적으로 할 일이 있을까 하는 생각이 들기도 한다.[3] 그러나 인공지능을 이용한 SR/META 분석을 효과적으로 수행하기 위해서는 인공지능을 사용하는 이들이 SR/META 분석에 대한 이해와 분석기법을 먼저 잘 이해하고 사용할 줄 아는 것이 필요하다. 또한 인공지능보다 느린 분석이라 할지라도 직접 분석을 해볼 때만 얻을 수 있는 통찰을 위해서라도 이 책이 제공하는 내용들을 숙지하는 것이 도움이 될 것이다.

마지막으로 가장 적극적인 대응은 그 필요성에도 불구하고 여러 가지로 연구에서 배제되고 있는 대상, 연구모형 선택 등의 어려움을 넘어서 그 연구를 시행하려 노력하는 것이다. 이러한 노력이 이루어질 때, SR/META의 효용, 효과, 중요성은 더욱 커질 것이다.

3) 인공지능을 이용한 SR/META 분석에 대해서는 이 책 14장에서 개괄적으로 다루었다.

참고문헌

1. Davey, S. (2000). The 10/90 Report on Health Research, 2003-2004.
2. Dickersin, K., Chan, S., Chalmersx, T., Sacks, H., & Smith Jr, H. (1987). Publication bias and clinical trials. Controlled clinical trials, 8(4), 343-353.
3. Hayashino, Y., Noguchi, Y., & Fukui, T. (2005). Systematic evaluation and comparison of statistical tests for publication bias. Journal of epidemiology, 15(6), 235-243.
4. Hess, D. J. (2016). Undone science: Social movements, mobilized publics, and industrial transitions: MIT Press.
5. Mangel, M., & Samaniego, F. J. (1984). Abraham Wald's work on aircraft survivability. Journal of the American Statistical Association, 79(386), 259-267.
6. 신영전. (2019). 보건·복지·사회정책분야 '하지 않는 연구' 또는'언던 사이언스(Undone Science)'를 넘어서. 보건사회연구, 39(4), 5-10.
7. 현재환. (2015). 언던 사이언스: 무엇이 왜 과학의 무대에서 배제되는가. 서울: 뜨인돌(원서출판 2011).

부록

프로그램 설치

부록1 R-Meta package 다운로드 및 설치 방법

[R-Meta package]
Download and Installation

R-Project website 에서 설치 가능
https://www.r-project.org/
https://cran.r-project.org/

CRAN 링크 클릭 CRAN(Comprehensive R Archive Network)

[Home]

Download
CRAN

R Project
About R
Logo
Contributors
What's New?
Reporting Bugs
Conferences
Search
Get involved: Mailing Lists
Get involved: Contributing
Developer Pages
R Blog

R Foundation
Foundation
Board
Members
Donors
Donate

Help With R
Getting Help

Documentation
Manuals
FAQs
The R Journal
Books

The R Project for Statistical Computing

Getting Started

R is a free software environment for statistical computing and graphics. It compiles and runs on a wide variety of UNIX platforms, Windows and MacOS. To download R, please choose your preferred CRAN mirror.

If you have questions about R like how to download and install the software, or what the license terms are, please read our answers to frequently asked questions before you send an email.

News

- R version 4.5.1 (Great Square Root) has been released on 2025-06-13.
- R version 4.5.0 (How About a Twenty-Six) has been released on 2025-04-11.
- R version 4.4.3 (Trophy Case) (wrap-up of 4.4.x) was released on 2025-02-28.
- The useR! 2025 conference will take place at Duke University, in Durham, NC, USA, August 8-10.
- We are deeply sorry to announce that our friend and colleague Friedrich (Fritz) Leisch has died. Read our tribute to Fritz here.
- You can support the R Foundation with a renewable subscription as a supporting member.

News via Mastodon

R_Foundation
R version 4.5.1 "Great Square Root" (source version) has been released. (You can find it in cran.r-project.org/src/base/R-4/, or wait for CRAN to be updated.)

R_Foundation
New #RStats blog entry by Tomas Kalibera: Sensitivity to C math library and mingw-w64 v12
blog.r-project.org/2025/04/24/...

useR_conf
The Early Bird for useR! 2025 is open until April 30th!

CRAN Mirrors 한국 URL 선택

The Comprehensive R Archive Network is available at the following URLs, please choose a location close to you. Some statistics on the status of the mirrors can be found here: main page, windows release, windows old release.

If you want to host a new mirror at your institution, please have a look at the CRAN Mirror HOWTO.

Korea URL 선택

Italy

https://cran.mirror.garr.it/CRAN/	Garr Mirror, Milano
https://cran.stat.unipd.it/	University of Padua

Japan

https://ftp.yz.yamagata-u.ac.jp/pub/cran/	Yamagata University

Korea

https://cran.yu.ac.kr/	Yeungnam University

Mexico

https://cran.itam.mx/	Instituto Tecnologico Autonomo de Mexico
https://www.est.colpos.mx/	Colegio de Postgraduados, Texcoco

Morocco

https://mirror.marwan.ma/cran/	MARWAN

Netherlands

https://mirrors.evoluso.com/CRAN/	Evoluso.com
https://mirror.lyrahosting.com/CRAN/	Lyra Hosting

컴퓨터의 운영체계 맞는 R 패키지 다운로드•설치

Download and Install R

Precompiled binary distributions of the base system and contributed packages, **Windows and Mac** users most likely want one of these versions of R:

- Download R for Linux (Debian, Fedora/Redhat, Ubuntu)
- Download R for macOS
- Download R for Windows

R is part of many Linux distributions, you should check with your Linux package management system in addition to the link above.

R for Windows

Subdirectories:

base	Binaries for base distribution. This is what you want to **install R for the first time**.
contrib	Binaries of contributed CRAN packages (for R >= 3.4.x).
old contrib	Binaries of contributed CRAN packages for outdated versions of R (for R < 3.4.x).
Rtools	Tools to build R and R packages. This is what you want to build your own packages on Windows, or to build R itself.

Please do not submit binaries to CRAN. Package developers might want to contact Uwe Ligges directly in case of questions / suggestions related to Windows binaries.

You may also want to read the R FAQ and R for Windows FAQ.

Note: CRAN does some checks on these binaries for viruses, but cannot give guarantees. Use the normal precautions with downloaded executables.

컴퓨터의 운영체계 맞는 R 패키지 다운로드•설치

Download and Install R

Precompiled binary distributions of the base system and contributed packages, **Windows and Mac** users most likely want one of these versions of R:

- Download R for Linux (Debian, Fedora/Redhat, Ubuntu)
- Download R for macOS
- Download R for Windows

R is part of many Linux distributions, you should check with your Linux package management system in addition to the link above.

R for Windows

Subdirectories:

base	Binaries for base distribution. This is what you want to install R for the first time.
contrib	Binaries of contributed CRAN packages (for R >= 3.4.x).
old contrib	Binaries of contributed CRAN packages for outdated versions of R (for R < 3.4.x).
Rtools	Tools to build R and R packages. This is what you want to build your own packages on Windows, or to build R itself.

Please do not submit binaries to CRAN. Package developers might want to contact Uwe Ligges directly in case of questions / suggestions related to Windows binaries.

You may also want to read the R FAQ and R for Windows FAQ.

Note: CRAN does some checks on these binaries for viruses, but cannot give guarantees. Use the normal precautions with downloaded executables.

R 패키지 Previous Version 클릭

Download R-4.5.1 for Windows (86 megabytes, 64 bit)
README on the Windows binary distribution
New features in this version

This build requires UCRT, which is part of Windows since Windows 10 and Windows Server 2016. On older systems, UCRT has to be installed manually from here.

If you want to double-check that the package you have downloaded matches the package distributed by CRAN, you can compare the md5sum of the .exe to the fingerprint on the master server.

Frequently asked questions

- Does R run under my version of Windows?
- How do I update packages in my previous version of R?

Please see the R FAQ for general information about R and the R Windows FAQ for Windows-specific information.

Other builds

- Patches to this release are incorporated in the r-patched snapshot build.
- A build of the development version (which will eventually become the next major release of R) is available in the r-devel snapshot build.
- Previous releases

Note to webmasters: A stable link which will redirect to the current Windows binary release is
<CRAN MIRROR>/bin/windows/base/release.html.

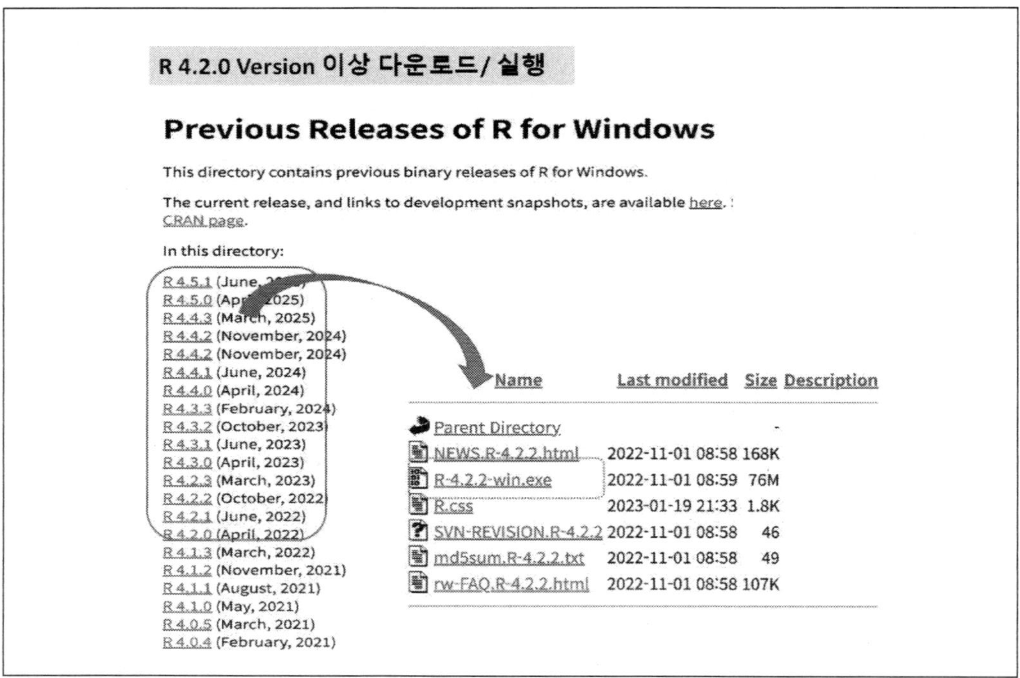
R 4.2.0 Version 이상 다운로드/ 실행
Previous Releases of R for Windows
This directory contains previous binary releases of R for Windows.
The current release, and links to development snapshots, are available here.
CRAN page.
In this directory:
R 4.5.0 (April, 2025)
R 4.4.3 (March, 2025)
R 4.4.2 (November, 2024)
R 4.4.1 (June, 2024)
R 4.4.0 (April, 2024)
R 4.3.3 (February, 2024)
R 4.3.2 (October, 2023)
R 4.3.1 (June, 2023)
R 4.3.0 (April, 2023)
R 4.2.3 (March, 2023)
R 4.2.2 (October, 2022)
R 4.2.1 (June, 2022)
R 4.2.0 (April, 2022)
R 4.1.3 (March, 2022)
R 4.1.2 (November, 2021)
R 4.1.1 (August, 2021)
R 4.1.0 (May, 2021)
R 4.0.5 (March, 2021)
R 4.0.4 (February, 2021)
Name Last modified Size Description
Parent Directory
NEWS.R-4.2.2.html 2022-11-01 08:58 168K
R-4.2.2-win.exe 2022-11-01 08:59 76M
R.css 2023-01-19 21:33 1.8K
SVN-REVISION.R-4.2.2 2022-11-01 08:58 46
md5sum.R-4.2.2.txt 2022-11-01 08:58 49
rw-FAQ.R-4.2.2.html 2022-11-01 08:58 107K

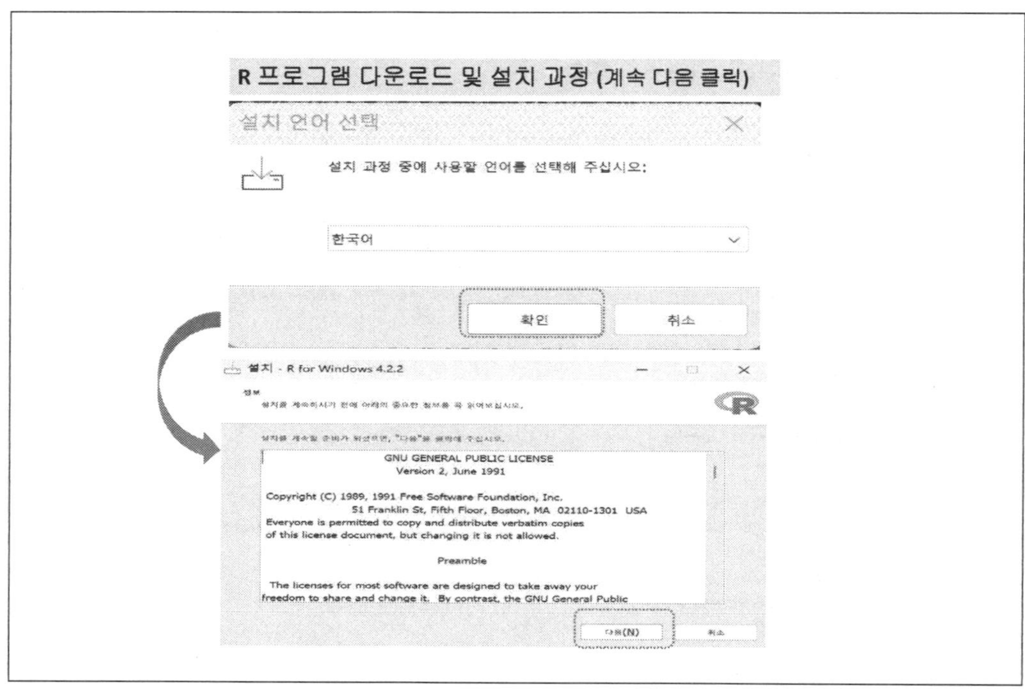
R 프로그램 다운로드 및 설치 과정 (계속 다음 클릭)
설치 언어 선택
설치 과정 중에 사용할 언어를 선택해 주십시오:
한국어
확인
취소
설치 - R for Windows 4.2.2
GNU GENERAL PUBLIC LICENSE
Version 2, June 1991
Copyright (C) 1989, 1991 Free Software Foundation, Inc.
51 Franklin St, Fifth Floor, Boston, MA 02110-1301 USA
Everyone is permitted to copy and distribute verbatim copies
of this license document, but changing it is not allowed.
Preamble
The licenses for most software are designed to take away your
freedom to share and change it. By contrast, the GNU General Public
다음(N)

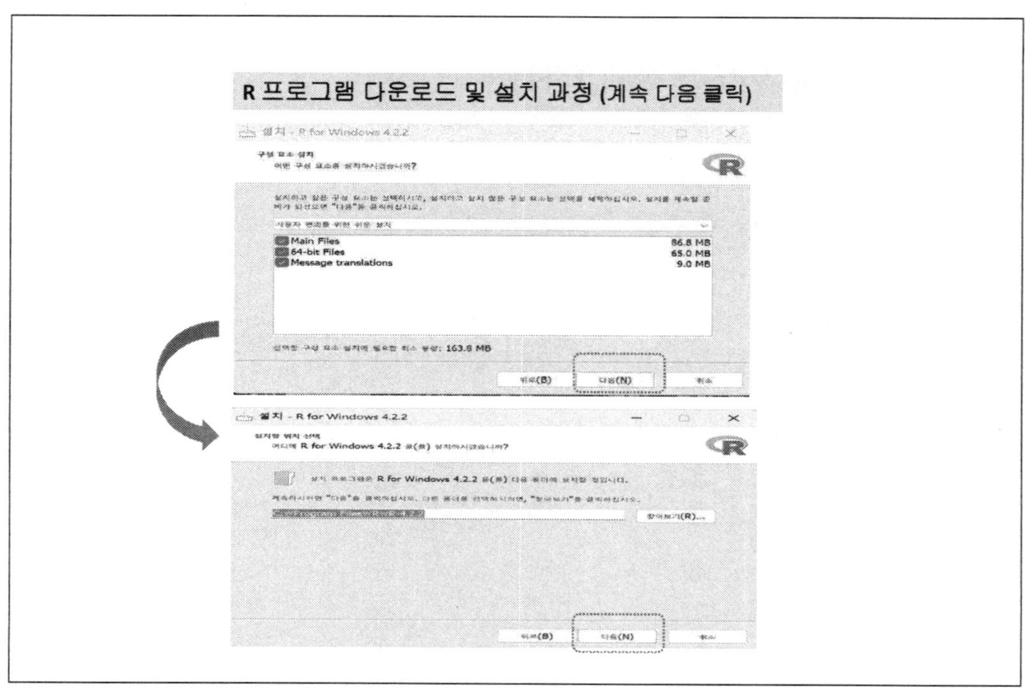
R 프로그램 다운로드 및 설치 과정 (계속 다음 클릭)
설치 - R for Windows 4.2.2
Main Files 86.8 MB
64-bit Files 65.0 MB
Message translations 9.0 MB
163.8 MB
뒤로(B)
다음(N)
취소
설치 - R for Windows 4.2.2
찾아보기(R)...
뒤로(B)
다음(N)
취소

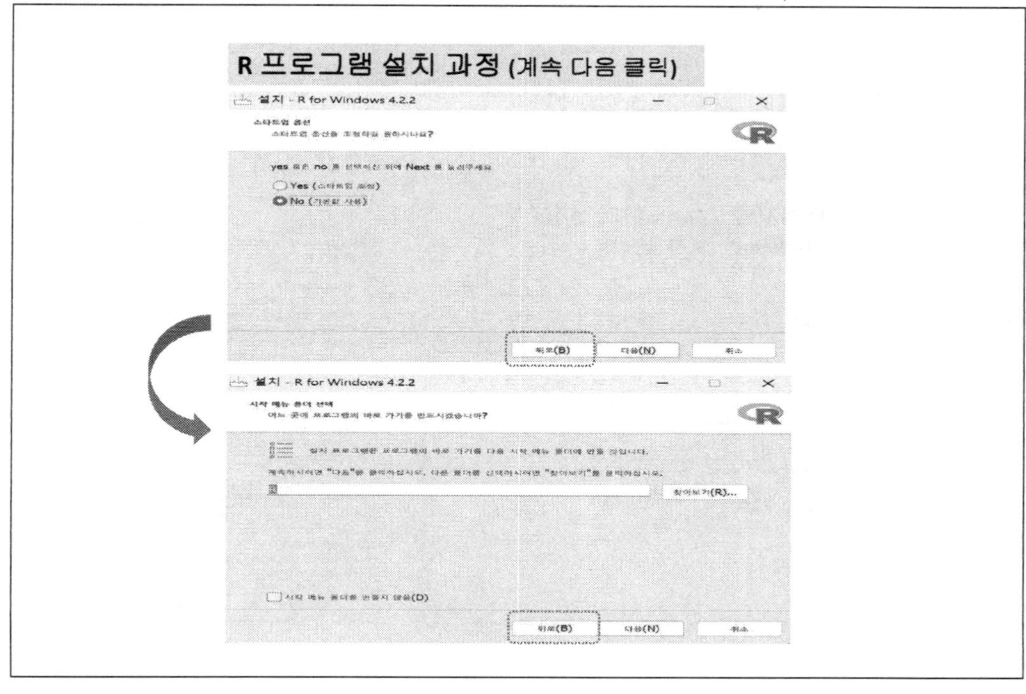
R 프로그램 설치 과정 (계속 다음 클릭)
설치 - R for Windows 4.2.2
Yes
No
뒤로(B)
다음(N)
취소
설치 - R for Windows 4.2.2
찾아보기(R)...
뒤로(B)
다음(N)
취소

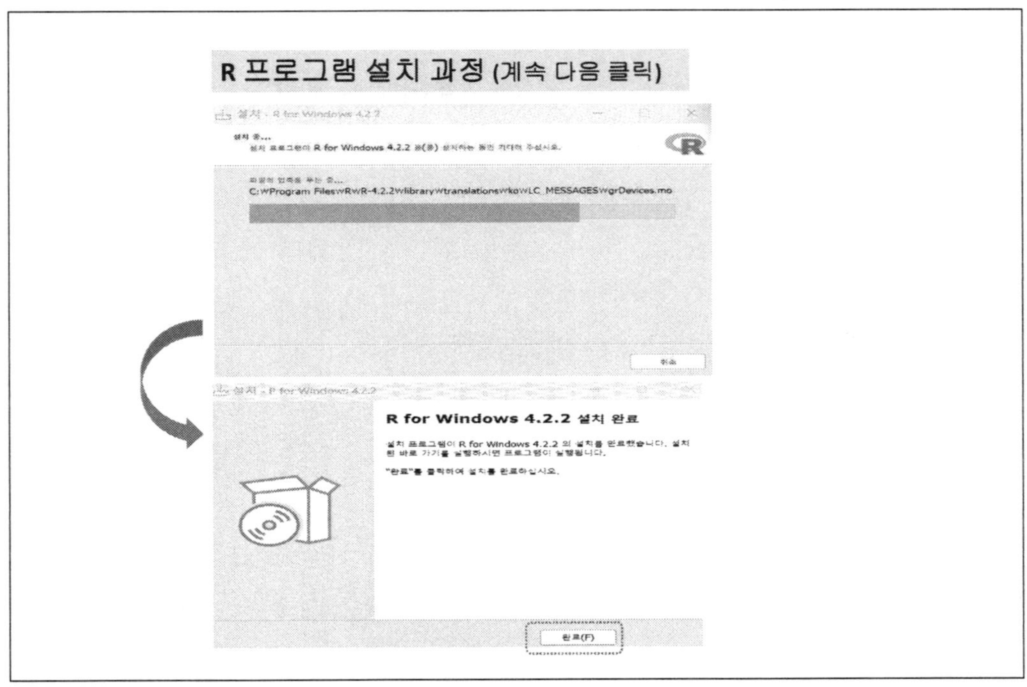
R 프로그램 설치 과정 (계속 다음 클릭)
C:\Program Files\R\R-4.2.2\library\translations\ko\LC_MESSAGES\grDevices.mo
R for Windows 4.2.2 설치 완료
완료(F)

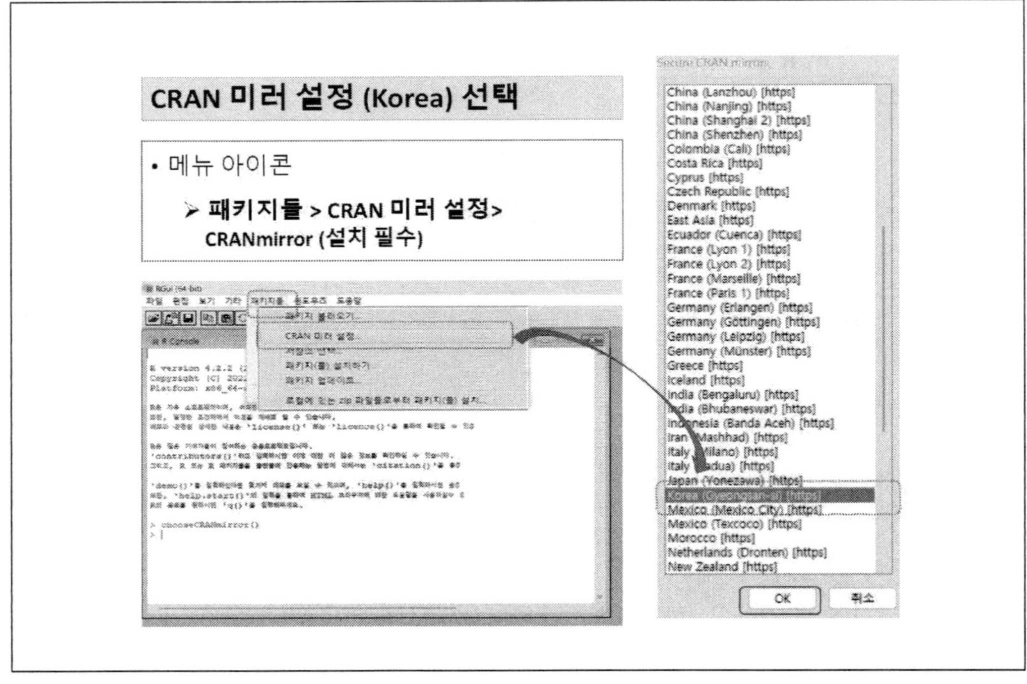
CRAN 미러 설정 (Korea) 선택
• 메뉴 아이콘
➢ 패키지들 > CRAN 미러 설정>
CRANmirror (설치 필수)
China (Lanzhou) [https]
China (Nanjing) [https]
China (Shanghai 2) [https]
China (Shenzhen) [https]
Colombia (Cali) [https]
Costa Rica [https]
Cyprus [https]
Czech Republic [https]
Denmark [https]
East Asia [https]
Ecuador (Cuenca) [https]
France (Lyon 1) [https]
France (Lyon 2) [https]
France (Marseille) [https]
France (Paris 1) [https]
Germany (Erlangen) [https]
Germany (Göttingen) [https]
Germany (Leipzig) [https]
Germany (Münster) [https]
Greece [https]
Iceland [https]
Mexico (Texcoco) [https]
Morocco [https]
Netherlands (Dronten) [https]
New Zealand [https]
OK
취소

Meta 패키지 설치 (meta / metafor) 최초 1회 설치

- **Meta : R console에 입력**
  install.packages("meta")

- **Metafor : R console에 입력**
  install.packages("metafor")

Library: Collection of the existing libraries available.

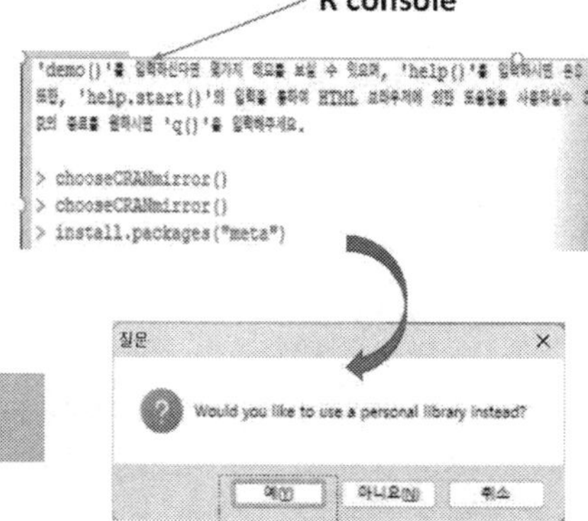

library (meta)/ library (metafor) : Meta-analysis 분석 이전 항상 실행

```
> library(meta)
필요한 패키지를 로딩중입니다: metadat
Loading 'meta' package (version 7.0-0).
Type 'help(meta)' for a brief overview.
Readers of 'Meta-Analysis with R (Use R!)' should install
older version of 'meta' package: https://tinyurl.com/dt4y5drs
경고메시지(들):
1: 패키지 'meta'는 R 버전 4.2.3에서 작성되었습니다
2: 패키지 'metadat'는 R 버전 4.2.3에서 작성되었습니다
3: check_dep_version()에서: ABI version mismatch:
lme4 was built with Matrix ABI version 1
Current Matrix ABI version is 0
Please re-install lme4 from source or restore original 'Matrix' package
> library(metafor)
필요한 패키지를 로딩중입니다: Matrix
필요한 패키지를 로딩중입니다: numDeriv

Loading the 'metafor' package (version 4.6-0). For an
introduction to the package please type: help(metafor)

경고메시지(들):
패키지 'metafor'는 R 버전 4.2.3에서 작성되었습니다
```

부록2 R을 활용한 연속형, 이분형, 일반화 자료 메타분석 명령어

메타분석준비

 # R 프로그램CRAN 설치(부록 참고: R_meta_설치): 부록 3 참고#

meta-package (install.packages("meta")
metafor package (install.packages("metafor")

 # 메타 분석 파일 다운로드 및 저장 #

- 분석 데이터 저장 위치 생성: 드라이브 :₩ 폴더 생성
  (예시: D:₩meta)
- meta 폴더에 분석 파일 저장
  meta_count(*.CSV), meta_bianry(*.CSV), meta_gen.csv(*.CSV)

 # 메타분석패키지로딩 (메타분석 수행 시 마다 작성) #

```
library(meta)
library(metafor)
```

연속형 데이터 메타분석

 # 연속형 데이터 효과 크기 추정 : MD #

```
meta1<-metacont(case_N, case_mean, case_SD, con_N, con_mean, con_SD, sm="MD", study,
text.common = "fixed effect model", data=cont)
meta1
forest(meta1, digits.mean=1, digits.sd=1, digits=3)
```

 # 연속형 데이터 효과 크기 추정 : SMD #

```
meta1_1<-metacont(case_N, case_mean, case_SD, con_N, con_mean, con_SD, sm="SMD",
study, text.common = "fixed effect model", data=cont)
meta1_1
forest(meta1_1, digits.mean=1, digits.sd=1, digits=3)
```

연속형 데이터 메타분석

 # 임의효과 모형 보고 & 고정효과 모형 미보고#

```
meta2 <-metacont(case_N, case_mean, case_SD, con_N, con_mean, con_SD, sm="MD", fixed =
FALSE, random = TRUE, study, data=cont)
meta2

forest(meta2, digits.mean=1, digits.sd=1, digits=3)
```

 # updata 연구 특성(study label) 보고: plot #

```
meta3 <-metacont(case_N, case_mean, case_SD, con_N, con_mean, con_SD, sm="MD", studlab
= paste(author, year, gender), fixed = FALSE, random = TRUE, data=cont)
meta3

forest(meta3, digits.mean=1, digits.sd=1, digits=3)
```

 # 숲그림(Forest plot) 옵션 명령어 #

```
forest(meta3, digits.mean=1, digits.sd=1, digits=3,
col.diamond="blue", col.square="red") #그림 색상 효과#

forest(meta3, rightcols=c("effect", "ci")) # 우측: 효과크기와 신뢰구간 보고, 가중치 제외#

forest(meta3, leftcols="studlab") # 좌측: 연구 라벨만 남기기#
```

이분형 데이터 메타분석

 # 데이터 불러오기(파일명: meta_binary) #

```
setwd("D:/meta")
binary=read.csv("meta_bin.csv")
binary
```

 # 데이터 효과크기 분석하기 : 결과 OR #

```
meta1 <- metabin(case, case_tot, con, con_tot, sm="OR", text.common = "fixed effect model",
study, data=binary)
meta1
```

```
# 데이터 효과크기 분석하기 : 결과 RR #

meta2 <- metabin(case, case_tot, con, con_tot, sm="RR", method="I", text.common = "fixed effect model", study, data=binary)
meta2

  # 숲그림(forest plot) 그리기 #

forest(meta1, digits.mean=1, digits.sd=1, digits=3)

  # 숲그림(forest plot) 압출 및 그림 파일로 저장: meta1 파일 #

bmp("D:/meta/mata1.bmp", width=10, height=20, unit="in", res=800, pointsize=12)
forest(meta1)
dev.off( )

meta3 <- metabin(case, case_tot, con, con_tot, sm="OR", text.common = "fixed effect model", studlab = paste(study, risk_factor, gender), fixed = FALSE, random = TRUE, data=binary)
meta3

  # 숲그림(forest plot) 압출 및 그림 파일로 저장 meta3 #

forest(meta3, digits.mean=1, digits.sd=1, digits=3, random=TRUE)
bmp("D:/meta/mata3.bmp", width=15, height=20, unit="in", res=800, pointsize=12)
forest(meta3)
dev.off( )

# 하위 집단 분석(Subgroup analysis) #

# 1. 이분형 자료의 하위 집단 분석(subgroup analysis): 성#

meta5_1= metabin(case, case_tot, con, con_tot, sm="OR", text.common = "fixed effect model", studlab = paste(study, risk_factor), fixed = FALSE, random = TRUE, data=binary, subgroup= gender)
meta5_1

  /# 숲그림(forest plot)  옵션: 우측 가중치 제외#/

forest(meta5_1, digits.mean=1, digits.sd=1, digits=3, random=TRUE, rightcols=c("effect", "ci"))

bmp("D:/meta/pic/meta5_1.bmp", width=15, height=20, unit="in", res=800, pointsize=12)
forest(meta5_1, rightcols=c("effect", "ci"))
dev.off( )
```

 # 2. 이분형 자료의 하위 집단 분석(subgroup analysis): 혼인상태 #

```
meta5_2= metabin(case, case_tot, con, con_tot, sm="OR", text.common = "fixed effect model", studlab = paste(study, gender), fixed = FALSE, random = TRUE, data=binary, subgroup= risk_factor)
meta5_2
forest(meta5_2, digits.mean=1, digits.sd=1, digits=3, random=TRUE)

bmp("D:/meta/pic/meta5_2.bmp", width=15, height=20, unit="in", res=800, pointsize=12)
forest(meta5_2, rightcols=c("effect", "ci"))
dev.off( )

  #숲그림(forest plot) 옵션 : 그림 색상 효과#

forest(meta1, digits.mean=1, digits.sd=1, digits=3, col.diamond="blue", col.square="red")
forest(meta1, rightcols=c("effect", "ci")) # 우측: 효과크기, 신뢰구간 보고, 가중치 제외#
forest(meta1, leftcols="studlab") # 좌측: 연구 라벨만 남기기#
```

일반화 데이터 메타분석

 # 메타분석 3 : 일반화 데이터 분석 #

```
  # 메타분석 패키지 실행#

library(meta)
library(metafor)
```

 # 데이터 불러오기(파일명: meta_gen) #

```
setwd("D:/meta")
generic=read.csv("meta_gen.csv")
generic
```

#데이터 효과크기 분석하기 : 결과 OR #

```
meta4 =metagen(lnOR, sqrt(lnV), sm="OR", text.common = "fixed effect model", data= generic)
meta4
summary(meta4)
meta4_1 =metagen(lnOR, sqrt(lnV), sm="OR", text.common = "fixed effect model", fixed = FALSE, random = TRUE, data= generic)
meta4_1
```

```
# 숲그림(forest plot) #

forest(meta4_1, digits.mean=1, digits.sd=1, digits=3, random=TRUE)

# 연구 라벨(studlab = paste) 옵션 추가#

meta4_2 =metagen(lnOR, sqrt(lnV), sm="OR", studlab = paste(author, year, gender, schedule_
type), text.common = "fixed effect model", fixed = FALSE, random = TRUE, data= generic)
meta4_2
forest(meta4_2, digits.mean=1, digits.sd=1, digits=3, random=TRUE)

# 숲그림(forest plot) 옵현: 효과 크기 색상 변경 #

forest(meta4_2, digits.mean=1, digits.sd=1, digits=3, col.square="blue", col.square.lines ="sky
blue", col.diamond = "pink", random=TRUE, rightcols=c("effect", "ci"))
forest(meta4_2, digits.mean=1, digits.sd=1, digits=3, col.square="blue", col.square.lines ="sky
blue", col.diamond = "pink", col.diamond.lines="red", random=TRUE, rightcols=c("effect", "ci"))

# 연구 정렬 옵션 : 효과 크기 순(sortvar=TE) #

meta4_3 =metagen(lnOR, sqrt(lnV), sm="OR", studlab = paste(author, year, gender, schedule_
type), text.common = "fixed effect model", fixed = FALSE, random = TRUE, data= generic)
meta4_3
forest(meta4_3, sortvar=TE)
```

부록3 R을 층화 및 하위집단 메타분석 명령어

층화 분석과 하위집단 메타분석

 # 메타 패키지 실행#

```
library(meta)
library(metafor)
```

#데이터 불러오기 : #

```
setwd("D:/meta")
binary = read.csv("meta_bina.csv")
binary
```

 # 층화 분석: 특정 조건을 가진 표본 #

/# 층화 변수: 성 (계층 : 여성)#/

```
meta6_1= metabin(case, case_tot, con, con_tot, sm="OR", text.common = "fixed effect model", studlab = paste(study, risk_factor), fixed = FALSE, random = TRUE, data=binary, subset=gender=="women")
meta6_1

forest(meta6_1, digits.mean=1, digits.sd=1, digits=3, random=TRUE)
```

/# 층화 변수: 성 (계층: 남성)#/

```
meta6_2= metabin(case, case_tot, con, con_tot, sm="OR", text.common = "fixed effect model", studlab = paste(study, risk_factor), fixed = FALSE, random = TRUE, data=binary, subset=gender=="men")
meta6_2
forest(meta6_2, digits.mean=1, digits.sd=1, digits=3, random=TRUE)
```

/# 층화 & 하위 집단 #/

/#층화 1: 여성 계층: 결혼 상태(위험 노출) 유형별 자살 생각 #

```
meta6_3= metabin(case, case_tot, con, con_tot, sm="OR", text.common = "fixed effect model", studlab = paste(study, gender), fixed = FALSE, random = TRUE, data=binary, subgroup= risk_factor, subset=gender=="women")
meta6_3

forest(meta6_3, digits.mean=1, digits.sd=1, digits=3, random=TRUE)
```

```
/#층화2: 남성 계층: 결혼 상태(위험 노출) 유형별 자살 생각 #

meta6_4 = metabin(case, case_tot, con, con_tot, sm="OR", text.common = "fixed effect model", studlab = paste(study, gender), fixed = FALSE, random = TRUE, data=binary, subgroup= risk_factor, subset=gender=="men")
meta6_4

forest(meta6_4, digits.mean=1, digits.sd=1, digits=3, random=TRUE)

# 숲그림(forest plot) 압출 및 그림 파일로 저장 #

bmp("D:/meta/pic/meta5_4.bmp", width=15, height=20, unit="in", res=800, pointsize=12)
forest(meta6_1, rightcols=c("effect", "ci"))
dev.off( )
```

메타회귀 분석

 # 메타 패키지 실행#

```
library(meta)
library(metafor)
```

 # 데이터불러오기#

```
setwd("D:/meta")
meta_bin_reg =read.csv("meta_bin_reg.csv")
meta_bin_reg
```

 # 메타회귀 분석 방법 1 :

```
# 이분형 데이터의 효과크기 계산 #

meta_bin <- metabin(case, case_tot, con, con_tot, sm="OR", text.common = "fixed effect model", studlab = paste(gender, region, age_cat), fixed = FALSE, random = TRUE, data = meta_bin_reg)
print(meta_bin)

# 효과크기와 표준오차(SE) 추출 #

meta_bin_reg$logOR <- log(meta_bin$TE)
meta_bin$TE[meta_bin$TE <= 0] <- 0.001
meta_bin_reg$logOR <- log(meta_bin$TE)
meta_bin_reg$SE <- meta_bin$seTE
```

```
  # 범주형 변수: 추출된 자료 일반화 자료로 전환 : 요인화(factor) #
meta_reg <- rma(yi = logOR, sei = SE, mods = ~ sample + factor(region) + factor(age_cat) + factor(gender), data = meta_bin_reg)
print(meta_reg)
summary(meta_reg)

# 범주형 변수: gender(men, women), region(Aisia, Non-Asia), age_cat(60 >, 60≤) #

# 메타회귀 분석 방법 2#

  # 일반화 데이터의 효과크기#

setwd(“D:/meta”)
generic=read.csv(“meta_gen.csv”)
generic

meta_gen =metagen(lnOR,sqrt(lnV), sm=”OR”, text.common = “fixed effect model”, , studlab = paste(author, year), data=generic)
meta_gen

  # 일반화 데이터 메타회귀 : 연도, 표본 크기#

gen_reg <- metareg(meta_gen, ~year + sample)
gen_reg
summary(gen_reg)

  # 회귀분석 : 버블(거품) 그림#

bubble(gen_reg, studlab=TRUE, mod=”year”)
bubble(gen_reg, studlab=TRUE, mod=”sample”)

# 출판 편향(meta bias) 방법 1 : funnel 그림 #

setwd(“D:/meta”)
binary=read.csv(“meta_bin.csv”)
meta1 <- metabin(case, case_tot, con, con_tot, sm=”OR”, text.common = “fixed effect model”, study, data=binary)
meta1

summary(binary)
summary(meta1)

funnel(meta1, random=TRUE)
```

```
# 출판 편향(meta bias) 방법 1 : 정량적 Habaord, Begg, Egger 방식#

metabias(meta1)
metabias(meta1, method.bias = "Begg")
metabias(meta1, method.bias = "Egger")

# 출판 편향 조정: trimfill#

meta_bias <- trimfill(meta1, random=TRUE)
summary(meta_bias)
funnel(meta_bias, random=TRUE)

# 누적 메타분석 #

setwd("D:/meta")
generic=read.csv("meta_gen.csv")
generic
meta_gen =metagen(lnOR,sqrt(lnV), sm="OR", text.common = "fixed effect model", , studlab =
paste(author, year), data=generic)
meta_gen

  # 출판 연도순#

cummeta1 <- metacum(meta_gen, sortvar = year)
cummeta1

forest(cummeta1, digits.mean=1, digits.sd=1, digits=3, random=TRUE)

  # 효과 크기순#

cummeta2 <- metacum(meta_gen, sortvar = seTE)
cummeta2

forest(cummeta2, digits.mean=1, digits.sd=1, digits
```

찾아보기

저자소개

대표 저자

우경숙(한양대학교 건강과 사회연구소 연구교수)

공저자(가나다 순)

권리아(강북삼성병원 코호트연구소 연구원)

김윤정(한국보건의료연구원 부연구위원)

김태현(한양대학교 예방의학교실 박사후연구원)

박찬미(고려대학교 구로병원 연구교수)

신상진(한국보건의료연구원 연구위원)

윤현옥(한양대학교 일반대학원 보건학과 박사과정)

신영전(한양대학교 예방의학/보건대학원 교수)

보건·사회 정책분야의 **체계적 문헌고찰과 메타분석** 값 30,000원

2025년 9월 5일 제1판 1쇄 인쇄
2025년 9월 10일 제1판 1쇄 발행

공 저 자 : 우경숙 · 권리아 · 김윤정 · 김태현
박찬미 · 신상진 · 윤현옥 · 신영전
발 행 인 : 주 영 일
발 행 처 : 계 축 문 화 사

서울특별시 종로구 통일로12길 16-17
우편번호 03029
TEL : 735-2257 · 738-9746
FAX : 723-9025
E-mail : gyechuk@hanmail.net
홈페이지 : http://gyechuk.co.kr
1973. 10. 31 등록번호 제300-1973-8호
ISBN 978-89-5629-861-0 93510